混凝土工程应用新技术丛书

混凝土渗裂性能与改善技术

PENETRATION AND CRACKING PERFORMANCE
OF CONCRETE AND IMPROVING TECHNOLOGY

李 悦 李战国 著

U0246601

中国电力出版社
CHINA ELECTRIC POWER PRESS

内 容 提 要

本书总结了作者近年来对混凝土基体开裂与渗透、钢筋锈蚀、混凝土防护与修补及高性能混凝土工程实践等方面的研究内容，共包括三篇：第一篇介绍了混凝土开裂原理及改善方法；第二篇介绍了混凝土渗透原理及改善方法；第三篇介绍了混凝土防护修补材料与高性能混凝土工程实践。

本书可供混凝土结构设计单位、混凝土施工单位、混凝土原材料供应企业、混凝土搅拌站、监理单位、政府建设管理部门的科研、技术与管理人员，以及高等院校的师生参考使用。

图书在版编目（CIP）数据

混凝土渗裂性能与改善技术 / 李悦，李战国著. —北京：中国电力出版社，2018.9
（混凝土工程应用新技术丛书）
ISBN 978-7-5198-1992-7

Ⅰ. ①混… Ⅱ. ①李… ②李… Ⅲ. ①防渗混凝土–研究 ②混凝土–抗裂性–研究 Ⅳ. ①TU528

中国版本图书馆 CIP 数据核字（2018）第 116793 号

出版发行：中国电力出版社
地　　址：北京市东城区北京站西街 19 号（邮政编码 100005）
网　　址：http://www.cepp.sgcc.com.cn
责任编辑：未翠霞（010-63412611）
责任校对：朱丽芳
装帧设计：王英磊
责任印制：杨晓东

印　　刷：三河市百盛印装有限公司
版　　次：2018 年 9 月第一版
印　　次：2018 年 9 月北京第一次印刷
开　　本：787 毫米×1092 毫米　16 开本
印　　张：21.25
字　　数：518 千字
定　　价：68.00 元

序

目前我国重大基础工程规模空前，大型公共基础设施、水工结构、电力工程、超高层建筑等重大工程对混凝土有着巨大的需求，传统混凝土已难于满足现代混凝土结构的多样性与复杂性要求，亟需混凝土技术不断发展和创新，以满足超长跨距、超大体积、超高层、复杂设计等特点，对混凝土提出了更多、更高、更新的要求。然而，现代混凝土结构早期开裂问题、严酷环境下混凝土耐久性问题突出，现代混凝土结构亟需突破混凝土功能化瓶颈。

针对上述问题，应加大混凝土理论的原创性研究，重视基于混凝土耐久性的高增韧、高抗裂、高抗渗、高耐蚀的新理论与新技术的研究，"背靠理论、面向生产"，重点发展混凝土流动性调控技术、混凝土收缩与裂缝控制技术、混凝土耐久性提升技术、混凝土功能化关键技术等先进技术改造传统混凝土材料，积极将新理论、新技术应用到国家重大工程建设之中。

该书针对混凝土容易出现渗裂等通病问题，从混凝土渗裂、钢筋锈蚀、修补加固等全寿命周期的角度，开展了系统研究：首先介绍了混凝土开裂与渗透的基本原理及改善方法，研究了荷载与侵蚀环境耦合作用下钢筋混凝土中钢筋锈蚀变化规律，提出了锈蚀钢筋混凝土构件承载力评估方法及地下工程钢筋混凝土寿命预测模型。为了降低混凝土渗裂危害，该书还介绍了课题组研发的混凝土防护修补材料，最后介绍了在多项重点工程中采用抗渗裂高性能混凝土的工程实践情况。全书内容具有良好的连续性，提出的理论与技术方法为实现混凝土的高抗裂、强韧性、长寿命具有重要意义与推动作用。

该书内容丰富、体系完整，是李悦教授及其课题组成员在"十三五"国家重点研发计划、国家 973 计划项目中科研成果的总结与凝练，对于混凝土材料与结构领域的高校师生、科研人员及工程技术人员等能够提供较好的参考和帮助。我很高兴看到该书的出版，特为之序。

中国工程院院士

前　言

现代混凝土已经成为应用最为广泛的土木工程材料，中国土木工程高速建设对混凝土的各项性能提出了更多、更高、更新的要求。现代混凝土的三大关键技术包括：混凝土材料裂缝控制技术，混凝土材料耐久性提升技术，混凝土材料多功能化和高性能化。开裂问题仍然是混凝土的通病，从混凝土的全寿命周期来看，为实现混凝土结构材料的高性能与长寿命，下面系列关键性能具有显著因果关系与连续性：容易开裂→加速渗透传输→造成钢筋锈蚀→需要修补加固。因此，为实现混凝土的高抗裂、强制性、长寿命，非常有必要对上述混凝土损伤过程及性能提升方法进行系统研究。

为此，本书介绍了作者在上述领域的研究成果，主要内容包括三篇。

第一篇介绍了混凝土开裂原理及改善方法。首先简述了混凝土开裂机理与常用的分析测试方法，然后采用现代微观测试技术研究了水泥基材料水化硬化过程及对开裂有重要影响的孔结构变化规律，建立了微观孔结构与强度等物理力学性能的关系，研究了不同材料组成、温度、湿度、荷载作用及工程结构类型条件下水泥基材料的开裂机理，最后提出了相应的改善措施。

第二篇介绍了混凝土渗透原理及改善方法。首先简述了硫酸盐和氯盐环境下混凝土的渗透性原理与测试方法，然后分别研究了混凝土组成、微结构与氯盐和硫酸盐渗透性的相互关系，探明了在荷载与侵蚀环境耦合作用下，钢筋混凝土中钢筋锈蚀变化规律，提出了锈蚀钢筋混凝土构件承载力评估模型及地下工程钢筋混凝土结构寿命预测模型。

第三篇介绍了混凝土防护修补材料与高性能混凝土工程实践。为了降低混凝土渗裂危害，介绍了项目组研发的混凝土防护修补材料，包括环氧灌浆材料、聚合物修补砂浆、水泥基渗透结晶材料等，比较分析上述材料的修补加固效果，并以受损钢筋混凝土为例，综合比较了多种修补方法及其可行性。最后介绍了在多个重点工程中采用的抗渗裂高性能混凝土的工程实践情况。

本书内容是作者在混凝土抗渗裂领域多年的研究成果，希望能够对混凝土长寿命和高耐久起到积极的推动作用。此外，武汉理工大学丁庆军教授在抗渗裂高性能混凝土设计与工程实践方面给予了大力指导和帮助，在此表示感谢。

本书得到了"十三五"国家重点研发计划"高抗裂预拌混凝土关键材料及制备技术"（2017YFB0310100）资助。

由于编著者水平有限，书中疏漏之处在所难免。如蒙指正，不胜感谢。

作　者
2018 年 8 月

目　　录

序

前言

第一篇　混凝土开裂原理及改善方法

第1章　混凝土开裂原理及改善方法概述 ························· 3

1.1　研究意义 ····················· 3

1.2　国内外研究现状 ···················· 4

第2章　水泥基材料水化硬化过程及微观结构研究 ··············· 17

2.1　水泥浆体水化硬化过程的交流阻抗研究 ············· 18

2.2　水泥浆体微观孔结构的研究 ··············· 21

2.3　X射线衍射定量物相分析研究 ·············· 27

第3章　水泥基材料抗裂性能研究 ······················ 28

3.1　试验材料 ···················· 28

3.2　水泥砂浆物理力学性能研究 ··············· 28

3.3　水泥基材料受限浆体开裂敏感性研究 ············· 31

3.4　水泥基材料轴向拉伸性能研究 ·············· 34

3.5　水泥基材料抗拉强度和断裂面三维总面积关系 ········· 38

第4章　材料组成对水泥混凝土开裂的影响 ·················· 44

4.1　材料组成对水泥净浆受限收缩开裂的影响 ············ 44

4.2　材料组成因素对混凝土抗裂性能的影响 ············· 52

4.3　常用外加剂对混凝土抗裂性能影响的试验研究 ········· 59

第5章　温度变化导致混凝土开裂的温度应力理论模拟研究 ·········· 70

5.1　理论依据 ···················· 70

5.2　不同因素对混凝土温度效应影响的数值算例 ··········· 73

5.3　结果分析 ···················· 75

第6章　湿度变化导致的水泥基材料收缩开裂研究 ·············· 81

6.1　不同养护条件下水泥基材料收缩性能的试验研究 ········ 81

6.2　不同养护条件下水泥基材料内部相对湿度的研究 ········ 84

6.3　内部环境湿度变化对水泥基材料微观收缩及开裂的影响 ····· 89

第7章　荷载作用下水泥基材料开裂过程的新型检测方法 ··········· 95

7.1　水泥基材料的开裂过程的交流阻抗研究 ············ 95

7.2　水泥基材料开裂过程的超声波脉冲法研究 ··········· 98

第8章 荷载作用下二次衬砌混凝土结构的开裂研究 ································ 101

8.1 二次衬砌模型的制作 ··· 101

8.2 二次衬砌结构模型的有限元分析 ··· 115

参考文献 ··· 123

第二篇 混凝土渗透原理及改善方法

第9章 混凝土渗透原理及改善方法概述 ··· 131

9.1 硫酸盐作用下混凝土的渗透性研究现状 ··· 132

9.2 混凝土中氯离子的传输与破坏 ··· 134

9.3 氯盐环境下混凝土中钢筋锈蚀原理、检测方法与研究现状 ············· 139

9.4 现状与不足 ·· 146

第10章 氯离子在混凝土中的渗透性研究 ·· 147

10.1 氯离子渗透性试验 ··· 147

10.2 混凝土渗透性与孔结构关系的研究 ··· 152

第11章 硫酸盐在混凝土中的渗透性研究 ·· 157

11.1 试验方案设计 ·· 157

11.2 试验结果及分析 ·· 159

第12章 多因素耦合作用下混凝土中钢筋锈蚀的试验研究 ················· 164

12.1 试验材料及试验配合比 ·· 164

12.2 试验方案 ·· 165

12.3 氯盐和荷载耦合作用下混凝土中钢筋锈蚀研究 ································· 168

12.4 硫酸盐和荷载耦合作用下混凝土中钢筋锈蚀研究 ······························ 174

12.5 不同浸泡状态下混凝土中钢筋锈蚀的研究 ······································· 184

12.6 疲劳荷载作用下混凝土中钢筋锈蚀的研究 ······································· 187

12.7 钢筋锈蚀膨胀时的应力应变 ··· 191

第13章 锈蚀钢筋混凝土构件承载力评估 ·· 199

13.1 锈蚀钢筋混凝土构件的破坏模式 ··· 199

13.2 锈蚀开裂前钢筋混凝土构件承载力评估 ··· 200

13.3 锈蚀开裂后钢筋混凝土构件承载力评估 ··· 202

第14章 地下工程钢筋混凝土结构寿命预测模型 ·································· 208

14.1 多因素作用下钢筋混凝土中氯离子扩散模型的建立 ························· 208

14.2 不同裂缝控制等级时构件的寿命预测 ··· 217

参考文献 ··· 226

第三篇 混凝土防护修补材料与高性能混凝土工程实践

第15章 修补防护材料与方法简介 ··· 231

15.1 混凝土裂缝修补技术 ·· 231

15.2　混凝土裂缝修补材料 ……………………………………………………… 233

15.3　环氧树脂灌浆材料 ………………………………………………………… 234

15.4　聚合物改性水泥砂浆 ……………………………………………………… 235

第 16 章　环氧灌浆材料的制备与性能研究 ……………………………… 240

16.1　试验原材料 ………………………………………………………………… 240

16.2　环氧灌浆材料的制备 ……………………………………………………… 241

16.3　环氧树脂灌浆材料性能测试方法 ………………………………………… 241

16.4　裂缝修补灌浆材料的性能研究 …………………………………………… 242

第 17 章　裂缝修补材料灌注带缝混凝土的强度试验研究 ……………… 248

17.1　带缝混凝土试件制备 ……………………………………………………… 248

17.2　模拟灌浆 …………………………………………………………………… 248

17.3　试验测试方法 ……………………………………………………………… 250

17.4　结果分析 …………………………………………………………………… 250

第 18 章　裂缝修补材料灌注带缝混凝土的灌注饱和度检测 …………… 254

18.1　灌浆修补效果的渗水试验检测 …………………………………………… 254

18.2　灌浆修补效果的超声波检测 ……………………………………………… 255

18.3　渗水试验结果及分析 ……………………………………………………… 258

第 19 章　聚合物修补砂浆的制备与性能研究 …………………………… 261

19.1　修补砂浆制备 ……………………………………………………………… 261

19.2　修补砂浆的工作性 ………………………………………………………… 267

19.3　修补砂浆的抗压强度和抗折强度 ………………………………………… 268

19.4　修补砂浆的劈裂抗拉强度 ………………………………………………… 269

19.5　修补砂浆的轴向拉伸性能 ………………………………………………… 270

19.6　修补砂浆的黏结性能 ……………………………………………………… 271

19.7　修补砂浆的收缩性能 ……………………………………………………… 272

第 20 章　修补砂浆在混凝土构件中的应用研究 ………………………… 274

20.1　试验原材料及配比 ………………………………………………………… 274

20.2　修补厚度对修补效果的影响 ……………………………………………… 274

20.3　修补界面方位对黏结强度的影响 ………………………………………… 280

20.4　错台结构修补试验 ………………………………………………………… 282

第 21 章　水泥基渗透结晶材料的研制 …………………………………… 285

21.1　CCCW 防水机理简介 ……………………………………………………… 285

21.2　试验方法 …………………………………………………………………… 286

21.3　活性物质的优化试验研究 ………………………………………………… 287

21.4　CCCW 配方优化试验 ……………………………………………………… 290

21.5　CCCW 性能测试 …………………………………………………………… 294

21.6　自修复性能试验 …………………………………………………………… 298

第 22 章　受损钢筋混凝土的修补及其耐久性 …………………………… 299

22.1　试验过程 …………………………………………………………………… 299

22.2 试验结果及分析 ·· 302

22.3 修补方法的改进建议 ··· 306

第 23 章　抗渗裂高性能混凝土工程实践 ··························· 307

23.1 混凝土关键性能对材料组成的要求 ······························ 307

23.2 低温升抗裂大体积混凝土 ··· 309

23.3 外包钢管的 C30 抗裂混凝土 ·· 316

23.4 C80 高抛自密实微膨胀钢管混凝土 ································· 320

参考文献 ··· 325

第一篇

混凝土开裂原理及改善方法

第1章
混凝土开裂原理及
改善方法概述

1.1 研 究 意 义

众多建筑材料中,水泥混凝土是土木工程中运用最广泛的人工材料。但是水泥混凝土容易开裂,造成工程结构服役寿命降低。例如有的公路桥梁使用 3～5 年后就出现破损,个别的建成后尚未投入使用已需要维修,甚至边建边修的情况也时有发生。中国工程院调研报告表明,我国每年土建工程仅因钢筋混凝土结构的过早失效造成的直接经济损失超过1000 亿元。

水泥混凝土是由粗细骨料、水泥水化产物、未水化的水泥颗粒、水及气孔等组成的复合胶凝材料体。水泥混凝土在水化硬化的过程中,会形成一些原生固有缺陷,包括原生的凝胶孔、毛细孔及早期非受力变形所造成的微裂缝等,这些缺陷是水泥混凝土后来出现宏观性能缺陷的重要原因[1-1]。混凝土浇筑成型后,即使未承受荷载,内部也存在微裂缝。主要原因有二:一方面混凝土是由水泥浆体硬化后的水泥石与骨料组成,它们的物理力学性能并不一致,水泥浆体硬化后收缩值较大,而混凝土中的骨料则限制了水泥浆体的自由收缩,这种约束作用使混凝土内部从硬化开始就容易在骨料与水泥浆体的黏结面上出现了微裂缝;另一方面混凝土成型后由于泌水作用,某些上升的水分为粗骨料所阻止,因而其被聚积在粗骨料的下缘,混凝土硬化后就成为界面裂缝。当荷载或变形引起的拉应力没有达到极限抗拉强度时,这些裂缝是稳定的。只有当外力或变形过大时,这些存在于界面上的微裂缝才会发展成为宏观裂缝[1-2],[1-3]。

裂缝的存在会降低混凝土的密实性、抗渗性、抗冻性、强度和表观密度,当裂纹与水相通时会导致漏水,轻则影响建筑物的美观,重则影响结构物的整体强度,降低结构物的使用寿命,危害建筑物的安全运行。因此,裂缝的形成机理及防治一直是混凝土工程领域的重要课题。

1.2 国内外研究现状

1.2.1 混凝土收缩开裂机理

混凝土收缩是指混凝土在凝结硬化过程中和外界环境作用下，由于混凝土内部水分变化、化学反应和温度变化等而引起的体积收缩。当混凝土的收缩受到一定的约束，很容易导致混凝土开裂，这种开裂现象即为混凝土的收缩开裂。目前混凝土的收缩开裂主要分为塑性收缩开裂、自收缩开裂、干燥收缩开裂、温度收缩开裂和碳化收缩开裂五大类。

1.2.1.1 塑性收缩开裂

早在 1942 年 Swayze[1-4]提出塑性收缩的概念，目前 ACI（The American Concrete Institute，美国混凝土协会）将混凝土的塑性收缩定义为"发生在混凝土凝结前的收缩"。

混凝土塑性收缩是指混凝土由于表面失水而产生的收缩，主要发生在混凝土硬化前的塑性阶段。在混凝土浇筑几个小时内，混凝土外表面的水分会从水泥浆体蒸发出去，因此浆体孔隙内部形成的弯月面形状复杂，进一步会产生毛细管负压，使水泥浆体的体积发生收缩[1-5]，但此时混凝土自身的抗拉强度很低，所以当负压引起的收缩应力大于混凝土的抗拉强度时，

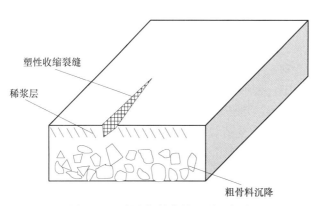

混凝土外表面就会出现开裂现象。开裂现象在混凝土养护期间的前几个小时内会越来越严重，裂缝的数目、长度及最大裂缝宽度都有一定的发展，一直持续到混凝土初凝时为止。裂缝的宽度0.01～3mm，长度不等，裂缝深度不深，开裂都发生在混凝土暴露在外的较薄的砂浆层内，如图 1-1 所示，因此将这类裂缝称为塑性收缩裂缝[1-6]。塑性收缩裂缝的产生受外界温度、湿度、风速的影响，也同时受到混凝土本身温度和泌水性的影响。

图 1-1　混凝土塑性收缩开裂示意图

1.2.1.2 混凝土自收缩开裂

Lyman 在 1934 年将自收缩定义为非温度或水分扩散的原因而导致的收缩[1-7]。随后，Davis[1-8]发现混凝土在质量和温度没有任何变化的前提下自身体积能够发生收缩。

混凝土自收缩是指在自身温度不变和外界无水分交换的条件下，硬化过程中宏观的体积减小。它不仅在混凝土表面发生，在其内部也均匀地发生。一般认为，混凝土自收缩是混凝土中水泥水化后的产物体积小于水化前的体积造成的，其作用机理为水泥在水化过程中形成了大量的微细孔结构，同时由于水化作用，自由水的含量会逐渐降低，内部的相对湿度也会随之降低，从而会在毛细孔水中形成复杂的弯月面，在混凝土内部空隙中会产生毛细管张力，在混凝土硬化过程中毛细管张力会越来越大，当混凝土终凝后，毛细管张力会让混凝土的宏

观体积发生收缩。采取阻止其水分扩散到外部环境的措施并不能有效降低自收缩[1-9]。

自收缩主要发生的时间是混凝土凝结硬化后几周内，尤其是开始凝结硬化后的几天。影响混凝土自收缩因素有很多，如水胶比、水泥和掺合料的化学成分和种类、粗细骨料级配及用量、养护条件等。由于测试方法不同而导致的测定自收缩值有很大差别，在测量自收缩时，应该从混凝土开始凝结就将试件密封并开始测量[1-10]。

1.2.1.3   混凝土干燥收缩开裂

干燥收缩指在混凝土停止养护后，其内部毛细孔和凝胶孔中的吸附水散失到空气中而引起的收缩，干燥收缩是一种不可逆的收缩，其产生的根本原因是因为 C-S-H 中水分布的变化以及 C-S-H 粒子间黏结的变化，致使 C-S-H 粒子产生重新排列，进而产生的收缩。影响混凝土干燥的因素很多，如 C-S-H 颗粒的高分散度，水泥石中毛细管孔网络的高孔隙率以及 C-S-H 凝胶中的范德华力等。随着湿度的降低，干燥收缩增加，但是不同相对湿度内，干燥收缩的变化规律并不相同[1-11]，如图 1-2 所示。

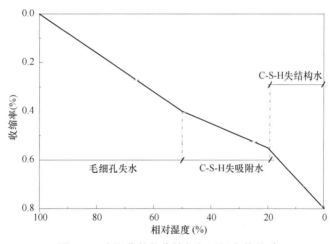

图 1-2   水泥浆体的收缩与相对湿度的关系

对于混凝土的干燥收缩解释有很多种，目前已经被普遍认同和接受的学说包括毛细管张力学说、拆开压力学说和凝胶体颗粒表面能变化学说。

毛细管张力学说认为，平面状态的水的饱和蒸汽压取决于温度，而硬化水泥石内部的毛细孔水由于液面成曲面，比平面下水的饱和蒸汽压低。毛细管负压是平液面水的饱和蒸汽压与弯液面水的饱和蒸汽压之差。因为混凝土是亲水性材料，水泥能被完全润湿，所以水与毛细孔壁的接触角 $\theta = 0$。根据 Laplace 方程能计算出附加压力为：

$$\Delta P = \frac{2\sigma \cos \theta}{r} \tag{1-1}$$

式中 ΔP ——毛细孔中弯曲液体表面下的附加压力；

σ ——毛细孔中液体的表面张力；

θ ——毛细孔中液体与毛细孔壁的接触角（此时 $\theta = 0$）；

r ——毛细孔半径。

同时由 Kelvin 公式可知，当混凝土所处的环境相对比较干燥时，在其中形成临界半径 r

越来越小，毛细管负压增大。负压作用使水泥石产生收缩。当相对湿度降到更低时，毛细管负压引起的应力迅速增大，从而导致更大的干燥收缩[1-10]。

$$\frac{M}{\rho} \times \frac{2\sigma}{r}\cos\theta = RT\ln\frac{p_0}{p_r} \qquad (1-2)$$

式中　　M——水的分子量；

　　　　ρ——水的密度；

　　　　R——气体常数；

　　　　T——绝对温度；

　　　　σ——水的表面张力；

　　　　r——毛细管半径；

　　　　p_0——正常蒸汽压；

　　　　p_r——与液相平衡的蒸汽分压。

拆开压力学说是指由于水泥石中的凝胶体存在范德华力，致使其能吸附周围的凝胶颗粒，并且接触密实。当凝胶体表面吸附水之后，会产生拆开压力。吸附水膜的厚度越厚，拆开压力也越大，当其超过范德华力时，会迫使凝胶颗粒分开产生膨胀。与此相反的是，空气干燥时，吸附的水膜厚度很薄，拆开力也会减小，范德华力使凝胶颗粒接触的更加紧密，从而就产生收缩[1-11]。

表面自由能理论认为凝胶颗粒表面自由能随湿度的变化会引起体积的收缩。当固体微粒表面吸附一层水膜时，在水的表面张力作用下固体微粒受压强[1-12]，见式（1-3）。

$$p_{sc} = \frac{2\sigma S}{3} \qquad (1-3)$$

式中　　p_{sc}——固体微粒表面所受压强，Pa；

　　　　σ——水的表面自由能，J/m；

　　　　S——固体的比表面积，m²/g。

C-S-H 凝胶体具有很大的比表面积 S，因此表面自由能 σ 的变化可引起 p_{sc} 较大变化，从而使凝胶体系发生体积变化。相对湿度在 20%～50%，σ 随相对湿度的变化而变化。而相对湿度较大时，由于凝胶体颗粒表面吸附多层吸附水，故产生的压力极小[1-10]。如果混凝土受到约束，则发生干燥收缩时将会产生约束拉应力。当其超过混凝土的抗拉强度时，混凝土就会发生开裂现象。

1.2.2　水泥基材料内部裂缝的宏观研究方法

随着工程建设技术的持续发展，人们对工程质量日益关注，无损检测技术在建设工程尤其是混凝土结构工程中起着越来越重要的作用。它不仅已经成为工程事故的检测和分析手段之一，而且正在成为工程质量控制和构筑物使用过程中可靠性监控的一种有力工具。可以说，无损检测技术应用的深度及广度，将成为衡量建筑技术发展水平的重要指标之一。但是目前常用的无损检测方法只能检测到较浅范围（20～30cm）内的裂缝，范围有限，且至今还没有一种方法能实现实时在线监测混凝土内部裂缝缺陷动态变化情况。

目前普遍采用的混凝土缺陷的无损检测方法主要有超声脉冲法、脉冲回波法、雷达扫描法、红外热谱法、声发射法和光纤传感检测等[1-13]。

（1）超声脉冲法检测内部缺陷可以分为穿透法和反射法。穿透法是根据超声脉冲穿过混凝土时，在缺陷区的声时、波高、波形等参数所发生的变化来判断缺陷的，因此它只能在结构物的两个相对面上进行检测或在同一个面上平测。目前超声脉冲穿透法已经较为成熟，并普遍用于工程实测中，我国也已经编制了相应的技术规程。反射法则是根据超声脉冲在缺陷表面产生反射波的现象对缺陷进行判断。由于它不必像穿透法那样在两个相对测试面上进行，因此对某些只能在一个测试面上检测的结构物（如球罐等密闭容器、护壁、路面等）具有特殊意义。就目前来说，超声脉冲法检测多用于裂缝位置已知的情况。

（2）脉冲回波法是一种首先采用落球、锤击等方法在被测物中产生应力波，然后用传感器接收回波，进而用时域或频域方法分析回波反射位置，以判断混凝土中的缺陷位置。其特点是击力足以产生较强的回波，因而可检测较大的构件，如深度达数十米的基桩等。另外只要适当调整激励频谱，也可测试厚度数厘米的板。但其缺点是对混凝土内部纵向尺度较小的缺陷体的下界面难于分辨。

（3）雷达扫描法所利用的是电磁波反射的原理，其特点是可以迅速地对被测结构进行扫描，适用于道路、机场等结构物的大面积快速扫描。但由于其仪器价格昂贵，且受钢筋低阻屏蔽的影响较大，实际应用受到一定的限制。另外其工作量比较大，要求相邻两种物质的介电常数相差较大，且探测深度有限，无法进行实时监测。

（4）红外热谱法是一种测量或记录混凝土结构热发射的方法，当混凝土中存在缺陷时，缺陷区的热传导将会受到阻抑，因而可判断缺陷的位置和大小。但是由于受红外线穿透能力的限制，对于混凝土深层的内部缺陷难以检测。

（5）声发射法是利用混凝土受力时因内部微区破坏而发声的现象，根据声发射信号分析混凝土损伤程度的一种方法。这种方法常用于混凝土受力破坏过程的监视，用以确定混凝土的受力历史和损伤程度。

（6）光纤传感检测法，须预先埋入光纤，且只能检测埋入光纤位置处的裂缝，在实际工程应用中环境条件对精密纤细的光纤测量的长期有效性影响很大。

1.2.3　水泥基材料收缩开裂的微观研究方法

电子显微镜是研究水泥基材料微观收缩开裂的有力工具，人们可以借助电子显微镜直接观察到水化产物的形貌及其产生收缩和开裂的形态。常用于水泥基材料微观研究的电子显微镜有透射电镜、扫描电镜、高压透射电镜和扫描透射电镜等。

透射电子显微镜（TEM）和扫描电子显微镜（SEM）是较为常用的方法，但对这两者来说样品的制备过程都比较复杂，并有可能破坏样品。例如，TEM 必须将试样制备的很薄以获得足够的电子透明度，但这样会使样品的显微结构遭到破坏，并且有可能会引起产物的变化。SEM 所用样品必须保持干燥并在表面镀上导电层（金或碳）以防止观察时发生表面放电现象。干燥样品有时会使其微结构失真而镀导电层则往往会掩盖样品表面的精细结构[1-14]。此外，在 TEM 和 SEM 观察过程中，由于样品受高真空条件下电子束轰击，也可能受到破坏。样品制备和观察过程中的高真空度决定了 TEM 和 SEM 无法用于连续观察水泥水化硬化过程中的微观收缩开裂。

电子显微技术的进步使原位观察湿态样品成为可能。环境扫描电镜（ESEM）采用多级真空系统、气体二次电子信号探测器等独特设计，观察不导电样品不需要镀导电膜，可以在控制温度、压力、相对湿度和低真空度的条件下进行观察，减少了样品的干燥损伤和真空损伤，这些改进使 ESEM 显著区别于传统的电子显微技术。ESEM 非常适用于连续观察水泥水化过程中的微观收缩开裂。

图 1-3 是 J.Bisschop[1-15]利用 ESEM 观测同一位置不同湿度下混凝土界面处微裂缝的变化情况。试验发现，湿度在 90%～100%时没有看到任何微裂缝，甚至将湿度缓慢降到 70%时仍然没有发现裂缝［见图 1-3（a）］。但是，当湿度降低到 13%时二次自收缩微裂缝在几秒内就出现了［见图 1-3（b）］。由此可推知，SEM 观测到的裂缝不一定是它的原始形貌，而有可能是在制样和观测过程中产生的，因此采用 ESEM 对裂缝尤其是水泥水化早期的微裂缝进行观测更科学也更真实。

 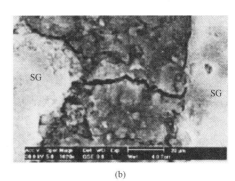

(a)　　　　　　　　　　　　　　　　(b)

图 1-3　微裂缝的照片

（a）相对湿度 70%，温度 3℃；（b）相对湿度 13%，温度 30℃

1.2.4　水泥基材料收缩开裂的宏观试验方法

混凝土的收缩在时间上是连续的，并没有客观存在的分水岭，因此早期收缩和后期收缩的划分必然也是主观的。最近，一些研究者已经将收缩试验的研究提前到了混凝土由半液体向骨架形成阶段[1-16]。此外，还有把混凝土从浇筑到温度稳定这段时间称为早期[1-17]。

目前国内测量混凝土收缩所依据的标准是 GB/T 50082—2009《普通混凝土长期性能和耐久性能试验方法标准》中的接触法。该方法指出，在测量收缩前，试件应带模养护 1～2d，再在标准养护室中养护到 3d 龄期。因此，早期收缩无法依据该方法测量。国内外已经针对早期收缩的特点提出了多种试验方法，大致可以分成自由收缩试验方法和受限收缩试验方法两大类。一般认为自由收缩的测量方法可以获得不同混凝土试件的收缩值，用于定性地分析混凝土抗裂性的优劣，但自由收缩测量的结果不能定量分析收缩对结构的影响，而受限收缩试验除了分析开裂趋势外，还可以进一步量化分析收缩对结构造成的影响。但是实际工程中结构是多样化的，目前还没有一种受限收缩试验具有普遍适应性。

日本的 Tazawa[1-18]~[1-20]将混凝土自收缩测量分成两个部分测定，即拆模前的收缩测定与拆模后的测定。图 1-4 给出了拆模前带模测定混凝

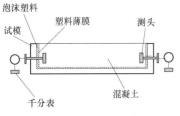

图 1-4　Tazawa 的混凝土早期自收缩测定示意图

土收缩的示意图[1-19]。混凝土终凝后拆模，立即用薄铝胶带密封，并测定基准长度后转入塑料袋内养护，龄期至 3d、7d、14d、28d 时取出来用混凝土收缩测定仪测定收缩。Tazawa 的方法很好地解决了早期混凝土尚无足够强度时的收缩测定。

但是 Tazawa 的方法仍存在一些问题，在采用混凝土收缩测定仪测定混凝土收缩的试验过程时，埋入混凝土中的测头与收缩测定仪的测头在每次测量中，难以保证基准长度和对中方向的一致，因此会产生一定的测量误差，国内安明哲[1-21]等人对 Tazawa 的方法提出了相应的改进方法。测定装置由混凝土密封试模、千分表架及温度测定仪三部分组成，如图 1-5 所示。混凝土浇入试模后立即密封试模，带模测定自收缩，测量仪器包括密封试模、千分表架以及温度测定装置，这种方法解决了自收缩测定中的部分难题，但操作比较繁琐。

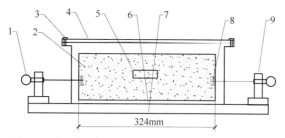

图 1-5　安明哲采用的混凝土自收缩测试装置示意图

1—千分表；2—混凝土；3—紧固螺钉；4—密封板；5—热电阻；6—特富纶板；7—底板；8—测头；9—支架立柱

还有研究[1-22]采用高精度 LVDT（线性可变示差传感器）测定混凝土早期收缩。按照 LVDT 与混凝土的接触方式不一样，有以下几种，如图 1-6 所示。

嵌入式基本方法是在棱柱体模具中放置两根竖向金属杆，金属杆顶端与 LVDT 相连，用杆顶端的水平位移来反映混凝土收缩量值的大小。各种方法也存在一些问题，例如嵌入式方法受混凝土的沉实和自重的影响会对杆支座会产生压应力，可能

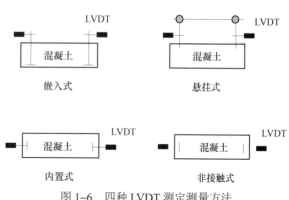

图 1-6　四种 LVDT 测定测量方法

引起金属杆转动而给测量带来较大误差；悬挂式基本方法是将金属杆通过支座和横轴挂在混凝土试件上方，不能完全解决混凝土沉实的影响；内置式基本方法是利用置于试件中部的 LVDT 来量测收缩，混凝土沉实对 LVDT 会产生竖向压力，也会给水平方向的测量带来误差；非接触式基本方法是采用不需接触的传感器，比如利用预埋在试件中的金属反射体产生的反射脉冲来测量混凝土收缩，模具需由类似 PVC 塑料的对金属放射无影响的材料组成。巴恒静等[1-23]提出了一种非接触感应式混凝土早期自收缩测量方法，该方法是通过改变传感器的输出电压值反映出传感器端头与测头之间距离的变化。Radocea[1-24]通过在混凝土试件两端分别埋入两个线性差动位移传感器监测混凝土早期体积的变形，以测量混凝土的早龄期自收缩。Serge Lepage 等[1-25]在混凝土中埋入线振仪，线振仪里面包含一个金属弦，其共振频率与弦所受压力有一定函数关系，从而通过电磁激振器测量线振仪的共振频率随时间的变化反映混凝土的体积变化。上述这些早期收缩试验方法多数是针对混凝土早期自收缩的，这些装置测量

的准确性和灵敏度很大程度上取决于所选用的传感器。

1.2.5　受限约束收缩开裂的测试方法

我国目前关于混凝土受限收缩开裂的宏观实验方法主要分为三类：平板法、圆环法及棱柱体法。

1. 平板式限制收缩开裂试验方法（平板法）

国外关于采用平板法测试混凝土收缩开裂主要有以下两种。

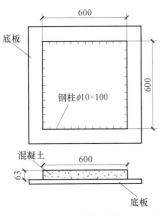

图 1-7　kraai 采用的平板法试件

（1）一种是由美国圣约瑟（San Jose）大学的 kraai[1-26]提出，如图 1-7 所示。该试验装置的试模尺寸为 610mm×914mm×19mm，装置只适应于研究砂浆和筛出石子后的混凝土的抗裂性能。其约束由放置在周边的 L 形钢筋网提供约束，试模底面铺一层塑料薄膜，降低由于摩擦而引起的试验误差。试件浇筑后，用太阳灯照射的同时用电风扇吹其表面，24h 后测量裂缝的长度和宽度。

（2）另外一种是美国密西根州立大学 Parviz Soroushian[1-27]等人采用了一种弯起波浪形薄钢板提供约束的平板式试验装置。该试模尺寸为 560mm×365mm×114mm，试验时，混凝土上表面外露，同时保持上表面风速为 9.5m/s，环境温度为 37℃，相对湿度 40%，持续 3h，记录裂缝宽度和长度。试验装置中的单槽能够诱导裂缝出现，让试验结果更加的明显，在分析时采用一些必要的图像分析和处理方法，可以对混凝土的抗裂性能进行一定程度的评价。

平板法具有操作简单的特点，能够在短时间内测试混凝土和砂浆的塑性干缩性能。但试件尺寸、材料特性、配筋情况、环境状况等对实验结果有较大的影响[1-28]。由于混凝土受到部分的、不均匀的约束，在试验的准确程度上有一定的弊端，且不易和其他方法进行统一比较。

2. 圆环式限制收缩开裂试验方法（圆环法）

为了避免平板法只能提供不均匀约束这一缺陷，我国目前也广泛采用一种圆环限制收缩开裂试验方法。该方法由美国麻省理工学院的 Roy Carlson[1-29]于 1942 年提出，当时只是用来研究水泥净浆和砂浆的抗裂性能，装置示意图如图 1-8 所示。

试验装置主要由固定于木制底板上两个圆环构成，内环为钢制圆环和外环为聚乙烯模具，混凝土浇筑在两环之间，拆模后混

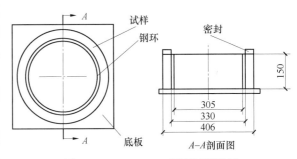

图 1-8　Roy Carlson 圆环试验装置

凝土试件的顶部用硅胶密封，只允许试件外表面收缩，用专门设计的显微镜测量裂缝宽度，所得结果是混凝土总收缩造成的裂缝宽度。

后来 Karl wiegrnk[1-30]和 McDonad[1-31]也采用了这套装置研究混凝土的抗裂性能，由于混凝土中存在粗细骨料，考虑到其级配和掺量的不同，试模的尺寸有了较大的改动，具体如

图 1-9 和图 1-10 所示。

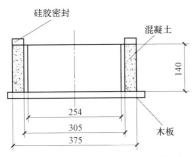

图 1-9　Karl wiegrnk 圆环试验装置

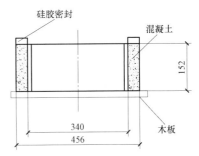

图 1-10　McDonad 圆环试验装置

上述两套改进的试验装置，在试验原理上和原装置完全一样，也认为收缩沿厚度方向是均匀的。测量指标和原装置一样也是混凝土总收缩引起的裂缝宽度。

大量研究[1-32]表明，用圆环法研究水泥浆和砂浆的抗裂性时，由于水泥浆和砂浆环能比较均匀地分布，浆体表面的水分蒸发一致，收缩沿环分布比较均匀，试验效果明显。但是用圆环法研究混凝土的抗裂性能时由于粗骨料的存在，混凝土环表面水分蒸发受到一定的抑制，试件各个位置的干燥程度不一致，从而导致了收缩沿环不均匀；再者，粗骨料对裂缝有一定的限制分散作用，使裂缝出现时间推迟，甚至不出现裂缝，不利于后期裂缝的观测及进一步的评价。

和平板法相比，圆环法给混凝土提供了完全均匀的约束，能比较有效地评价混凝土的抗裂性能。但是也有自身的弊端，即受到混凝土粗骨料对裂缝限制的影响，其测量的结果有很大的离散性。

3. 棱柱体式限制收缩开裂试验方法（棱柱体法）

除了上述两种方法外，在 20 世纪 60 年代，德国慕尼黑 Springenschmid[1-33]研制了一套开裂试验构架来研究混凝土的开裂趋势，装置如图 1-11 所示，并且由 RILEM-TC119 制定了开裂试验架的推荐性标准。

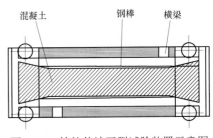

图 1-11　棱柱体法开裂试脸装置示意图

试验框架由两块钢横头组成，这两块横头通过热膨胀系数很低的纵向钢筋相连。混凝土试件硬化过程中，两块横头之间间距始终不变，以保证混凝土梁既不收缩也不膨胀。在开裂试验框架内浇筑和振捣混凝土拌和物，混凝土硬化过程中要防止其水分蒸发。试验过程中，在半绝热条件下混凝土温度升高，4d 之后开始人工降温，当纵向应力出现下跌时，则混凝土出现开裂。

这种装置虽然能提供很高的约束，但是约束程度却不得而知，在此基础上，法国学者 AM. Paillere 和 J J Serrano[1-34]首次开发了一种横梁可调节的试验装置，该装置的可调横梁与一个气压设施相连接，可以通过气压设施来控制横梁的活动。

随着计算机数字技术的不断发展，以色列的 Bloom 和 Bentur 通过监测可调横梁的位移，用计算机进行周期性的拉应力补偿进而实现 100% 的约束，从而可以明确知道混凝土的开裂时间[1-35]。

我国学者在此基础上也做了大量研究,清华大学林志海等人在 2002 年成功研制了国内第一台温度—应力试验机[1-36]，可以任意调节装置的约束度。

棱柱体单轴约束方法是一种很有前景的方法，可以用于评估由于温度作用而引起的开裂。但是其自身也有缺点，如轴向试件施加端部约束困难和易产生偏心。当采用计算机控制加载系统时，对系统的灵敏性和敏感性要求较高。

1.2.6　材料组成对水泥基材料开裂的影响

材料组成是影响水泥混凝土开裂的最重要因素，研究成果较多。

孙道胜等[1-37]研究了聚丙烯纤维和膨胀剂复合对砂浆塑性收缩裂缝的影响，结果显示，纤维与膨胀剂复合，在减少塑性收缩裂缝数量和细化裂缝两个方面均优于纤维或膨胀剂的单独作用，砂浆抵抗塑性收缩开裂能力显著提高。马一平等[1-38]研究了水泥品种、水泥强度等级、水胶比、灰砂比、细骨料的细度模数、粗细骨料比例、外加剂、混合材料品种及掺量等对砂浆塑性开裂性能的影响。翁家瑞等[1-39]研究了高性能混凝土的自收缩和干燥收缩，通过实验研究了不同掺量的粉煤灰对高性能混凝土的自收缩和干燥收缩的影响。实验结果表明，由于粉煤灰的滞后效应，用粉煤灰替代部分水泥可以减少高性能混凝土的自收缩和干燥收缩。刘立等[1-40]研究了硅灰、磨细矿粉、膨胀剂、粉煤灰等矿物外加剂对混凝土收缩开裂的影响。何真[1-41]研究了粉煤灰对水泥砂浆早期电学行为与开裂敏感性的影响，采用新型非接触式电阻率测定仪和椭圆环收缩开裂试验装置，分别测试了粉煤灰复合水泥浆体早期电阻率及粉煤灰复合水泥砂浆的初始开裂时间。结果表明，掺粉煤灰的水泥基材料早期电阻率变化与其水化过程和微结构形成以及开裂敏感性有着密切联系，粉煤灰的延迟水化硬化作用降低了砂浆的早期开裂敏感性。张云莲[1-42]和年明等[1-43]都研究了掺加膨胀剂混凝土的收缩开裂性，研究表明掺加适量膨胀剂可补偿混凝土的收缩，使混凝土结构达到较好的裂渗控制效果，并讨论了补偿收缩混凝土及膨胀剂在应用中的一些问题等。朱耀台[1-44]研究了减水剂、减缩剂、膨胀剂和早期养护对混凝土早期收缩性能的影响，研究表明，早期养护对混凝土早期收缩性能影响很大，通过良好的早期养护，可避免绝大部分早龄期干缩，且对延缓自收缩开裂也有显著的作用。减水剂的掺入极大地增加了混凝土早龄期的干燥收缩，对自收缩也有增大趋势。H. Li 等[1-45]研究掺硅灰和矿粉对混凝土的早期拉伸徐变和收缩的影响。刘娟红等[1-46]对大掺量矿物细粉活性粉末混凝土收缩、钢纤维锈蚀、抗碳化性能、抗氯离子渗透等性能进行了试验研究，通过孔结构和扫描电镜实验对其微结构进行分析。结果表明，大掺量矿物细粉活性粉末混凝土的早期收缩小、抗钢纤维锈蚀、抗碳化、抗氯离子渗透等性能好。Parviz Soroushian[1-27]研究了纤维对混凝土的抗裂增强作用。吕林女[1-47]采用无机增强阻裂材料和有机减水保塑憎水阻孔外加剂复合的技术路线研制了高性能阻裂抗渗外加剂。崔自治[1-48]试验研究了粉煤灰掺量对混凝土抗拉性能的影响，研究表明掺加粉煤灰能提高混凝土的抗拉强度和极限拉应变，提高混凝土抵抗干缩、自收缩和温度收缩裂缝的能力，整体上使混凝土的抗裂能力提高，但使混凝土抵抗塑性收缩裂缝的能力降低。

1.2.7　材料内部相对湿度对收缩裂缝影响的研究现状

混凝土孔隙中的自由水分含量会随着混凝土龄期的增加而逐渐消耗，不仅会导致质量的改变及体积变形，而且当环境相对湿度低于混凝土内部相对湿度时，混凝土内部的水分由于扩散到空气中而损失，还会发生收缩。早期产生的自干燥以及自收缩时，容易使混凝土发生早期开裂[1-48],[1-49]，并且自干燥现象是低水胶比混凝土早期常见的现象[1-50]~[1-53]。当混凝土收缩受到约束时产生拉应力，容易引起混凝土结构开裂。作为影响混凝土收缩程度的主要因素，混凝土结构内部的水分含量及其分布研究，对于计算收缩引起的收缩裂缝具有理论与实践意义[1-54]~[1-56]。

目前主要采用数字式温湿度传感器测量混凝土内部相对湿度的变化情况。清华大学黄瑜等[1-57]采用数字式温湿度传感器，研究早龄期普通与高强混凝土内部湿度随浇筑龄期的发展规律。侯景鹏等[1-58]基于新型温湿度一体数字传感器，进行 C30 普通混凝土和 C60 高性能混凝土非标准干燥收缩实验。

研究有关湿度变化的水泥基材料范围非常广泛，几乎囊括了所有类型的水泥基材料。主要包括普通与高强混凝土、不同水胶比、掺加硅灰、粉煤灰、预湿轻骨料混凝土、不同浆体体积含量、磨细矿渣粉、掺加纤维等。A. Bentur 等[1-35]在混凝土中掺加经过预湿处理的轻骨料，在降低混凝土的自收缩方面取得了一定成效。黄瑜[1-57]研究了一般室内环境条件下，早龄期普通与高强混凝土内部相对湿度随浇筑龄期的发展规律。蒋正武[1-59],[1-60]研究了不同养护条件下，水胶比、硅灰与磨细矿渣粉对水泥浆体的相对湿度变化，并认为水泥矿物继续水化引起毛细孔中可蒸发水含量下降是产生自干燥效应的主要原因，建立了相对湿度变化与自收缩的线性相关关系。王发洲等[1-61],[1-62]利用轻骨料和 SPA，配制出预湿轻骨料，明显提高了混凝土早龄期的内部相对湿度，缓解了混凝土的早期自干燥现象，同时还证明了粉煤灰的加入可延缓低水胶比混凝土早期内部相对湿度的下降过程。侯景鹏[1-58]进行了 C30 普通混凝土和 C60 高性能混凝土非标准干燥收缩实验，测试了高性能混凝土内部不同位置的内部相对湿度，并认为混凝土干燥收缩受其内部相对湿度变化的影响非常大，湿度变化是干燥收缩的驱动力之一，利用回归理论，建立二者的定量线性关系。Andrade 等[1-63]测量了室外环境中的成熟混凝土内部相对湿度和温度的变化，得到了成熟混凝土内部湿度和温度随浇筑龄期的发展规律。Parrott[1-64]和 Nilsson 等[1-65],[1-66]对于暴露在自然环境或海水中的混凝土试件内部的相对湿度进行试验检测，分析了暴露在自然环境中或海水中的混凝土试件内部相对湿度的变化规律。

1.2.8　特殊条件下混凝土开裂研究现状

1. 大温差干燥环境对空心薄壁混凝土墩开裂的影响

（1）环境特征。我国西部地区自然环境复杂，其中西南部分地区和青藏高原属于高山寒带环境；西北部地区环境以干旱少雨为主，早晚温差大，夏季炎热，冬季寒冷，紫外线辐射较沿海地区高。据相关资料分析[1-67]，新疆南部的沙漠地带年降水量小于 10mL，同时有着较为漫长的冰冻期，局部地区还低至零下 30℃，日温差曾达到 35.8℃，地面温度最高曾达到82.3℃。内蒙古自治区东部气象资料表明[1-68]，该地区的年总降水量是全国平均值的 56.5%；气温变化较剧烈、高低温度差距较为悬殊，极限温差甚至可达 70℃ 以上，部分时间该地区一天之内温度变化幅度均可超过 20℃。西部地区普遍的环境特点为高寒、温差大、多风、紫外线辐射强、干旱等。

（2）混凝土材料微结构。为了探讨严酷环境下混凝土性能，余安明等对干燥大温差条件下混凝土界面过渡区的研究表明[1-69]：干燥大温差环境使混凝土界面过渡区的微观结构疏松，孔隙率提高，与骨料的黏结减弱并存在明显的界面缝。干燥大温差环境下混凝土界面过渡区微观结构变化可对混凝土宏观力学性能带来显著的负面影响。王树和等[1-70]针对我国新疆、内蒙古、西藏等部分地区常年干燥大温差的严酷环境特点，对该条件下混凝土表面裂缝损伤进行研究，通过试验表明大温差环境条件下混凝土中水泥基材料主要组成相的热变形性能在大温差作用下存在一定的差异性，在热循环作用下骨料周围的过渡区会产生不均匀热应力导致微裂缝，反复热循环作用可扩展为表面微裂缝，经分析发现在干燥、大温差和风蚀等条件下会发展为表面开裂剥落，理论研究和西部严酷环境下的混凝土结构的工程实践结果吻合。

（3）混凝土结构温度场。关于太阳辐射、气温、风速等因素对混凝土桥梁结构温度场的影响规律研究主要包括：自 20 世纪 50 年代末，铁道部大桥工程局对实体桥墩温度场分布规律作了具体调查研究，铁道部第四勘察设计院对空心薄壁桥墩的非线性温差进行了初步研究。20 世纪 60 年代，铁道部科学研究院和长沙铁道学院对预应力拼装式箱形桥墩进行了现场观测和模型试验，首次测定了混凝土结构的温度分布，证实了在空心桥墩中存在相当大的非线性温差。如在壁厚为 0.25m 的箱形薄壁空心桥墩中，当墩内外的气温差只有 2～3℃时，桥墩内外表面的温差可达 15℃以上，此研究开始了空心混凝土结构的温差荷载问题，引起了工程界的关注。自 20 世纪 70 年代中期起至 80 年代中期 JBJ 2—1985《铁路桥涵设计规范》出版，铁道部第四勘察设计院与铁道部科学研究院西南研究所、上海铁道学院等通过对水塔、壁板式柔性墩、烟囱等空心混凝土构筑物的观测和试验收集了大量资料，同时开展了箱梁、塔柱、斜缆等结构的资料收集和试验研究；在理论研究方面也取得了明显的进展，基本解决了混凝土桥梁的温度荷载与温度应力的理论计算问题。建立了简明的工程设计实用计算方法，并纳入 1986 年出版的 JBJ 2—1985。

20 世纪 80 年代刘兴发[1-71]结合我国混凝土桥梁工程实践对混凝土桥梁的温度分布进行了系统全面的总结，其将温度荷载总结分为日照温度变化、寒流降温、年温度变化以及水化热引起的结构温度变化等，对其作用机理和特性进行了分析，针对特定时刻的混凝土空心墩（包括箱型墩和圆形墩）进行了温度场分布的研究。

近年来薄壁高墩混凝土结构随着建筑技术的发展发生了显著的变化，即墩身的高度越来越高，随着高度的增加，温度对结构的影响越来越明显。在已有的理论研究和规范基础上，随着有限元方法发展及相关软件的普及，对薄壁高墩混凝土结构的有限元分析成果较多。简方梁和吴定俊[1-72]采用三维瞬态热—结构耦合场方法分析了高墩的日照温差效应，并引入地形系数概念，结合规范方法采用等效温度边界条件，对 104m 的薄壁墩（壁厚 0.65～1.735m）采用 ANSYS 软件进行了日照温差耦合分析。何义斌[1-73]以宜万铁路线上马水河桥为例，研究了 100m 以上混凝土空心高墩桥的温度场，采用全桥整体有限元分析和墩身局部子模型分析相结合的方法，考察多种温度工况下墩身中竖向应力、环向应力的分布情况。结果表明，墩高 100m 左右的混凝土空心高墩，在墩壁内外日照温差 30℃或陡然降温内外温差 8℃时，墩壁沿厚度方向竖向应力、环向应力梯度都较大；最大压应力可达 13MPa 以上，最大拉应力可达 4MPa 左右。陈志军等[1-74]采用热—结构耦合分析方法对水化热引起的空心薄壁墩的温度效应进行了分析，得到了空心墩的温度和应力随时间的变化规律，发现温度应力较大，最大可达到 6MPa。张亮亮、陈天地、赵亮等[1-75]-[1-78]以襄渝线牛角坪双线特大桥空心高墩为对象，对桥墩在水化热作用、日照和寒潮作用进行了试验研究和模拟分析。张文伟等[1-79]对箱型薄壁墩水化热温度场和典型气候条件下的温度场及其温度效应进行了研究。

综上所述我国在空心墩的温度场与温度应力方面已经作了很多有益的研究与探索，为以后的研究提供很好的理论依据。

（4）结构的影响。按照温度荷载的类型[1-71]，将西部地区温度荷载对空心薄壁混凝土结构的主要影响列于表 1-1。

表 1-1　　　　　　　　　西部地区温度对空心薄壁混凝土结构的影响

西部地区温度荷载类型	主要因素	温度变化结果	结构影响
水化热	混凝土水化热	内外温差大、壁内温度高	壁外拉应力大
日照温度	太阳辐射昼夜温差	内外温差大、沿外壁变化不均匀	局部应力大
寒流降温	温度急剧降低	内外温差大、壁外急剧降低	壁外拉应力大
年温度变化	年温差	收缩应力	整体位移

西部的复杂环境会对混凝土产生温度应力，已有的理论研究表明[1-80]：① 混凝土温度应力是一种自约束应力，应力和应变不再符合简单的虎克定律关系；② 出现应变小而应力大，应变大而应力小的情况，但是伯努力的平面变形规律仍然适用；③ 温度应力与平面变形后保留的温度应变及温度自由应变差成正比；④ 由于混凝土结构的温度荷载沿结构厚度方向的非线性分布，截面上温度应力分布具有明显的非线性特征；⑤ 混凝土结构的温度分布是瞬时变化的，具有明显的时间性。

2. 隧道衬砌混凝土开裂研究现状

如果按裂缝形成过程中的时间对裂缝进行分类，二次衬砌结构的裂缝大多属混凝土硬化前裂缝和硬化中裂缝。隧道衬砌裂缝的产生原因比较复杂，受前期设计情况、施工环境条件和施工工艺的综合影响。Toshihiro Asakura[1-81]通过对隧道衬砌的初期、中期检测，将衬砌裂缝的产生和治理分为三类情况进行了研究：① 围岩压力产生的裂缝；② 衬砌劣化产生的裂缝；③ 漏水和冻害产生的裂缝。关于隧道裂缝研究主要包括混凝土的材料内因研究及隧道结构服役时所受的围岩压力研究，如图 1-12 所示。

在衬砌混凝材料研究方面，乔艳静[1-82]研究

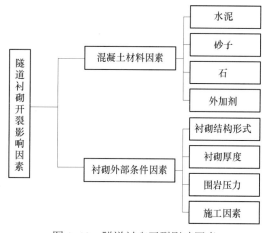

图 1-12　隧道衬砌开裂影响因素

了矿渣和粉煤灰混凝土开裂的影响，试验表明适量矿渣和粉煤灰能有效抑制混凝土的开裂。郑翯鹏[1-83]研究了高强与高性能混凝土抗裂性能，结果表明水胶比对高性能混凝土抗裂性能的影响较为显著。高志斌[1-84]研究了不同品种水泥，不同类别减水剂对混凝土早期收缩开裂性能影响，试验结果表明，比表面积小、C_3S 和 SO_3 含量高的水泥、聚羧酸系减水剂都能有效控制混凝土早期收缩开裂。Chiaia 等人[1-85]建立了隧道衬砌中纤维与钢筋混凝土之间的评价模型，通过这个模型可以相对准确预测裂缝产生的宽度、间距和深度。同时他们的其他研究[1-86]表明隧道衬砌钢筋混凝土在添加纤维后，混凝土抗拉强度得到很大提高。讨论了如何调节配筋率，让钢筋在纤维混凝土中也能得到充分的利用，提高衬砌混凝土的抗开裂性能。

　　许多学者还通过有限元模拟及模型试验，研究了围岩压力及其他应力变化对衬砌结构裂缝的影响。杨昌贤[1-87]通过 ANSYS 有限元软件，分别研究了侧压力系数和衬砌厚度对隧道结构变形和内力的影响。苏生[1-88]基于断裂力学和损伤力学理论方法，运用 Abuqas 有限元软件，考虑围岩、初衬与二衬之间接触条件，进行二衬混凝土结构裂缝参数敏感性分析，探索了隧道二衬裂缝产生机理和防治技术措施。罗彦斌[1-89]对温度场作用下的二次衬砌混凝土进行了受力分析，表明为了结构的安全，寒冷地带短隧道和长隧道的洞口段，其二次衬砌应该按照钢筋混凝土结构进行设计和施工。模型研究方面，由于偏压极易造成隧道衬砌开裂，钟新樵[1-90]进行了偏压隧道的衬砌模型试验，得出隧道形成偏压的主要影响因素为围岩、坡率、覆盖厚度、洞室形状尺寸及施工工艺。偏压情况下，围岩压力最初是以坡侧水平向为主的形变压力，后期慢慢发展为松散压力。程桦[1-91]通过对复合式隧道衬砌进行了模型试验研究，比较了不同形式的衬砌的变形、极限承载力以及破坏特征等。试验结果表明，曲墙式衬砌结构优于直墙式，曲墙式复合衬砌一般在拱肩至墙底处破坏；而直墙式复合衬砌破坏部位一般出现在拱肩与墙底两处附近。西南交通大学结合某实际工程，采用几何相似比为 1:25 的模型试验，重点研究了施工各个阶段和使用阶段的围岩及衬砌结构的力学行为，提出了低高跨比更利于支护结构体系稳定性。同时对设计的原结构进行了安全度评价[1-92]。唐志成等[1-93]采用 1:12 的几何相似比模型，在考虑管片之间的接头效应和管片与土体相互作用的情况下，研究了不同的拼装方式对管片结构力学行为的影响。

第2章
水泥基材料水化硬化
过程及微观结构研究

　　水泥基材料中存在连通的毛细孔结构，水泥基材料试件/外加电极体系实际上就是孔溶液/外加电极体系，因此可以使用交流阻抗谱法对孔结构进行研究。其基本原理是[1-94]：交流阻抗谱与水泥浆体材料的孔结构有密切的关系，交流阻抗谱的电化学参数可反映出材料组成对孔结构的影响。水泥净浆、砂浆和水泥浆体材料具有与水溶液体系相同的交流响应，它们的共同本质是体系中固液相界面处发生的法拉第过程。通过一些主要参数可以获得水泥基材料水化过程的机理以及硬化浆体的微观结构特征。

　　在水泥基材料试样的两个端面放上惰性的不锈钢电极，电极间施加各种不同频率的小振幅的正弦波电压信号，阻抗随频率变化的曲线即为交流阻抗谱。电场频率相同但相位不同，一般用复数阻抗 $Z(\omega)$ ，如下式所示：

$$Z(\omega) = Z'(\omega) - jZ''(\omega) \tag{2-1}$$

式中　　Z'——阻抗的实部；

　　　　Z''——阻抗的虚部；

　　　　j——虚数单位；

　　　　ω——角频率 $\omega = 2\pi f$　（f 为频率）。

$$|Z|^2 = Z'^2 + Z''^2$$

式中　　$|Z|$——阻抗的模值。

　　阻抗的表达式中含有所施加正弦信号的角频率，因此阻抗矢量将随角频率的变化而变化。文献［1-95］提出了用于等效电路模拟的水泥水化浆体层状模型，图 2-1 为简化的单层等效电路。

　　图 2-1 中主要参数包括 R_s、R_{ct} 和 C_d，各参数意义如下：

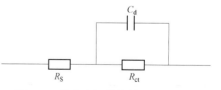

图 2-1　简化水泥浆体单层等效电路

　　R_s——孔溶液中电解质的电阻，在其他条件相同或相似的情况下，它与孔溶液中离子的总浓度和浆体的总孔隙率成反比；

　　R_{ct}——水化电子进行电荷传递反应的电阻，在水泥基材料中，C–S–H 凝胶中的水化电子进行电荷传递反应，它间接反映了 OH⁻离子的浓度，同时也反映了水泥浆体的水化程度；

C_d——水化早期固相表面形成的 Skalny–Yong 双电层的电容，表征了水化早期形成的 C–S–H 凝胶的电性质，间接的反映了水泥的水化程度。

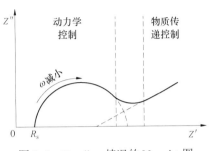

图 2-2　Randles 情况的 Nyquist 图

因此，通过测试水泥浆体交流阻抗谱，可以获得这几个重要的参数来研究水泥浆体、砂浆的微观结构变化。

一般情况下，对电化学体系从高频到低频进行交流阻抗谱测试得到如图 2-2 的 Randles 曲线。整个曲线由两部分组成：① 高频区为一个半圆，在这个区域内，过程由动力学控制；② 低频区为一条斜线，这个区域由物质传递控制（扩散控制）。从曲线在高频区与实轴的交点可得 R_s，从高频半圆的直径可得 R_{ct}，双层电容 C_d 可从高频半圆顶点的频率值来得到，见下式：

$$C_d = \frac{1}{\omega^* R_{ct}} \tag{2-2}$$

式中　ω^*——高频半圆顶点的角频率。

本章采用交流阻抗谱法研究了复合多种矿物掺合料的水泥浆体在多种条件（如不同水化龄期、水胶比、矿物掺合料品种及掺量）下的水化过程中阻抗特性参数的变化规律，用以表征水化过程中硬化水泥浆体结构的变化，并与常规孔隙率测定法和 X 射线衍射法结果进行比较，建立了水泥基材料微观孔结构和抗压抗拉强度的关系。

2.1　水泥浆体水化硬化过程的交流阻抗研究

2.1.1　试验材料

水泥：P•I 型 52.5 水泥，比表面积是 381m²/kg，密度为 3200kg/m³，3d 和 28d 的抗折强度分别为 6.3MPa 和 8.7MPa；3d 和 28d 的抗压强度分别是 34.3MPa 和 60.5MPa。化学成分见表 2-1。

表 2-1			试验原材料的化学组分			%
原材料	CaO	SiO₂	Al₂O₃	Fe₂O₃	MgO	SO₃
水泥	62.6	21.3	4.67	3.31	3.05	2.11
粉煤灰	4.77	54.88	26.89	6.49	1.31	1.16
硅灰	1.72	92	0.78	0.79	2.71	1.16
矿渣	34.54	28.15	16	1.1	6	0.32

减水剂：氨基磺酸盐高效减水剂。

粉煤灰（FA）：I 级 F 类粉煤灰，活性指数是 73%，比表面积是 454m²/kg，密度为 2600kg/m³，化学成分见表 2-1。

硅灰（SF）：28d 活性指数是 123%，比表面积是 22 205m²/kg，密度为 2200kg/m³，化学

成分见表 2-1。

矿渣（BFS）：S95 级矿渣微粉，比表面积是 416m²/kg，密度为 2900kg/m³，7d 和 28d 活性分别是 76.6% 和 98.4%，化学成分见表 2-1。

砂：ISO 标准砂。

2.1.2　试验方法

交流阻抗谱的测定试验如下。

试件均采用 40mm×40mm×160mm 尺寸的试模浇筑，成型后放入养护箱标养 24h 后脱模，进行水养，养护温度为 20℃±2℃，养护至测试龄期。

阻抗谱的测量采用 PARSTAT 2273 恒电位仪，图 2-3（a）为试验仪器，图 2-3（b）为通电电极端的夹持详图。测量条件为：正弦交流振幅为 5mV，频率为 100kHz～100MHz。阻抗测量电极为两个不锈钢电极，固定在样品的两个相对 40mm×40mm 的平行面上。恒电位仪的工作电极和参比电极分别与两个不锈钢电极相连。

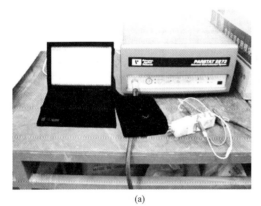
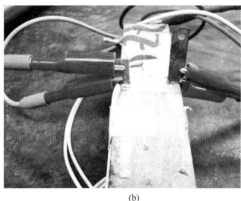

(a)　　　　　　　　　　　　　　　　(b)

图 2-3　交流阻抗谱测试过程图

（a）试验仪器及场景图；（b）试样两个电极

数据采集软件 SWV Data Example 界面如图 2-4 所示。交流阻抗数据处理采用 ZSimpWin 软件，其界面如图 2-5 所示。

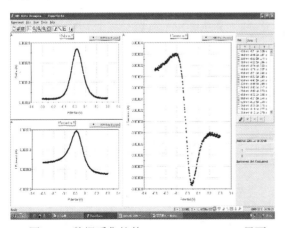

图 2-4　数据采集软件 SWV Data Example 界面　　　　图 2-5　数据处理 ZSimpWin 软件界面

2.1.3　试验结果与分析

　　水泥净浆配合比设计如表 2–2 所示，表中 FA 表示粉煤灰，BSF 表示矿渣。字母前的数字表示该掺合料的用量，如 15%FA 表示粉煤灰的用量为 15%（质量比）。在不同水化龄期 3d、14d、28d 和 90d，测试各组的阻抗谱。

表 2–2 水 泥 浆 体 配 合 比

编号	掺量	水胶比	水泥/g	水/g	粉煤灰/g	BSF/g
A–1	基准	0.3	2600	780	0	0
A–2	基准	0.35	2600	910	0	0
B–1	30% FA	0.3	1820	780	780	0
B–2	30% FA	0.35	1820	910	780	0
C–1	30% BSF	0.3	1820	780	0	780
C–2	30% BSF	0.35	1820	910	0	780

　　A 组试样的阻抗谱 Nyquist 图如图 2–6 所示，B、C 组图形与其相似。图 2–7 为 A、B 和 C 组试样交流阻抗关键参数 R_{ct} 和 R_s 随水化龄期的变化情况，其中 R_{ct} 为水化电子进行电荷传递反应的电化学电阻，是 Nyquist 图中高频半圆的直径，间接反映了 OH⁻离子的浓度，也反

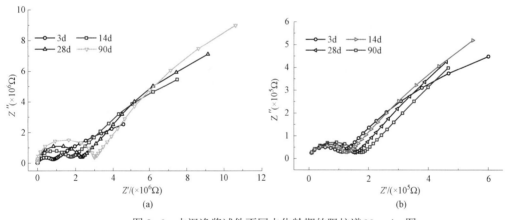

图 2–6　水泥净浆试件不同水化龄期的阻抗谱 Nyquist 图

（a）A–1；（b）A–2

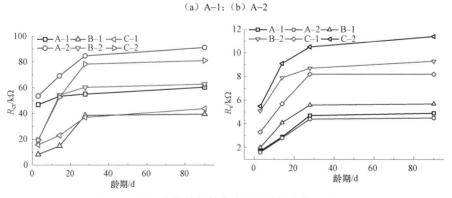

图 2–7　不同水化龄期的交流阻抗关键参数 R_s 和 R_{ct}

映了水泥浆体的水化程度；R_s 为孔溶液中电解质的电阻，是 Nyquist 图中曲线在高频区和实轴的交点，在其他条件相同或相似的情况下，它与孔溶液中离子的浓度和浆体的总孔隙率成反比，且在这两个因素中总孔隙率起主导作用。图 2-8 所示为 90d 龄期时硬化水泥浆体的交流阻抗关键参数 R_{ct} 和 R_s 值。

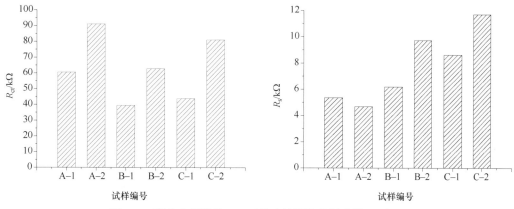

图 2-8　硬化水泥浆体 90d 时的交流阻抗关键参数 R_{ct} 和 R_s

从图 2-7 和图 2-8 可以看出：

（1）在水泥浆体水化硬化过程中，随着水化龄期的增加，交流阻抗关键参数 R_{ct} 和 R_s 均增大，且 28d 之前 R_{ct} 和 R_s 增长较快，之后变化较小。说明浆体水化程度及密实度的增长有一定的限度，早期水化速率较快，水化程度增长很快，水化产物主要填充在原始的充水空间，浆体的密实度迅速增加；后期水化程度减缓，水化主要是发生在原始水泥颗粒内部，浆体的密实度变化较小。

（2）在相同 W/B 条件下，对于 R_{ct}，A 组＞C 组＞B 组，因为粉煤灰和矿渣的掺入稀释了体系中水泥的浓度，降低了浆体的水化程度；对于 R_s，C 组＞B 组＞A 组，由于矿渣颗粒直径小于粉煤灰且都小于水泥，在水化早期，大量细小的掺合料颗粒填充在熟料矿物的水化产物孔隙中，提高了水泥浆体的密实度，降低了孔隙率，水化后期，矿物掺合料的二次水化反应生成更多的水化硅酸钙凝胶，孔隙率降低。

（3）在同一龄期，随着水胶比的增加，A、B 和 C 组水泥浆体 R_{ct} 增大，表明水胶比较大的水泥浆体水化更加充分，水化产物更多，水化程度高；A 组 R_s 减小，是因为水胶比较大的水泥净浆硬化后孔隙率较大，相对不密实；B 组和 C 组 R_s 增大，主要是由于粉煤灰和矿渣的水化产物使孔隙率降低。

2.2　水泥浆体微观孔结构的研究

硬化水泥浆体和混凝土结构的很多工程性质（如物理性质、宏观力学性能、抗冻性、抗渗性抗氯离子等），都会受到孔结构的影响。孔结构表征方法主要包括孔隙率、孔径分布（孔级配）、孔几何学（孔的形貌和空间排列）。这些参数指标的测试与评价已经成为水泥基材料科学研究的重要内容。关于孔尺寸对水泥基材料性能的影响有很多相似的结论，代表性的有吴中伟院士提出的孔级划分和分孔隙率及其影响因素的概念，认为小于 20nm 为无害孔级、

20～50nm 为少害孔级、50～200nm 为有害孔级、大于 200nm 为多害孔级，只有减少 100nm 以上的孔、增加 50nm 以下的孔，才能改善水泥石材料性能[1-96]。近年来随着对水泥石孔结构不规则性、不确定性、模糊性和自相似性特征认识的深入，有些学者采用了分形理论来研究孔结构特征，进而揭示水泥石宏观物理现象的本质，取得了很好的效果[1-97]~[1-99]。本节利用硬化混凝土孔隙结构测定仪测试水胶比和矿物掺合料对硬化水泥浆体微观孔结构的影响作用。

2.2.1　孔结构测试试验方法

所用主要仪器为 MIC–840–01 型硬化混凝土孔隙结构测定仪（见图 2–9），典型混凝土气泡分布的数字图像如图 2–10 所示。该仪器可自动测定硬化混凝土内部的气泡特征参数（如气泡个数、气泡孔径分布、平均气泡直径、比表面积、间隔系数等），给出混凝土孔隙结构的定量描述。测试面积最大为 60mm×60mm，圆形度值取 0.60，像素删除标准值取 10，阈值取 200 左右，可测定气泡的孔径范围为 9.917～2185.740μm。

图 2-9　硬化混凝土孔隙结构分析仪

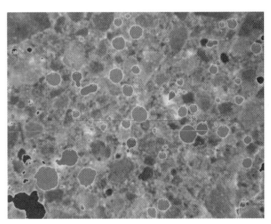

图 2-10　典型的硬化混凝土气泡分布的数字图像

1. 硬化混凝土气泡特征参数的计算

气泡间隔系数的计算采用面积比法，具体计算公式如下。

测定面积 S，气泡个数 N，则单位面积内的气泡数：

$$n = \frac{N}{S} \tag{2-3}$$

累计气泡面积：

$$A = \sum_{i=1}^{N} l_i \tag{2-4}$$

式中　l_i——基础数据中第 i 个气泡的面积，$i=1～N$。

平均气泡面积：

$$a = \frac{A}{N} \tag{2-5}$$

含气量：

$$A_S = 100na \tag{2-6}$$

平均气泡直径:

$$d = \frac{1}{N}\sum_{i=1}^{N}\left(2\sqrt{\frac{l_i}{\pi}}\right)\qquad(2-7)$$

比表面积:

$$\alpha = \sqrt{\frac{6\times\pi}{a}}\qquad(2-8)$$

气泡间距系数:

$$L = \frac{P}{\alpha A_s}\quad\left(\frac{P}{A_s}<4.33\ \text{时;其中}\ P\ \text{为浆体含量,单位为}\%\right)\qquad(2-9)$$

$$L = \frac{3}{\alpha}\left\{1.4\left(\frac{P}{A_s}+1\right)^{\frac{1}{3}}-1\right\}\quad\left(\text{当}\ \frac{P}{A_s}>4.33\ \text{时}\right)\qquad(2-10)$$

2. 测试试样的制备和测试程序

(1) 将经过标准养护 28d 的 40mm×40mm×160mm 混凝土试样,采用自动型岩石切割机切割成 40mm×40mm×10mm 的方形试件,同一试样制备三个测试试件。

(2) 采用转速较低的台式研磨机对试件的一个表面进行研磨,配合使用 100 号、180 号金刚砂打磨,使试件表面基本被磨平。

(3) 将研磨机处理完毕的试件表面,用手工在玻璃板上继续进行磨光,研磨中应保持表面的绝对平整,并配合使用 240 号和 320 号的金刚砂,最终使试件表面平整光滑,不允许出现划痕。

(4) 仔细清洗磨光后的试件表面:先使用毛刷刷洗,然后使用超声波清洗机清洗,清洗时试件的磨光面朝下放置,清洗 5min 左右。

(5) 将清洗完毕的试件在空气中风干 12h,或放在烘箱中烘干,烘箱温度小于 85℃。

(6) 用小毛刷在干燥的试件磨光面上涂刷荧光剂,要求涂刷均匀、涂刷厚度一致、药液充分渗入到混凝土的孔隙中。

(7) 荧光剂涂刷完毕后在空气中风干 4~6h,使药液充分固化。

(8) 在玻璃板上采用手工研磨,用力要均匀。要求将混凝土表面的荧光剂研磨掉,而使气孔中的荧光剂完全保留,同时不能磨出新的气孔。宜用手提紫光检测灯检查试件表面,直至试件表面荧光剂随气孔呈星点状分布,除骨料边隙外没有呈片状或线状分布情况,停止研磨。

(9) 使用超声波清洗机清洗试件,要求试件涂有荧光剂的一面朝下放置,清洗 3min 左右。

(10) 再次在手提紫光检测灯照射下检查试件表面,如观察到表面磨出了新的气孔或气孔中的荧光剂已被研磨掉,则应重复上述的实验步骤,重新准备试件。

(11) 试件达到标准要求后,则在空气中自然风干后用于测试硬化混凝土的气泡特征参数。

2.2.2　试验结果与分析

试验配比见表 2-3,具体结果见表 2-4。

表 2-3　　　　　　　　　　　　　　试　验　配　比

编号	掺量	W/B	m_c/g	m_W/g	m_{FA}/g	m_{BFS}/g	m_{SF}/g
A-1-1	基准	0.3	2400	720	0	0	0
B-1-1	15% m_{FA}	0.3	2040	720	360	0	0
B-1-2	30% m_{FA}	0.3	1680	720	720	0	0
C-1-1	25% m_{BSF}	0.3	1800	720	0	600	0
C-1-2	50% m_{BSF}	0.3	1200	720	0	1200	0
D-1-1	5% m_{SF}	0.3	2280	720	0	0	120
D-1-2	10% m_{SF}	0.3	2160	720	0	0	240
A-2-1	基准	0.35	2400	840	0	0	0
B-2-1	15% m_{FA}	0.35	2040	840	360	0	0
B-2-2	30% m_{FA}	0.35	1680	840	720	0	0
C-2-1	25% m_{BSF}	0.35	1800	840	0	600	0
C-2-2	50% m_{BSF}	0.35	1200	840	0	1200	0
D-2-1	5% m_{SF}	0.35	2280	840	0	0	120
D-2-2	10% m_{SF}	0.35	2160	840	0	0	240

表 2-4　　　　　　　　　　　矿物掺合料水泥浆体的微观孔参数

试样	气泡个数/个	累计气泡面积/mm²	平均气泡直径/μm	含气量（%）	比表面积/(μm²/μm³)	气泡间隔系数/μm
A-1-1	179	9.3	139.3	0.91	0.019	902.6
B-1-1	158	8.5	136.1	0.83	0.019	951.4
B-1-2	204	8.8	121.8	0.64	0.024	811.7
C-1-1	208	6.8	109.9	0.55	0.023	799.1
C-1-2	219	6.1	100.2	0.45	0.03	751.2
D-1-1	221	12.5	141.4	1.13	0.02	720.5
D-1-2	248	14.5	148.3	1.25	0.021	685.4
A-2-1	360	11.8	110.7	0.83	0.028	589.7
B-2-1	307	8.9	105.7	0.8	0.032	608.6
B-2-2	383	9.1	94.9	0.47	0.04	556.4
C-2-1	268	4.5	71.5	0.36	0.042	640.2
C-2-2	294	4.3	65.5	0.31	0.049	619.2
D-2-1	417	11.6	100.5	0.89	0.034	529.5
D-2-2	474	14.7	107.9	0.93	0.03	515.9

1. 含气量和平均孔径

图 2-11 表示的是不同水胶比水泥浆体含气量的对比，从图中可以看出 0.35 水胶比试样的含气量小于 0.3 水胶比试样。掺加粉煤灰的硬化水泥浆体的含气量比水泥净浆的低；掺加矿渣的硬化水泥浆体的含气量比掺加粉煤的低；掺加硅灰的硬化水泥浆体含气量最高；对粉煤灰和矿渣而言，随着掺量的增加含气量减小，而硅灰的变化趋势与上述两种材料不同，掺加 10% 硅

灰含气量大于掺加 5%。在非引气水泥浆体中，含气量主要受搅拌和振捣条件下卷入气泡数量的影响。新拌水泥浆体黏稠度越大，卷入的气泡量越多，在实验中也发现掺加 10%硅灰的黏稠度最高，搅拌不易均匀，因此含气量最大。此外水胶比较高时，浆体黏稠度降低，含气量减小。

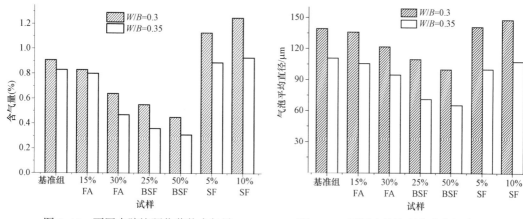

图 2-11　不同水胶比硬化浆体含气量　　　图 2-12　不同水化比硬化浆体气泡平均孔径

图 2-12 是不同水胶比的各种硬化浆体的气泡平均孔径的比较。从图中可以看出，水胶比从 0.3 增加到 0.35，各种硬化浆体的平均气泡孔径减小。平均孔径的变化趋势和图 2-11 中含气量的变化趋势相同：和水泥净浆相比，掺加粉煤灰和矿渣降低了平均孔径，而硅灰增加了平均孔径，上述现象产生的原因与造成含气量变化的原因相似。

2. 孔径分布

图 2-13 中显示的是水胶比均为 0.3 时各组水泥浆体的气泡孔径分布情况。从图中可以看出掺加硅灰的水泥浆体的气泡数量最多，分布范围最广，并且与硅灰掺量呈正比。掺加矿渣的峰值气泡数量略高于水泥净浆的气泡分布情况，说明矿渣的掺入对胶凝材料气泡结构分布的影响不明显。掺加粉煤灰的浆体，其气泡个数峰值最小，分布范围最小，表明粉煤灰对优化气泡孔隙结构有利。

图 2-14 表示的是水胶比为 0.35 时各组水泥浆体的气泡孔径分布情况。与图 2-13 相比，掺加矿渣水泥浆体的气泡孔径分布与水胶比为 0.3 时样品的气泡分布情况基本相同，这说明水胶比从 0.3 变化到 0.35 对掺入矿渣的水泥浆体气泡孔结构的分布影响不明显。其余三组的气泡分布峰值和分布范围均较图 2-13 中峰值和范围有明显增大的现象。这说明水胶比的增加

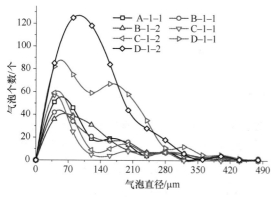
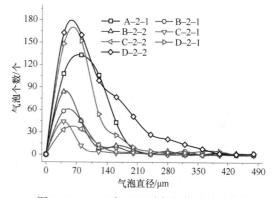

图 2-13　W/B 为 0.3 时各组浆体气泡分布　　　图 2-14　W/B 为 0.35 时各组浆体气泡分布

对粉煤灰、矿渣水泥浆体和水泥净浆气泡孔结构的分布情况有明显的影响作用。

3. 气泡个数和累计气泡面积

图 2-15 和图 2-16 分别表示水胶比为 0.3 和 0.35 时各组气泡个数和累计气泡面积关系。

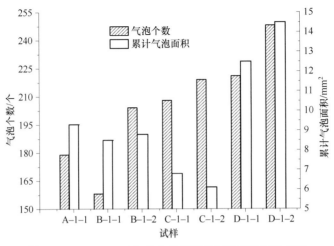

图 2-15 W/B=0.3 时气泡个数和累计气泡面积试验结果

从图 2-15 可以看出气泡个数和累计气泡面积之间存在的相互关系：无矿物掺合料的水泥净浆的气泡个数和累计气泡面积值处于各组试验值的中间位置，硅灰和磨细矿渣都显著增加了两者的数量和大小。其中硅灰的影响最显著，矿渣次之；而粉煤灰对气泡个数的影响与其掺量有关，当粉煤灰掺量为 15% 时，其硬化浆体气泡个数和累计气泡面积均小于纯水泥净浆的相应值，而但粉煤灰掺量达到 30% 时，气泡个数和累计气泡面积都有明显增加，甚至高于水泥净浆的相应值。这表明当粉煤灰掺量介于 15%～30%，粉煤灰对净浆气泡个数和平均气泡直径的影响小。

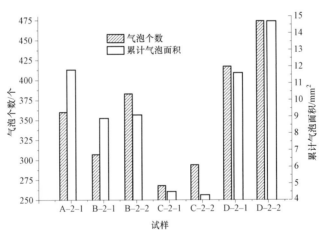

图 2-16 W/B=0.35 时气泡个数和累计气泡面积试验结果

分析图 2-16 可以看出，磨细矿渣对气泡个数和累计气泡面积的影响比其余各组都小，硅灰仍然是影响最明显的。粉煤灰对气泡个数和累计气泡面积的影响同水胶比为 0.3 时所述相同。

比较分析图 2-15 和图 2-16，可以发现水胶比为 0.35 较水胶比为 0.3 的各组硬化水泥浆体的气泡个数的高。这表明水胶比增加可以增加气泡个数，但是对累计气泡面积的影响不大。

2.3　X 射线衍射定量物相分析研究

本节利用 X 射线衍射法测试了不同水胶比条件下粉煤灰和矿渣水泥浆的 X 射线衍射图谱，定量分析了水化产物中 Ca(OH)$_2$ 的含量。

2.3.1　试验原材料及配比

试验配比见表 2-2，原材料性质见 2.1.1 节。

2.3.2　试验结果与分析

将 90d 龄期的水泥浆样品置于玛瑙研钵中研磨，采用 D8ADVANCE 型多晶 X 射线衍射仪对试样进行物相分析。6 组试件的 X 射线衍射图谱如图 2-17 所示，水泥浆体中 Ca(OH)$_2$ 定量分析结果如图 2-18 所示。

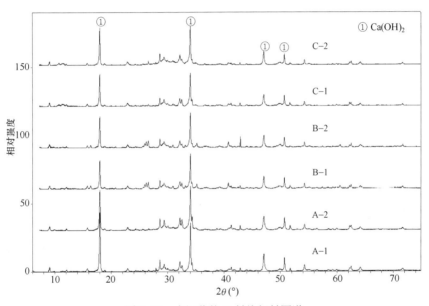

图 2-17　水泥浆体 X 射线衍射图谱

由图 2-18 可以看出：90d 龄期时，随着水胶比增大，A、B 和 C 组水泥浆体 Ca(OH)$_2$ 含量增多；在相同 W/B 条件下，A、B、C 三组浆体中 Ca(OH)$_2$ 含量大小排序为 A 组＞C 组＞B 组，这主要是由于水化后期矿物掺合料的二次水化反应消耗了 Ca(OH)$_2$。该结果与 2.1.3 节中所得交流阻抗关键参数 R_{ct} 的研究结果规律一致。

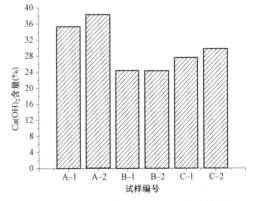

图 2-18　水泥浆体中 Ca(OH)$_2$ 含量分析结果

第3章
水泥基材料抗裂性能研究

本章主要研究了水胶比和水化龄期对掺矿物掺合料水泥胶砂的力学性能和开裂敏感性的影响，分析了其作用机理。

3.1 试 验 材 料

原材料性质见 2.1.1 节。

3.2 水泥砂浆物理力学性能研究

3.2.1 试验方法

水泥砂浆抗压强度和抗折强度的测定方法参考 GB/T 17671—1999《水泥胶砂强度检验方法（ISO 法）》规定进行。试件采用水泥胶砂三联试模成型，尺寸为 40mm×40mm×160mm。试件成型 1d 后脱模，然后在标准养护室内养护至规定龄期。

3.2.2 试验配比设计

水胶比为 0.3 时减水剂掺量为水泥质量的 0.3%，水胶比为 0.35 时减水剂掺量为水泥质量的 0.2%，水胶比大于 0.35 时不掺加减水剂，具体配合比如表 3–1 所示。

表 3–1　　　　　　　　　　　　　水 泥 砂 浆 配 合 比

编号	水/g	水泥/g	标准砂/g	减水剂/g	水胶比
A	405	1350	450	4.0	0.3
B	472.5	1350	450	2.7	0.35
C	540.0	1350	450	0	0.4
D	607.5	1350	450	0	0.45
E	675.0	1350	450	0	0.5

3.2.3 水泥胶砂试验结果与分析

试验结果如表 3–2 所示，可以看出水泥砂浆的抗折强度和抗压强度随着水胶比的增大而降低。水胶比为 0.5 时的 7d 抗折强度和抗压强度分别是水胶比为 0.3 时抗折强度和抗压强度的 72.5% 和 66.8%，28d 时为 78.8% 和 71.8%。表明水泥砂浆水胶比的增大对抗压强度的影响比对抗折强度的影响大。

表 3–2　　　　　　　　　　不同水胶比水泥砂浆的 **7d** 和 **28d** 强度

编号	水胶比	抗折强度/MPa		抗压强度/MPa		折压比	
		7d	28d	7d	28d	7d	28d
A	0.3	10.2	10.4	69.75	71.75	0.146	0.147
B	0.35	9.9	10.3	66.43	68.8	0.149	0.150
C	0.4	8.5	10	55.94	64.9	0.152	0.154
D	0.45	8.1	9.2	52.87	59.37	0.153	0.155
E	0.5	7.4	8.2	46.62	51.5	0.159	0.159

研究表明[1–100]，水泥胶砂抗折强度和抗压强度的比值可以用来描述水泥胶砂的脆性，并称该比值为水泥砂浆的脆性系数，即为本文中的折压比。7d 的折压比较 28d 小，可见水泥胶砂的脆性是随着龄期的增加而增大。这一现象与文献［1–100］的研究结果相同。另外，随着水胶比的增加，折压比也在增大，这可以说明水胶比越大，其硬化浆体的脆性系数越大。

3.2.4 水泥净浆凝结时间的研究

1. 试验方法与试验配合比

参考 GB/T 1346—2011《水泥标准稠度用水量、凝结时间、安定性检测方法》中的规定，对不同矿物掺合料水泥净浆凝结时间进行了测定。水胶比分别为 0.3 和 0.35，矿物掺合料分别为单掺粉煤灰、磨细矿渣和硅灰，其中粉煤灰掺量为总质量的 15%～30%；矿渣掺量分别为总质量的 25%～50%；硅灰掺量分别为总质量的 5%～10%。具体配合比见表 3–3。

表 3–3　　　　　　　　　　　　水泥浆体配合比

编号	掺合料掺量	*W/B*	水泥/g	水/g	粉煤灰/g	矿渣/g	硅灰/g
A–1	0	0.3	2400	720	0	0	0
B–1–1	15% FA	0.3	2040	720	360	0	0
B–1–2	30% FA	0.3	1680	720	720	0	0
C–1–1	25% BSF	0.3	1800	720	0	600	0
C–1–2	50%BSF	0.3	1200	720	0	1200	0
D–1–1	5%SF	0.3	2280	720	0	0	120
D–1–2	10%SF	0.3	2160	720	0	0	240
A–2	0	0.35	2400	840	0	0	0
B–2–1	15% FA	0.35	2040	840	360	0	0
B–2–2	30% FA	0.35	1680	840	720	0	0

编号	掺合料掺量	*W/B*	水泥/g	水/g	粉煤灰/g	矿渣/g	硅灰/g
C-2-1	25% BSF	0.35	1800	840	0	600	0
C-2-2	50%BSF	0.35	1200	840	0	1200	0
D-2-1	5%SF	0.35	2280	840	0	0	120
D-2-2	10%SF	0.35	2160	840	0	0	240

2. 试验结果与分析

掺加掺合料后水泥浆体的凝结时间见表 3-4。由表 3-4 可知，水泥净浆的凝结时间随着水胶比的增大而延长；粉煤灰的掺量对水泥浆体的凝结时间有延缓作用，并且凝结时间随着粉煤灰掺量的增加而显著延长；矿渣对水泥浆体的凝结时间延缓作用，磨细矿渣掺量较大时，凝结时间随掺量的增加而延长。硅灰掺量为 5%时能明显缩短凝结时间，而掺量增加到 10%时，对凝结时间的缩短作用降低。水胶比可影响各种浆体的凝结时间，随着粉煤灰和矿渣掺量的增加能延长凝结时间，而硅灰掺入能缩短凝结时间。

表 3-4　　　　　　　　　　　不同水泥浆体凝结时间　　　　　　　　　　　min

编号	A-1	B-1-1	B-1-2	C-1-1	C-1-2	D-1-1	D-1-2
初凝时间	125	130	140	130	145	90	100
终凝时间	190	200	220	205	210	140	160
编号	A-2	B-2-1	B-2-2	C-2-1	C-2-2	D-2-1	D-2-2
初凝时间	135	135	150	140	150	110	120
终凝时间	220	220	250	215	240	190	200

3.2.5　水泥净浆抗压和抗折强度

将矿物掺合料和水泥进行搅拌至混合均匀，再加入水，搅拌均匀后放入试模。试件 1d 后脱模，然后按照 GB/T 17671—1999《水泥胶砂强度检验方法（ISO 法）》规定进行抗折、抗压强度试验。

90d 龄期时抗压和抗折强度如图 3-1 和图 3-2 所示。从图 3-1 中可以看出各种矿物水泥浆体的 90d 龄期的抗压强度与水胶比有着明显的负相关性。水胶比增大水泥浆体强度降低，这一现象与保罗米曲线相吻合。

研究表明[1-10]随着粉煤灰替代水泥量的增加其抗压强度在降低，水胶比对粉煤灰水泥

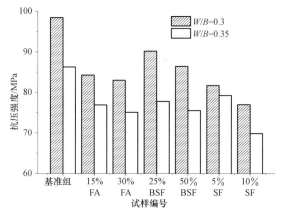

图 3-1　矿物掺合料水泥浆体抗压强度

浆体强度的影响更显著。矿渣对强度的影响作用和粉煤灰相似，随着矿渣掺量的增加，其强度在降低，但是这个趋势较掺有粉煤灰浆体的弱。针对分别掺加 5%和 10%的硅灰硬化浆体

分析发现，在水胶比为 0.3 时，随着掺量的增加其强度减小。上述现象与传统研究结果不符，具体原因解释如后所述。

图 3-2 为掺加矿物掺合料的水泥浆体抗折强度试验结果。比较图 3-1 和图 3-2 发现各组浆体的抗压强度和抗折强度的变化趋势相同。

各种矿物掺合料影响水泥浆体强度变化的原因如下：由于粉煤灰的活性低于水泥，高掺量的粉煤灰充分稀释了水泥颗粒，阻碍了早期硬化浆体强度的形成。磨细矿渣的火山灰活性高于粉煤灰，同时颗粒棱角分明的不规则形状也提高了矿渣的活性，所以掺有矿渣的水泥强度稍高。关于硅灰对水泥强度的影响，随着掺量的增加

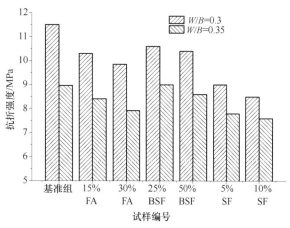

图 3-2　矿物掺合料水泥浆体抗折强度

其强度却在减小这一现象，与某些参考文献相悖，硅灰没有发挥它的增强作用，这主要是与硅灰的物理特性和水胶比大小有关，硅灰是一种球状矿物活性超细粉，平均粒径达 0.1μm，具有较大的比表面积，吸水性很强，本实验是无减水剂的条件下进行的，水胶比为 0.3 或者 0.35 时的拌和浆体明显干燥，浆体成型不密实，因此导致凡是掺加硅灰后的水泥浆体强度均降低。

3.3　水泥基材料受限浆体开裂敏感性研究

目前评价混凝土收缩开裂的相关试验方法有四类：自由收缩试验方法、轴向约束试验方法（端部限制收缩）、环形约束试验方法和平板式约束试验方法。第一种是间接评价方法，后三种则为直接评价方法。本节中采用限制收缩中的轴向核心约束试验的方法，来研究矿物掺合料和水胶比对硬化水泥基胶凝材料开裂敏感性的影响。

3.3.1　试验方法与仪器

本次试验所采用的试验仪器是 JC4-10 读数显微镜（见图 3-3），最小分别率为 0.005mm。

试验试件的制备：利用改进后的水泥胶砂三联试模按 GB/T 17671—1999 规定方法成型水泥砂浆，砂浆的胶凝材料配比与表 3-3 相同，水胶比分别为 0.3 和 0.35；胶砂比为 0.5。浇筑成型前将两个长为 5cm 的螺钉埋入试件两端，如图 3-4 所示。拆模后将试件放入标准养护箱

图 3-3　JC4-10 读数显微镜

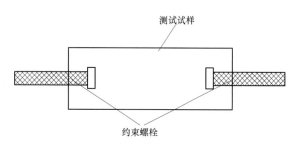

图 3-4　受限收缩装置示意图

中养护 28d，然后放入室内条件下（温度 20℃左右，相对湿度 50%左右）养护。之后发现试件体积收缩，有很多微裂纹出现。试件龄期达到 100d 时，利用 JC4-10 读数显微镜对每组试件进行观察读数，将试件中裂缝的条数、裂缝的宽度以及裂缝开裂位置及走向进行了记录。

3.3.2 试验结果与讨论

通过对 14 组试件进行观测后，得到不同水泥浆体的受限制裂纹开展试验结果，见表 3-5、表 3-6。

表 3-5 水泥浆体受限开裂参数（W/B=0.3）

编号	裂缝编号	裂缝长度/mm	裂缝宽度/mm	裂缝走向	裂缝面积/mm²	计算裂缝总面积/mm²	有效面积/mm²
A-1	1	40	0.07	横向	2.8	7.3	5.84
	2	20	0.025	V 形	0.5		
	3	40	0.1	T 形	4		
B-1-1	1	50	0.11	横向	5.5	6.92	5.536
	2	20	0.02	纵向	0.4		
	3	34	0.03	横向	1.02		
B-1-2	1	58	0.06	竖向	3.48	5.08	4.064
	2	40	0.04	横向	1.6		
C-1-1	1	47	0.06	竖向	2.82	7.8	6.24
	1	24	0.07	竖向	1.68		
	2	30	0.07	竖向	2.1		
	2	30	0.04	横向	1.2		
C-1-2	1	18	0.05	横向	0.9	8.27	6.616
	2	47	0.07	Y 向	3.29		
	3	68	0.06	竖向	4.08		
D-1-1	1	30	0.02	横向	0.6	7.625	6.1
	2	35	0.015	横向	0.525		
	3	10	0.05	横向	0.5		
	4	40	0.045	竖向	1.8		
	5	40	0.15	双 T 形	6		
D-1-2	1	21	0.13	T 形	2.73	10.68	8.544
	2	15	0.12	斜向	1.8		
	3	21	0.15	L 形	3.15		
	4	20	0.15	横向	3		

表 3-6　　　　　　　　　水泥浆体受限开裂参数（$W/B=0.35$）

编号	裂缝编号	裂缝长度/mm	裂缝宽度/mm	裂缝走向	裂缝面积/mm²	计算裂缝总面积/mm²	有效面积/mm²
A-2	1	30	0.06	横向	1.8	9.78	7.824
	2	14	0.12	横向	1.68		
	3	30	0.05	L向	1.5		
	4	40	0.12	斜向	4.8		
B-2-1	1	33	0.09	竖向	2.97	8.15	6.52
	2	63	0.06	竖向	3.78		
	3	28	0.05	竖向	1.4		
B-2-2	1	15	0.02	横向	0.3	7.5	6
	2	40	0.09	横向	3.6		
	3	40	0.09	横向	3.6		
C-2-2	1	20	0.04	横向	0.8	10.5	8.4
	2	40	0.06	V向	2.4		
	3	50	0.05	横向	2.5		
	4	40	0.12	横向	4.8		
C-2-1	3	40	0.05	横向	2	13.9	11.12
	4	30	0.09	横向	2.7		
	5	40	0.12	Y向	4.8		
	6	40	0.11	横向	4.4		
D-2-1	1	38	0.12	横向	4.56	10.66	8.528
	2	40	0.05	横向	2		
	3	38	0.06	横向	2.28		
	4	26	0.07	横向	1.82		
D-2-2	1	35	0.07	横向	2.45	15.37	12.296
	2	40	0.1	T向	4		
	5	28	0.14	竖向	3.92		
	6	35	0.1	竖向	3.5		
	7	25	0.06	横向	1.5		

　　表 3-5、表 3-6 中的裂缝长度是指每个试件中不同裂缝走向、不同位置的所有裂缝的累计长度；裂缝宽度是指一个试样中不同裂缝走向和不同裂缝位置的所有裂缝最大宽度的平均值；裂缝面积是将试样中的所有裂缝的累计长度和测量得到的裂缝最大宽度相乘；由于裂缝面积是在计算时采用裂缝的最大宽度值，为了能和实际更好地结合，将计算裂缝总面积乘以

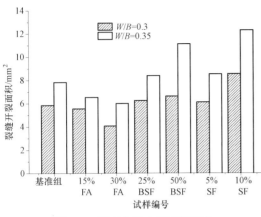

图 3-5　限制收缩实际开裂面积

80%，得到有效面积。

图 3-5 表示的是不同水胶比的矿物掺合料水泥浆体的限制收缩实际开裂面积，从图中可以看出，相对较大的水胶比能明显促进浆体的限制收缩开裂，例如，A-2 的有效裂缝面积大于 A-1 的有效裂缝面积值，这充分说明了水胶比是影响收缩开裂的重要因素，随着水胶比的增大，浆体开裂面积增大。

磨细矿渣和硅灰均增大了裂缝实际开裂面积，而随着粉煤灰掺量的增加，实际开裂面积降低。例如，B、C、D 三组中，B 组的裂纹面积最少，D 组中最多，而 C 组位于二者之间，这说明粉煤灰具有弱化收缩开裂的作用，而硅灰则是加速了收缩开裂，对收缩开裂具有促进作用，矿渣对水泥基材料收缩开裂的影响作用位于二者之间。

3.4　水泥基材料轴向拉伸性能研究

水泥基材料的轴向拉伸强度是评价其抗裂性能的重要指标。但是水泥基材料的拉伸特性研究并不充分，主要原因是水泥混凝土轴向拉伸试验不易进行，存在很多问题，如荷载偏心、应力分布不均匀等。目前还没有一种可靠的试验方法来进行水泥基材料的抗拉试验，已有各种各样的间接方法可得到水泥基混凝土的拉伸和断裂性能，大部分试验数据都是间接拉伸试验获得，如劈拉法、三点弯曲梁法、紧凑拉伸法等。但研究表明[1-102]间接测得的抗拉强度比轴向抗拉强度值偏高，并不能真实反映水泥材料的抗拉性能。

对棱柱体试件或圆柱体试件进行均匀的轴向拉伸，在整个加载过程中，测得的应力、应变值能够直接、准确地反映材料的本构关系，方便掌握破坏准则及分析破坏机理。所以采用轴向拉伸方法测定混凝土的抗拉强度和拉伸全过程曲线是直接和客观的方法。如何尽可能保证试件拉伸过程中应力均匀分布及避免偏心受力，直接影响到试验的成功率和准确度。根据水泥胶凝材料试件装卡在试验机上、下夹头中的装卡方式和试件形状不同，国内外常用的试件装卡方式可分为外夹式、内埋式、粘贴式和植筋法四种。本实验采用轴向抗拉强度试验中的内埋式试验方法。

3.4.1　试验方法及配比

本节实验的配合比见表 3-3。

具体的试验模具设计方法和试验测试方法如下所述。

1. 轴向拉伸试样成型模具设计

通过对现有方法的改进，采用自制改进式内埋金属的方法，具体通过对 40mm×40mm×160mm 水泥胶砂三联试模改进，模具设计简图如图 3-6 所示，具体改进方法如下述：

在两侧端板中心钻取一直径 10mm 的孔洞，以便直径为 10mm 的螺栓杆恰好穿过，贯通于试件内外。每个螺栓杆全长 80mm，螺栓杆由固定为一体的钉头 8mm 和光滑杆 42mm

组成，在光滑杆的末端加工有螺纹，构成螺纹杆30mm；其中的螺栓杆分别预埋在试件的两端，所述螺栓杆的钉头埋入件内，钉头的平面面积为试件截面面积的 1/3～1/2，用来传递试验机夹具传来的荷载。光滑杆穿过端板上的光滑通孔使螺纹杆延伸至端板外；详细情况如图 3-7 所示。另外将每个侧板的一面开 0.2mm 宽、0.2mm 深的通槽的，以便钢片能垂直插入，预留试样缺陷，如图 3-8 所示。插入的不锈钢钢片或硬质塑料片的尺寸是 10mm×60mm×0.2mm。

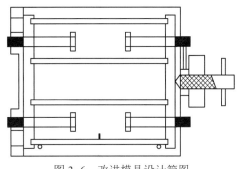

图 3-6 改进模具设计简图

图 3-7 改进模具实图

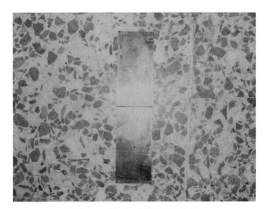

图 3-8 改进试模侧板详图

具体的模具设计中还需注意下面问题：螺栓杆钉头面积不易过大或过小，截面过大使截面处水泥浆体净面积小于缺陷处的有效面积，断裂在钉头处产生，导致试验失败；钉头截面过小，则不能承担试验夹具传来的荷载，使螺栓杆从试件中拔出，亦会导致试验失败。

2. 轴向拉伸试验设计

（1）试件制备和球铰设计。试件按设计配合比成型后在养护箱中养护 1d，拆模。脱模后试件在相对温度 20℃±3℃，相对湿度 97%±2%条件下养护至测试龄期。

试件脱模后往往产生微小的偏心，为了减小误差，设计中引进了试件的传力装置——万向铰，能够消除或减小施加于试件两端的拉力之间的偏心影响，使两端拉力在同一直线上，球铰在加载的任何阶段，均可保持在空间任一个方向自由转动。

万向铰包括球座、设置在球座内并能够在球座内转动的球头、与球头固连的铁棒以及含有内螺纹并与球座固连的套管，铁棒被试验机夹持端加持传递拉力，套管的内螺纹与螺栓杆构成螺纹连接。万向铰垂直转动范围限定为 90°～180°，水平转动 360°。球铰装置设计简图如图 3-9 所示，实际应用中如图 3-10、图 3-11 所示。

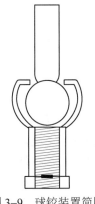

图 3-9 球铰装置简图

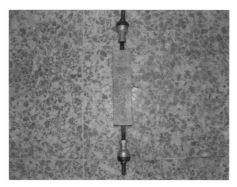

图 3-10　试件脱模后连接球铰　　　　图 3-11　试件拉断后状态

浇筑时在试件两侧中部分别预留宽 0.1mm、深 0.8mm 的初始缺陷。利用水泥基材料断裂后应力重分布的原理，在预制裂缝口两侧布置电阻应变片检测裂缝口边缘的应力变化，采用 MTS 材料万能试验机检测轴向荷载，得到轴向荷载和裂缝口边缘的应力应变关系，裂缝口边缘的拉应力变化的转折点对应的轴向荷载即为开裂荷载。试验简图如图 3-12 所示。

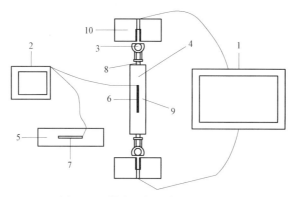

图 3-12　轴向抗拉强度装置示意图

1—MTS 试验机；2—应变仪；3—球铰传来装置；4—被测试件；5—温度补偿试件；
6—被测试件电阻应变片；7—温度补偿应变片；8—内埋螺栓；9—预留缺陷

图 3-13　试件和试验机夹持端连接详图

（2）试验过程。直接拉伸试件尺寸为 40mm×40mm×160mm，每个配合比应保证有 3 个试件成功。在进行拉伸实验时，拉伸试件在安装好引伸仪后，将整套拉伸试验装置装卡在试验机的夹具上，安装时应注意保证试验机的加载轴线与拉伸试验的轴线尽可能一致，并用水平尺进行检验（见图 3-13）。在开始加载时采用手动控制模式，从试件加紧时的负应力变到试件产生微小正应力。然后再使用计算机设定恒位移加载模式，加载速度控制为 0.05mm/min。观察加载过程中是否有异常情况，试件上的荷载和变形是否稳定增加，同时根据试件拉伸时各边的变形量来判断试件是否偏心；必要时须卸除荷载后重新调整试件。

3.4.2　试验结果与分析

　　试件拉断过程属于明显的脆性断裂,断裂面凹凸不平,如图 3-14 所示,图 3-15～图 3-18 是不同矿物掺合料水泥浆体的荷载位移曲线。

图 3-14　水泥净浆被拉断断面

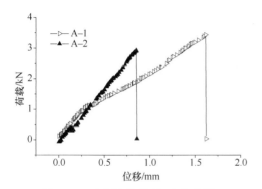

图 3-15　水泥净浆荷载-位移曲线

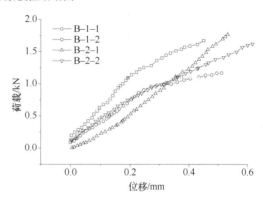

图 3-16　掺加粉煤灰水泥浆体荷载-位移曲线

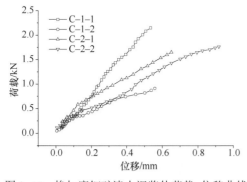

图 3-17　掺加磨细矿渣水泥浆体荷载-位移曲线

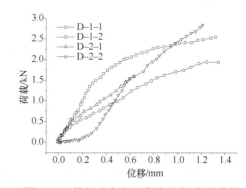

图 3-18　掺加硅灰水泥浆体荷载-位移曲线

表 3-7　　　　　　　　　　　矿物掺合料水泥浆体抗拉强度

试样	抗拉强度/MPa		极限应变（×10⁻⁶）	
	W/B=0.3	W/B=0.35	W/B=0.3	W/B=0.35
基准组	3.6	3.2	132	140
15% FA	2.53	2.25	113	109

试样	抗拉强度/MPa		极限应变（×10⁻⁶）	
	$W/B=0.3$	$W/B=0.35$	$W/B=0.3$	$W/B=0.35$
30% FA	2.48	2.15	107	103
25% BSF	2.84	2.76	108	108
50%BSF	2.65	2.24	105	107
5%SF	2.3	2.61	142	147
10%SF	2.2	2.49	146	151

表 3-7 为各组矿物掺合料水泥浆体的抗拉强度和极限拉应变值。从表 3-7 中可以看出，大部分试样抗拉强度与水胶比有着明显的负相关性，即 $W/B=0.3$ 的试样抗拉强度大于 $W/B=0.35$ 试样抗拉强度。该趋势符合保罗米准则（Paul Romy Guidelines）。在水胶比相同的条件下，水泥净浆的抗拉强度均最高。$W/B=0.3$ 时，矿渣次之，掺加粉煤灰和硅灰的浆体强度均比矿渣明显降低。对于三种掺合料，随着矿物掺合料掺量增加强度均降低。但就硅灰来讲，和参考文献的实验结果不同，掺加硅灰浆体强度比净浆低，其强度水平和粉煤灰相近。$W/B=0.35$ 时，粉煤灰和矿渣对浆体强度的影响作用与 $W/B=0.3$ 时的影响规律相近。但是掺量 5%的硅灰对浆体强度的增强作用变得显著，已经达到各组强度最高，仅次于水泥净浆强度。掺量 10%的硅灰的强度仍然在各组中最低，与 $W/B=0.35$ 组中相似，其原因如前文所述。

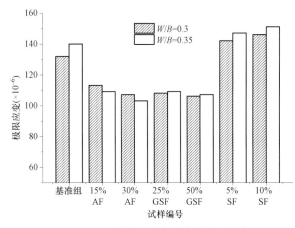

图 3-19   矿物掺合料水泥浆体极限应变

图 3-19 表示不同矿物掺合料水泥浆体的极限应变值。从图中可以看出，掺加硅灰试样的应变值最大，水泥净浆的应变值仅次于掺加硅灰的试样，且二者显著高于掺粉煤灰和矿渣试样。

水胶比对不同试样极限应变的影响不同，水胶比增加能够促进纯水泥掺硅灰试样极限应变的发展，但都略微降低了掺粉灰和矿渣试样的极限应变。相同水胶比条件下，粉煤灰和矿渣等矿物掺合料掺量增加，极限应变降低；而硅灰掺量增加，极限应变略有增加。

3.5   水泥基材料抗拉强度和断裂面三维总面积关系

本节主要利用 KEYENCE（基恩士）超景深三维显微系统重塑了不同体系水泥浆体三维断裂面，基于微积分原理计算断裂面三维立体有效面积，结合断裂荷载计算被拉断的不同水泥浆体的有效开裂应力。并采用三维表面结构测量仪观测被拉断的不同水泥浆体的表面形貌和结构特征，结合开裂荷载分析开裂应力。对三维总面积和抗拉强度按照多项式函数、线性函数、对数函数、幂函数和指数函数进行拟合回归分析，并对它们进行比较分析，找到比较准确的拟合函数来描述断裂面三维总面积和抗拉强度的关系。

3.5.1 试验配合比及试验方法

1. 试验配合比

基准水泥浆体的水胶比为 0.3 和 0.35；混合材为粉煤灰（FA）、磨细矿渣（BSF）和硅灰（SF）。配合比设计见表 3-8。

2. 实验方法

表 3-8　　　　　　　　　　　　　水泥浆体配合比

编号	掺量	W/B	C/g	W/g	FA/g	BFS/g	SF/g
A1	0	0.3	2400	720	0	0	0
A2	0	0.35	2400	840	0	0	0
B1	15% FA	0.3	2040	720	360	0	0
B2	30% FA	0.35	1680	720	720	0	0
C1	25% BSF	0.3	1800	720	0	600	0
C2	50%BSF	0.35	1200	720	0	1200	0
D1	5%SF	0.3	2280	720	0	0	120
D2	10%SF	0.35	2160	720	0	0	240

试验仪器采用 KEYENCE（基恩士）超景深三维显微系统，如图 3-20 所示。该系统包括：① 光学显微成像系统，突破了光学显微镜景深的限制，快速呈现微观的三维形貌，极限平面分辨率 350nm；② 激光共聚焦显微镜，1nm 的纵向分辨率以及 120nm 的平面分辨率，实现非接触式的表面形貌以及粗糙度观测。

图 3-20　KEYENCE（基恩士）超景深三维显微系统

三维立体显微镜可塑造三维立体形貌，其放大倍数最大能达到 3000 倍（光学放大），能清晰观察到微裂纹的形貌图，如图 3-21 所示。图 3-22 是拉断试件某一部分平面结构图，该图放大倍数为 100 倍，图中的标记线和左下角处有一定坡度的标记线相对应，可以判断该标记线划过的断面处的凹凸情况，即左下角标记线的纵坐标。如果根据此方法，在该部分试件上依次画线，利用积分原理能求出该部分断面的有效面积。

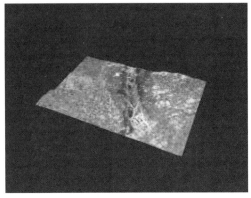

图 3-21　试件裂纹处的三维立体图

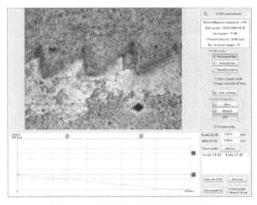

图 3-22　试件部分断面的平面图

图 3-23 是系统自带软件处理后的三维断面立体图形。除了能清楚看到断面的形貌外，还能根据软件所提供的高差坐标来判断具体某一点的高度值，即等高色域。

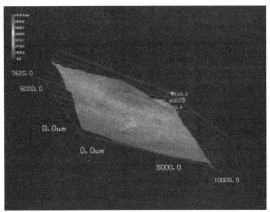
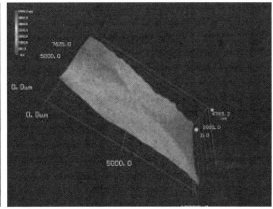

图 3-23　试件部分断面的三维立体标高图

此仪器的使用有景深范围的要求。由于本试验的断面面积较大，而断面的凹凸状况相对较小，所以将一个试件断面分成了若干部分，每部分的实测面积相加等于所求断面有效面积。例如 C_{11} 断裂面实际形貌如图 3-24 所示，将其分成 4 部分，每部分的三维重构图如图 3-25 所示。

图 3-24　C_{11} 试样断裂面实际形貌

利用微积分方法计算得到拉断试件的有效断面面积。

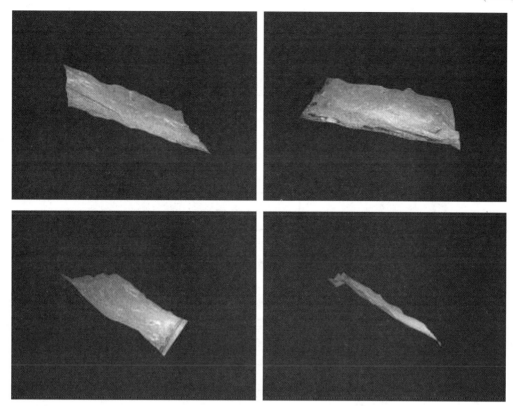

图 3–25　C_{11} 断面的四部分立体形貌

3.5.2　试验结果与分析

本部分的计算实例采用被拉断的断面 A_1 进行说明。由于试验仪器景深的要求，为进一步提高测试精度，将每个断面划分为 8 个部分，如图 3–26 所示。每部分面积为 10mm×10mm= 100mm²。

每一部从上到下测定十条高差曲线，利用微积分的原理，假设每条曲线宽度为 1mm，如果能计算出该任意曲线的长度 S，则此部分的三维有效断裂面积为：$A_1=S×1mm×10$，进而断面 A_1 的三维有效面积为：$A=A_1+ A_2+\cdots+A_8$，运用 Fotran 语言计算任意曲线的长度。

预留裂缝部分			
1	2	3	4
5	6	7	8
预留裂缝部分			

图 3–26　A_1 截面划分示意图

利用上述方法计算出的 A_1 三维有效截面面积见表 3–9。表 3–10 列出了其余试件三维有效截面面积和开裂荷载计算结果。抗拉强度用 σ 表示，三维总面积用 A_s 表示，则开裂应力密度为 $\rho_\sigma=\sigma/A_s$，所得结果见表 3–10。分别采用多项式函数、线性函数、对数函数、幂函数和指数函数对三维总面积和抗拉强度进行拟合分析，结果如图 3–27～图 3–31 所示。

表 3–9　　　　　　　　　　　　A_1 三维有效截面面积

各部分名称	每个分区面积/mm²	三维总面积/mm²	平面总面积/mm²
1	368.381	2541.644	800
2	347.838		

续表

各部分名称	每个分区面积/mm²	三维总面积/mm²	平面总面积/mm²
3	314.061		
4	225.863		
5	218.479	2541.644	800
6	493.138		
7	246.195		
8	327.688		

表 3-10 三 维 有 效 截 面 面 积

试件编号	抗拉强度 σ/MPa	三维总面积 A_s/mm²	开裂应力密度 ρ_σ/(MPa/mm²)
A1	3.6	2541.644	1.42E-03
A2	3.2	2202.400	1.45E-03
B1	2.53	2123.390	1.19E-03
B2	2.48	2230.400	1.11E-03
C1	2.84	2073.750	1.37E-03
C2	2.65	2000.000	1.33E-03
D1	2.3	2858.610	8.05E-04
D2	2.2	3004.800	7.32E-04

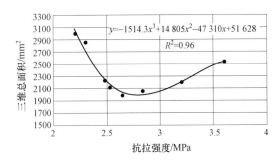

图 3-27 三维总面积—抗拉强度多项式函数关系

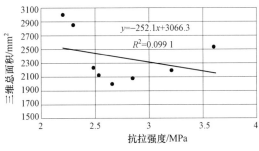

图 3-28 三维总面积—抗拉强度线性函数关系

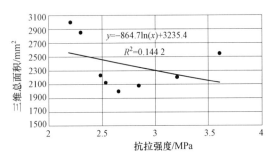

图 3-29 三维总面积—抗拉强度对数函数关系

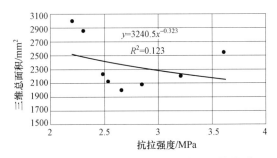

图 3-30 三维总面积—抗拉强度幂函数关系

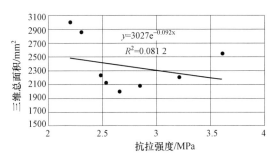

图 3-31　三维总面积—抗拉强度指数函数关系

　　由图 3-27～图 3-31 可知，在上述几种函数形式模拟断面三维总面积与抗拉强度的相互关系中，与线性函数、对数函数、幂函数和指数函数相比较，三次多项式函数形式的拟合效果最好，相关系数 R^2=0.96 最大。

第4章

材料组成对水泥
混凝土开裂的影响

4.1　材料组成对水泥净浆受限收缩开裂的影响

将粉煤灰、磨细矿渣和硅灰以不同掺量取代等质量的水泥并制备净浆，研究了在钢筋限制条件下钢筋和水泥浆体界面上形成微裂纹时的开裂应力，分析了不同矿物掺合料和水胶比对水泥基材料开裂的影响。

4.1.1　试验原材料

试验中所用的主要材料包括水泥、粉煤灰、磨细矿渣、减水剂。这几种材料的主要物理化学性质见 2.1.1 节所示。另外还使用了市场销售的 914 快速黏结剂和硅橡胶。

4.1.2　配合比设计

按照水胶比不同将试样分为两组，各组试样中掺入的矿物掺合料分别替代等质量的水泥，一组是 W/B=0.3，以 A–1 为基准试样的水泥浆体试样；另一组是 W/B=0.35，以 A–2 为基准试样的水泥浆体试样，具体配合比见表 3–3。

4.1.3　试验方法

通过水泥浆体内部的钢筋限制实现水泥浆体限制收缩开裂的目的。试件尺寸为 40mm×40mm×160mm。浇筑试件前，在试模中心位置预埋长度为 16cm 的Φ6 光圆钢筋，并在预埋钢筋的水平方向上贴应变片并引出导线如图 4–1 所示。值得注意的是，粘贴应变片之前，需要先把钢筋表面锉平，用砂纸细磨，使其具有良好的平整度，用酒精清洗后将 914 快速黏结剂在已锉平的钢筋处涂匀，胶层厚一般为 0.02mm 左右。将贴片粘贴到试件上后，将胶均匀地挤压把气泡和多余的胶挤出，应变片完全粘在钢筋后，用医用纱布包裹应变片的钢筋处，并在此处均匀涂上硅橡胶，用以防止应变片受潮脱落，然后进行试件的浇筑、振捣和成型，浇筑后的试件如图 4–2 所示。

试件成型 1d 后拆模，然后将试样放在温度为 20℃±2℃，相对湿度为 50%±2% 的室内养护，以便观察开裂情况。采用 DH3185N 静态应变仪连续测试 28d 内各试件中钢筋的约束应变大小，经计算可以得到在钢筋限制下水泥浆体中的内应力大小，进而分析钢筋限制下试件的开裂情况。试验过程如图 4–3 所示。

图 4–1　贴应变片后的钢筋

图 4–2　浇筑后的试件

图 4–3　测试试验过程

考虑到试件断面上是不均匀约束，在钢筋表面的浆体包裹层所受到的约束和限制最大，而在水泥浆体试件表面几乎无约束，可认为是自由变形状态。考虑到最不利因素，钢筋表面的水泥浆体包裹层限制收缩应力和开裂危险性最大。钢筋收缩应力近似等于其表面水泥浆体包裹层的收缩应力，因此认为水泥浆体的最大收缩应力即为钢筋表面受到的约束力，计算公式为：

$$\sigma = (E\varepsilon A_s)/A_c \tag{4–1}$$

式中　E——钢筋的弹性模量，其值为 $2.06×10^5$MPa；

　　　A_s——钢筋的横截面积；

　　　A_c——混凝土的横截面积；

　　　ε——钢筋的收缩应变测量值。

4.1.4　试验结果与分析

在不同水胶比、不同矿物掺合料的条件下，水泥浆体的内部限制钢筋在连续 28d 内的应变和应力试验结果分别如图 4–4 和图 4–5 所示。

分析图 4–4 可以看出，不同水泥浆体在钢筋限制下的应变主要发生在前 14d，其收缩率能达到 28d 累计应变的约 80%，14d 以后应变的变化相对缓和。

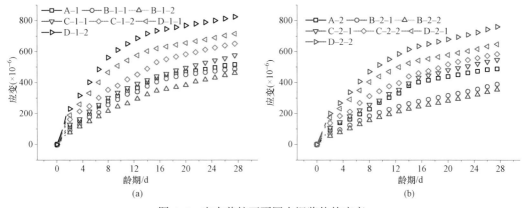

图 4-4 室内养护下不同水泥浆体的应变

（a）*W/B*=0.3 的试样；（b）*W/B*=0.35 的试样

比较图 4-4（a）和（b），可以看出，不同 *W/B* 下，不同矿物掺合料水泥浆体的应变不相同。随着 *W/B* 的增大，不同浆体的应变减小。这主要是由于复合浆体在水化过程中需要大量的水。增大 *W/B* 为浆体水化过程提供更充足的水分，从而减小了由于毛细孔水分消耗引起的自干燥，因此减小了复合水泥浆体的收缩应变值，由此可以得到随着 *W/B* 的增大，复合浆体的应变减小。

在相同 *W/B* 下，不同矿物掺合料对水泥浆体应变的影响不相同。与纯水泥浆体的应变相比较，粉煤灰显著降低水泥浆体的应变，并且随着粉煤灰掺量的增加，应变降低的程度增加；磨细矿渣和硅灰均可增大水泥浆体的应变，且随着其掺量的增加，水泥浆体的应变增大，硅灰对钢筋限制下水泥浆体应变的影响最显著。例如，与纯水泥相比，掺 50% 和 25% 磨细矿渣的水泥浆体 7d 的应变分别增加了 26.52% 和 8.57%，主要原因是矿渣的火山灰活性好，水泥浆体的水化速度加快，浆体内部相对湿度加速下降，进而促进了浆体的收缩发展，导致浆体的应变变大。掺 10% 和 5% 硅灰的水泥浆体 7d 的应变比纯水泥分别增加了 89.39% 和 66.55%，掺 10% 硅灰的水泥浆体的应变比掺 5% 硅灰的应变增加了 20.57%，其原因与磨细矿渣相似，不过硅灰的火山灰活性更强。因此，在保证强度的前提下，从降低收缩应变的角度考虑，应控制磨细矿渣和硅灰的掺量，避免过大的收缩应变而引起混凝土的开裂。

将本实验测试的各水泥浆体应变值代入式（4-1），得到其相对应的应力值，结果如图 4-5 所示。

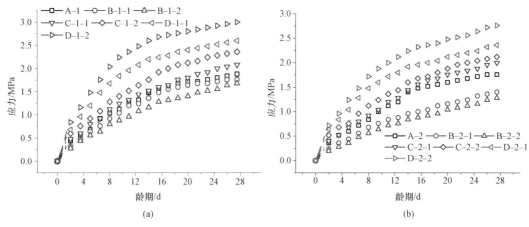

图 4-5 室内养护下不同水泥浆体的应力

（a）*W/B*=0.3 的试样；（b）*W/B*=0.35 的试样

分析图 4-5 可知，粉煤灰明显抑制水泥浆体的收缩开裂，磨细矿渣和硅灰使水泥浆体的收缩应力增大，加速了水泥基材料的收缩开裂。在原材料和养护条件完全相同的条件下，将图 4-5 中不同水泥浆体 28d 的应力值与 3.4.2 节所测试的抗拉强度进行比较分析，见表 4-1。

表 4-1　　　　　　　　　矿物掺合料水泥浆体的抗拉强度与收缩应力的比较

试样编号	抗拉强度/MPa		收缩应力/MPa	
	W/B=0.3	W/B=0.35	W/B=0.3	W/B=0.35
基准组	3.6	3.2	1.88	1.8
15% m_{FA}	2.53	2.25	1.8	1.44
30% m_{FA}	2.48	2.15	1.68	1.32
25% m_{GBSF}	2.84	2.76	2.12	2
50% m_{GBSF}	2.65	2.24	2.4	2.12
5% m_{SF}	2.3	2.61	2.64	2.4
10% m_{SF}	2.2	2.49	3	2.76

通过表 4-1 分析得到，掺入 10%硅灰的 W/B=0.3 和 0.35 的水泥浆体在 28d 的应力大于 3.4.2 节所测试的抗拉强度；在 W/B=0.3 时，掺入 5%硅灰的水泥浆体在 28d 的应力为 2.64MPa，大于其抗拉强度，说明在钢筋限制下掺入硅灰的水泥浆体在 28d 时已经出现开裂，这与读数显微镜观测到的结果是一致的，符合最大拉应力理论，即当水泥基材料在龄期 t 收缩产生的拉应力大于其同龄期时的抵抗力即抗拉强度时，认为其开裂，开裂龄期就为龄期 t。

4.1.5　刚性体限制下水泥浆体的内应力公式推导

考虑到水泥浆体成型后，水泥浆体会产生干燥收缩，随着龄期的增大，未水化水泥颗粒、骨料或骨料、钢筋等（近似假定其为刚性体，无应变产生）对水泥浆体产生限制，水泥浆体因内部刚性体的限制而产生附加应变，将其设为：

$$\varepsilon_P = \varepsilon(\rho) \tag{4-2}$$

为了简化，现假定水泥浆体受力模型为图 4-6，设圆环的内半径为 r（即刚性体的半径），外半径为 R（即水泥浆的截面半径），其形状和应力分布均是轴对称的。由于该模型中水泥浆体和刚性体两者的材料性质不同，设水泥浆体和刚性体的弹性模量分别为 E 和 E'。

取图 4-6 弹性体中的任一点取出一个小微元，根据平衡条件，利用极坐标对其进行分析，各参量在极坐标下的示意图如图 4-7 所示，此处不考虑浆体的自重和惯性力等的影响。因此刚性体限制下水泥浆体的这种问题属于轴对称平面应变问题。

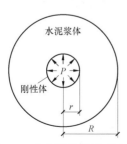
图 4-6　水泥浆体模型受力图

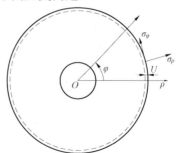
图 4-7　极坐标下参量示意图

1. 极坐标系下的基本方程

平衡微分方程：

$$\frac{d\sigma_\rho}{d\rho} + \frac{1}{\rho}(\sigma_\rho - \sigma_\varphi) = 0 \tag{4-3}$$

几何方程：

$$\varepsilon_\rho = \frac{dU}{d\rho}, \qquad \varepsilon_\varphi = \frac{U}{\rho} \tag{4-4}$$

物理方程：

$$\begin{cases} \varepsilon_\rho = \dfrac{1-\upsilon^2}{E}\left(\sigma_\rho - \dfrac{\upsilon}{1-\upsilon}\sigma_\varphi\right) + \varepsilon_P \\[3mm] \varepsilon_\varphi = \dfrac{1-\upsilon^2}{E}\left(\sigma_\varphi - \dfrac{\upsilon}{1-\upsilon}\sigma_\rho\right) + \varepsilon_P \end{cases} \tag{4-5}$$

上述各公式中：

σ_ρ ——沿 ρ 方向的径向正应力；

σ_φ ——沿 φ 方向的环向正应力；

ε_ρ ——径向线应变；

ε_φ ——环向线应变；

U ——径向位移；

υ ——泊松比。

由式（4-5）可得到：

$$\begin{cases} \sigma_\rho = \dfrac{E}{(1+\upsilon)(1-2\upsilon)}\left[(1-\upsilon)\varepsilon_\rho + \upsilon\varepsilon_\varphi - \varepsilon_P\right] \\[3mm] \sigma_\varphi = \dfrac{E}{(1+\upsilon)(1-2\upsilon)}\left[(1-\upsilon)\varepsilon_\varphi + \upsilon\varepsilon_\rho - \varepsilon_P\right] \end{cases} \tag{4-6}$$

2. 极坐标下按位移求解法求解轴对称平面应变问题

将式（4-4）代入式（4-6）中得到：

$$\begin{cases} \sigma_\rho = \dfrac{E}{(1+\upsilon)(1-2\upsilon)}\left[(1-\upsilon)\dfrac{dU}{d\rho} + \upsilon\dfrac{U}{\rho} - \varepsilon_P\right] \\[3mm] \sigma_\varphi = \dfrac{E}{(1+\upsilon)(1-2\upsilon)}\left[(1-\upsilon)\dfrac{U}{\rho} + \upsilon\dfrac{dU}{d\rho} - \varepsilon_P\right] \end{cases} \tag{4-7}$$

再利用式（4-3），化简式（4-7），得到用位移表示的平衡微分方程：

$$\frac{\partial^2 U}{\partial\rho^2} + \frac{1}{\rho} \times \frac{dU}{d\rho} - \frac{U}{\rho^2} = \frac{1}{1-\upsilon} \times \frac{d\varepsilon_P}{d\rho} \tag{4-8}$$

解式（4-8）得：

$$U = \frac{1}{1-\upsilon} \times \frac{1}{\rho}\int_r^\rho \varepsilon_P \rho d\rho + C_1\rho + \frac{C_2}{\rho} \tag{4-9}$$

再将式（4-9）代入式（4-4）中，求出 ε_ρ 和 ε_φ 的表达式：

$$\begin{cases} \varepsilon_\rho = \dfrac{1}{1-\upsilon}\left(\varepsilon_P - \dfrac{1}{\rho^2}\int_r^\rho \varepsilon_P \rho\mathrm{d}\rho\right) + C_1 - \dfrac{C_2}{\rho^2} \\[3mm] \varepsilon_\varphi = \dfrac{1}{1-\upsilon}\times\dfrac{1}{\rho^2}\int_r^\rho \varepsilon_P \rho\mathrm{d}\rho + C_1 + \dfrac{C_2}{\rho^2} \end{cases} \tag{4-10}$$

再将式（4-10）代入式（4-6）中，得到：

$$\begin{cases} \sigma_\rho = \dfrac{-E}{1-\upsilon^2}\times\dfrac{1}{\rho^2}\int_r^\rho \varepsilon_P \rho\mathrm{d}\rho + \dfrac{EC_1}{(1+\upsilon)(1-2\upsilon)} - \dfrac{EC_2}{(1+\upsilon)}\times\dfrac{1}{\rho^2} \\[3mm] \sigma_\varphi = \dfrac{E}{1-\upsilon^2}\times\dfrac{1}{\rho^2}\int_r^\rho \varepsilon_P \rho\mathrm{d}\rho + \dfrac{EC_1}{(1+\upsilon)(1-2\upsilon)} + \dfrac{EC_2}{(1+\upsilon)}\times\dfrac{1}{\rho^2} - \dfrac{E}{1-\upsilon^2}\varepsilon_P \end{cases} \tag{4-11}$$

将边界条件 $\sigma_\rho(\rho=R)=0, \sigma_\rho(\rho=r)=-P$ 代入式（4-11）中，得到：

$$\begin{cases} 0 = \dfrac{-E}{1-\upsilon^2}\times\dfrac{1}{R^2}\int_r^R \varepsilon_P \rho\mathrm{d}\rho + \dfrac{EC_1}{(1+\upsilon)(1-2\upsilon)} \quad \dfrac{EC_2}{(1+\upsilon)}\times\dfrac{1}{R^2} \\[3mm] -P = \dfrac{EC_1}{(1+\upsilon)(1-2\upsilon)} + \dfrac{EC_2}{(1+\upsilon)}\dfrac{1}{r^2} \end{cases} \tag{4-12}$$

解式（4-12）得：

$$\begin{cases} C_1 = \dfrac{(1-2\upsilon)\left[E\int_r^R \varepsilon_P \rho\mathrm{d}\rho + r^2(1-\upsilon^2)P\right]}{(R^2-r^2)(1-\upsilon)E} \\[3mm] C_2 = \dfrac{r^2\left[E\int_r^R \varepsilon_P \rho\mathrm{d}\rho + R^2(1-\upsilon^2)P\right]}{(R^2-r^2)(1-\upsilon)E} \end{cases} \tag{4-13}$$

3. 求刚性体的位移表达式

刚性体的位移表达式的求解过程同上述步骤 2，只需要将步骤（2）中公式的 E、C_1、C_2、U 和分别用 E'、C_1'、C_2'、U' 替换，即可得到刚性体平面应变的解答。刚性体的受力如图 4-8 所示。

图 4-8　刚性体受力图

对于半径为 r 的刚性体，其为实心体，刚性体自身不发生变形，所以，$\rho=0$ 时，$U'=0$，即 $\lim\limits_{\rho\to 0}\dfrac{1}{\rho}\int_0^\rho \varepsilon_P \rho\mathrm{d}\rho = 0$，得 $C_2'=0$。

并且 $\rho=r$ 时，$U'=U$，代入式（4-12）则得 $\sigma_\rho' = \dfrac{E'C_1'}{(1+\upsilon)(1-2\upsilon)} = -P$，故

$$C_1' = \dfrac{(1+\upsilon)(2\upsilon-1)P}{E'} \tag{4-14}$$

利用式（4–13）和式（4–14）代入式（4–9），得：

$$\frac{1}{1-\upsilon}\times\frac{1}{r}\int_r^R\varepsilon_P\rho\mathrm{d}\rho+\frac{r(1-2\upsilon)\left[E\int_r^R\varepsilon_P\rho\mathrm{d}\rho+r^2(1-\upsilon^2)P\right]}{(R^2-r^2)(1-\upsilon)E}+$$

$$\frac{r\left[E\int_r^R\varepsilon_P\rho\mathrm{d}\rho+R^2(1-\upsilon^2)P\right]}{(R^2-r^2)(1-\upsilon)E}=\frac{(1+\upsilon)(2\upsilon-1)P}{E'} \qquad (4–15)$$

求解式（4–15），得：

$$P=\frac{2rE\int_r^R\varepsilon_P\rho\mathrm{d}\rho}{\dfrac{E(1+\upsilon)(2\upsilon-1)(R^2-r^2)}{E'}-(1+\upsilon)[r^2(1-2\upsilon)+R^2]} \qquad (4–16)$$

将式（4–13）代入式（4–11），可得到水泥浆体分布应力 σ_ρ、σ_φ 与刚性体的限制而产生附加应变 $\varepsilon_P=\varepsilon(\rho)$ 之间的关系式：

$$\begin{cases}\sigma_\rho=\dfrac{-E}{1-\upsilon^2}\times\dfrac{\int_r^\rho\varepsilon_P\rho\mathrm{d}\rho}{\rho^2}+\left(1-\dfrac{r^2}{\rho^2}\right)\left(\dfrac{1-2\upsilon}{1-\upsilon}\right)\times\dfrac{E^2}{E'}\int_r^R\varepsilon_P\rho\mathrm{d}\rho\\[2mm]\qquad+(1+\upsilon)E\left[1-\dfrac{r^2}{\rho^2}+(2\upsilon-1)\right]\int_r^R\varepsilon_P\rho\mathrm{d}\rho\\[2mm]\sigma_\varphi=\dfrac{E}{1-\upsilon^2}\times\dfrac{\int_r^\rho\varepsilon_P\rho\mathrm{d}\rho}{\rho^2}+\left(1+\dfrac{r^2}{\rho^2}\right)\left(\dfrac{1-2\upsilon}{1-\upsilon}\right)\times\dfrac{E^2}{E'}\int_r^R\varepsilon_P\rho\mathrm{d}\rho\\[2mm]\qquad+(1+\upsilon)E\left[1+\dfrac{r^2}{\rho^2}+(2\upsilon-1)\right]\int_r^R\varepsilon_P\rho\mathrm{d}\rho-\dfrac{E\varepsilon_P}{1-\upsilon^2}\end{cases} \qquad (4–17)$$

从式（4–17）可以看出，水泥浆体径向分布应力 σ_ρ 和环向分布应力 σ_φ 与水泥浆体的弹性模量 E、泊松比 υ、r^2/ρ^2 和刚性体的弹性模量 E'有关。

（1）当水泥浆体的弹性模量 E 增大时，水泥浆体径向分布应力 σ_ρ 减小，水泥浆体环向分布应力 σ_φ 增加。

（2）当水泥浆体的泊松比 υ 增大时，水泥浆体径向分布应力 σ_ρ 和环向分布应力 σ_φ 均增大。

（3）当水泥浆体的弹性模量 E 和泊松比 υ 都不变时，r^2/ρ^2 增大，水泥浆体径向分布应力 σ_ρ 减小，水泥浆体环向分布应力 σ_φ 增大。

水泥浆体内部刚性体的限制而产生附加应变 ε_P 增大时，水泥浆体环向分布应力 σ_φ 增大。

利用式（4–17）可以得到刚性体限制下水泥浆体分布应力 σ_ρ 和 σ_φ 的理论解，并且分析随着龄期的增加水泥浆体受限收缩开裂应力的变化趋势。同时利用该公式也可以求出本节中钢筋限制下水泥浆体的应力理论解。

4. 公式求解

对于刚形体外的水泥浆体（见图 4–7），边界条件为：$(\mu_\rho)_{\rho=r}=0$，$(\mu_\rho)_{\rho=R}=-U$。所以水泥浆体对刚性体的附加应变为：

$$\begin{cases} \varepsilon_\rho = \dfrac{\partial \mu_\rho}{\partial \rho} = \dfrac{-RU}{R^2-r^2}\left(\dfrac{r^2}{\rho^2}+1\right) \\[3mm] \varepsilon_\theta = \dfrac{\mu_r}{r} + \dfrac{1}{r}\times\dfrac{\partial \mu_\theta}{\partial \theta} = \dfrac{U}{R^2-r^2}\left(\dfrac{r^2}{\rho}-\rho\right) \end{cases} \tag{4-18}$$

将式（4-18）代入式（4-17）得：

$$\begin{cases} \sigma_\rho = A\left[\dfrac{2}{3}\left(1-\dfrac{3}{4}m\right)\dfrac{r}{\rho^2}+m\ln\dfrac{\rho}{r}\times\dfrac{r}{\rho^2}-\dfrac{1}{\rho}+\dfrac{\rho}{3r^2}+\dfrac{m}{2r}\right]-\left(\dfrac{1}{r^2}-\dfrac{1}{\rho^2}\right)AB- \\[3mm] \qquad 2\left(1-\dfrac{m^2 r^2}{\rho^2}\right)AC \\[3mm] \sigma_\theta = -A\left[\dfrac{2}{3}\left(1-\dfrac{3}{4}m\right)\dfrac{r}{\rho^2}+m\times\ln\dfrac{\rho}{r}\times\dfrac{r}{\rho^2}-\dfrac{1}{\rho}+\dfrac{\rho}{6r^2}+\dfrac{m}{2r}\right]-\left(\dfrac{1}{r^2}+\dfrac{1}{\rho^2}\right)AB- \\[3mm] \qquad 2\left(1+\dfrac{m^2 r^2}{\rho^2}\right)AC+A\left(\dfrac{mr}{\rho^2}-\dfrac{1}{\rho}+\dfrac{\rho}{2r^2}+\dfrac{m}{r}\right) \end{cases} \tag{4-19}$$

其中：

$$A=\frac{EU}{(1-\upsilon^2)(m^2-1)}, \quad B=\frac{m\left(\ln m-\dfrac{3}{2}\right)+\dfrac{1}{6}(5m^3+4)}{m^2-1}r$$

$$C=\frac{(1-\upsilon)\left[m\left(\ln m-\dfrac{3}{2}\right)+\dfrac{1}{6}(5m^3+4)\right]}{(m^2-1)[(2\upsilon-1)(m^2-1)k+(2\upsilon-1)-m^2]r}, \quad k=\frac{E}{E'}, \quad R=mr$$

5. 试验验证

为了验证式（4-19），在扫描电子显微镜（SEM，FEI Quanta 200，Holland）下通过对骨料和水化产物之间过渡区界面的成像检测水泥浆的微观结构模型。扫描电子显微镜（SEM）的参数：加速电压 200V～30kV，放大率是 X25～X200 000，分辨率为 3.5nm。将试块在相对湿度为 80% 的环境下养护 60min，然后降低环境湿度到 40% 和 10%，各环境湿度下分别保持2h，用扫描电子显微镜观察获得微观照片，如图 4-9 所示。

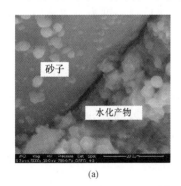 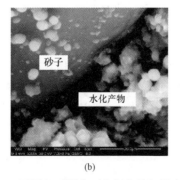 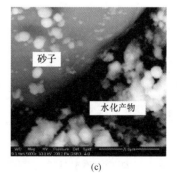

(a) (b) (c)

图 4-9　不同相对湿度下水泥浆的扫描电镜图

（a）相对湿度 80%；（b）相对湿度 40%；（c）相对湿度 10%

由图 4-9 可以看出砂子被水化产物包裹，这和图 4-6 假定的微观结构是相似的。随着相对湿度的降低，水化产物开始收缩变形。在砂子的约束下，在水化产物径向和环向产生应力，导致砂子和水化产物之间的裂缝增大。混凝土的相对湿度对应式（4-19）中的相对参数，然后根据公式求出导致裂缝的主要原因。

在使用相同的原材料和养护条件下，在刚性体的限制下，收缩开裂应力的变化规律由表4-2所示。在相同的原材料和养护条件下用纳米压痕技术，实验结果由压痕深度曲线计算得出。砂子和水化产物的弹性模量分别为107.06GPa±4.95GPa和32.53GPa，为了计算表4-2中的σ_ρ和σ_φ，假定E和E'分别为33.58GPa和110GPa，因此得出$v=0.28$、$v'=0.17$、$U=-0.04\times10^{-3}$mm、$k=0.305$、$m=10$。表4-2列出了式（4-19）中的圆周切向应力值。

表4-2 式（4-19）的计算结果

序号	r=1mm		r=2mm		r=3mm	
	ρ/mm	σ_φ/MPa	ρ/mm	σ_φ/MPa	ρ/mm	σ_φ/MPa
1	3	2.64	5	2.05	10	1.86
2	4	2.81	6	2.64	11	1.89
3	5	2.54	7	2.82	12	1.88
4	6	2.14	8	2.81	13	1.83
5	7	1.68	9	2.71	14	1.77
6	8	1.20	10	2.54	15	1.70

由表4-2可知，式（4-19）中不同直径的刚体环切向应力在1～3MPa，与不同矿物掺合料的水泥浆钢筋限制收缩应力测试结果相符，通过改变式（4-19）中的各项参数就可以达到控制收缩应力的目的，其中有效的方法是通过改变矿物掺合料种类和基体内部相对湿度可有效控制水泥浆的裂缝。

4.2　材料组成因素对混凝土抗裂性能的影响

本章通过平板试验法对无外加剂的素混凝土收缩开裂情况进行了试验研究，探讨了水胶比、单位体积内胶凝材料用量、砂率和粉煤灰掺量、最大骨料粒径等对混凝土抗裂性能的影响。

本章根据JGJ 55—2011《普通混凝土配合比设计规程》，确定混凝土目标设计强度为C30和C40，共确定了16组配合比。在无外加剂的情况下考查了水胶比、胶凝材料用量、砂率和粉煤灰掺量、最大骨料粒径等对混凝土抗裂性能的影响。筛选出在无外加剂、强度满足C30和C40要求、抗裂性能最好的两组混凝土配合比，然后再掺入外加剂，考查其抗裂性。

4.2.1　试验材料

水泥：P.O42.5R普通硅酸盐水泥；密度3100kg/m³，其物理性能见表4-3。

石子：两种石灰岩质碎石：5～20mm连续级配；5～31.5mm连续级配。压碎指标4.5%。

砂：河砂，细度模数为2.56，为中砂Ⅱ级配区，含泥量为2.4%。

表 4-3　　　　　　　　　　　　水 泥 物 理 力 学 性 能

抗压强度/MPa		抗折强度/MPa		凝结时间/min	
3d	28d	3d	28d	初凝	终凝
38.5	52.6	6.8	9.5	90	240

粉煤灰：粉煤灰为符合 GB/T 1506—2005 标准的 F 类，Ⅱ级粉煤灰，45μm 筛余为 16%，需水比为 99%，含水率为 0.5%。

4.2.2　试验配合比设计

混凝土设计强度等级为 C30、C40，共设计了 8 种类型的混凝土。根据粗骨料最大粒径不同（31.5mm 和 20mm）分成了两大类型；每种类型配合比的水胶比分为 0.5 和 0.45 两类；每种类型配合比的砂率分为 0.35 和 0.32 两类；每种类型的配合比包括六组粉煤灰掺量均为 30%、其他两组不掺的混凝土。由于没有掺加外加剂，所以暂不考虑混凝土的坍落度等指标。具体的配合比设计及相应的试验结果见表 4-4 和表 4-5。

表 4-4　　　　　　　　　最大骨料粒径 31.5mm 混凝土配合比

编号	原材料用量/（kg/m³）						水胶比	砂率
	水泥	粉煤灰	砂	石	水	胶凝材料总量		
D1	252	108	637	1183	180	360	0.5	0.35
D2	252	108	582	1237	180	360	0.5	0.32
D3	280	120	637	1183	200	400	0.5	0.35
D4	280	120	582	1237	200	400	0.5	0.32
D5	280	120	637	1183	180	400	0.45	0.35
D6	280	120	582	1237	180	400	0.45	0.32
D7	400	0	637	1183	180	400	0.45	0.35
D8	400	0	582	1237	180	400	0.45	0.32

表 4-5　　　　　　　　　　最大骨料粒径 20mm 混凝土配合比

编号	原材料用量/（kg/m³）						水胶比	砂率
	水泥	粉煤灰	砂	石	水	胶凝材料总量		
X1	252	108	637	1183	180	360	0.5	0.35
X2	252	108	582	1237	180	360	0.5	0.32
X3	280	120	637	1183	200	400	0.5	0.35
X4	280	120	582	1237	200	400	0.5	0.32
X5	280	120	637	1183	180	400	0.45	0.35
X6	280	120	582	1237	180	400	0.45	0.32
X7	400	0	637	1183	180	400	0.45	0.35
X8	400	0	582	1237	180	400	0.45	0.32

4.2.3　试验方法

混凝土抗压强度和劈裂抗拉强度按 GB/T 50081—2002《普通混凝土力学性能试验方法标准》进行测试。混凝土的坍落度按 GB/T 50080—2002《普通混凝土拌合物性能试验方法标准》

进行测试。

混凝土抗裂性试验方法如下：由于本试验粗骨料最大粒径为 31.5mm，为了试验的合理性，本书对《混凝土结构耐久性设计与施工指南》中推荐的平板试件钢模板做了调整。试验装置参照文献［1-26］研制的仪器自行制造，钢模具四边用角钢焊接制成，每个模具外侧焊 3 条厚加劲肋，以提高整个模具的整体刚度，模具同底板之间垫有一层低摩擦阻力的聚四氟乙烯片材，通过螺栓和模具、底板连接在一起，为了：① 防止试件水分从底面渗出损失；② 利用四氟乙烯的低磨阻特性减小试验误差。在模具的每个边上同时交错焊有两排共 14 个 $\phi 10mm \times 100mm$ 的螺栓伸向锚具内侧，当浇筑完成的混凝土平板试件发生收缩时，四周将受到这些螺栓的约束。平板试件模具实物图及示意图如图 4-10、图 4-11 所示。

图 4-10　平板试件模具实物图

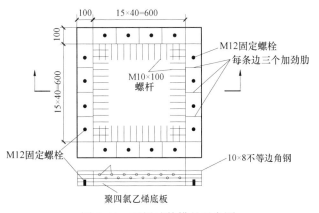

图 4-11　平板试件模具示意图

试件浇筑、振实、抹平后，立即用塑料薄膜覆盖养护，保持环境温度为 20℃±1℃，相对湿度为 50%。浇筑完成后的试件如图 4-12 所示。

2h 后将塑料薄膜取下，用风扇吹混凝土表面，整个试验过程保持风速 8m/s。然后开始观察平板表面的裂缝发生过程，用 DJCK-2 型裂缝测宽仪对裂缝宽度进行测量，24h 后取下底板在试件正面浇水 15min 后、观察混凝土背面是否渗水来判断裂缝是否沿板厚方向贯通。图 4-13 为裂缝贯通的混凝土板。

图 4-12　薄膜覆盖养护的混凝土平板

图 4-13　裂缝贯通的混凝土板

记录试件从浇筑起 24h 的开裂情况，包括裂缝数量、裂缝长度和宽度，开始出现裂缝的时间、裂缝是否贯穿等。根据 24h 开裂情况，计算下列三个参数。

裂缝的平均开裂面积：

$$a = \frac{1}{2N}\sum_i^N W_i L_i \qquad (4-20)$$

式中　W_i——第 i 条裂缝的最大宽度，mm；

　　　L_i——第 i 条裂缝的长度，mm；

　　　N——总裂缝条数。

单位面积的开裂裂缝数目：

$$b = \frac{N}{A} \qquad (4-21)$$

式中　A——平板的面积，取 0.36m²。

单位面积上的裂纹总开裂面积：

$$c = ab \qquad (4-22)$$

4.2.4　试验结果及分析

1. 混凝土抗压及劈裂抗拉强度试验结果及分析

按照 GB/T 50081—2002《普通混凝土力学性能试验方法标准》对混凝土抗压强度和劈裂抗拉强度进行测试，其中最大粒径为 20mm 的试验结果如表 4-6 所示，最大粒径为 31.5mm 的试验结果见表 4-7。

表 4-6　　　　　　　　　最大骨料粒径为 **20mm** 的混凝土基本物理力学性能

编号	水胶比	抗压强度/MPa		劈裂抗拉强度/MPa		坍落度/cm
		3d	28d	3d	28d	
X1	0.5	20.7	35.7	1.2	2.1	2.6
X2	0.5	24.1	41.5	1.3	2.5	2.8
X3	0.5	22.5	41.8	1.2	2.5	3.5
X4	0.5	21.6	43.4	1.3	2.6	4.2
X5	0.45	27.7	44.2	1.3	2.7	2.8
X6	0.45	28.5	46.6	1.4	2.6	3.4
X7	0.45	39.0	53.3	2.4	2.9	2.5
X8	0.45	39.5	53.4	2.2	2.7	2.2

表 4-7　　　　　　　　　最大骨料粒径为 **31.5mm** 的混凝土基本物理力学性能

编号	水胶比	抗压强度/MPa		劈裂抗拉强/MPa		坍落度/cm
		3d	28d	3d	28d	
D1	0.5	11.6	31.8	1.2	2.4	3.6
D2	0.5	13.9	37.7	1.3	2.4	3.8
D3	0.5	14.0	35.8	1.2	2.6	4.8
D4	0.5	16.4	41.9	1.2	2.9	5.1
D5	0.45	18.7	40.9	1.3	2.7	3.9
D6	0.45	18.1	43.3	1.5	3.2	4.2
D7	0.45	31.8	45.6	2.1	3.7	3.2
D8	0.45	29.6	43.7	2.2	3.4	3.0

　　比较表 4-6 和表 4-7 可以看出，与 X 系列相比，D 系列混凝土 3d 和 28d 抗压强度较低，但其劈裂抗拉强度与 X 系列相当，且 6～8 组相对较高；对比表 4-6 和表 4-7 中各自的 1 和 2、3 和 4、5 和 6、7 和 8 组可知，在掺入粉煤灰的前提下，砂率小的各组抗压和劈裂抗拉强度相对较高；对比 3 和 5、4 和 6 组可知，水胶比越低，其抗压和劈裂抗拉强度都相对较高；对比 5 和 7、6 和 8 组可知，掺入 30%粉煤灰后抗压和劈裂抗拉强度都降低，但是劈裂强度相对降低不明显。

　　2. 混凝土平板抗裂试验结果及分析

　　对设计的两种不同最大骨料粒径、共 16 组配合比的混凝土分别进行平板法开裂试验。不同骨料粒径的两种混凝土板开裂试验结果见表 4-8、表 4-9。

表 4-8　　　　　　　　　最大骨料粒径为 31.5mm 的混凝土板开裂试验结果

编号	初始出现裂缝的时间 / (h:min)	裂缝条数 N/条	裂缝平均开裂面积 a/ (mm²/条)	单位面积上的裂缝数目 b/ (根/m²)	单位面积上的总开裂面积 c/ (mm²/m²)	最大裂缝宽度/mm	裂缝是否沿厚度方向贯穿
D1	3:15	15	14.1	42	592	1.1	是
D2	3:21	14	7.6	39	296	0.31	是
D3	3:32	8	21.1	22	464	0.58	是
D4	3:56	10	3.1	28	95	0.30	是
D5	4:20	3	23.2	8	186	0.32	是
D6	5:42	2	6.1	6	37	0.28	否
D7	2:02	4	7.2	11	79	0.28	否
D8	2:16	4	3.5	11	39	0.25	否

表 4-9　　　　　　　　　最大骨料粒径为 20mm 的混凝土板开裂试验结果

编号	初始出现裂缝的时间 / (h:min)	裂缝条数 N/条	裂缝平均开裂面积 a/ (mm²/条)	单位面积上的裂缝数目 b/ (根/m²)	单位面积上的总开裂面积 c/ (mm²/m²)	最大裂缝宽度/mm	裂缝是否沿厚度方向贯穿
X1	3:22	13	9.9	36	356	0.60	是
X2	3:26	12	7.8	33	257	0.35	是
X3	3:37	8	14.1	22	310	0.58	是
X4	3:55	11	2.8	31	87	0.28	否
X5	4:28	4	17.3	11	190	0.25	否
X6	5:35	3	4.2	8	34	0.20	否
X7	2:05	2	8.3	6	50	0.18	否
X8	2:19	3	4.5	8	36	0.18	否

　　(1) 粉煤灰对混凝土抗裂性能的影响。对比 D 组和 X 组混凝土中 5 号和 7 号 (砂率均为 0.35)、6 号和 8 号 (砂率均为 0.32)，这两个对比组的区别是只有粉煤灰掺量不同，因此可以分析粉煤灰对开裂性能的影响。评价指标为初始开裂时间、单位面积上的总开裂面积、最大裂缝宽度，结果如图 4-14～图 4-16 所示。

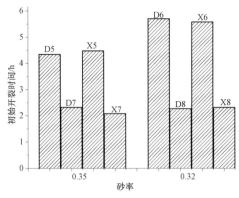

图 4-14　粉煤灰掺量对混凝土板初始开裂时间的影响

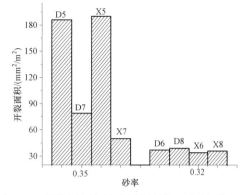

图 4-15　粉煤灰掺量对混凝土板单位开裂面积的影响

从图 4-14～图 4-16 可以看出如下：

1）在两种砂率和最大骨料粒径条件下，掺 30%粉煤灰的试件其初始裂缝出现时间晚于没加粉煤灰的试件。这是由于本次试验没有添加任何外加剂，掺入早期不参与水化反应、颗粒表面光滑的粉煤灰后，相当于间接增大了水胶比，提供了相对较多的自由水量供早期干燥蒸发，使开裂时间延长。

2）掺加粉煤灰的试件单位面积上的总开裂面积大于不掺粉煤灰试件，且最大裂缝宽度略大于无粉煤灰的试件。这是由于掺加粉煤灰造成胶凝材料

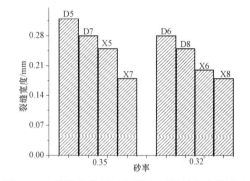

图 4-16　粉煤灰掺量对混凝土板裂缝宽度的影响

整体初期水化变慢，试件的早期强度较低，而此时的混凝土表面水分快速蒸发，产生的表面缩应力很容易大于其抗拉强度，从而容易形成裂缝。而一旦形成裂缝，内部的水分又可顺着裂缝处蒸发从而促使裂缝的发展，这也是掺粉煤灰的试件其裂缝容易沿板厚方向贯穿的重要原因之一。

另外还观察到掺入粉煤灰试件的裂缝宽而少，且容易连通贯穿。因此认为掺加粉煤灰的混凝土出现裂缝的早期时间延长，但早期开裂程度加剧。

（2）砂率对混凝土抗裂性能的影响。对比 D 组和 X 组混凝土中 1 号和 2 号、3 号和 4 号、5 号和 6 号、7 号和 8 号，各对比组的区别是只有砂率不同，因此可以分析砂率对开裂性能的影响。各评价指标对比结果如图 4-17～图 4-19 所示。

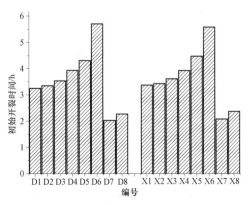

图 4-17　不同砂率下的初始开裂时间

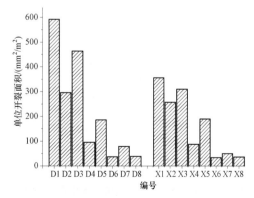

图 4-18　不同砂率下的单位开裂面积

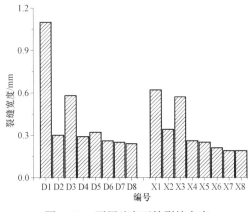

图 4-19   不同砂率下的裂缝宽度

从图 4-17～图 4-19 可以看出，无论粗骨料粒径大小如何，随着砂率的增大，三项评价开裂性能的指标均有不同程度提高。其原因是由于较大砂率的混凝土细骨料相对含量较多，粗骨料相对含量较少，骨料对收缩的抑制作用减弱。同时包裹骨料用的水泥浆用量增加，造成骨料表面水分蒸发相对较快，产生的表面张力较大，因此容易开裂。

（3）水胶比对混凝土抗裂性能的影响。对比 D 组和 X 组混凝土中 3 号和 5 号、4 号和 6 号，各对比组的区别是只有水胶比不同，因此可以分析水胶比对开裂性能的影响。各评价指标对比结果如图 4-20～图 4-22 所示。

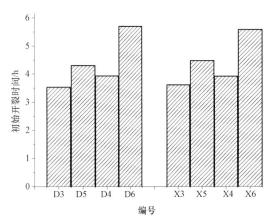

图 4-20   不同水胶比下混凝土板的初始开裂时间

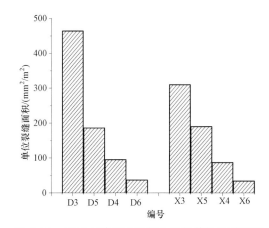

图 4-21   不同水胶比下混凝土板的单位开裂面积

通过图 4-20～图 4-22 可以看出 0.45 水胶比的混凝土抗裂性能优于 0.50 水胶比的混凝土。这是由于在一定水胶比范围内，水胶比越小，能够用于蒸发的自由水量减少，干燥收缩量减少；同时混凝土早期强度相对较高，试件抗裂性能相对较好。

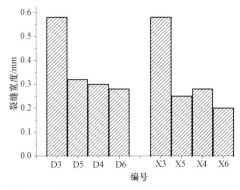

图 4-22   不同水胶比下混凝土板的裂缝宽度

（4）胶凝材料对混凝土抗裂性能的影响。对比 D 组和 X 组混凝土中 1 号和 3 号、2 号和 4 号。各对比组的区别是只有胶凝材料总量不同，因此可以分析胶凝材料总量对开裂性能的影响。各评价指标对比结果如图 4-23～图 4-25 所示。

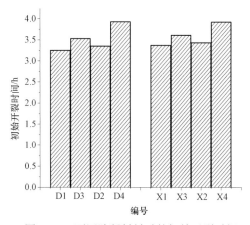

图 4-23　不同胶凝材料时的初始开裂时间

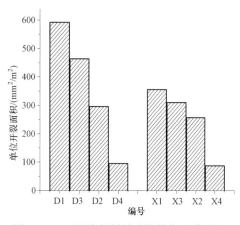

图 4-24　不同胶凝材料时的单位开裂面积

通过图 4-23～图 4-25 可以看出，本试验条件下，在一定胶凝材料掺量范围内，胶凝材料增加，其抗裂性能会变好。这是由于相对较多的胶凝材料会提高混凝土的早期强度，因此抵抗开裂应力的能力增加。

（5）骨料粒径大小对混凝土抗裂性能的影响。

对比表 4-8、表 4-9 中编号相同的各组混凝土，其特点是除了骨料最大粒径不同外，其余各配合比参数均相同。可以看出在一定的骨料粒径范围内，骨料粒径较小的 X 组混凝土抗裂性能优于骨料粒径较大的 D 组，特别是在总开裂面积这一指标上更

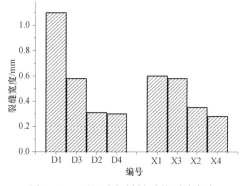

图 4-25　不同胶凝材料时的裂缝宽度

为明显。这是由于在一定骨料粒径范围内，小粒径骨料和胶凝材料的接触面积相对较大，且内部组成结构更加均匀，胶凝材料和骨料界面的黏结面积大、黏结强度相对较高，因此其抗裂性能提高。

4.3　常用外加剂对混凝土抗裂性能影响的试验研究

当混凝土中的水分蒸发速度超过其泌水速度，且近表面的混凝土强度又不足以抵抗因收缩受到限制所引起的应力时，就会产生开裂现象。而我国目前防止混凝土早期塑性收缩开裂常用措施，除了保证施工质量及前期的养护质量外，最常用的方法就是掺入外加剂，膨胀剂、减缩剂及内养护剂是目前常用的防止早期裂缝的外加剂，同时由于减水剂的广泛使用，其对混凝土抗裂性能的影响也不能忽视。因此有必要研究混凝土的外加剂对其抗裂性能的影响。

本节在前述试验基础上，选定无外加剂、抗裂性能最好，且强度满足 C30、C40 的两组配合比为基准组，对掺入减水剂、膨胀剂、减缩剂及内养护剂后混凝土的开裂性能进行试验研究。其中粗骨料最大粒径为 20mm。基准组配合比见表 4-10。

表 4-10 基 准 配 合 比

编号	目标强度	原材料用量/（kg/m³）					
		水泥	粉煤灰	砂	石	水	水胶比
J30	C30	252	108	582	1237	180	0.5
J40	C40	280	120	582	1237	180	0.45

4.3.1 试验材料

为保持试验的一致性，本节试验水泥、砂子、粉煤灰及拌和用水和 4.2.1 相同。由于用骨料粒径小的石子拌和的混凝土抗裂性能好，所以选用 5～20mm 连续级配碎石。

减水剂：考虑到减水剂和其他外加剂的相容问题，所以采用萘系减水剂，而不用聚羧酸减水剂；推荐掺量为 2%，减水率为 23%。

膨胀剂：硫铝酸钙型膨胀剂，推荐掺量为内掺 6%～8%。

减缩剂：聚醚类减缩型外加剂，其推荐掺量为 1%～2%。

内养护剂：复合高分子吸水保水复合材料，呈粉末状，推荐掺量为内掺 6%～10%。

4.3.2 试验配合比设计

混凝土设计强度等级为 C30 和 C40，其中 C30 配合比设计如下：基准组砂率为 0.32，水胶比为 0.50，单方胶凝材料组成为水泥 252kg/m³，粉煤灰掺量为 108kg/m³，在此基础上根据混凝土外加剂的类别及掺量的不同共设计了 16 组配合比。具体情况如下：J30 组为基准组，不掺任何外加剂；D1～D3 组，单掺入减水剂，掺量分别为 3、4、5kg/m³；D4～D6 保持减水剂掺量为 3kg/m³，减缩剂掺量分别为 1%、1.5%、2%；D7～D9 保持减水剂掺量为 3kg/m³，用膨胀剂等量取代粉煤灰，掺量分别为 6%、8%、10%；D10～D12 保持减水剂掺量为 3kg/m³，同时掺入减缩剂和膨胀剂，其掺量分别为 D10 组 1%、6%，D11 组 1.5%、8%，D12 组 2%、10%；考虑到成本问题，内养护剂不和其他外加剂同时掺加，D13～D15 保持减水剂掺量为 3kg/m³，用内养护剂等量取代粉煤灰，掺量分别为 6%、8%、10%。具体的配合比见表 4-11。该表中水胶比固定为 0.5。

其中 C40 配合比设计如下：基准组砂率为 0.32，水胶比为 0.40，单方胶凝材料组成为水泥 280kg/m³，粉煤灰掺量为 120kg/m³，在此基础上根据混凝土外加剂的类别及掺量的不同共设计了 16 组配合比。具体情况如下：J40 组为基准组，不掺任何外加剂；Z1～Z3 组，单掺入减少剂，掺量分别为 4、5、6kg/m³；Z4～Z6 保持减水剂掺量为 4kg/m³，减缩剂掺量分别为 1%、1.5%、2%；Z7～Z9 保持减水剂掺量为 4kg/m³，用膨胀剂等量取代粉煤灰，掺量分别为 6%、8%、10%；Z10～Z12 保持减水剂掺量为 4kg/m³，同时掺入减缩剂和膨胀剂，其掺量分别为 Z10 组 1%、6%，Z11 组 1.5%、8%，Z12 组 2%、10%。考虑到成本问题，内养护剂不和其他外加剂同时掺加。Z13～Z15 组保持减水剂掺量为 4kg/m³，用内养护剂等量取代粉煤灰，掺量分别为 6%、8%、10%。具体的配合比见表 4-12。该表中水胶比固定为 0.45。

表 4–11　　　　　　　　　　　　　C30 混凝土设计配合比　　　　　　　　　　　　　kg/m³

编号	水泥	粉煤灰	砂	石	水	减水剂	减缩剂	膨胀剂	内养护剂
J30	252	108	582	1237	180	0	0	0	0
D1	252	108	582	1237	180	3	0	0	0
D2	252	108	582	1237	180	4	0	0	0
D3	252	108	582	1237	180	5	0	0	0
D4	252	108	582	1237	180	3	3.6	0	0
D5	252	108	582	1237	180	3	5.4	0	0
D6	252	108	582	1237	180	3	7.2	0	0
D7	252	86.4	582	1237	180	3	0	21.6	0
D8	252	79.2	582	1237	180	3	0	28.8	0
D9	252	72	582	1237	180	3	0	36	0
D10	252	86.4	582	1237	180	3	3.6	21.6	0
D11	252	79.2	582	1237	180	3	5.4	28.8	0
D12	252	72	582	1237	180	3	7.2	36	0
D13	252	79.2	582	1237	180	3	0	0	21.6
D14	252	72	582	1237	180	3	0	0	28.8
D15	252	86.4	582	1237	180	3	0	0	36

表 4–12　　　　　　　　　　　　　C40 混凝土设计配合比　　　　　　　　　　　　　kg/m³

编号	水泥	粉煤灰	砂	石	水	减水剂	减缩剂	膨胀剂	内养护剂
J40	280	120	582	1237	180	0	0	0	0
Z1	280	120	582	1237	180	4	0	0	0
Z2	280	120	582	1237	180	6	0	0	0
Z3	280	120	582	1237	180	8	0	0	0
Z4	280	120	582	1237	180	4	4	0	0
Z5	280	120	582	1237	180	4	6	0	0
Z6	280	120	582	1237	180	4	8	0	0
Z7	280	96	582	1237	180	4	0	24	0
Z8	280	88	582	1237	180	4	0	32	0
Z9	280	80	582	1237	180	4	0	40	0
Z10	280	96	582	1237	180	4	4	24	0
Z11	280	88	582	1237	180	4	6	32	0
Z12	280	80	582	1237	180	4	8	40	0
Z13	280	96	582	1237	180	4	0	0	24
Z14	252	88	582	1237	180	4	0	0	32
Z15	252	80	582	1237	180	4	0	0	40

4.3.3　试验方法

对上述每组混凝土分别测量其抗压强度、劈裂抗拉强度及用平板法测试其抗裂性能。具体试验方法见 4.2.3 节试验方法。

4.3.4 试验结果及分析

1. 混凝土抗压及劈裂抗拉强度试验结果及分析

按照 GB/T 50081—2002《普通混凝土力学性能试验方法标准》对混凝土抗压强度和劈裂抗拉强度进行测试，其中 C30 试验组结果如表 4-13 所示，C40 的试验结果如表 4-14 所示。

表 4-13 　　　　　　　　　　　　C30 组混凝土基本物理力学性能

编号	坍落度/cm	抗压强度/MPa		劈裂抗拉强度/MPa	
		3d	28d	3d	28d
J30	2.8	24.1	41.5	1.3	2.5
D1	19.5	24.8	48.3	1.3	2.6
D2	21.2	23.7	41.6	1.3	2.5
D3	22.2	23.1	39.5	1.3	2.5
D4	20.3	23.5	47.2	1.2	2.6
D5	22.4	22.7	45.2	1.2	2.6
D6	22.6	22.0	43.1	1.2	2.5
D7	20.1	25.1	49.6	1.3	2.7
D8	18.2	25.6	51.3	1.4	2.9
D9	16.5	23.2	46.8	1.3	2.6
D10	20.5	22.1	46.2	1.2	2.5
D11	19.8	23.0	43.1	1.2	2.4
D12	19.7	22.3	42.0	1.2	2.4
D13	19.2	23.8	48.5	1.3	2.5
D14	18.5	22.7	49.5	1.3	2.6
D15	16.8	22.0	50.2	1.3	2.6

表 4-14 　　　　　　　　　　　　C40 组混凝土基本物理力学性能

编号	坍落度/cm	抗压强度/MPa		劈裂抗拉强度/MPa	
		3d	28d	3d	28d
J40	2.8	24.1	41.5	1.3	2.5
Z1	18.5	25.8	50.3	1.4	2.7
Z2	20.2	24.7	47.2	1.3	2.6
Z3	20.8	23.5	42.5	1.3	2.6
Z4	21.3	24.5	49.2	1.3	2.6
Z5	21.8	23.7	48.2	1.3	2.6
Z6	22.6	23.0	47.1	1.3	2.6
Z7	20.1	26.1	48.6	1.3	2.7
Z8	17.8	24.6	51.7	1.4	2.8
Z9	15.8	23.8	46.8	1.3	2.6
Z10	20.6	23.1	47.2	1.3	2.6
Z11	19.8	22.6	45.1	1.3	2.5

编号	坍落度/cm	抗压强度/MPa		劈裂抗拉强度/MPa	
		3d	28d	3d	28d
Z12	19.7	22.1	43.7	1.3	2.5
Z13	18.2	24.8	49.5	1.3	2.5
Z14	17.5	23.8	50.4	1.3	2.6
Z15	17.0	22.6	50.9	1.4	2.7

由表 4-13、表 4-14 的试验结果可知如下：

（1）适量掺加萘系减水剂能增加混凝土 3d/28d 抗压/抗折强度，但是继续增加减水剂用量，虽然坍落度进一步增大，然而 3d/28d 的抗压和抗折强度也会随之降低，甚至低于不加减水剂的基准组。

（2）对比 D4～D6 和 D1 及 Z4～Z6 和 Z1 组可知，掺入减缩剂会对混凝土抗压和抗折强度有一定的影响，3d/28d 抗压抗折强度都会随其掺量的增加而降低，但是影响不大，且 28d 强度都要高于未掺加任何外加剂的基准组 J30 和 J40，而混凝土的坍落度会随着减缩剂掺量的增加而增大。

（3）对比 D7～D9 和 D1 组及 Z7～Z9 和 Z1 可知，当膨胀剂的掺量小于 8% 时，混凝土 3d/28d 抗压和抗折强度会随其掺量的增加而增加，当掺量高于 8% 时，3d、28d 抗压抗折强度反而会降低，但是还是要高于基准组 J30 和 J40，膨胀剂对混凝的坍落度影响比较明显，随着掺量的增加，坍落度明显降低。

（4）从同时掺入两种外加剂的 D10～D12 组、Z10～Z12 组中均可以看出，其 3d、28d 抗压和抗折强度均比相应掺入一种外加剂的要低，但其抗压强度都高于基准组 J30 和 J40，抗折强度却低于基准组。随着复合外加剂掺量的增加，坍落度随之降低，但是不明显。

（5）将 D13～D15 同 J30 及 Z13～Z15 同 J40 对比可知，在用内养护剂等量取代粉煤灰的情况下，掺入内养护剂后混凝土 3d 强度有所降低，但是其 28d 强度会和基准组强度持平甚至会略高。

2. 混凝土平板抗裂试验结果及分析

对于两组不同强度的混凝土进行平板开裂试验，试验结果见表 4-15、表 4-16。

表 4-15　　　　　　　　C30 组混凝土板开裂试验结果

编号	初始出现裂缝时间/（h:min）	裂缝条数 N/条	裂缝平均开裂面积 a/（mm²/条）	单位面积上裂缝数目 b/（根/m²）	单位面积上总开裂面积 c/（mm²/m²）	最大裂缝宽度/mm	裂缝是否沿厚度方向贯穿
J30	3:26	12	7.8	33	257	0.35	是
D1	3:32	10	9.5	28	266	0.8	是
D2	3:45	8	15.4	22	338	1.0	是
D3	3:58	7	17.9	19	349	1.3	是
D4	4:10	10	6.1	28	171	0.30	否
D5	4:45	11	4.3	31	133	0.26	否
D6	5:42	13	3.1	36	112	0.23	否

续表

编号	初始出现裂缝时间/（h:min）	裂缝条数 N/条	裂缝平均开裂面积 a/（mm²/条）	单位面积上裂缝数目 b/（根/m²）	单位面积上总开裂面积 c/（mm²/m²）	最大裂缝宽度/mm	裂缝是否沿厚度方向贯穿
D7	3:22	11	8.7	30	261	0.38	否
D8	3:10	10	10.2	28	286	0.54	是
D9	2:46	9	13.1	25	326	0.82	是
D10	3:32	11	8.4	30	252	0.38	是
D11	3:45	11	9.2	30	275	0.52	是
D12	3:51	10	11.2	28	314	0.63	是
D13	4:30	9	6.3	25	156	0.22	否
D14	5:10	10	4.3	28	121	0.2	否
D15	6:30	10	3.4	28	98	0.17	否

表 4-16　　　　C40 组混凝土板开裂试验结果

编号	初始出现裂缝时间/（h:min）	裂缝条数 N/条	裂缝平均开裂面积 a/（mm²/条）	单位面积上裂缝数目 b/（根/m²）	单位面积上总开裂面积 c/（mm²/m²）	最大裂缝宽度/mm	裂缝是否沿厚度方向贯穿
J40	3:37	12	6.7	33	222	0.32	是
Z1	3:42	9	10.8	25	270	0.8	是
Z2	3:51	8	16.7	22	367	1.2	是
Z3	3:59	7	19.8	19	376	1.5	是
Z4	4:10	9	6.8	25	168	0.28	否
Z5	4:48	11	4.1	31	127	0.24	否
Z6	5:52	14	2.8	39	108	0.21	否
Z7	3:22	11	8.4	30	265	0.6	是
Z8	3:04	10	10.7	28	298	0.82	是
Z9	2:36	9	13.6	25	340	1.0	是
Z10	3:42	11	8.1	30	242	0.32	否
Z11	3:55	11	8.8	30	265	0.62	是
Z12	4:20	11	9.8	30	294	0.70	是
Z13	4:50	9	5.8	25	146	0.20	否
Z14	5:30	10	3.9	28	111	0.18	否
Z15	6:50	9	3.6	25	90	0.15	否

（1）减水剂对混凝土抗裂性能的影响。比较基准组 J30 和 D1～D3 组及 J40 和 Z1～Z3 可以看出减水剂以及减水剂掺量的变化对混凝土抗裂性能的影响。选取评价指标为初始开裂时间、单位面积上的总开裂面积、最大裂缝宽度，结果如图 4-26 所示。

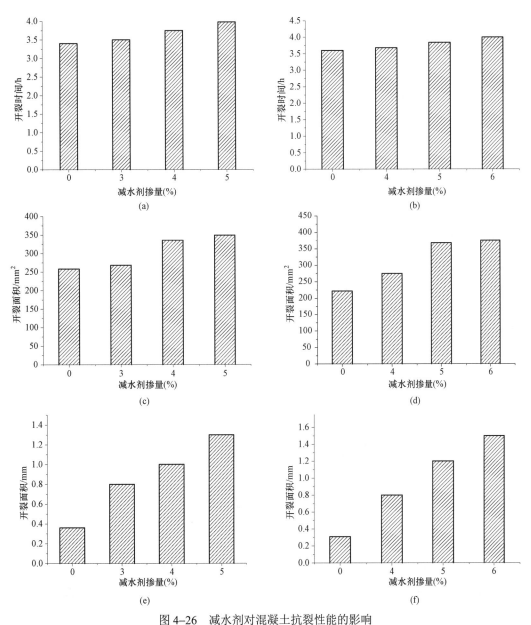

图 4-26　减水剂对混凝土抗裂性能的影响

（a）C30 组减水剂开裂时间影响；（b）C40 组减水剂对开裂时间影响；（c）C30 组减水剂对开裂面积影响；
（d）C40 组减水剂对开裂面积影响；（e）C30 组减水剂对裂缝宽度的影响；（f）C40 组减水剂对裂缝宽度的影响

　　从图 4-26 可以看出，掺入减水剂的 D1~D3、Z1~Z3 号混凝土板，其开裂时间均迟于未添加减水剂的基准混凝土板 J30、J40，且减水剂的掺量越多，开裂时间也越迟。但其在单位开裂面积及裂缝宽度方面均比基准混凝土板要大，并随着减水剂掺量的增加，单位开裂面积及裂缝宽度也随之变大。分析其原因可能是掺入减水剂之后，混凝土的坍落度急剧增加，混凝土中的游离水的含量也增加，在用薄膜覆盖 2h 养护之后，在其表面会形成一层自由水养护薄膜，在其未蒸发完之前混凝土板不会出现开裂现象，因此开裂时间会推迟。同时由于减水剂的掺入，水泥的水化更加充分，毛细孔细化并增大了毛细孔负压，会加大体积收缩。当表面的水膜蒸发完后，混凝土内部空隙的相对湿度较低，水分蒸发引起的相对湿度降低较快。在这两者的共同作用之下混凝土的裂缝发展迅速。表现为单位开裂面积及最大裂缝宽度随着掺量的增加而加大。

（2）减缩剂对混凝土抗裂性能的影响。将 D1 和 D4～D6 组，Z1 和 Z4～Z6 组对比可知减缩剂及其用量对混凝土板开裂的影响。各评价指标对比结果如图 4-27 所示。

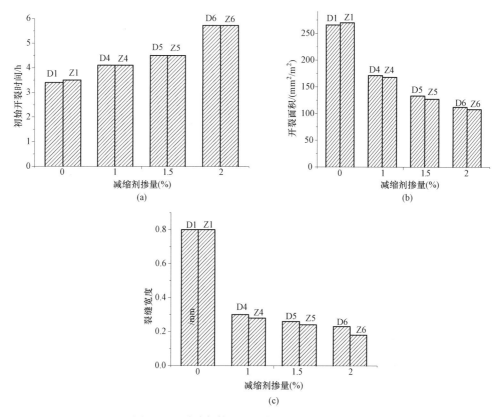

图 4-27　减缩剂掺量对混凝土抗裂性能的影响
（a）减缩剂掺量对开裂时间影响；（b）减缩剂掺量对开裂面积影响；（c）减缩剂掺量对裂缝宽度的影响

从图 4-27 可以看出，不管减缩剂掺量多少，三项评价开裂性能的指标均优于未掺加减缩剂的混凝土板，特别是在改善裂缝宽度方面。随着减缩剂的增加，三项指标都有所优化，而这一规律对两个强度组别的混凝土都适用。其原因是由于减缩剂主要依靠降低孔隙溶液的表面张力来抑制混凝土的收缩，其减缩过程并不依赖于外界的养护条件，因此当混凝土表面的水分蒸发很快，且混凝土又处于干燥环境时，对混凝土抗裂性能的提高尤其明显。

（3）膨胀剂对混凝土抗裂性能的影响。对比 D1 组和 D7～D9 组、Z1 组和 Z7～Z9 组，可知膨胀剂及其掺量对开裂性能的影响。各评价指标对比结果如图 4-28 所示。

从图 4-28 中可以看出，掺入膨胀剂之后混凝土板的开裂时间缩短，开裂面积随之增加，掺入 6% 膨胀剂的 C30 混凝土和掺入 8% 膨胀剂的 C40 混凝土组的最大裂缝宽度最小。如果膨胀剂掺量进一步增加，裂缝宽度也进一步增大，甚至超过没有掺入膨胀剂的 D1 组和 J1。分析原因是由于膨胀剂形成了膨胀性水化产物钙矾石，钙矾石晶体分子式为 $3CaO \cdot Al_2O_3 \cdot 3CaSO_4 \cdot 32H_2O$，其中含有 32 个结晶水，因此水化时需要大量水分。本次试验中混凝土板早期没有进行充分养护，外界补水能力不足，钙矾石水化消耗了大量自由水，造成混凝土内部水分不足，干燥收缩及自收缩加剧，且其收缩受到模具周围螺杆的限制，因此其开裂时间及开裂面积两项指标会比没掺入膨胀剂的差。此外，由于适量钙矾石产生的膨胀抵消了混凝土的部分收缩，最大裂缝宽度在此条件下减小。

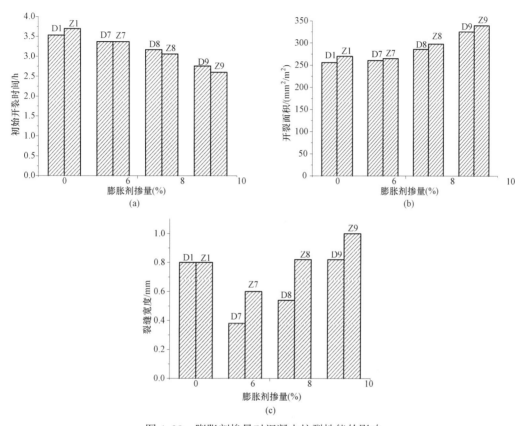

图 4-28　膨胀剂掺量对混凝土抗裂性能的影响

（a）膨胀剂掺量对开裂时间的影响；（b）膨胀剂掺量对开裂面积的影响；（c）膨胀剂掺量对裂缝宽度的影响

（4）同时掺入膨胀剂及减缩剂对混凝土抗裂性能的影响。D10～D12 组及 Z10～Z12 同时掺入了减缩剂和膨胀剂，把其和 D4～D6、D7～D9、Z4～Z6、Z7～Z9 中相应的组别进行对比，可以得出同时掺入两种外加剂和单掺入一种外加剂对混凝抗裂性能的影响。各评价指标对比结果如图 4-29 所示。

由图 4-29 可知，保持外加剂掺量在一定范围内，同时掺入减缩剂和膨胀剂的混凝土，其抗裂性能的三项评价指标，比单掺入膨胀剂的混凝土要稍好，比单掺入减缩剂的要差。这说明在掺入膨胀剂的情况下，减缩剂的抗裂性能会在一定程度上被削弱，不如单掺的好。

（5）内养护剂对混凝土抗裂性能的影响。将 C30 组别、C40 组别中的 D13～D15 组及 Z13～Z15 组分别和 D1、Z1 进行对比可知内养护剂对混凝土抗裂性的影响，结果如图 4-30 所示。

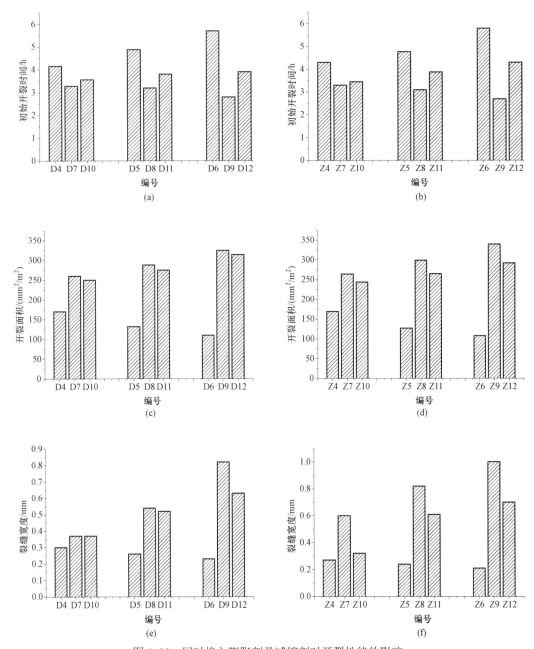

图 4-29　同时掺入膨胀剂及减缩剂对开裂性能的影响

（a）C30 组同掺膨胀剂减缩剂对开裂时间影响；（b）C40 组同掺膨胀剂减缩剂对开裂时间影响；
（c）C30 组同掺膨胀剂减缩剂对开裂面积影响；（d）C40 组同掺膨胀剂减缩剂对开裂面积影响；
（e）C30 组同掺膨胀剂减缩剂对裂缝宽度影响；（f）C40 组同掺膨胀剂减缩剂对裂缝宽度影响

　　由图 4-30 可知，内养护剂能显著提高混凝土的抗裂性能，抗裂性能评价的三项指标都要优于未掺入内养护剂的混凝土，掺入内养护剂后的混凝土抗裂性能甚至略好于同条件下的掺入减缩剂的混凝土，其对混凝土抗裂性能的增强效果是本次试验组别中最好的。

　　内养护剂对混凝土抗裂性能的提高可以从以下两个方面进行分析：

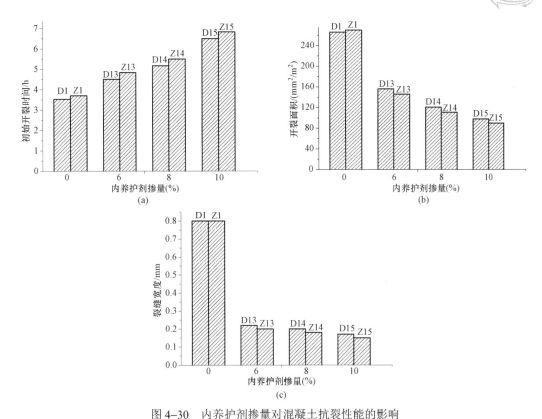

图 4-30　内养护剂掺量对混凝土抗裂性能的影响

（a）内养护剂掺量对开裂时间影响；（b）内养护剂掺量对开裂面积影响；（c）内养护剂掺量对裂缝宽度影响

① 混凝土内养护剂的主要成分为高吸水性物质。在其加入混凝土中进行拌和之后，混凝土拌和物中的自由水吸附于自身分子内部，从而减小自由水通过混凝土毛细孔的蒸发量，减少自由水分的流失。当混凝土表面（或内部某处）湿度降低时，前期被其吸收的水分可以缓慢地释放出来，减小了由于前期混凝土蒸发失水对混凝土造成开裂的影响。

② 从强度方面解释，当引入养护剂后，改善了混凝土内部的水分分布情况，当混凝土水化用水出现不足时，内养护剂中的蓄水为混凝土提供了后备水源，使水化反应得以继续进行，提高了胶凝材料的水化程度，使混凝土内水化产物增多，密实度提高，进而提高混凝土的早期及后期水化程度，因此提高了混凝早期及后期的强度，这也正好解释了 C40 组混凝土的抗裂性能要比同条件下的 C30 组混凝土要好。

第5章
温度变化导致混凝土
开裂的温度应力理论模拟研究

钢筋混凝土空心薄壁墩是桥梁墩柱的重要结构形式。然而由于混凝土材料的导热性能较差，薄壁空心混凝土墩在日照或骤降温差作用下，结构表面温度迅速上升或下降，但是结构内部的温度变化不大，因此在混凝土墩中形成较大的温度梯度。这种温差作用产生的变形受到结构材料本身及外部约束的作用，将产生不容忽视的温度应力，因此研究温度效应对桥梁薄壁高墩结构性能的影响十分重要。

本章以桥梁常用的混凝土结构空心薄壁墩为例，说明采用有限元分析软件 ANSYS 来如何分析混凝土结构的温度应力。

5.1　理　论　依　据

5.1.1　求解温度场及温度应力的微分方程理论

在变温作用下，为了求解混凝土内部的温度应力，需进行两方面计算：① 按照热传导理论，根据混凝土的热力学性质、内部热源、初始条件和边界条件，计算结构各点在各瞬时的温度，瞬时温度与初始温度之差即为变温；② 按照热弹性力学理论，根据变温求出结构内各点的温度应力。

热传导理论中，求解瞬态温度场的微分方程如下：

$$\frac{\partial T}{\partial t} - a\nabla^2 T = \frac{W}{c\rho} \tag{5-1}$$

式中　　$a = \dfrac{\lambda}{c\rho}$ ——导温系数；

　　　　λ ——材料的导热系数；

　　　　c ——材料比热容；

　　　　ρ ——材料的质量密度；

　　　　W ——热源强度。

求解热传导的偏微分方程还需要提供初始条件和边界条件。初始条件为：

$$T\big|_{t=t_0} = f(x, y, z) \tag{5-2}$$

边界条件主要有三类，第一类边界条件为已知边界 S_1 上各个时刻的温度分布，表达式为：

$$T\big|_{s_1} = f(t) \tag{5-3}$$

第二类边界条件为已知边界 S_2 上各个时刻的热流密度，表达式为：

$$q_n\big|_{s_2} = -\lambda\left(\frac{\partial T}{\partial n}\right)\bigg|_{s_2} = f(t) \tag{5-4}$$

式中　n——截面外法线方向。

第三类边界条件为已知边界 S_3 上各个时刻的对流交换值，其表达式为：

$$q_n\big|_{s_3} = -\lambda\left(\frac{\partial T}{\partial n}\right)\bigg|_{s_3} = \beta(T_{s_3} - T_e) \tag{5-5}$$

式中　T_e——周围介质的温度；

　　　β——对流放热系数。

联立式（5-1）～式（5-5）可求得结构的瞬时温度场，进而可按照热弹性力学理论求解温度应力。在变温作用下，几何方程和平衡微分方程与一般弹性力学问题相同，但因应力和变温共同引起应变，因而本构方程如式（5-6）所示。

$$\varepsilon_x = \frac{1}{E}\left[\sigma_x - \mu(\sigma_y + \sigma_z)\right] + \alpha T, \quad \gamma_{xy} = \frac{2(1+\mu)}{E}\tau_{xy} \quad (x, y, z) \tag{5-6}$$

当采用位移法求解时，同一般弹性力学问题相比，变温引起了附加的体力和面力为：

$$f_x' = -\frac{E\alpha}{1-2\mu}\frac{\partial T}{\partial x}, \quad \overline{f_x'} = l\frac{E\alpha T}{1-2\mu} \quad (x, y, z) \tag{5-7}$$

本节研究了温差作用对薄壁空心墩的影响，基于以下两点假设。

（1）根据已有文献［1-103］、［1-104］中对于混凝土高墩的实测温度数据可知，在墩高方向的温度分布基本一致，因此可以忽略热量在墩高方向的传递，将此温度应力的求解问题转化为平面应变问题。相应的可将混凝土高墩的截面作为分析模型，计算平面内的温度场及平面应变问题中的温度应力。

（2）本章计算混凝土结构在运行期的温度场，不考虑其水化热的影响，因此可视混凝土结构内无热源，即 $W = 0$。

综合以上假设，可将式（5-1）简化为 $\dfrac{\partial T}{\partial t} - a\left(\dfrac{\partial^2 T}{\partial x^2} + \dfrac{\partial^2 T}{\partial y^2}\right) = 0$，从而得到二维无源瞬态热传导方程，进而求解温度应力。

5.1.2　求解温度场及温度应力的有限元理论

用偏微分方程理论直接求解温度场的解析解十分困难，工程中普遍使用有限元分析方法来求解温度场。对于二维无源瞬态热传导问题的偏微分方程和边界条件，可以建立与其等效的变分原理，泛函表达式[1-105]如下：

$$\Pi(T) = \frac{1}{2}\int_{\Omega}\left(\lambda\left(\frac{\partial T}{\partial x}\right)^2 + \lambda\left(\frac{\partial T}{\partial y}\right)^2 + 2\rho c\frac{\partial T}{\partial t}T\right)\mathrm{d}\Omega - \int_{\Gamma_2} qT\mathrm{d}\Gamma + \frac{1}{2}\int_{\Gamma_3}\beta(T - T_a)^2\mathrm{d}\Gamma \quad (5\text{--}8)$$

将求解域离散，并根据 $\delta\Pi(T) = 0$ 可以得到二维无源瞬态热传导问题的有限元求解方程：

$$\boldsymbol{KT} + \boldsymbol{C\dot{T}} = \boldsymbol{P} \quad (5\text{--}9)$$

式中　$\boldsymbol{K}$ ——热传导矩阵；

　　　$\boldsymbol{C}$ ——热容矩阵；

　　　$\boldsymbol{T}$ ——节点温度列阵；

　　　$\boldsymbol{P}$ ——温度载荷列阵。

这是一组以时间 t 为独立变量的线性常微分方程组，要求解式（5--9）还需引入 Γ_1 上的边界条件式和初始条件。矩阵 $\boldsymbol{K}$、$\boldsymbol{C}$ 和 $\boldsymbol{P}$ 由相应的单元矩阵集成：

$$K_{ij} = \sum_e K_{ij}^e + \sum_e H_{ij}^e \quad (5\text{--}10)$$

$$C_{ij} = \sum_e C_{ij}^e \quad (5\text{--}11)$$

$$P_i = \sum_e P_{qi}^e + \sum_e P_{\beta i}^e \quad (5\text{--}12)$$

式中　K_{ij}^e ——单元对热传导矩阵的贡献；

　　　H_{ij}^e ——单元热交换边界条件对热传导矩阵的修正；

　　　C_{ij}^e ——单元对热容矩阵的贡献。

式（5--12）中的二项分别为单元给定热流边界和对流换热边界的温度载荷。

当弹性体的温度场已经求得时，就可以求出弹性体各部分的温度应力。物体由于热胀只产生线应变，剪切应变为零，对于二维问题，由热变形产生的初应变 ε_0 可表示为：

$$\varepsilon_0 = \alpha(T - T_0)[1 \quad 1 \quad 0]^{\mathrm{T}} \quad (5\text{--}13)$$

式中　α ——材料的热膨胀系数；

　　　T_0 ——结构的初始温度场；

　　　T ——结构的瞬态温度场。

在物体中存在初应变的情况下，应力应变关系可表示为：

$$\boldsymbol{\sigma} = \boldsymbol{D}(\boldsymbol{\varepsilon} - \boldsymbol{\varepsilon_0}) \quad (5\text{--}14)$$

将上式带入虚位移原理的表达式，则可得到包括温度初应变在内的用以求解热应力的最小位能原理，其泛函表达式如下：

$$\Pi_p(\boldsymbol{u}) = \int_{\Omega}\left(\frac{1}{2}\boldsymbol{\varepsilon}^{\mathrm{T}}\boldsymbol{D}\boldsymbol{\varepsilon} - \boldsymbol{\varepsilon}^{\mathrm{T}}\boldsymbol{D}\boldsymbol{\varepsilon_0} - \boldsymbol{u}^{\mathrm{T}}\boldsymbol{f}\right)\mathrm{d}\Omega - \int_{\Gamma_\sigma}\boldsymbol{u}^{\mathrm{T}}\overline{\boldsymbol{f}}\mathrm{d}\Gamma \quad (5\text{--}15)$$

将求解域 Ω 进行有限元离散，通过 $\delta\Pi = 0$ 可得有限元求解方程为：

$$\boldsymbol{Ka} = \boldsymbol{P} \quad (5\text{--}16)$$

与不包含温度初应变的有限元方程相比，载荷向量中增加了由温度初应变引起的温度载荷。此处载荷向量的表达式为：

$$\boldsymbol{P} = \boldsymbol{P}_f + \boldsymbol{P}_{\overline{f}} + \boldsymbol{P}_{\varepsilon_0} \quad (5\text{--}17)$$

式中　　　　　　$\boldsymbol{P}_f, \boldsymbol{P}_{\bar{f}}$ ——体力和面力引起的载荷项；

$$\boldsymbol{P}_{\varepsilon_0} = \sum_e \int_{\Omega_e} \boldsymbol{B}^{\mathrm{T}} \boldsymbol{D} \boldsymbol{\varepsilon_0} \mathrm{d}\Omega$$ ——温度初应变引起的载荷项。

对于瞬态温度应力的计算，可以在每一时间步的瞬态温度场计算后进行，也可以在整个瞬态温度场分析完成后再对每一时间步或指定若干步进行，这可根据实际工程的需要和计算的方便与否决定。

5.2　不同因素对混凝土温度效应影响的数值算例

本节计算了混凝土薄壁空心墩在年温差、日照温差及骤降温差作用下的温度场及温度应力，分析了温度载荷形式、截面类型、壁厚、曲率半径及混凝土强度等级对温度效应的影响。采用 ANSYS 对温差作用下薄壁空心混凝土结构的受力特性进行数值模拟，选择基于物理文件的载荷传递模式，即首先进行热分析，不改变网格划分，然后将热分析单元转化为结构分析单元，并采用 LDREAD 命令读入热分析的结果文件，将热分析的节点温度作为"体力"施加到随后的应力分析中，从而求解结构的温度应力。

5.2.1　模型

根据 5.1.1 节中的第一点假设，本章对混凝土薄壁空心墩进行针对截面的平面应变分析。文中三种截面形式分别为圆环、椭圆环和正方形框截面，壁厚均为 0.6m，圆环外壁半径 2.4m，椭圆环外壁长轴半径 3.2m，短轴半径 1.8m，正方形框截面的外壁边长为 4.8m。本章将季节性温差、日照温差及骤降温差均视为关于 X、Y 轴对称的温度荷载，且模型本身具备对称性，因此三种截面均建立四分之一模型进行分析，几何模型如图 5–1 所示。混凝土强度等级为 C50，弹性模量 $3.45 \times 10^4 \mathrm{N/mm}^2$，泊松比 0.2，质量密度 $2400\mathrm{kg/m}^3$，导热系数 $2.944\mathrm{J/(m \cdot s \cdot ℃)}$，比热容 $0.96\mathrm{kJ/(kg \cdot ℃)}$，热膨系数 $1 \times 10^{-5} /℃$。

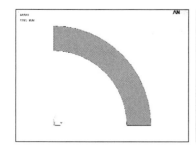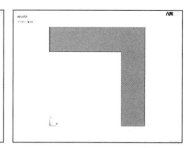

图 5–1　薄壁空心墩截面（圆环截面，椭圆环截面，正方形框截面）

5.2.2　单元选取及网格尺寸

在有限元分析中，选择合适的单元类型和尺寸对于保证高精度的计算结果至关重要。本章在试算中对比了两种网格划分方案：① 热分析采用 plane55 单元，结构分析采用 plane182 单元，即热分析及结构分析都采用二维四节点实体单元；② 热分析采用 plane77 单元，结构分析采用 plane183 单元，即采用方案 1 中相应单元的高阶形式，如图 5–2、图 5–3 所示。plane77

单元每个节点只有一个温度自由度，具有协调的温度形函数，适用于描述弯曲的边界，适合进行二维稳态或瞬态的热分析。plane183 单元每个节点有两个自由度：节点坐标系的 x、y 方向的平动，具有二次位移项，适于生成不规则网格模型。通过对比试算，采用第二种方案，在网格数量远小于第一种方案的情况下即可获得更高的精度。因此本章首先采用 plane77 单元对混凝土空心高墩的截面进行热分析，不改变网格划分，将热分析单元转化为结构分析单元，采用 plane183 单元进行结构分析，单元尺寸为 0.015m。

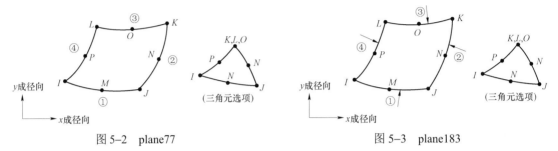

图 5-2　plane77　　　　　　　　　　　　　　图 5-3　plane183

5.2.3　温度荷载

对于温度应力的求解，设定合适的热分析边值条件十分重要。在已有的温度效应的计算中，工程结构在运行期内的温度载荷主要有以下三类[1-106],[1-107]。

（1）年温差。由于年温度变化引起结构的温度变化，这种长期缓慢的作用使结构整体发生均匀的温度变化，一般规定将最高与最低月平均温度的差值作为年温度变化值。考虑到年温差对结构的作用较均匀且作用的时间较长，本文采用对截面施加整体温度变化值来模拟该荷载，根据稳态热传导理论求解温度场，此时式（5-1）可简化为 $\dfrac{\partial^2 T}{\partial x^2}+\dfrac{\partial^2 T}{\partial y^2}=0$，进而求得温度应力。

（2）日照温差。主要考虑太阳辐射和气温变化的影响。文献［1-104］选取中国西部某特大桥墩分析，通过现场实测数据得出：西南方位的桥墩面从 5:00～17:00 的温度变化可近似看作线性增加，且较其他方位墩面的实测数据有最大的内外壁温差。本节数值算例根据该温度变化模式，以上午 5 时为初始时刻，截面在该时刻具有 20℃ 的均匀温度场，此后截面内壁温度保持恒定，截面外壁温度随着时间线性升高。共取 24 个时间计算点，截面外壁温度如表 5-1 所示，根据瞬态热传导理论求解温度场，进而求得温度应力。

表 5-1　　　　　　　　　　　　日照温度荷载作用下截面外壁温度　　　　　　　　　　　　℃

时间	5:30	6:00	6:30	7:00	7:30	8:00	8:30	9:00	9:30	10:00	10:30	11:00
温度	21	22	23	24	25	26	27	28	29	30	31	32
时间	11:30	12:00	12:30	13:00	13:30	14:00	14:30	15:00	15:30	16:00	16:30	17:00
温度	33	34	35	36	37	38	39	40	41	42	43	44

（3）骤降温差。在寒潮作用下，工程结构外表面迅速降温，内表面温度变化不大，结构形成内高外低的温差状态。文献［1-104］通过现场实测数据与有限元计算结果对比得出：采用 ANSYS 软件按第一类边界条件来模拟计算混凝土空心桥墩的寒潮温度场是准确可靠的。因此

本节中的数值算例将初始时刻设定为寒潮来临前的下午 17:00，截面在该时刻具有 15℃的均匀温度场，此后截面内壁温度保持恒定，截面外壁温度随着时间线性降低。共取 24 个时间计算点，截面外壁温度如表 5-2 所示，根据瞬态热传导理论求解温度场，进而求得温度应力。

表 5-2　　　　　　　　　骤降温度荷载作用下截面外壁温度　　　　　　　　　℃

时间	17:30	18:00	18:30	19:00	19:30	20:00	20:30	21:00	21:30	22:00	22:30	23:00
温度	14	13	12	11	10	9	8	7	6	5	4	3
时间	23:30	24:00	00:30	01:00	01:30	02:00	02:30	03:00	03:30	04:00	04:30	05:00
温度	2	1	0	−1	−2	−3	−4	−5	−6	−7	−8	−9

5.3　结　果　分　析

5.3.1　年温差作用影响分析

计算圆环截面、椭圆环截面及正方形框截面在年温差作用下，整体变温 60℃、−60℃、−70℃、−80℃、−90℃的温度应力。三种截面对应的面内应力趋近于 0，轴向为均匀的压应力或拉应力，表 5-3 列出了三种截面在不同变温下的轴向应力。由表中数据可以看出，整体升温产生轴向压应力，整体降温产生轴向拉应力，圆环截面的有限元（FEM）解与解析解（$\sigma_\rho = 0, \sigma_\varphi = 0, \sigma_z = -E\alpha T_o$，$T_o$ 为该点的变温）保持一致。此外，在整体变温作用下，轴向应力与截面形式无关。

表 5-3　　　　　　　　　三种截面在不同变温下的轴向应力　　　　　　　　　MPa

整体变温/℃	60	−60	−70	−80	−90
轴向应力	−20.7	20.7	24.15	27.6	31.05

5.3.2　日照和骤降温差作用影响的分析

1. 不同截面形状的温度效应

分析圆环截面、椭圆环截面及正方形框截面在日照和骤降温差作用下的受力特性。图 5-4、图 5-5 给出了日照温差作用下，部分时刻圆环截面的温度场及第一主应力的分布云图，可以看出截面的温度及第一主应力的分布都具有轴对称性。在 5:00～17:00，圆环截面外壁逐渐升温，热量逐渐由外壁向截面内部传递。截面的最大拉应力出现在内壁，随着外壁逐渐升温，最大拉应力值也随之增加。

图 5-6 给出了日照温差作用下，17:00 时刻椭圆截面，正方形框截面及带倒角的正方形框截面的第一主应力分布云图，可以看出椭圆截面的最大拉应力出现在内壁长轴端点处，正方形框截面最大拉应力出现在内壁角点处。17:00 时刻最大拉应力的数值按从大到小排序为正方形框截面、带倒角的正方形框截面、椭圆截面、圆环截面。这说明在截面几何形状和尺寸突变处，发生了不同程度的应力集中，而在正方形框内角点处设置合理尺寸的倒角，可以有效降低应力集中的程度，从而降低混凝土开裂的敏感性。表 5-4 给出了具有不同尺寸倒角的

正方形框截面在日照温差作用下的最大拉应力值,其中倒角尺寸为倒角边在相邻边垂直投影的长度,可以看出当倒角尺寸为 0.25 或 0.4m 时,最大拉应力取极小值。

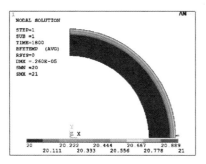
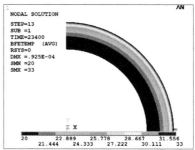

(a)   (b)

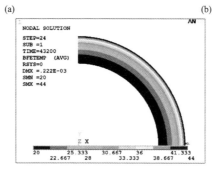

(c)

图 5-4　日照温差下圆环截面温度场云图

(a)5:30 外壁温度:21℃;(b)11:30 外壁温度:33℃;(c)17:00 外壁温度:44℃

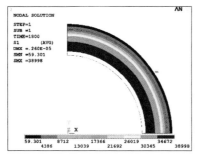
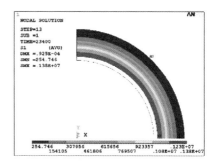

(a)   (b)

(c)

图 5-5　日照温差下圆环截面第一主应力云图

(a)5:30 内壁应力:0.039MPa;(b)11:30 内壁应力:1.38MPa;(c)17:00 内壁应力:3.32MPa

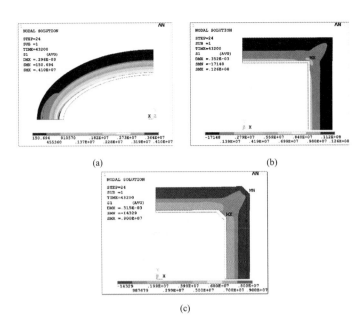

(a)　　　　　　　　　　　　(b)

(c)

图 5-6　日照温差下椭圆、正方形框截面和带倒角正方形框截面的第一主应力云图

（a）内壁最大应力：4.10MPa；（b）内壁最大应力：12.6MPa；（c）内壁最大应力：9.0MPa

表 5-4　　　　　　　具有不同尺寸倒角的正方形框截面在日照温差下的最大拉应力

倒角尺寸/m	0.05	0.1	0.15	0.2	0.25	0.3	0.35	0.4	0.45	0.5	0.55	0.6
最大拉应力/MPa	9.31	9.45	9.23	9.0	8.45	9.36	9.48	8.87	10.0	10.2	10.3	10.6

　　图 5-7、图 5-8 给出了骤降温差作用下，部分时刻圆环截面的温度场及第一主应力的分布云图。可以看出在 17:00～5:00，圆环截面外壁逐渐降温，热量缓慢由内壁向截面外部传递。截面的最大拉应力出现在外壁，随着外壁温度降低，最大拉应力值也随之增加。

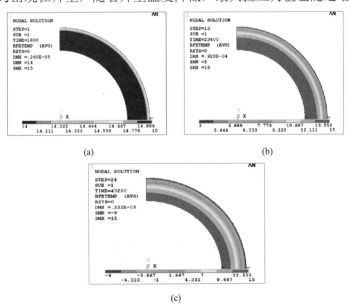

(a)　　　　　　　　　　　　(b)

(c)

图 5-7　骤降温差下圆环截面温度场云图

（a）17:30 外壁温度：14℃；（b）23:30 外壁温度：2℃；（c）05:00 外壁温度：-9℃

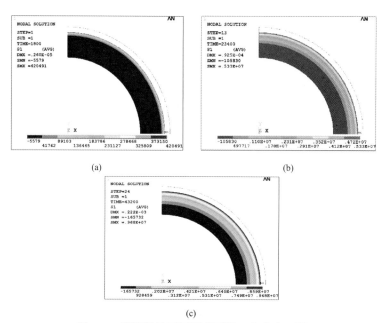

(a)   (b)

(c)

图 5-8　骤降温差下圆环截面第一主应力云图

（a）17:30 外壁应力：0.42MPa；（b）23:30 外壁应力：5.33MPa；（c）05:00 外壁应力：9.68MPa

图 5-9 给出了骤降温差作用下，5:00 时刻椭圆截面、正方形框截面及带倒角的正方形框截面的第一主应力分布云图，可以看出不同截面的最大拉应力均出现在外壁。5:00 时刻最大拉应力的数值按从大到小排序为正方形框截面—椭圆截面—圆环截面，但在数值上仅有微小变化，这说明在内高外低的温差状态下，不同截面形式对混凝土开裂的敏感性相近。正方形框截面的最大拉应力并未出现在外角点，而是沿外壁均匀分布，此时在外角点处设置倒角对防止混凝土开裂意义不大。

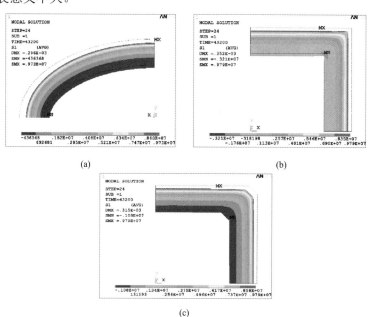

(a)   (b)

(c)

图 5-9　骤降温差下椭圆、正方形框截面带倒角正方形框截面的第一主应力云图

（a）外壁最大应力：9.73MPa；（b）外壁最大应力：9.79MPa；（c）外壁最大应力：9.79MPa

图 5-10 给出了三种截面最大拉应力随内外壁温差变化曲线，可以看出在日照温差作用下，最大拉应力值和其变化率均随内外壁温差的增大而增加。由于最大拉应力出现在内壁，受外壁线性增温的影响较小，因而其变化体现了瞬态温度场的时间效应，反映出热量由外壁逐渐传入截面内部的过程。为作对比，此处计算了圆环截面相应于稳态温度场的温度应力，其中内壁 20℃，外壁 44℃ 对应的最大拉应力为 5.67MPa，位于圆环截面内壁；而内壁 15℃，外壁 -9℃ 对应的最大拉应力为 9.22MPa，位于圆环截面外壁。通过对比图 5-5（c）、图 5-8（c）可以得出，对于内低外高的温差状态，稳态分析计算的截面内壁附近的温度梯度大于瞬态分析的结果，因此稳态分析计算的最大拉应力值大于瞬态的计算结果；而对于内高外低的温差状态，稳态分析计算的截面外壁附近的温度梯度小于瞬态分析的结果，因此稳态分析计算的最大拉应力值小于瞬态的计算结果。图 5-10 中，由骤降温差引起的最大拉应力处于温度梯度较高的区域，而由日照温差引起的最大拉应力处于温度梯度较低的区域，因此如果不考虑正方形框截面内角点的强烈应力集中现象，在相同内外壁温差下，由骤降温差产生的最大拉应力远大于由日照温差产生的最大拉应力。

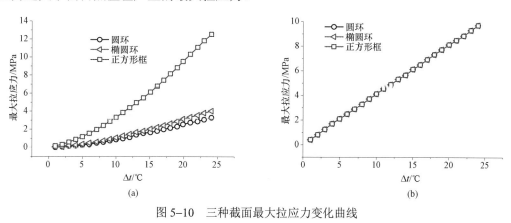

图 5-10　三种截面最大拉应力变化曲线

（a）日照温差；（b）骤降温差

2. 不同壁厚的温度效应

本节分析了日照及骤降温差作用下，不同壁厚的圆环截面的温度效应，如图 5-11 所示。由图 5-11 可以看出，在日照温差作用下，随着壁厚的增加，位于圆环内壁的最大拉应力值降

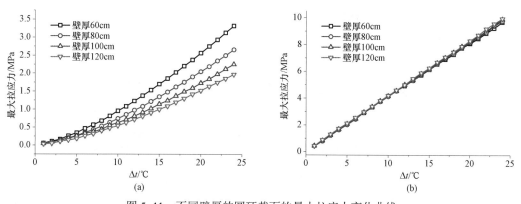

图 5-11　不同壁厚的圆环截面的最大拉应力变化曲线

（a）日照温差；（b）骤降温差

低，这是由于增加壁厚，使圆环截面内壁的温度梯度降低；而在骤降温差作用下，随着壁厚的增加，位于圆环外壁的最大拉应力值升高，这是由于增加壁厚加剧了圆环外壁的环向张拉性，但不同壁厚对应的最大拉应力值差异不大。

3. 不同曲率半径的温度效应

本节分析了日照及骤降温差作用下，不同半径的圆环截面的温度效应，如图 5-12 所示。由图 5-12 可以看出，在日照温差作用下，随着半径的增加，位于圆环内壁的最大拉应力值降低；在骤降温差作用下，随着半径的增加，位于圆环外壁的最大拉应力值升高，总体而言，圆环的半径对两种温差荷载效应的影响均不大。

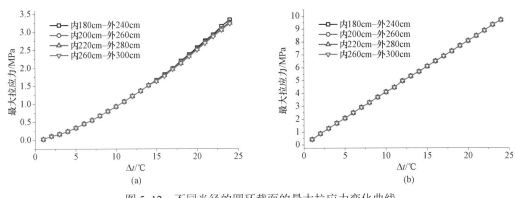

图 5-12   不同半径的圆环截面的最大拉应力变化曲线
（a）日照温差；（b）骤降温差

5.3.3   不同混凝土强度的温度效应

结果如图 5-13 所示。由图可知：在日照和寒潮温度场作用下，随着混凝土强度等级增加，两种温度场作用下的最大拉应力均增加。四种混凝土能承受的日照极限温差为 19℃、20℃、20℃、21℃，而能承受的寒潮极限温差仅为 6℃。

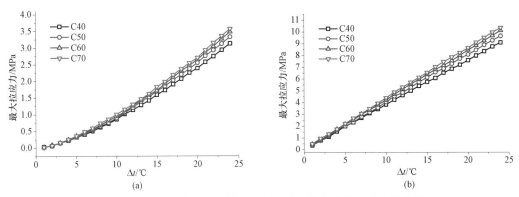

图 5-13   不同混凝土强度等级的圆环截面的最大拉应力变化曲线
（a）日照温差；（b）骤降温差

第6章

湿度变化导致的水泥基材料收缩开裂研究

6.1 不同养护条件下水泥基材料收缩性能的试验研究

本节主要研究养护条件、矿物掺合料种类和掺量、水胶比对水泥基材料收缩性能的影响。

6.1.1 原材料及性能指标

试验中所用的主要材料包括水泥、粉煤灰、磨细矿渣、减水剂。这几种材料的主要物理化学性质见 2.1.1 节。

6.1.2 配合比设计

按照水胶比分别为 0.3、0.35 将试样分为两组，各组试样中矿物掺合料分别替代等质量的水泥，减水剂用量为胶凝材料总量的 1%。具体配合比见表 6–1。

表 6–1 复合水泥浆体配合比设计

试样编号	水胶比	原材料用量/（kg/m³）				
		水泥	水	粉煤灰	矿渣	硅灰
A–1	0.3	1800	540	0	0	0
B–1–1	0.3	1530	540	270	0	0
B–1–2	0.3	1260	540	540	0	0
C–1–1	0.3	1530	540	0	450	0
C–1–2	0.3	1260	540	0	900	0
D–1–1	0.3	1530	540	0	0	90
D–1–2	0.3	1260	540	0	0	180
A–2	0.35	1800	630	0	0	0
B–2–1	0.35	1530	630	270	0	0
B–2–2	0.35	1260	630	540	0	0
C–2–1	0.35	1530	630	0	450	0

试样编号	水胶比	原材料用量/（kg/m³）				
		水泥	水	粉煤灰	矿渣	硅灰
C–2–2	0.35	1260	630	0	900	0
D–2–1	0.35	1530	630	0	0	90
D–2–2	0.35	1260	630	0	0	180

6.1.3 试验方法

本试验所有试件尺寸均为 40mm×40mm×160mm。试件成型 1d 后拆模，然后分别将试样放入 a、b、c 三种环境下进行养护：a 环境为水中养护（相对湿度为 100%）；b 环境为干燥室内养护（相对湿度为 50%±2%），将 b 养护下的试件作为测量干燥收缩试件；c 环境为薄膜养护，即用聚丙烯薄膜对试件的 6 个面进行密封，以免试件内部水分蒸发散失，将 c 养护下的试件作为测量自收缩试件。三种养护环境的温度为 20℃±2℃。

采用 MCGS 巡检仪（见图 6–1）测试试件的收缩性能。测量精度为±0.2%，通过表面接触式高精度线性位移传感器（LVDT）（量程为 0～10mm）来自动采集试件连续 28d 的收缩数据，试件与光滑平板之间布置两块木块，以尽量减小光滑平板与试件之间的摩擦力，试件两端 LVDT 的探头连线通过试件的中心线，所有位移数据通过 MCGS 巡检仪输入计算机。每 1min 采集一次位移数据。MCGS 巡检仪可实现采样、记录和存储的自动化，避免人为因素引起的测量误差，确保数据的可靠性。试件与 LVDT 连接详图如图 6–2 所示。

图 6–1 MCGS 巡检仪　　　　　　　　　图 6–2 连接详图

6.1.4 试验结果与分析

1. 水中养护下（a 环境）水泥浆体的收缩试验

水中养护水泥浆体的收缩测试结果如图 6–3 所示。从图中可以看出水中养护下浆体的收缩主要发生在前 14d，14d 收缩率可达到 28d 累计总收缩值的 75% 以上，后期收缩变得缓慢。

当 W/B=0.3 时，如图 6–3（a）所示，在胶凝材料总质量相等、水胶比和矿物掺合料掺量相同时，不同矿物掺合料对收缩的影响不同。单掺粉煤灰的水泥浆体试样（如 B–1–1），其收缩明显比基准净浆（A–1）小；单掺矿渣的水泥浆体试样（如 C–1–1），其收缩值比 A–1 略大；单掺硅灰的水泥浆体试样（如 D–1–1），其收缩值明显比 A–1 大。

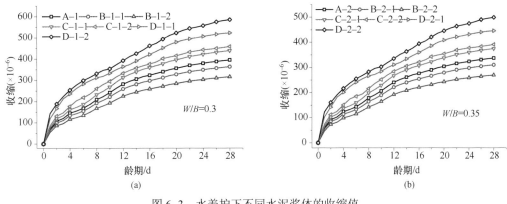

图 6-3 水养护下不同水泥浆体的收缩值

（a）W/B=0.3 的试样；（b）W/B=0.35 的试样

对于同种矿物掺合料，其掺量不同时在水中养护条件下试件的收缩也不相同。当掺量增加时，单掺粉煤灰试样的收缩减小（如 B-1-1、B-1-2），而单掺硅灰和磨细矿渣试样的收缩均增大，并且硅灰的增加值比磨细矿渣的增加值要大。这说明粉煤灰抑制收缩，磨细矿渣和硅灰均能促进收缩，但硅灰的促进效果更为显著。

比较图 6-3（a）和（b）可知，在胶凝材料总质量相等和矿物掺合料掺量相同的条件下，随着水胶比的增大，水泥浆体的收缩减小。如 B-2-1 试样的收缩值比 B-1-1 试样的收缩值减小了约 15%。

2. 室内干燥养护下（b 环境）水泥浆体的收缩试验

试验结果如图 6-4 所示。可以看出水泥浆体在室内养护条件下收缩的变化趋势和水中养护下水泥浆体的收缩变化是相似的。

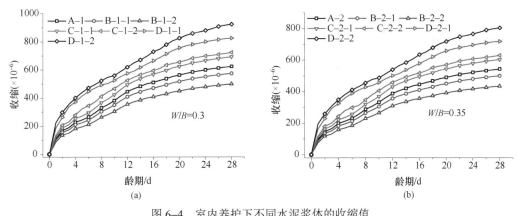

图 6-4 室内养护下不同水泥浆体的收缩值

（a）W/B=0.3 的试样；（b）W/B=0.35 的试样

比较图 6-4（a）和（b）可知，在胶凝材料总质量相等和矿物掺合料掺量相同的条件下，随着水胶比的增大，浆体的干燥收缩减小。水胶比为 0.35 时其收缩值约为水胶比为 0.3 时试样收缩值的 84%。

3. 薄膜养护下（c 环境）水泥浆体收缩的试验

不同水泥浆体的收缩测试结果如图 6-5 所示。从图 6-5 中可以看出，水泥浆体的收缩主要发生在前 7d，其收缩值可以达到 14d 累计总自收缩值的 80% 以上，后期收缩变得相对缓慢。

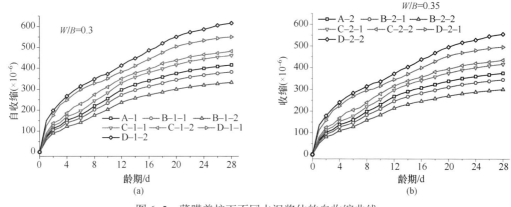

图6-5　薄膜养护下不同水泥浆体的自收缩曲线

（a）*W/B*=0.3 的试样；（b）*W/B*=0.35 的试样

由图 6-5 可知，在胶凝材料总质量相等且水胶比和矿物掺合料掺量相同时，矿物掺合料种类对收缩的影响与前面水养护和室内养护下的相似。

综合比较图 6-3～图 6-5，可得出如下结论：

（1）在胶凝材料总质量相等，水胶比和矿物掺合料相同时，不同养护条件对水泥浆体收缩的影响不同。对于掺入矿物掺合料的水泥浆体收缩的情况，室内非标准干燥（b 环境）条件下的收缩值最大，水中养护（a 环境）条件下的收缩值最小，薄膜养护（c 环境）条件的收缩值介于 a 环境和 b 环境下的收缩值之间。

（2）在胶凝材料总质量相等、矿物掺合料相同时，水胶比是影响水泥浆体收缩的主要因素。随水胶比的降低，不同养护条件下水泥浆体的收缩均增大，并且水胶比越小，水泥浆体的收缩变化越明显。

（3）粉煤灰的掺入具有减缓和降低混凝土早期收缩的作用，并且随着粉煤灰掺量的加大，混凝土早期收缩降低也越大。而单掺硅灰和磨细矿渣试样的收缩值均增大，并且硅灰的增加值比磨细矿渣的增加值大。这说明粉煤灰抑制收缩，磨细矿渣和硅灰均能促进收缩，但硅灰的促进效果更为显著。

6.2　不同养护条件下水泥基材料内部相对湿度的研究

混凝土内部相对湿度的降低是混凝土早期收缩的主要原因。理论上，水泥基材料内部相对湿度是决定水泥水化进程的重要参数，与混凝土大多数物理力学性能相关；混凝土早期温度变形、收缩变形、收缩应力和开裂等也受外界养护条件湿度变化的影响，湿度变化是早期变形和应力发展的驱动力和原动力。由于混凝土的含湿状态难以准确地测量，长期以来，混凝土的表面裂缝问题在理论上并没有得到很好地分析与解释。所以混凝土结构内部相对湿度的研究，对于研究混凝土收缩变形具有重要的意义。

因此，如何通过试验手段快速、准确地测试出水泥基材料内部相对湿度一直是难点。本节采用精密电容式感测器的 TES1360A 数字式温湿度仪来测量复合浆体的内部湿度。

6.2.1　试验方法

采用 TES1360A 数字式温湿度仪（digital humidity/temperature meter）测试复合水泥浆体的内部相对湿度（IRH）变化，如图 6-6 所示。该仪器采用精密电容式感测器测量湿度，湿度测量范围 0～100%，误差为±3%。采用干湿球温湿度计（见图 6-7）测量外界环境的温湿度情况。

图 6-6　TES1360A 数字式温湿度仪

试验采用的试件尺寸为 50mm×50mm×50mm，水泥浆体浇筑成型时，向水泥浆体内插入略大于探头管径的木棒以预留测试孔，木棒插在试件中央位置，插入深度为 25mm，如图 6-8 所示。当水泥浆体终凝后，将木棒拔出并用工业油泥将预留孔密封，试件成型 1d 后拆模，然后分别将试样放入 a、b、c 三种环境下进行养护，具体的环境要求同 6.1.3节。采用 TES1360A 数字式温湿度仪连续测试试件前 7d 内的 IRH 变化，相继测试试件 14d、21d、28d、56d 的 IRH 变化情况。

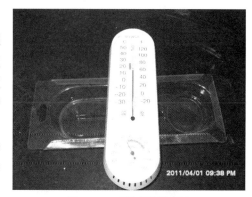

图 6-7　干湿球温湿度计

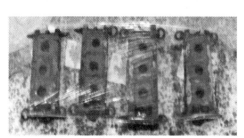

图 6-8　浇筑后的试件

6.2.2　试验结果与分析

试验主要考虑了养护湿度、水胶比、矿物掺合料种类和掺量等几个因素对水泥浆体内部相对湿度（IRH）的影响。通过对三种养护环境下水泥浆体 IRH 的测试，得到了三种养护下水泥浆体 IRH 试验结果。图 6-9～图 6-11 分别是水中养护条件下室内养护条件下和薄膜养护条件下水泥浆体的 IRH 变化曲线。

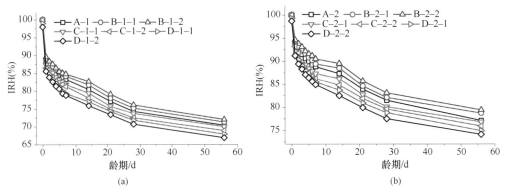

图 6-9　水养护下不同水泥浆体的内部相对湿度

（a）*W/B*=0.3 的试样；（b）*W/B*=0.35 的试样

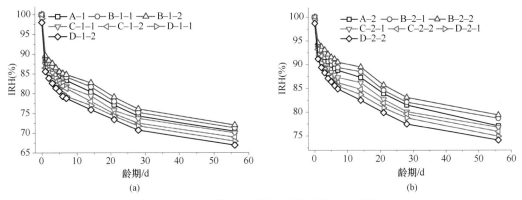

图 6-10　室内养护下不同水泥浆体的 IRH 曲线

（a）*W/B*=0.3 的试样；（b）*W/B*=0.35 的试样

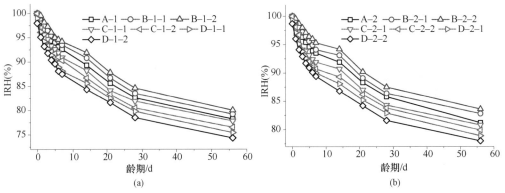

图 6-11　薄膜养护下不同水泥浆体的 IRH 曲线

（a）*W/B*=0.3 的试样；（b）*W/B*=0.35 的试样

从图 6-9～图 6-11 中可以看出，三种养护条件下水泥浆体 IRH 的变化趋势是相似的，故本节中主要分析了薄膜养护条件下水泥浆体 IRH 的变化趋势来阐述三种养护条件下水泥浆体 IRH 的变化趋势。

当 *W/B*=0.3 时，如图 6-11（a）所示，单掺粉煤灰的水泥浆体（如 B-1-1）IRH 的下降要比基准浆体（A–1）的小，单掺磨细矿渣和硅灰的水泥浆体（如 C–1–1 和 D–1–1）IRH 的下降均比基准浆体要大，其中单掺硅灰的水泥浆体 IRH 的下降最大。这主要是因为硅灰促进了浆体的水化，改变了浆体的水化速率，从而使其内部水分消耗增大所造成的。但在 14d 以后，各试样的 IRH 下降均比较缓慢，这说明浆体的水化主要发生在前 14d。并且增加粉煤灰的掺量，水泥浆体的 IRH 下降幅度减小（如 B–1–1、B–1–2 和 C–1–1、C–1–2），增加磨细矿渣、硅灰的掺量，浆体的 IRH 下降幅度增大。当 W/B=0.35 时，水泥浆体的 IRH 变化趋势与 W/B=0.3 时相同。

比较图 6–11（a）和（b）可知：随着水胶比的减小，水泥浆体内部可供水化的自由水减少，由水泥浆体内部的 IRH 越低。

比较图 6–9~图 6–11 可知，不同外界环境湿度对水泥浆体的 IRH 影响不相同；水养护下水泥浆体 IRH 的值最大，室内养护下水泥浆体 IRH 的值最小，薄膜养护下水泥浆体 IRH 的值介于两者之间，即水中养护下（RH=100%）水泥浆体的 IRH 下降程度最小，室内养护下（RH=40%~50%）水泥浆体的 IRH 下降程度最大，薄膜密封养护下水泥浆体的 IRH 下降程度介于水养护和室内养护两者之间。

6.2.3　水泥基材料收缩与内部相对湿度的相关性研究

自干燥是影响低水胶比混凝土相对湿度内部分布的重要因素之一。而内部相对湿度又是影响混凝土水化进程的主要因素。文献［1–108］、［1–109］从热力学角度分析了水泥水化矿物的动力学，认为内部相对湿度是控制水化反应的主要因素。因此，进一步研究混凝土内部相对湿度与自干燥的关系对控制收缩是十分必要的。

本节利用 6.1 节和 6.2 节得到的不同龄期下水泥浆体的 IRH 与相应的收缩试验数据，研究了不同养护湿度条件下水泥浆体的 IRH 与其对应收缩的相关性，并建立相应的数值拟合方程，进行线性回归计算，这对预测、控制和改善水泥基材料的收缩和开裂具有实际意义。

采用不同的函数进行拟合，发现采用线性方程进行数值拟合的精度较高。通过线性回归计算，可以发现水泥浆体的 IRH 与相应的收缩的关系均能用公式 $y=ax+b$ 来表示。公式中 y 为水泥浆体的收缩大小；x 为水泥浆体的 IRH 大小，a、b 为常数，主要取决于水胶比、矿物掺合料种类和掺量等因素。a、b、c 三种环境下的线性拟合结果分别见表 6–2~表 6–4。

表 6–2　　水养护条件下（a 环境）水泥浆体 IRH 与其相应收缩的线性回归结果

试样编号	常数		相关系数
	a	b	
A–1	−22.445	2290.28	0.976
B–1–1	−20.698	2133.70	0.967
B–1–2	−19.051	1966.71	0.952
C–1–1	−24.765	2500.60	0.977
C–1–2	−24.911	2507.51	0.985
D–1–1	−25.235	2565.35	0.990
D–1–2	−27.465	2765.60	0.986
A–2	−23.913	2440.51	0.950

试样编号	常数		相关系数
	a	b	
B–2–1	−21.874	2250.77	0.930
B–2–2	−20.235	2090.30	0.916
C–2–1	−25.119	2540.61	0.924
C–2–2	−24.840	2509.29	0.930
D–2–1	−26.196	2661.83	0.987
D–2–2	−28.377	2859.27	0.990

表6–3　室内养护条件下（b环境）水泥浆体 IRH 与其相对应收缩的线性回归结果

试样编号	常数		相关系数
	a	b	
A–1	−39.814	3620.12	0.976
B–1–1	−36.643	3367.49	0.970
B–1–2	−33.037	3047.52	0.955
C–1–1	−44.089	3964.67	0.977
C–1–2	−44.202	3964.07	0.986
D–1–1	−44.629	4044.04	0.989
D–1–2	−48.791	4377.71	0.988
A–2	−39.636	3800.53	0.951
B–2–1	−36.320	3512.19	0.940
B–2–2	−33.081	3216.24	0.936
C–2–1	−41.380	3934.53	0.915
C–2–2	−40.609	3860.19	0.919
D–2–1	−43.494	4155.59	0.986
D–2–2	−46.833	4439.68	0.989

表6–4　薄膜养护条件下（c环境）水泥浆体 IRH 与自收缩的线性回归结果

试样编号	常数		相关系数
	a	b	
A–1	−24.532	2470.8	0.979
B–1–1	−23.1	2344.8	0.965
B–1–2	−21.004	2138.7	0.949
C–1–1	−26.368	2636.1	0.983
C–1–2	−26.236	2618	0.989
D–1–1	−28.042	2805.4	0.988
D–1–2	−30.574	3029.1	0.986
A–2	−26.766	2694	0.960

试样编号	常数		相关系数
	a	b	
B–2–1	−25.026	2535.1	0.943
B–2–2	−23.147	2354.6	0.930
C–2–1	−27.257	2727.7	0.937
C–2–2	−26.692	2669.9	0.941
D–2–1	−29.601	2963.8	0.986
D–2–2	−31.851	3164.6	0.990

由表 6–2～表 6–4 可知，水泥浆体的 IRH 变化和其相对应的收缩大小具有显著的线性相关性，这说明采用 IRH 变化可以表征其相应的收缩大小。基于这种相关性，通过实验测试、调整与控制混凝土的 IRH 变化情况，可以很好的预测、调节混凝土的收缩大小。

6.3　内部环境湿度变化对水泥基材料微观收缩及开裂的影响

6.3.1　环境扫描电镜简介及其在水泥基材料中的应用

本节采用 FEI Quanta 200 型环境扫描电镜，通过改变待测试样微环境对湿度，实时观测试样的收缩开裂过程，得到了一系列典型图像，并研究了相对湿度与收缩和开裂间的关系。

环境扫描电子显微镜（ESEM）可以改变样品室的压力、湿度及气体成分。在气体压力高达 5000Pa、温度高达 1500℃的环境里，ESEM 能提供高分辨率的二次成像。其主要用途为：① 样品不需喷 C 或 Au，可在自然状态下观察图像和元素分析；② 可分析生物、非导电样品（背散射和二次电子像）；③ 可分析液体样品；④ ±20℃内的固液相变过程观察；⑤ 分析结果可拍照、视频打印和直接存盘（全数字化）。其特点为：① 样品室内的气压可大于水在常温下的饱和蒸汽压；② 环境状态下可对二次电子成像；③ 观察样品的溶解、凝固、结晶等相变动态过程（在 −20℃～20℃ 范围）。环境扫描电镜可以对各种固体和液体样品进行形态观察和元素（C–U）定性定量分析，对部分溶液进行相变过程观察。

6.3.2　试验原材料

水泥和粉煤灰的性能见 2.1.1 节所示。细度模数为 1.6 的细砂。

控制水泥浆体水胶比为 0.3、0.35、0.4 和 0.5；水泥砂浆水胶比为 0.5；矿物掺合料为粉煤灰，其掺量为胶凝材料总量的 15%。配合比设计见表 6–5。

表 6–5　　　　　　　　　　　水泥浆体配合比设计

编号	水胶比	水泥/g	水/g	细砂/g	粉煤灰/g
1–1	0.3	45	13.5	0	0
1–2	0.35	45	16.8	0	0

编号	水胶比	水泥/g	水/g	细砂/g	粉煤灰/g
1–3	0.4	45	18	0	0
1–4	0.5	45	22.5	0	0
2	0.5	45	22.5	135	0
3	0.3	39	13.5	0	6

6.3.3 试验方法

所有试件均采用 10mm×10mm×100mm 尺寸的自制木模浇筑。成型试件如图 6–12 所示。试件放入养护箱标养 24h，后脱模，进行水养，养护温度为 20℃±2℃。养护至测试龄期。测量仪器采用 FEI Quanta 200 型环境扫描电镜，如图 6–13 所示，其加速电压为 200V～30kV，分辨率为 3.5nm。

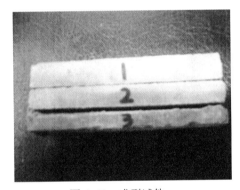

图 6–12   成型试件

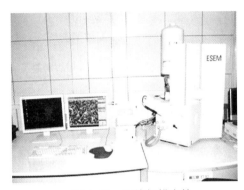

图 6–13   环境扫描电镜

样本放入环境扫描电镜中，立即将环境扫描电镜内的相对湿度调为 80% 并持续 60min，直到采集第一个图像。调节样品室内的压力，以控制相对湿度的变化。图片均于放大倍率为 1000、5000 和 10 000 时采集，可以分别观察到大量水化产物及固相颗粒。成像前样本在每个相对湿度中均保持 120min。在 80%、60%、40%、20%、10% 和 5% 的相对湿度下获得一系列典型图像。

6.3.4 试验结果与分析

1. 水泥净浆微观收缩的环境扫描电镜研究

研究环境扫描电镜下水泥净浆在视野范围内的面积收缩和某一单颗粒收缩，典型图片如图 6–14 和图 6–15 所示。

图 6–16 和图 6–17 所示为 7d、14d 和 28d 龄期时，水胶比为 0.35 的水泥净浆试件的面积和颗粒收缩值。随着试件龄期的增加，面积和粒子收缩值均减少。在所有龄期内，面积收缩值明显小于粒子收缩值。

在相对湿度为 40%～80% 时，早期面积收缩和颗粒收缩都比较大；但在后期，上述值减小。原因是随着水化龄期的增加，水泥浆体的整体强度随之增加，在相同的毛细管收缩压力下，浆体的收缩减少。

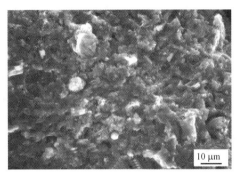

图 6-14　面积收缩

图 6-15　颗粒收缩

图 6-18 和图 6-19 为 28d 不同水胶比的水泥净浆体的面积收缩和颗粒收缩随时间变化曲线。由图可见，相同龄期和环境湿度条件下，高水胶比产生较高的面积收缩和颗粒收缩。较高的水胶比产生较多的孔隙，水化产物受周围固相限制减少。当水胶比相同、相对湿度降低，各龄期试样的面积收缩和颗粒收缩均增大。养护龄期越长的试件，相对湿度降低时面积收缩和颗粒收缩越少。

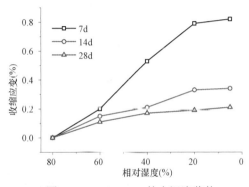

图 6-16　W/B=0.35 的水泥净浆体
不同龄期的面积收缩

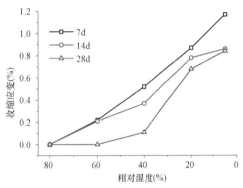

图 6-17　W/B=0.35 的水泥净浆体
不同龄期的颗粒收缩

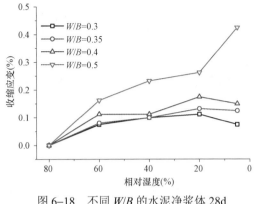

图 6-18　不同 W/B 的水泥净浆体 28d
龄期的面积收缩

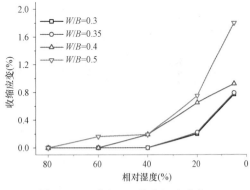

图 6-19　不同 W/B 的水泥净浆体 28d
龄期的颗粒收缩

2. 水泥浆体微观收缩开裂的环境扫描电镜研究

选取表 6-5 中 1-1 试样（W/B 为 0.3 的水泥净浆）以及 2 和 3 号水泥浆体做对比分析，得 ESEM 图像如图 6-20～图 6-22 所示。

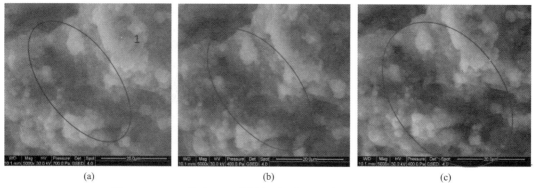

图 6-20　5000 倍率 1-1 试样在不同相对湿度时的 ESEM 图像

（a）相对湿度为 80%；（b）相对湿度为 40%；（c）相对湿度为 10%

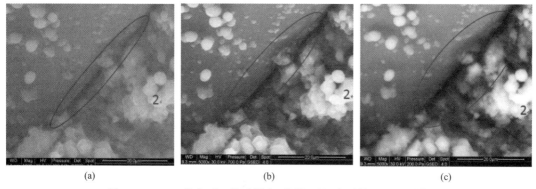

图 6-21　5000 倍率下 2 号试样在不同相对湿度时的 ESEM 图像

（a）相对湿度为 80%；（b）相对湿度为 40%；（c）相对湿度为 10%

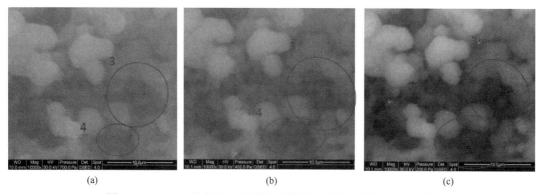

图 6-22　10 000 倍率下 3 号试样在不同相对湿度时的 ESEM 图像

（a）相对湿度为 80%；（b）相对湿度为 40%；（c）相对湿度为 10%

图 6-20~图 6-22 中画圈的 1、2、3 和 4 标注部分可看出，从相对湿度由 80% 下降到 10% 的过程中，所观察的三组样品均出现了不同程度的收缩。主要是湿度降低的过程中，样品表面湿度梯度产生变化，水化产物发生收缩，同时受其他水化产物的胶结限制导致微观开裂。

已有研究表明，干燥收缩机理包括毛细张力、表面能的变化、层间水的损失和分离压力[1-110]。当 $Ca(OH)_2$、未水化水泥颗粒和骨料均抑制收缩时，大部分的干缩发生在的 C-S-H 凝胶中。可以认为，在相对湿度从 80% 下降至 40% 的过程中，引起收缩的机理是毛细张力，是由于在干燥过程中毛细孔中形成了半月板液面，液体蒸发时形成一定的张力，半月板将这种张力传送到孔壁，造成孔的收缩。另外，在相对湿度降低过程中，分离压力也很重要。分离压力是指在饱和状态下，厚的水层吸附在毗邻的 C–S–H 凝胶粒子表面，形成排斥力。相对湿度下降到较低时，水层变薄，会导致收缩。吸附水分子将减少表面自由能。随着相对湿度降低，这些吸附水分子脱离，导致 C–S–H 凝胶颗粒表面自由能增加，产生收缩。最大收缩发生在最后吸附水层的脱离。当相对湿度低于 15% 时，收缩主要由层间水的损失引起。这种机理在本质上与分离压力基本相同，不同的是其收缩发生单层 C–S–H 凝胶颗粒之间。

图 6–23 所示为 10 000 倍率下 2 号试样在不同相对湿度下的环境扫描电镜图像，从图中可明显看到颗粒收缩情况。

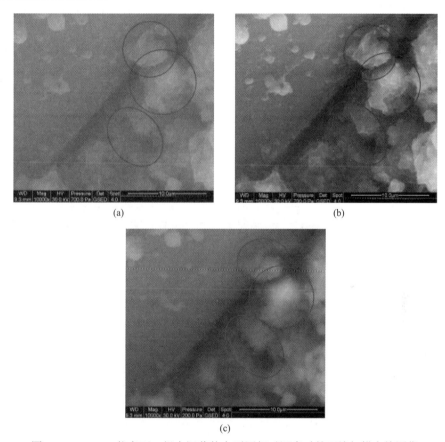

图 6–23　10 000 倍率下 2 组水泥浆体在不同相对湿度时的环境扫描电镜图像

（a）相对湿度为 80%；（b）相对湿度为 40%；（c）相对湿度为 10%

试验中三组水泥浆体试样的收缩值与其相对湿度间的关系如图 6–24 所示。可见，随着外部微观环境的相对湿度下降，水泥浆体收缩变形不断增加，并且二者存在显著的二次曲线关系，见下式。

$$\varepsilon=aR_\mathrm{h}^2+bR_\mathrm{h}+c$$

式中　　ε——收缩值；

　　　　R_h——微环境相对湿度；

a、b 和 c——常数，见表 6–6。

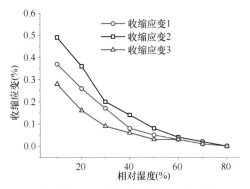

图6-24　水泥浆体中收缩与内部微环境相对湿度间关系

从图6-24中拟合曲线相对位置可以看出，从初始的 80%相对湿度降低到相同相对湿度值时，2 号试样收缩率明显大于 1 号试样，且均明显大于 3 号试样，即存在如下关系：水泥砂浆＞纯水泥净浆＞掺粉煤灰水泥浆体。该结果中水泥砂浆收缩率＞纯水泥净浆这一结果与实际宏观试件存在差异，原因主要是本次研究的是砂粒周围微观局部水化产物，在相对湿度降低过程中，除了 $Ca(OH)_2$、未水化水泥颗粒，还有弹性模量较大的砂粒抑制收缩，再加上干燥收缩，使得相比于 1 号试样，砂浆周围浆体收缩值更大。而对于 3 号试样，其收缩主要为干燥收缩，掺加水化速度较慢的球形颗粒粉煤灰之后，相当于间接增加了自由水含量，在相随湿度降低过程中，吸附水散失和收缩较小。

表 6-6　　　　　　　　　　　水泥浆体收缩与微环境相对湿度间的回归结果

试件	回归方程	R^2
1–1	$y = 0.9452R_h^2 - 1.3507R_h + 0.4828$	0.9983
2	$y = 1.244R_h^2 - 1.7899R_h + 0.647$	0.9944
3	$y = 0.844R_h^2 - 1.1149R_h + 0.365$	0.979

第7章

荷载作用下水泥基材料开裂过程的新型检测方法

目前检测水泥混凝土材料开裂情况的常用无损检测方法有超声波检测、雷达检测、光纤传感检测、冲击回波法和红外线成像法等，但这些方法都有适用条件限制，且大多只能检测到较浅范围（20～30cm）内的裂缝，至今还没有一种方法能达到实时监测，研究混凝土内部裂缝缺陷动态变化情况。

通过研究第 2 章中不同水泥浆体体系的交流阻抗谱参数与水化硬化过程中水泥浆体结构的变化发现，二者存在着密切的关系，交流阻抗谱方法中电化学参数变化能够准确反映出水泥石内部缺陷，包括孔结构和裂缝，这些成果为采用交流阻抗谱法研究在荷载作用下水泥基材料的开裂性能打下了良好的基础。

本章通过控制抗折试验机的加荷进程，采用交流阻抗谱测定逐级施加荷载作用下不同水胶比和矿物掺合料体系的阻抗特性，并将阻抗谱参数用于研究不同胶凝体系的微观结构性能，探讨阻抗谱和孔结构及裂缝的关系。并同步采用非金属超声分析仪测试不同胶凝体系在开裂过程中的物理参数，分析声速、声时、波幅等参数与孔结构及裂缝的关系，探讨该方法测试结果与交流阻抗测试结果是否一致，以验证采用交流阻抗谱法检测荷载作用下水泥基材料开裂性能的可行性。

7.1　水泥基材料的开裂过程的交流阻抗研究

7.1.1　试验原材料

试验中所用的主要材料包括水泥、粉煤灰、磨细矿渣、硅灰等。这几种材料的主要物理化学性质见 2.1.1 节。

7.1.2　试验配合比

控制水泥净浆的水胶比为 0.3 和 0.35；混合材分别为粉煤灰、磨细矿渣和硅灰，其掺量分别为胶凝材料总量的 15%、25% 和 5%。配合比设计见表 7-1。

表 7–1　　　　　　　　　　　　　　　　水泥浆体配合比设计

编号	掺量	水胶比	水泥/g	水/g	粉为灰/g	矿渣/g	硅灰/g
A–1	基准	0.3	2600	780	0	0	0
A–2	基准	0.35	2600	910	0	0	0
B–1	15% FA	0.3	2210	780	390	0	0
B–2	15% FA	0.35	2210	910	390	0	0
C–1	25%BSF	0.3	1950	780	0	650	0
C–2	25%BSF	0.35	1950	910	0	650	0
D–1	5%SF	0.3	2470	780	0	0	130
D–2	5%SF	0.35	2470	910	0	0	130

7.1.3　实验方法

采用 40mm×40mm×160mm 标准尺寸试模浇筑两组试件，试件成型后放入养护箱标养 1d 后脱模，进行水养，养护温度为 20℃±2℃，养护至测试龄期。

第一组试件进行不同开裂情况阻抗测量，第二组试件平行测量试件 28d 抗折强度。在抗折强度范围内，采用 DKZZ–5000 型电动抗折试验机对试件施加 4 级弯曲荷载，并且每级弯曲荷载均保持 2min 作用时间，以完成交流阻抗谱的测试过程。

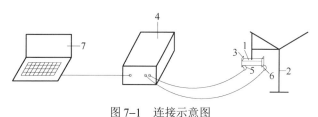

图 7–1　连接示意图

阻抗谱的测量采用 PARSTAT 2273 恒电位仪。测量条件为：正弦交流振幅为 5mV，频率 100kHz～100MHz，数据采集软件采用 SWV Data Example，交流阻抗数据处理采用 ZSimpWin 软件。阻抗测量电极为两个不锈钢电极，固定在 Sample 的两个相对的 40mm×40mm 的平行面上，试件四周用塑料薄膜包裹密封，以消除试件与抗折试验机直接接触对试验结果产生的影响。恒电位仪的工作电极和参比电极分别与两个不锈钢电极相连。试验装置及连接示意如图 7–1、图 7–2 所示。图 7–1 中，1 为水泥基材料试件，2 为抗折试验机，3 为不锈钢电极，4 为恒电位仪，5 为工作电极，6 为参比电极，7 为电脑。

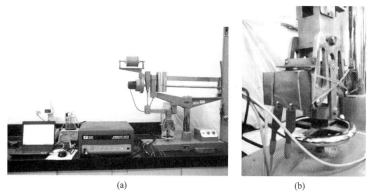

(a)　　　　　　　　　　　　　　　(b)

图 7–2　试验装置连接图

7.1.4　试验结果与分析

如图 7-3 所示为水泥基材料 28d 抗折强度。从图中可以看出，所有样品的抗折强度均大于 6MPa，对于 W/B 为 0.3 和 0.35 的试件来说，不同试件抗折强度排序均为 5% SF＞25%BSF＞Control＞15%FA。

在抗折强度范围内，通过控制电动抗折试验机的加荷进程，对每一个试件施加 4 级不同荷载，分别测量每一级荷载试件的阻抗谱曲线，采用 Nyquist 图表示，在该图中可以得到阻抗关键参数 R_s，其物理意义如下：R_s 为孔溶液中电解质的电阻，是

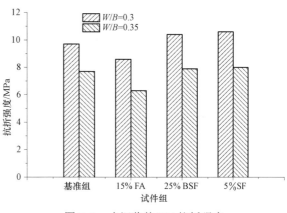

图 7-3　水泥浆体 28d 抗折强度

Nyquist 图中曲线在高频区和实轴的交点，在其他条件相同或相似的情况下，反比于浆体的总孔隙率，且与试件内裂缝等缺陷面积成反比。

如图 7-4 所示为 A 组试件在不同荷载作用下的 Nyquist 图，B、C 和 D 组图形与其相似，此处不再列出。图中 N_0、N_2、N_4、N_6 分别表示荷载施加值为 0、2MPa、4MPa、6MPa。

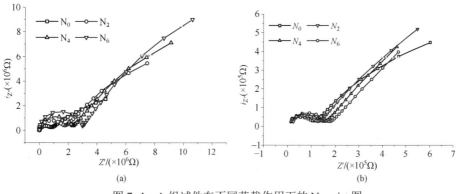

图 7-4　A 组试件在不同荷载作用下的 Nyquist 图

（a）A-1；（b）A-2

图 7-5（a）、（b）分别为水胶比是 0.3 和 0.35 的 A、B、C 和 D 组试件在不同荷载作用下的阻抗参数变化情况。

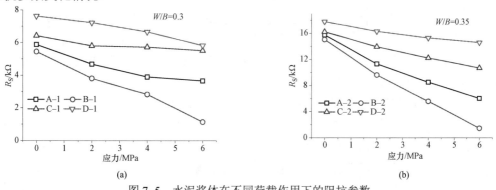

图 7-5　水泥浆体在不同荷载作用下的阻抗参数

由图 7-5 可知：

（1）在弯折过程中，R_S 随弯曲应力的增加而减小（分别为 0、2MPa、4MPa 和 6MPa）。弯曲应力的增加（不超过抗弯强度）会增加原有的内部孔隙体积，并会产生一些新的孔隙和裂缝，可以认为是水泥净浆内部的特殊形式细毛孔。由于 R_S 与总孔隙率以及样品内的裂纹区域和其他缺陷成反比，所以 R_S 随弯曲应力的增加而减少。

（2）在相同的 W/B 和荷载条件下，各组 Rs 的排序为 D 组＞C 组＞A 组＞B 组。F_f 用来表示试件 28d 抗折强度，N_i（i=0、2、4、6）表示荷载的不同阶次。设 $k=N_i/F_f$ 表示不同荷载作用下试样的敏感性，所以当应力为 N_i 时，F_f 越小，k 越大，即受到 N_i 应力水平作用的试件、F_f 越小其缺陷越多。

图 7-5 表明，相同水胶比的试件 28d 抗折强度变化规律为 F_f-D＞F_f-B＞F_f-C＞F_f-A。当 N_i 相同时，k-B＞k-A＞k-C＞k-D，所以样品内气孔或裂纹分布为 B 组＞A 组＞C 组＞D 组。也就是说同样的弯曲应力下，B 组的 R_S 应该是最小的，即其孔隙率和缺陷在所有试样中最大。B 组的复合物质量分数为 15%。众所周知，粉煤灰的水化活性明显低于硅灰、波特兰水泥和矿渣，因此，B 组的微观结构应该比其他样品的孔隙和缺陷更多，这与 R_S 所揭示的趋势一致，随着荷载的增加，D 组、C 组和 A 组的 R_S 的变化率小于 B 组，这意味着在所有的样品中，B 组的孔隙和缺陷增长最快。

（3）比较图 7-5（a）、（b）发现，对于相同组分的各组试件，当施加相同的荷载值时，W/B=0.35 的试件的 R_S 值大于 W/B=0.30 的试件，这主要是由于相同荷载作用下，水胶比高的试样抗弯强度较低，裂缝和其他内部缺陷更易开展。

7.2　水泥基材料开裂过程的超声波脉冲法研究

水泥基材料作为非均质材料，对超声脉冲波的吸收、散射衰减较大，其中高频衰减更大，因此超声波检测水泥混凝土缺陷一般采用较低的探测频率。当混凝土的组成材料、工艺条件、内部质量及测试距离一定时，超声波在其中传播的速度、首波的幅度和接收信号的频率等声学参数的测量值应该基本一致。如果某部分混凝土存在空洞、不密实或裂缝，便破坏了混凝土的整体性，其中空气所占的体积比相应增大，由于空气的声阻抗率远小于混凝土的声阻抗率，脉冲波在混凝土中的"固—气"界面传播时几乎产生全反射，只有一部分脉冲波绕过空洞或其他缺陷区，才能传播到接收换能器。与无缺陷混凝土相比，可用如下的方法判断混凝土的损伤：根据声时或声速的变化，可判断缺陷的存在和估算缺陷的大小；混凝土存在缺陷时，超声波在传播过程中将发生反射、折射，相对而言，其高频部分比低频衰减快，分析其接收信号频率产生的变化，根据这一变化作为判断混凝土缺陷存在的参量；超声波在缺陷的界面上的复杂反射、折射同时也使声波传播的相位发生叠加，叠加的结果导致接收信号的波形发生不同程度的畸变，根据波形畸变，也可判别缺陷的存在。

目前已用于判断混凝土内部缺陷判断的超声波指标主要有如下三个：

（1）声时。即超声脉冲穿过混凝土所需的时间。当混凝土存在缺陷时，声时值相应增加。在实际工程实践中常把声时转化为声速。

（2）振幅。振幅指首波的幅度，即第一个波前半周的幅值，是超声波穿过混凝土后衰减程度的指标之一。声幅与混凝土的质量紧密相关，它对缺陷区的反应相当敏感，也是判断缺陷的重要参数之一。

（3）波形。波形是指在显示屏上显示的接收波波形。超声脉冲在传播的过程中遇到缺陷，其接收波形往往产生畸变。

所以，波形是否畸变可以作为混凝土内部是否有缺陷的参考依据之一。

7.2.1　试验原材料、配合比

同前述 7.1.1、7.1.2 节。

7.2.2　试验方法

应用超声波脉冲法测量时，用黄油作为耦合剂，均匀涂抹在试块两个相对的侧面上。在控制电动抗折试验机的加荷进程对每一个试件施加 4 级不同荷载的过程中，在每一级荷载进行阻抗谱曲线测量的同时，进行超声波脉冲参数的采集，试验装置及示意如图 7-6、图 7-7 所示。试验中波形及各参数的采集如图 7-8 所示。

图 7-6　水泥基材料超声波试验装置

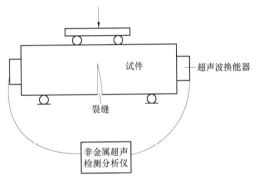

图 7-7　水泥基材料超声波示意图

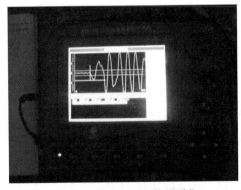

图 7-8　波形及各参数的采集

7.2.3　试验结果与分析

试验中测得的超声波脉冲参数为声时和波幅，试验结果如图 7-9 所示。

由图 7-9 可知如下结论。

（1）逐级施加抗折荷载过程中，随着所施加荷载值的增大，试件的声时值增大，幅度值减小，表明荷载增大过程中，试件内部缺陷增多或面积增大。

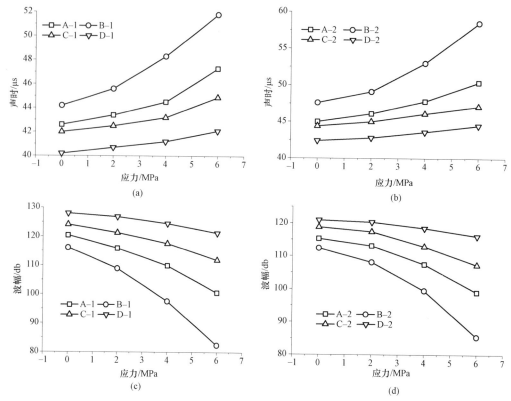

图 7-9　水泥浆体在不同荷载作用下的超声波脉冲参数

（a）水胶比为 0.30 时的声时试验结果；（b）水胶比为 0.35 时的声时试验结果；
（c）水胶比为 0.30 时的波幅试验结果；（d）水胶比为 0.35 时的波幅试验结果

（2）在 W/B 和荷载相同的条件下，声时的变化规律为 B 组＞A 组＞ C 组＞ D 组，振幅的变化规律为 D 组＞C 组＞A 组＞B 组，表明相同的荷载下，试件内的孔隙或裂隙的变化规律为 B 组＞A 组＞C 组＞D 组，并且随着应力的增加，D 组、C 组和 A 组声速和振幅变化率均小于 B 组。

比较除水胶比不同、其他组分都相同的试件的声时与振幅，例如（A-1）和（A-2），发现 W/B=0.35 的试件比 W/B=0.30 的试件的声时更长；而振幅则相反，相同荷载下（包括零荷载），W/B=0.35 的试件比 W/B=0.30 的试件的振幅更小。究其原因，主要是由于振幅越低、声时越长，水泥浆体的微观结构缺陷引起的超声波衰减越大。在无荷载的情况下，超声波的声时和振幅可以说明试件的初始显微组织有所不同。

由于试验样品为无骨料水泥浆体，水泥浆体的孔隙和缺陷对水泥浆体的强度衰减起重要作用。W/C=0.35 的样品比 W/C=0.30 的样品水胶比大，有更多的孔隙率和缺陷，所以超声波的衰减将更加严重。当试样承受相同的弯曲荷载，较大的水胶比意味着较低的抗折强度，抗折强度低的试样（如 0.35）比抗折强度高的试样（如 0.3）将受到更严重的损害，不可避免地产生更多的缺陷。因此，声时和振幅的变化率（即样品中的缺陷的增长率）将是不同的。

对比 7.1 节和 7.2 节的结果，发现规律一致。由此表明，采用交流阻抗谱法检测水泥基材料内部不同开裂情况所得结果具有良好的可靠性。

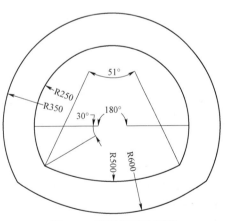

第8章 荷载作用下二次衬砌混凝土结构的开裂研究

隧道衬砌是一种受力情况和工作环境条件都比较复杂的结构，围岩层与衬砌之间的受力相当复杂。本章以隧道二次衬砌混凝土结构为例，研究钢筋混凝土结构在荷载和环境复合作用下的开裂特点及过程。其中混凝土是采用前文所制备的高抗裂混凝土及对比用普通商品混凝土进行结构模型试验，目的是对前文所配制的高抗裂混凝土进行综合性能评价。

8.1 二次衬砌模型的制作

8.1.1 试验物理量相似关系的确定

模型截面尺寸如图 8-1 所示，选用几何相似比 $C_l=20$，容重相似比 $C_\rho=1$ 为基础相似比，控制试验参数的相似性，根据相似准则[1-111]可以计算得到各物理参数的原型值与试验模拟值如下所示。

泊松比、应变、摩擦角相似比分别为 $C_\mu=C_E=C_\varphi=1$；

强度、应力、黏聚力、弹性模量相似比分别 $C_R=C_E=C_\sigma=C_C=20$。

由于模型材料所用的混凝土是 4.2 和 4.3 节介绍的自行配制的高抗裂混凝土，所以不用考虑模型材料的相似比关系。试验重点是研究配制混凝土的抗

图 8-1 模型截面示意图

裂性能及其和普通商品混凝土的区别，这一点和大多数衬砌模型试验的侧重点有所区别，所以本次试验不采用先对围岩材料配制，然后对围岩进行施压的加载方案，而是直接在成型后的二次衬砌模型上面加盖弧形厚钢板，通过钢板来将集中力转化成均布荷载，以达到试验目的。

8.1.2　试验模型配筋计算

1. 围岩荷载的假定

选用Ⅴ级围岩深埋隧道作为研究对象，当围岩压力为松散荷载时，其垂直均布压力及水平均布压力可以根据 JTG D70—2004《公路隧道设计规范》 6.2.3 节的公式计算得出，如下所示：

$$q = \gamma h \tag{8-1}$$
$$h = 0.45 \times 2^{s-1} \omega \tag{8-2}$$
$$\omega = 1 + i(B-S) \tag{8-3}$$

式中　q——垂直均布压力；

γ——围岩重度，取 $\gamma = 20$；

S——围岩级别，取 $S=5$；

B——隧道宽度，取 $B=10$；

i——B 每增减 1m 时围岩压力的增减率，查得 $i=0.1$；

ω——宽度影响系数，$\omega = 1 + i(B-5) = 1 + 0.1 \times (10-5) = 1.5$。

所以

$$q = 20 \times 0.45 \times 2^{5-1} \times 1.5 = 216 \, (\text{kPa})$$

围岩水平压力可查 JTG D 70—2004 表 6.2.3 得到水平压力为：

$$e = (0.3 \sim 0.5)q \tag{8-4}$$

取较大值 $e = 0.5 \times 216 = 108 \, (\text{kPa})$

2. 利用有限元软件进行二次衬砌结构配筋计算

查阅 JTG D70—2004 附表 A.0.4，可以得到Ⅴ级围岩物理力学参数及二次衬砌混凝土的物理参数见表 8-1。模拟的计算荷载见表 8-2。

表 8-1　　　　　　　　　　材料的物理力学参数表

围岩及结构	容重 /（kN/m³）	弹性模量/GPa	泊松比 /（MPa/m）	基床系数/（MPa/m）	黏聚力/MPa	内摩擦角 （°）
C30 钢筋混凝土	25	31	0.2	—	—	—
C40 钢筋混凝土	25	33.5	0.2	—	—	—
Ⅴ类围岩	20	1.5	0.4	200	0.1	35

表 8-2　　　　　　　　　　荷 载 计 算 表

荷载	竖向/（kN/m²）			水平/（kN/m²）	
	上侧荷载	结构自重	下侧荷载	上侧荷载	下侧荷载
数值	216	28	244	108	108

采用有限元软件 ANSYS，利用荷载结构法对隧道二次衬砌进行受力分析。采用 beam3 单元模拟二次衬砌，采用 combin14 单元模拟围岩作用，计算围岩受压不计算受拉。建立的有限元模型如图 8-2 所示。

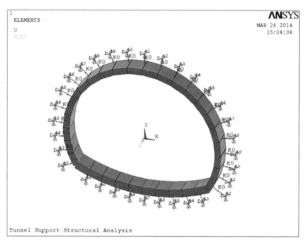

图 8-2　有限元模型图

对用 C30、C40 配制的二次衬砌模型分别进行受力分析，分析所得的二次衬砌结构的弯矩图、轴力图、剪力图及结构变形图分别如图 8-3～图 8-6 所示。

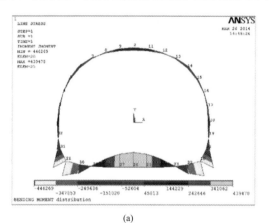
(a)

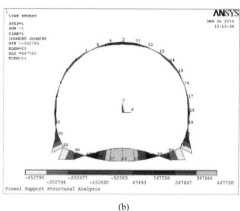
(b)

图 8-3　结构的弯矩图

（a）C30 二次衬砌结构弯矩图；（b）C40 二次衬砌结构弯矩图

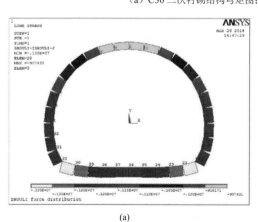
(a)

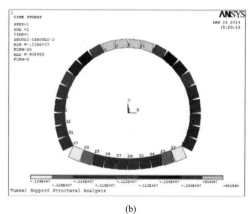
(b)

图 8-4　结构的轴力图

（a）C30 二次衬砌结构轴力图；（b）C40 二次衬砌结构轴力图

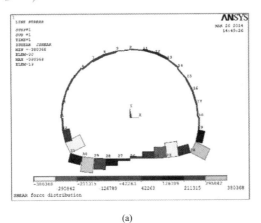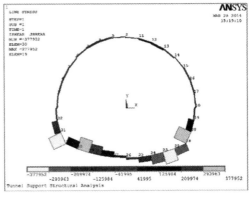

(a)　　　　　　　　　　　　　　　　　　(b)

图 8-5　结构的剪力图
（a）C30 二次衬砌结构剪力图；（b）C40 二次衬砌结构剪力图

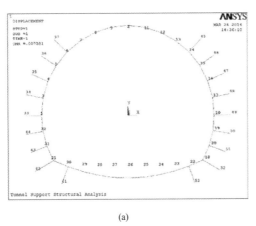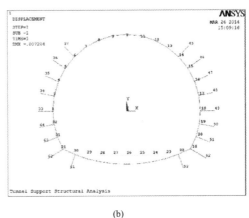

(a)　　　　　　　　　　　　　　　　　　(b)

图 8-6　结构的变形图
（a）C30 二次衬砌结构变形图；（b）C40 二次衬砌结构变形图

通过分析可以得到以下结论。

（1）结构的最大变形量都出现在仰拱处，其中 C30 混凝土为 7.58mm，C40 混凝土为 7.20mm。

（2）最大正弯矩都出现在仰拱的中心部分 20 号单元，其中 C30 二次衬砌结构为 446.2kN·m，C40 为 452.79kN·m。最大负弯矩出现在拱脚部分 25 号单元，其中 C30 二次衬砌结构为–439.478kN·m，C40 为–447.72kN·m。

（3）结构轴力全是负值，表明结构全部受压。其中 C30 二次衬砌结构为 1356.7kN。其中 C40 二次衬砌结构为 1347.8kN，都发生在拱脚的 20 号单元。

（4）结构的剪力分布成反对称，和实际情况相符。最大正负剪力出现在左右拱脚部分 30 号单元及 19 号单元，其中 C30 二次衬砌结构为 380.36kN，C40 二次衬砌结构为 377.9kN。

（5）通过应力计算公式考虑拉（压）弯组合变形能得出，只是仰拱部分的拉应力超过了设计强度，压应力并没有超过，因此应根据规范在仰拱部分进行适量钢筋配置。

3. 试验模型的配筋计算

由上面分析可知，两种强度等级的混凝受力情况基本一样，为了保证试验的一致性，在两种强度等级的混凝土二次衬砌截面中，选取正负弯矩最大的截面为计算的控制截面，这样既能保证结果的一致性，又便于对模型进行制作加工。

取最小保护层厚度 c=25mm，二次衬砌厚度 50cm，h_0=500–25–14=460mm。查阅 JTG D70—2004 表 5.2.9 可得到：

C30 混凝土，α=1.0，R_a=22.5MPa，R_w=1.25R_a=28.1MPa，f_c=14.3N/mm²；HRB335（d=28～40mm）钢筋，f_y=300N/mm²，R_g=315MPa。

截面尺寸：b=1000mm；h=500mm。

钢筋：HRB335（d=28～40mm）；取 d=32mm，$\xi_b = 0.550$，$\alpha_{s,max} = 0.399$。

取截面为矩形截面：b=100cm，h=50cm；配筋形式采用对称配筋。由前一阶段有限元分析可知负弯矩最大截面分别是 19 号单元 M=–447.8kN·m；N=–1238.4kN。正弯矩最大截面为 20 号单元 M=452.79kN·m；N=–1346.5kN。

$$h_0=500–25–14=460\text{mm}$$

4. 计算正弯矩截面

$$M=452.79\text{kN·m}；N=–1346.5\text{kN}$$

偏心距计算：

$$e_i=e_0+e_a=(452.79/1346.5)\times1000+20=356.2（\text{mm}）$$

参看 JTG D70—2004 的附录 K，对于隧道衬砌、明洞拱圈和墙背紧密回填的明洞边墙，以及当构件高度与弯矩作用平面内的截面边长之比时 $H/h\leqslant8$，取 η=1。

设计的基本计算公式如下：

$$KN \leqslant R_w bx + R_g (A_g' - A_g) \tag{8–5}$$

或

$$KNe \leqslant R_w bx(h_0 - x/2) + R_g A_g'(h_0 - a') \tag{8–6}$$

式中　K——安全系数，按 JTG D70—2004 表 9.2.4.2–2 采用，取 K=2.4；

N——轴向力；

R_w——混凝土弯曲抗压极限强度标准值，R_w=1.25R_a，按规范表 5.2.2 采用；

R_g——钢筋的抗拉或抗压计算强度标准值，按规范 5.2.13 采用；

A_g、A_g'——受拉和受压钢筋的截面面积，mm²；

a、a'——钢筋 A_g、或 A_g' 的重心分别至截面最近边缘的距离，mm；

h——截面高度；

h_0——截面的有效高度，h_0=h–a；

x——混凝土受压区的高度，mm；

b——矩形截面的宽度或 T 形截面的肋宽，mm；

e——钢筋 A_g 或 A_g' 的重心至轴向力作用点的距离，mm。

则由式（8–5）得：

$$x=\frac{KN}{R_w b}=\frac{2.4\times1346.5\times1000}{28.1\times1000}=115\leqslant0.55h_0=0.55\times460=253（\text{mm}）$$

为大偏心受压。

$$e=ne_i+0.5\times h-\alpha=356.2+0.5\times500-40=566.2（\text{mm}）$$

$$e = ne_i - 0.5 \times h + \alpha' = 356.2 - 0.5 \times 500 + 40 = 146.2（mm）$$

将 x=115mm 带入到式（8-6），得到：

$$A_g' = \frac{KNe - R_w bx(h_0 - x/2)}{R_g(h - a')}$$

$$= \frac{2.4 \times 1346.5 \times 1000 \times 566.2 - 28.1 \times 1000 \times 115 \times (460 - 115/2)}{315 \times (460 - 40)}$$

$$= 3998.8（mm^2）$$

5. 计算负弯矩截面

$$M = -447.8 kN \cdot m; \quad N = -1238.4 kN \cdot m$$

偏心距计算：

$$e_i = e_0 + e_a = (447.8/1238.4) \times 1000 + 20 = 381.5（mm）$$

则由式（8-5）得：

$$x = \frac{KN}{R_w b} = \frac{2.4 \times 1238.4 \times 1000}{28.1 \times 1000} = 105.7 \leqslant 0.55 h_0 = 0.55 \times 460 = 253（mm）$$

为大偏心受压。

求 A_g'：

$$e = ne_i + 0.5 \times h - \alpha = 381.5 + 0.5 \times 500 - 40 = 591.5（mm）$$

$$e = ne_i - 0.5 \times h + \alpha' = 381.5 - 0.5 \times 500 + 40 = 171.5（mm）$$

将 x=115mm 带入到式（8-6），得到：

$$A_g' = \frac{KNe - R_w bx(h_0 - x/2)}{R_g(h - a')}$$

$$= \frac{2.4 \times 1238.4 \times 1000 \times 591.5 - 28.1 \times 1000 \times 105.7 \times (460 - 105.7/2)}{315 \times (460 - 40)}$$

$$= 4147.6（mm^2）$$

配筋率验算：

$$A_g'/bh = 4147.6/(1000 \times 500) = 0.008 \geqslant \rho_{min} = 0.002$$

故取配筋较大截面

$$A_g = A_g' = 4147.6 mm^2$$

配筋率为：

$$\rho = \frac{A_g}{bh} = \frac{4147.6}{1000 \times 500} = 0.829\%$$

按缩尺比例为 1/20 制作二次衬砌结构模型，考虑到试验加载时的可行性，取截面尺寸为 b=500mm，h=100mm，保持截面的配筋率不变则模型截面的配筋为：

$$A_g = A_g' = 0.829\% \times 500 \times 100 = 414.5（mm）$$

选用 $8\phi8$，上截面和下截面各配 4 根。分布钢筋按构造要求确定，由此得到模型的配筋图如图 8-7、图 8-8 所示。

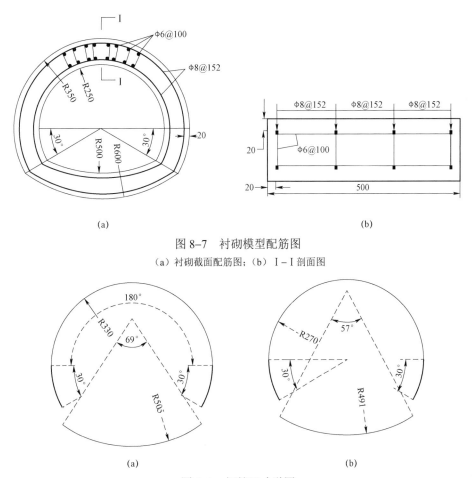

图 8-7　衬砌模型配筋图

（a）衬砌截面配筋图；（b）Ⅰ-Ⅰ剖面图

图 8-8　钢筋尺寸详图

（a）外层钢筋尺寸图；（b）内层钢筋尺寸图

8.1.3　模型的制作及试验测定的布置

采用 4.3 节试验制备的 C30、C40 混凝土及市售商品混凝土，其配合比见表 8-3，模型混凝土的基本力学性能见表 8-4。

表 8-3　　　　　　　　　　　模型用混凝土配合比　　　　　　　　　kg/m³

模型编号	水泥	粉煤灰	砂	矿粉	石	水	减水剂	减缩剂	内养护剂
C30-J	252	108	582	0	1237	180	3	5.4	0
C30-N	252	79.2	582	0	1237	180	3	0	28.8
C30-S	265	50	770	65	1105	160	5	0	0
C40-J	280	120	582	0	1237	180	4	6	0
C40-N	280	88	582	0	1237	180	4	0	32
C40-S	315	50	705	80	1105	160	6	0	0

表 8-4　　　　　　　　　　模型混凝土基本性能

模型编号	3d 抗压强度/MPa	28d 抗压强度/MPa	弹性模量/（N/mm²）
C30-J	22.0	45.2	2.96×10^4
C30-N	22.7	49.5	3.04×10^4
C30-S	24.8	50.3	3.08×10^4
C40-J	23.7	48.2	3.17×10^4
C40-N	23.8	51.4	3.26×10^4
C40-S	26.1	54.2	3.31×10^4

　　从表 8-4 可知，掺入减缩剂和内养护剂之后，混凝土的 3d、28d 强度较普通的商品混凝土要低，其中掺入减缩剂的混凝土强度最低。分别用表 8-4 中混凝土制作了 12 个结构模型。为了保证不因前期商品混凝土养护不充分而导致强度过低，进而影响后续的模型承载能力对比，同时也验证自制混凝土在恶劣养护环境下的高抗裂性能，普通的商品混凝土模型构件及掺入抗裂外加剂的模型构件将采用不同的养护方式：普通商品混凝土模型采取的养护条件为 1d 拆模后覆盖草袋并浇水养护至 7d，保证其强度稳定发展，而掺入抗裂外加剂的混凝土模型构件养护条件为拆模 1d 后自然养护，当时气象条件为，相对湿度 27%，白天最高气温为 23℃，夜间最低气温为 8℃。具体模型个数及属性见表 8-5。

表 8-5　　　　　　　　　　模　型　属　性

模型编号	混凝土强度	模型数量	混凝土类型	养护条件
C30-S	C30	2	普通商混	拆模 1d 覆盖浇水养护至 7d
C30-J	C30	2	自制加减缩剂	自然养护
C30-N	C30	2	自制加内养护剂	自然养护
C40-S	C40	2	普通商混	拆模 1d 覆盖浇水养护至 7d
C40-J	C40	2	自制加减缩剂	自然养护
C40-N	C40	2	自制加内养护剂	自然养护

　　模型的制作主要分为：调整钢筋网（见图 8-9）、拼装模具（见图 8-10）、模型浇筑（见图 8-11）、拆模养护（见图 8-12）、试件成型（见图 8-13）。

图 8-9　调整钢筋网　　　　　　　　图 8-10　拼装模具

图 8-11　模型浇筑　　　　　　　　　　图 8-12　模型养护

　　模型试验测点布置的示意图如图 8-14 所示，应变片的实际布置情况如图 8-15 所示。试验的具体量测项目如下。

　　（1）拱顶位移变形。由上节分析可以看出在拱顶及仰拱的中部结构由于受力会产生很大的变形，且在模型试验时仰拱部分可以认为是固定端，所以只需在每个模型的拱顶布置一个位移传感器，对试验产生的竖向位移变形进行测量。一个模型布置 1 个测点。

　　（2）二次衬砌结构的内力。在结构上下受力主筋上布置电阻应变片，在浇筑完成的二次衬砌模型的内外表面布置混凝土应变片，具体的布置位置可见

图 8-13　试件成型后

图 8-14，测试钢筋及结构内外侧的应变值，以此获得应变后计算得出结构的截面受力情况。一个模型布置 10 个钢筋测点，16 个混凝土测点。拱顶顺时针编号，为了方便测量，受力主筋的测点位置选取中间两个主筋，且选择半边进行布置，具体见实际布置如图 8-15 所示。

　　（3）混凝土裂缝发展观察。观察前期养护过程中表面是否出现细裂纹，开裂后的后期裂缝发展情况。

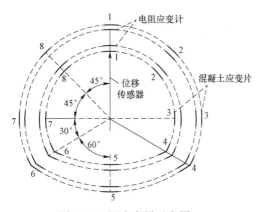

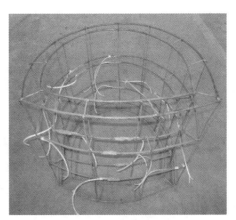

图 8-14　测点布置示意图　　　　　　　图 8-15　实际测点布置示意图

8.1.4　试验装置及加载方案介绍

1. 试验加载装置

试验采用自行制作的加载装置，加载装置示意如图 8-16 所示，实物图如图 8-17 所示。该装置主要由平面钢架及上、左、右三个方向的千斤顶及下方配套的弧形支座组成，三个方向的钢架确保有足够的刚度，保证试验加载时不发生形变导致试验结果失真。加载时二次衬砌模型上盖是具有足够刚度的弧形钢板，4 段弧形钢板通过转轴连接在一起，在加载过程中能随着模型的变形而变形，从而确保能把千斤顶的集中荷载转化为均布荷载。同时在加载位置布置加载垫板，确保加载均匀且处于真正的平面应力状态。采用一个电动油泵作为压力源，以气压推动液压，通过 JSF–IV/31.5–4 高精度静态伺服液压控制台对三个方向的液压进行稳定控制。可以按照预定的值对试件进行三向同时加载，整套装置能保证施加荷载的稳定及准确。

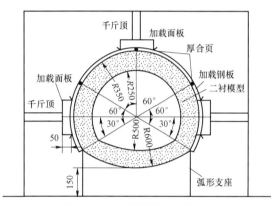

图 8-16　加载装置示意图

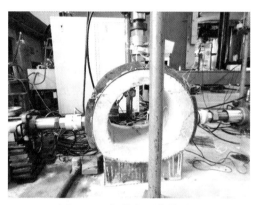

图 8-17　加载装置实物图

2. 试验加载方案

（1）在构件表面未出现开裂之前，竖向荷载每级为 20kN，每级荷载稳定 1.5h。加载过程中始终保证侧压力系数为 0.5，保证构件的受力均衡，确保构件不发生水平方向的位移且注意加载过程中是否出现裂缝及裂缝的变化情况。

（2）在结构丧失承载力之前，在每级荷载稳定期间对构件的内表面进行加热，保证内外表面温差为 25～35℃，并用喷雾器对内表面进行喷水，在内表面将要完全干燥时再次进行喷水。

（3）在构件开裂之后，继续连续慢速地加载直至构件破坏。

8.1.5　试验结果及数据分析

1. 破坏时最大竖向承载力及最大竖向位移

由于每个模型加载过程中始终保持侧压力系数为 0.5，即两个水平方向的荷载始终为竖向荷载的 1/2，所以结构承受的竖向荷载最大，且随着竖向荷载的增加、结构的拱顶位移也逐渐增加直至结构完全破坏。各个模型承受的最大竖向荷载及拱顶的最大竖向变形如表 8-6 所示。

表 8-6　　　　　　　　　　　　　结构的最大承载力及位移

模型编号	混凝土强度等级	最大竖向承载力/kN	最大竖向位移/mm
C30-S	C30	287.56	33.45
C30-N	C30	271.23	36.78
C30-J	C30	256.42	42.13
C40-S	C40	335.68	20.86
C40-N	C40	315.64	23.48
C40-J	C40	298.67	30.12

从表 8-6 可以看出，普通商品混凝土浇筑的构件最大竖向承载力比自制的高抗裂混凝土要大，但最大竖向位移相对较小。竖向最大承载力方面，由于掺入抗裂外加剂后混凝土的 28d 强度比普通商品混凝土强度要低，弹性模量相对较小。进而导致了普通商品混凝模型构件的最大承载力比掺入内养护剂的构件要高 5%～6%，比掺入减缩剂的构件要高 10%～12%，最大竖向位移比掺入内养护剂的模型构件要小 14%～22%，比掺入减缩剂的模型构件要小 20%～35%。

由于掺入减缩剂及内养护剂之后，混凝土早期水化速度较普通商品混凝土慢，强度较低，本次模型试验在混凝土浇筑后 30d 进行的，所以掺入抗裂外加剂高抗裂混凝土硬化还没有完全完成，后期强度还有较大的增长空间，30d 前的弹性模量比商品混凝土要低，所以竖向变形相对较大。由于二次衬砌结构一般是在初期喷锚支护完后，待围岩变形基本稳定以后再进行施作的，因此二次衬砌结构在一次衬砌出现破坏之前受力很小甚至不受外部围岩的压力，一般作为安全储备用，所以对于掺入抗裂外加剂的早期混凝土构件竖向承载力降低 5%～12% 及竖向最大变形相比普通商混构件大 14%～35% 是完全可以接受的，不会影响结构的安全使用性能。

2. 二次衬砌结构的内力分析

根据试件某一截面处内外两侧钢筋应变，可以求得截面内外两侧的应力，由压弯组合公式可以换算出该截面的弯矩及轴力值。对一个试件分别求出拱顶，两个拱肩，两个拱腰及两个拱脚的弯矩和轴力值，分别用平滑的曲线把各个截面的弯矩、轴力连接起来可以得出每个试件的弯矩、轴力示意图，如图 8-18、图 8-19 所示。

（1）弯矩分析。从图 8-18、图 8-19 可以看出，每个构件的弯矩分布规律都基本相同。最大弯矩出现在拱脚部位，为负弯矩，结构的内侧受拉；商品混凝土模型及掺入抗裂外加剂的混凝土模型构件都满足这个规律。除此之外，拱顶及其周边范围也受负弯矩作用，其中拱肩处的弯矩最小，几乎为零，拱腰处受正弯矩的作用，结构的外表面受拉。在弯矩的大小方面，28d 抗压强度最高的商品混凝土构件在破坏时承受的最大弯矩最大，掺入内养护剂混凝土次之，掺入减缩剂的混凝土最小。不同强度等级的二次衬砌结构，强度等级越高，承载力越高，破坏时各部位的弯矩也相对较高。

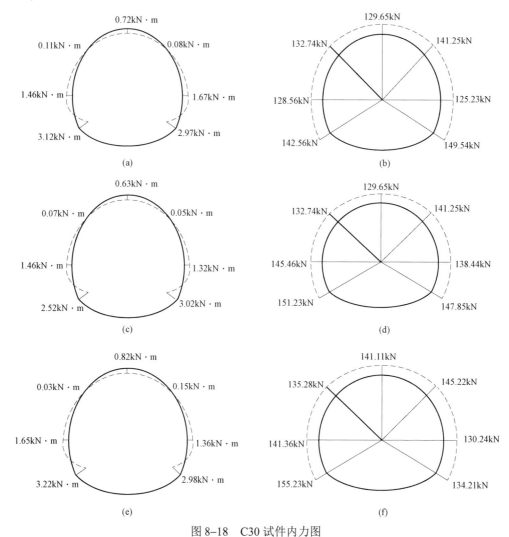

图 8-18　C30 试件内力图

（a）C30-J 弯矩示意图；（b）C30-J 轴力示意图；（c）C30-N 弯矩示意图；（d）C30-N 轴力示意图；
（e）C30-S 弯矩示意图；（f）C30-S 轴力示意图

（2）轴力分析。二次衬砌结构在荷载作用下都是受压的，轴力的大小为拱脚部分最大，从拱脚到拱顶轴力是逐渐减小的，但是相差不大，可以近似地认为是均匀分布。普通混凝土构件在破坏时轴力最大，掺入内养护剂的次之，掺入减缩剂的最小。不同强度等级的二次衬砌结构，强度等级越高，所受的轴力也越大。

3. 结构开裂破坏及裂缝的湿热敏感性分析

在浇筑 1d 进行拆模之后，采用覆盖浇水养护的商品混凝土构件及采用自然养护的高抗裂混凝土构件早期都没有出现开裂的现象，说明了掺入抗裂外加剂后混凝土在自然环境下的早期抗裂能力显著提高。对混凝土进行水化温度测试可知，商品混凝土早期的水化速度快，水化温度相对较高。高抗裂混凝土二次衬砌结构及商品混凝土二次衬砌结构的破坏形态相似。不论混凝土的强度等级如何，裂缝都最先出现在拱脚部位，然后出现在拱腰部位，随着荷载的增加，拱内部的混凝土被压碎出现起皮的现象，此时拱顶的位移进一步的增大，结构的承载力进一步的降低，结构因两拱脚的混凝土被压碎导致变形过大而破坏。选取模型编号为

C30-J 的破坏形态如图 8-20 所示。

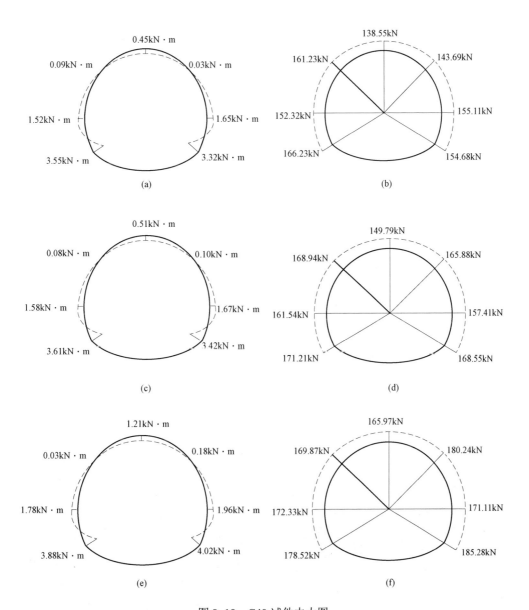

图 8-19　C40 试件内力图

（a）C40-S 弯矩示意图；（b）C40-S 轴力示意图；（c）C40-N 弯矩示意图；
（d）C40-N 轴力示意图；（e）C40-S 弯矩示意图；（f）C40-S 轴力示意图

同时发现，由于普通混凝土构件刚度很大，破坏时构件的裂缝数目较少，但平均裂缝宽度比较大，而掺入抗裂外加剂的混凝土构件破坏时裂缝数目较多，平均裂缝宽度较小，破坏时的极限位移也较大，抗裂性能表现较好。选取了 C30-J 及 C30-S 的整体破坏形态图进行了对比，如图 8-21 所示。

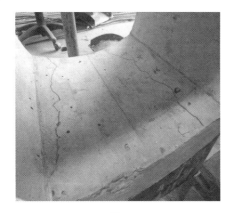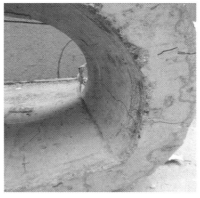

(a)　　　　　　　　　　　　　　　(b)

(c)

图 8-20　C30-J 混凝土模型破坏形态

（a）拱脚开裂；（b）拱腰开裂图；（c）拱内起皮破坏

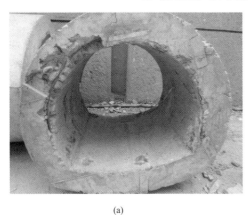

(a)　　　　　　　　　　　　　　　(b)

图 8-21　模型破坏形态对比图

（a）C30-J 整体破坏图；（b）C30-S 整体破坏图

　　C30 混凝土的开裂荷载为：掺入减缩剂的混凝土为 18.25kN、掺入内养护剂的混凝土为 19.06kN、普通商品混凝土为 19.88kN。C40 混凝土的开裂荷载为：掺入减缩剂的混凝土为 19.86kN、掺入内养护剂的混凝土为 20.56kN、普通商品混凝土为 25.28kN。表现为普通混凝土的开裂荷载最大，掺入内养护剂的混凝土次之，减缩剂的最小。不同强度的二次衬砌混凝土结构，强度高的开裂荷载较大，强度低的开裂荷载相对较小。

在混凝土没有出现裂缝之前，相同的湿热循环制度都没有让混凝土的表面出现裂缝。但当混凝土承受荷载出现初始裂缝之后，不同混凝土构件的裂缝形态区别明显，大裂缝的普通混凝土构件在遭受与小裂缝的抗裂混凝土构件相同的湿热循环后，湿热循环导致大裂缝混凝土耐久性降低作用更加明显，进一步使拱内的裂缝宽度加大，并且导致新的细裂纹产生。

8.2　二次衬砌结构模型的有限元分析

二次衬砌结构的模型试验能够直观形象地反映试件在加载破坏过程中的破坏形态，但是同时也由于受到模型尺寸、试验装置及试验成本等多种因素的制约，往往无法实现整个试验过程的全程定量监测。为了更加全面地掌握不同材料的二次衬砌混凝土在试验过程中的破坏形态及应力应变场特征，同时也为物理模型试验提供补充及验证，本节将采用 ANSYS 有限元软件对结构模型在三向外力作用下受力情况进行模拟分析，并和上一节的实验结果进行对比分析；考虑到二次衬砌长期受湿度场的作用，也对结构进行了湿度场作用下的模拟分析，为早期的养护及后期监测提供理论与技术指导。

8.2.1　二次衬砌结构模型在三向力作用下有限元分析

分析采用 ANSYS 有限元软件中 beam3 单元对结构模型进行模拟，由于结构模型只在上侧、左右两侧受到外力的作用，所以为了模拟实际受力情况，对仰拱部分采用固定约束，受到的外荷载集中力大小取结构破坏时的极限荷载，通过各单元在 x、y 方向的投影长度换算成对应的节点荷载施加到节点上。各模型混凝土的泊松比都取 0.2，混凝土的弹性模量及具体的荷载取值如表 8-7 所示。

表 8-7　　弹性模量及荷载取值

模型编号	混凝土弹性模量/（N/mm²）	竖向荷载/kN	水平荷载/kN
C30-S	3.08×10^4	287.56	143.78
C30-N	3.04×10^4	271.23	135.62
C30-J	2.96×10^4	256.42	128.21
C40-S	3.31×10^4	335.68	167.84
C40-N	3.26×10^4	315.64	157.82
C40-J	3.17×10^4	298.67	149.34

1. 二次衬砌结构模型的有限元模拟及结果分析

有限元模拟分析的步骤一般为：建立实体模型、网格划分、建立有限元模型、施加荷载及约束、求解及后处理。其中考虑到模型计算的精确性及换算节点荷载的便捷性，网格划分的精度为左、右两个半拱各划分为 5 个单元，两个拱脚各划分为 3 个单元，仰拱部分划分为 5 个单元。建立的有限元模型如图 8-22 所示，荷载及约束如图 8-23 所示。

C30 和 C40 系列模型结构的受力情况分别如图 8-24、图 8-25 所示。

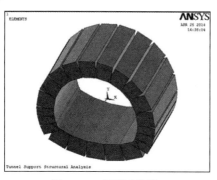

图 8-22　有限元模型

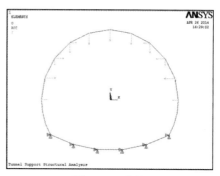

图 8-23　荷载及约束

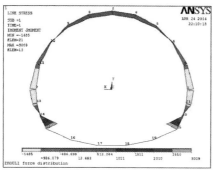

(a)

(b)

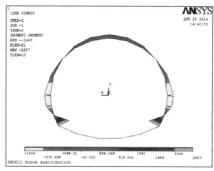

(c)

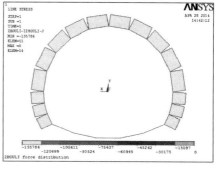

(d)

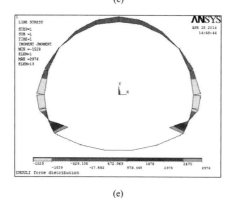

(e)

(f)

图 8-24　C30 模型分析内力图

（a）C30-J 弯矩图；（b）C30-J 轴力图；（c）C30-N 弯矩图；（d）C30-N 轴力图；
（e）C30-S 弯矩图；（f）C30-S 轴力图

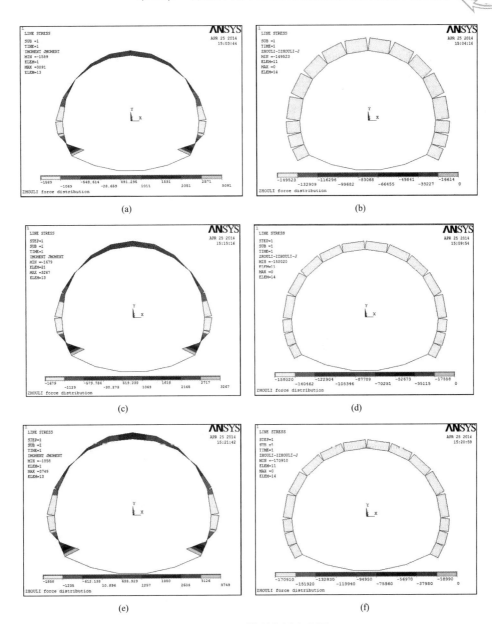

图 8-25　C40 模型分析内力图

（a）C40-J 弯矩图；（b）C40-J 轴力图；（c）C40-N 弯矩图；（d）C40-N 轴力图；

（e）C40-S 弯矩图；（f）C40-S 轴力图

　　由图 8-24、图 8-25 得出模型的受力规律为：不论强度如何，结构的两个拱脚都是受弯矩最大的部位，都是负弯矩，拱内表面受拉；拱腰的弯矩相对较小，为正弯矩，外表面受拉；拱肩部位的弯矩几乎为零，拱顶也是受负弯矩作用，拱内表面受拉。不同种类混凝土的弯矩大小分布规律为：在模型的相同部位，商品混凝土构件受到的弯矩最大，掺入减缩剂的模型受到的弯矩最小，掺入内养护剂的模型受到的弯矩在两者之间。强度高的混凝土模型比强度低的所受弯矩相对较大。模型的轴力分布几乎是均匀的，都是负的，表明结构都是受压，不同种类及强度的混凝土模型轴力分布大小规律和弯矩分布规律一致。

2. 分析结果的模型验证

由于模型的拱脚位置是受弯矩最大的位置，是最危险的截面，所以选取上一节模型的两个拱脚弯矩较大值、最大轴力和有限元分析结果进行对比。试验的实际值及有限元分析值见表 8-8。

表 8-8 试验值及计算值的对比

模型编号	试验拱脚较大值 /（kN·m）	计算的拱脚弯矩 /（kN·m）	相对误差 （%）	试验最大轴力 /kN	计算的最大轴力图 /N	相对误差 （%）
C30-S	3.22	2.96	8.1	155.23	143.93	7.3
C30-N	3.02	2.81	6.9	151.23	135.78	10.2
C30-J	3.12	3.10	3.3	149.54	133.25	10.9
C40-S	4.02	3.74	7.0	185.28	170.91	7.7
C40-N	3.42	3.27	4.3	171.21	158.02	7.5
C40-J	3.55	3.09	12.3	166.23	149.52	10.0

由表 8-8 可知，模型的试验结果与有限元分析结果比较接近，弯矩的相对误差在 12% 以内，轴力的平均误差在 10% 左右。试验结果和有限元分析结果符合较好。

8.2.2 二次衬砌结构模型的湿度场作用分析

考虑到混凝土温度场和湿度场控制方程及边界条件的相似性（二者对比见表 8-9），选用 ANSYS 中的温度模块对二次衬砌结构进行湿度场作用的模拟。

表 8-9 温湿度场的参数比较

参数	温度场	湿度场
基本方程	$\frac{\partial T}{\partial t}=a\left(\frac{\partial^2 T}{\partial x^2}+\frac{\partial^2 T}{\partial y^2}+\frac{\partial^2 T}{\partial z^2}\right)$	$\frac{\partial h}{\partial t}=D\left(\frac{\partial^2 h}{\partial x^2}+\frac{\partial^2 h}{\partial y^2}+\frac{\partial^2 h}{\partial z^2}\right)$
参数 1	温度	湿度
参数 2	导温系数	湿度扩散系数
参数 3	表面放热系数	表面水分扩散系数
边界条件	$-\lambda\frac{\partial T}{\partial n}=\beta(T-T_a)$	$-D\frac{\partial h}{\partial n}=f(h-h_c)$

1. 湿度场参数介绍

湿度场的分析过程中最重要的参数是混凝土的湿度扩散系数和混凝土表面和外界的水分交换系数。混凝土的湿度扩散系数可以理解为散湿能力和保湿能力的综合表示，表明了混凝土内部的湿度趋于一致的能力[1-112]。混凝土湿度扩散系数对湿度场的计算影响很显著，且影响湿度扩散系数的因素众多，目前没有一个统一的公式能够准确的计算，本文采用 CEB-FIP（90）提供的计算公式计算湿度扩散系数 D[1-112]：

$$\frac{D}{D_1}=\alpha_0+\frac{1-\alpha_0}{1+[(1-h)/(1-h_c)]^n} \tag{8-7}$$

式中 D_1——相对湿度 h=100% 时的混凝土湿度扩散系数；

D_0——相对湿度 h=0% 时的混凝土湿度扩散系数；

$\alpha_0=D_0/D_1$——D 最小值与最大值的比值，CEB-FIP（90）规定取 0.05；

n 和 h_c——系数，与混凝土水胶比、外界温度等因素相关，CEB–FIP（90）规定，n 取 15，h_c 取 0.8。

h=100%时饱和状态下的湿度扩散系数可以根据下式来进行估算：

$$D_1 = \frac{2.07 \times 10^{-3}}{10/(f_{ck} - 8)} \qquad (8-8)$$

式中　f_{ck}——混凝土的轴心抗压强度标准值，本次计算中 C30 混凝土取 20.1MPa，C40 混凝土取 26.8MPa。

湿度场的另外一个重要的参数是混凝土表面和外界水分交换系数，它反映了混凝和外界环境进行水分对流交换的能力。它和外界环境有很大的关系，当混凝土处在空气中时，边界条件是湿度对流的边界条件。目前普遍采用的是改进的 Menz 方程[1-113]及 Akita 推荐的另外的一个计算公式[1-114]。两者的方程分别如式（8-9）和式（8-10）所示：

$$f(h, h_e) = A(0.253 + 0.06v)(h - h_a) \qquad (8-9)$$

式中　A——经验系数；

　　　v——平均风速；

　　　h_a——环境的湿度。

$$f = \frac{50}{W/C + 10} + 2.5 \qquad (8-10)$$

式中　W/C——百分数表示的水胶比。

由两个式子可以看出，Menz 方程相对来说比较复杂，考虑的因素也较多，几个参数也不好定量的测量，而 Akita 方程就考虑了水胶比单一影响因素，相对较简单，考虑到本义主要是模拟隧道内的湿度场作用，风速为次要因素，所以选用 Akita 公式来计算表面水分交换系数。

2. 二次衬砌结构湿度场作用的有限元模拟

采用 ANSYS 中的 Solid70 号单元来对本次试验进行湿度场作用模拟，计算二次衬砌内部的湿度随着时间变化的情况。由于二次衬砌结构的裂缝一般都发生在初期，因此本次主要模拟二次衬砌结构在浇筑完成之后早期硬化过程中的湿度变化情况，当浇筑完成时可以认为结构是湿度饱和的，取相对湿度为 1。水分在二次衬砌结构的内表面进行扩散，对湿度场模拟的两个关键因素分析可知，目前极少考虑外加剂对混凝土的湿度扩散系数及表面水分交换系数的影响，所以本文认为，掺入减缩剂的混凝土和掺入内养护剂的混凝土的湿度扩散系数及表面水分扩散系数是基本一样的，所以只分析其中一种即可。参数的情况如下，自行配置的 C30 混凝土水胶比为 0.5，C40 为 0.45；商品混凝土 C30 为 0.42，C40 为 0.36。环境的湿度为 30℃±2%，环境温度为 30℃±1℃。

分析的主要步骤为：建立有限元模型—施加荷载—求解及后处理。

建立的有限元模型如图 8-26 所示，选取了掺入抗裂外加剂和普通商品混凝土的 C30、C40

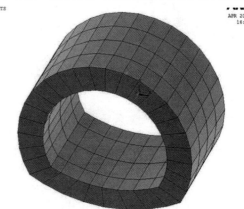

图 8-26　湿度场有限元模型图

混凝土进行分析，分别取 1d、30d、180d 的湿度分布图进行对比分析，如图 8-27 和图 8-28 所示。

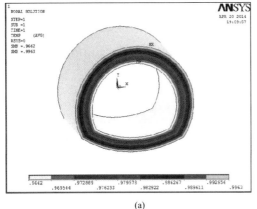

(a)

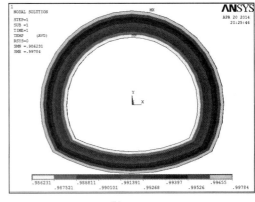

(b)

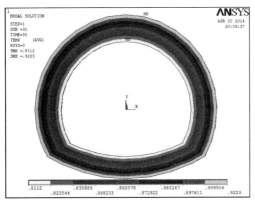

(c)

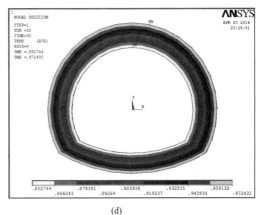

(d)

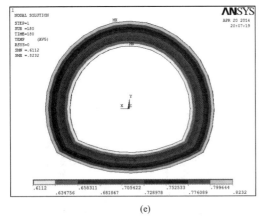

(e)

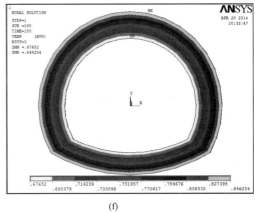

(f)

图 8-27　C30 系列湿度分布云图

（a）商混 C30 1d 的湿度分布图；（b）自配的 C30 1d 的湿度分布图；（c）商混 C30 30d 的湿度分布图；
（d）自配的 C30 30d 的湿度分布图；（e）商混 C30 180d 的湿度分布图；（f）自配的 C30 180d 的湿度分布图

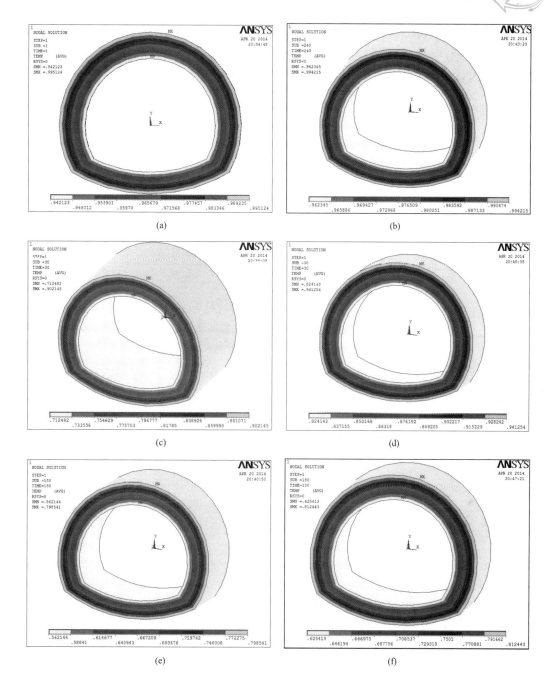

图 8-28　C40 系列湿度分布云图

（a）商混 C40 1d 的湿度分布图；（b）自配的 C40 1d 的湿度分布图；（c）商混 C40 30d 的湿度分布图；
（d）自配的 C40 30d 的湿度分布图；（e）商混 C40 180d 的湿度分布图；（f）自配的 C40 180d 的湿度分布图

从图 8-27、图 8-28 中可看出，水分都是从干燥面逐渐往空气中进行扩散的，且随着时间的延长，水分的扩散会逐渐的延伸到试件的内部，但是速度相对较慢，离干燥面越远混凝土的相对湿度降低也越慢，降低的幅度也越小。

对比同一强度不同品种的混凝土可知，自制混凝土比商品混凝相对湿度降低的幅度较小，180d 的 C30 普通混凝土降低幅度为 38%，自制混凝土为 32%，C40 的普通混凝土减低幅度为

44%，自制混凝土为 39%；对比同一龄期、同一品种、不同强度的混凝可以得出，强度越高，混凝土和外界水分交换及内部温度降低速率也越快，同时湿度降低幅度也越大。

通过 ANSYS 的列表显示功能，提取了同一强度等级、不同品种的二次衬砌混凝土结构的湿度—时间坐标值，选取了离干燥面最远的 10cm 位置进行了绘图分析，结果如图 8-29 所示。

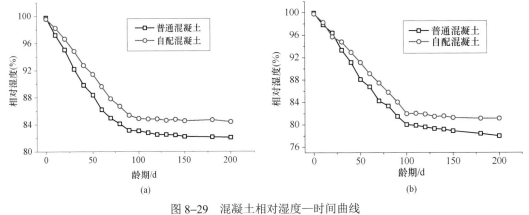

图 8-29　混凝土相对湿度—时间曲线

（a）C30 混凝土湿度—时间曲线；（b）C40 混凝土湿度—时间曲线

通过分析可以得出，在前 90d 的混凝土湿度降低较快，且强度等级高的混凝土比强度等级低的混凝土湿度降低更快，普通的商品混凝土比掺防裂外加剂的混凝土降低的要快，下降的趋势基本是线性关系。经过 100d 以后混凝土的湿度下降变缓，下降的幅度很小。因此对于实际工程来说，混凝土早期失水很快，所以早期的养护显得更为重要。

参 考 文 献

［1-1］ F. H. Wittmann，P. Schwesinger. 高性能混凝土——材料特性与设计［M］. 冯乃谦，译. 北京：中国铁道出版社. 1998：24-38.

［1-2］ 王铁梦. 工程结构裂缝控制［M］. 北京：中国建筑工业出版社，2010.

［1-3］ 混凝土质量专业委员会. 钢筋混凝土结构裂缝控制指南［M］. 北京：化学工业出版社，2004.

［1-4］ Swayze M. A. Early concrete colume change and cheir control［J］. ACI，Proceedings，1942，V.38：425-440.

［1-5］ 黄士元，蒋家奋，杨南如，等. 近代混凝土技术［M］. 陕西：陕西科学技术出版社，1998.

［1-6］ 李丽，孙伟，等. 用平板法研究高性能混凝土早期塑性收缩开裂［J］. 混凝土，2003，25（15）：33-38.

［1-7］ Lyman C G. Growth and movement in Portland cement concrete［M］. London：Oxford University Press，1934：1-139.

［1-8］ Davis H E. Autogenous volume change of concrete［A］. Proceeding of 43th Annual American Society for Testing Materials［C］. Atlantic city：ASTM，1940：1103-1113.

［1-9］ 周双喜. 凝土的自收缩机理及抑制措施［J］. 华东交通大学学报，2007，24（5）：14-16.

［1-10］ 马丽媛. 高强混凝土收缩开裂研究［D］. 北京. 中国建筑材料科学研究院. 2001：5-6.

［1-11］ 吴中伟，廉慧珍. 高性能混凝土［M］. 北京：中国铁道出版社，1998：260-297.

［1-12］ Mindess S.，Yong J.F.. 混凝土［M］. 方秋清，等译. 北京：中国建筑工业出版社，1989：437-478.

［1-13］ 王建东，蒋挺辉，陈素君. 不同龄期混凝土中超声测强的研究［J］. 浙江建筑. 2004，21（4）：70-71.

［1-14］ Su Z，Sujata K.，Bijen J.M.，et al. The evolution of the microstructure in styrene acrylate polymer-modified cement pastes at the early stage of cement hydration［J］. Advanced Cement Based Materials，1996，3（3-4）：87-93.

［1-15］ J. Bisschop，J. G. M. van Mier. How to study drying shrinkage microcracking in cement-based materials using optical and scanning electron microscopy［J］. Cement and Concrete Research. 2002，32（2）：279.

［1-16］ Sellevolt E. J. High-Performance concrete: Early age cracking, pore structure and durability［C］// International Workshop on High Performance Concrete. 1994.

［1-17］ Glišić B.，Simon N.. Monitoring of concrete at very early age using stiff SOFO sensor［J］. Cement &Concrete Composites. 2000，22（1）：115-119.

［1-18］ Tazawa E I，Miyzawa S.. Influence of cement and mixture on antogeneous shrinkage of concrete paste［J］. Cement and Concrete. Research 1995，25（2）：281-287.

［1-19］ Tazawa E.，Miyazawa S.. Experiment study on mechanism of autogenous shrinkage of concrete［J］. Cement and Concrete Research，1998，28（18）：1633-1638.

［1-20］ Tazawa E.. Influence of constitutes and composition on autogenous shrinkage of cementitious materials［J］. Magazine of Concrete Research，1997，49（178）：15-22.

［1-21］ 安明哲，朱金铨，覃维祖. 高强混凝土的自收缩问题［J］. 建筑材料学报，2001，4（2）.159-166.

［1-22］ 侯景鹏，袁勇，柳献. 混凝土早期收缩试验方法评价［J］. 混凝土与水泥制品，2003（5）：1-4.

［1-23］巴恒静，高小建，杨英姿. 高性能混凝土早期自收缩测试方法研究［J］. 工业建筑，2003，33（8）：1-4.

［1-24］Radocea A. Autogenous volume change of concrete at very early age［J］. Magazine of Concrete Research，1998，50（2）：107-109.

［1-25］Lepage S，Balbaki M，Dallaire E′，et al. Early shrinkage development in a high performance concrete［J］. Cement Concrete and Aggreagtes，1999，21（2）：31-35.

［1-26］Kraai P. Proposed test to determine the cracking potential due to drying shrinkage of concrete［J］. Concrete Construction-World of Concrete，1985，30（9）：775-778.

［1-27］Soroushian P，Ravanbakhsh S. Control of plastic shrinkage cracking with specialty cellulose fibers［J］. ACI Materials Journal，1998，95（4）：429-435.

［1-28］Shaeles，Christos A.，Hover K C. Influence of mix proportions and construction operations on plastic shrinkage cracking in thin slabs［J］. ACI Materials Journal，1988，85（6）：490-504.

［1-29］Prahalad C，Hamel G. The core competency of the corporation［J］，Harvard Business Review，1990，（May- June）：79-90.

［1-30］Wiegrink K，Marikunte S，Shah S P. Shrinkage cracking of high strength concrete［J］. ACI Materials Journal，1996，93（5）：410-415.

［1-31］McDonald D B，Krauss P D，Rogalla E A. Early- age transverse deck cracking［J］. Concrete International，1995，17（5）：49-51.

［1-32］王培铭，刘岩，郭延辉等. 混凝土开裂测试技术的研究现状［J］. 低温建筑技术，2006，（6）：7- 9.

［1-33］Springenschmid R. Thermal cracking in concrete at early ages：Proceedings of the International RILEM Symposium［J］. Crc Press New York：E&FN SPON，1994.

［1-34］Paillere A M, Serrano J J. APPAREIL D'ETUDE DE LA FISSURATION DU BETON［J］. Bull Liaison Lab Ponts Chauss, 1976, 83：29-38.

［1-35］Bloom R，Bentur A. Free and restrained shrinkage of normal and high-strength concrete［J］. ACI Materials Journal，1995，92（2）：211-217.

［1-36］林志海，覃维祖. 虚拟仪器技术在检测混凝土早期开裂敏感度试验中的应用［J］. 工业建筑，2003，33（7）：37-40.

［1-37］孙道胜，卞文堂，刘持友. 聚丙烯纤维和膨胀剂复合对砂浆塑性收缩的影响［J］. 安徽建筑工业学院学报（自然科学版）.2007，15（2）：1-4.

［1-38］马一平，谈慕华，朱蓓蓉等. 水泥基体参数对砂浆塑性收缩开裂性能的影响［J］. 建筑材料学报.2002（2）：171-175.

［1-39］翁家瑞，郑建岚，王雪芳. 粉煤灰掺量对高性能混凝土收缩的影响［J］. 福州大学学报（自然科学版）.2006，33：143-155.

［1-40］刘立，赵顺增，曹淑萍等. 矿物外加剂对混凝土收缩开裂的影响研究［J］. 膨胀剂与混凝土.2008（2）：51-55.

［1-41］何真，祝雯，张丽君等. 粉煤灰对水泥砂浆早期电学行为与开裂敏感性影响研究［J］. 长江科学院院报.2005（2）：43-46.

［1-42］张云莲. 补偿收缩混凝土及其膨胀剂应用中的几个问题［J］. 中国建筑防水.2003（1）：56-57.

［1-43］年明，刘超杰，杨煦. 补偿收缩混凝土及其膨胀剂应用中的几个问题［J］. 辽宁建材.2006（1）：56-57.

[1-44] 朱耀台. 混凝土结构早期收缩裂缝的试验研究与收缩应力场的理论建模 [D]. 杭州：浙江大学. 2005.

[1-45] Wong S F, Li H, Wee TH. S. F. Wong . Early-age creep and shrinkage of blended cement concrete [J]. ACI Materials Journal. 2002，99（1）：3-10.

[1-46] 刘娟红，王栋民，宋少民等. 大掺量矿粉活性粉末混凝土性能与微结构研究 [J]. 武汉理工大学学报. 2008，30（11）：54-57.

[1-47] 吕林女，胡曙光，丁庆军. 高性能阻裂抗渗外加剂的研制及其对混凝土性能影响的研究 [J]. 硅酸盐学报. 2003，22（4）：16-20.

[1-48] 崔自治. 混凝土抗裂的粉煤灰效应 [J]. 节水灌溉. 2005，2（1）：14-16.

[1-49] Aitcin P C，Neville A M，Acker P. Integrated view of shrinkage of deformation [J]. Concrete International. 1997，19（9）：1633-1638.

[1-50] 蒋正武，孙振平，王新友，等. 国外混凝土自收缩研究进展评述 [J]. 混凝土. 2001，（4）：30-33.

[1-51] Kim J K, Lee C S. Moisture diffusion of concrete considering self-desiccation at early ages [J]. Cement and Concrete Research. 1999，29（12）：1921-1927.

[1-52] Persson B. Self-desiccation and its importance in concrete technology [J]. Materials and Structures. 1997，30（5）：293-305.

[1-53] Hua C，Acker P，Ehrlacher A. Analyses and models of the autogenous shrinkage of hardening cement paste: I. Modeling at macroscopic scale [J]. Cement and Concrete Research. 1987，25（7）：1457-1468.

[1-54] Koenders E A B，Breuget K V. Numerical modeling of autogenous shrinkage of hardening cement paste [J]. Cement and Concrete Research. 1997，27（10）：1489-1499.

[1-55] Z. P. Bažant，L. J. Najjar. Nonlinear water diffusion in nonsaturated concrete[J] Matériaux Et Construction. 1972，5（1）：3-20.

[1-56] Ayano T，Wittmann F H. Drying moisture distribution and shrinkage of cement-based materials [J]. Materials and Structures. 2002，35（3）：134-140.

[1-57] 黄瑜，祁锟，张君. 早龄期混凝土内部湿度发展特征 [J]. 清华大学学报（自然科学版）. 2007，47（3）：309-313.

[1-58] 侯景鹏，袁勇. 干燥收缩混凝土内部相对湿度变化实验研究 [J]. 新型建筑材料. 2008，35（5）：1-4.

[1-59] 蒋正武，孙振平，王培铭. 水泥浆体中自身相对湿度变化与自收缩的研究 [J]. 建筑材料学报. 2003（4）：345-349.

[1-60] 于韵，蒋正武. 不同养护条件下混凝土早期内部相对湿度变化的研究（一）[J]. 建材技术与应用. 2003（5）：3-4.

[1-61] 王发洲，周宇飞，胡曙光. 基于湿度补偿原理的混凝土自收缩控制方法 [C] //中国硅酸盐学会混凝土与水泥制品分会七届二次理事会议暨学术交流会论文集. 46-53.

[1-62] 王发洲，周宇飞，丁庆军，等. 预湿轻骨料对混凝土内部相对湿度特性的影响 [J]. 材料科学与工艺. 2008，16（3）：366-369.

[1-63] Andrade C，Sarrí A J，Alonso C. Relative humidity in the interior of concrete exposed to natural and artificial weathering [J]. Cement and Concrete Research. 1999，29：1249-1259.

[1-64] Parrott L J. Some effects of cement and curing upon carbonation and reinforcement corrosion in concrete [J]. Materials and Structures. 1996，29（3）：164-173.

［1-65］ Nilsson L O. Long-term moisture transport in high performance concrete ［J］. Materials and Structures. 2002，35（10）：641-649.

［1-66］ Nilsson L O. The relation between the composition，moisture transport and durability of conventional and new concretes ［C］ //International RILEM Workshop on Technology Transfer of the New Trends in Concrete. 1994：63-82.

［1-67］ 周真敏. 新疆高寒地区桥梁混凝土耐久性探析 ［J］. 黑龙江交通科技，2012（10）：101.

［1-68］ 刘曼娜，姜兆兴，谢春磊，等. 干燥大温差环境对混凝土性能影响的研究 ［J］. 建材世界，2012，33（1）：5-7.

［1-69］ 佘安明，水中和，王树和. 干燥大温差条件下混凝土界面过渡区的研究 ［J］. 建筑材料学报，2011（4）：485-488.

［1-70］ 王树和，水中和，玄东兴. 大温差环境条件下混凝土表面裂缝损伤 ［J］. 东南大学学报（自然科学版），2006，36（S2）：22-25.

［1-71］ 刘兴发. 混凝土桥梁的温度分布 ［J］. 铁道工程学报，1985，（1）：107-111.

［1-72］ 简方梁，吴定俊. 高墩日照温差效应耦合场分析 ［J］. 结构工程师，2009，25（1）45：-50.

［1-73］ 何义斌. 混凝土空心高墩温度效应研究 ［J］. 铁道科学与工程学报，2007，4（2）：63-66.

［1-74］ 陈志军，康文静，李黎. 空心薄壁墩水化热温度效应研究 ［J］. 华中科技大学学报（自然科学版），2007，35（5）：105-108.

［1-75］ 陈天地，张亮亮，等. 桥墩混凝土水化热温度与应变试验研究 ［J］. 基建工程，2007，6:21-22.

［1-76］ 张亮亮，陈天地，等. 桥墩混凝土的水化热温度分析 ［J］. 公路，2007，9：66-69.

［1-77］ 陈天地. 混凝土空心桥墩温度场试验研究 ［D］. 重庆：重庆大学. 2007.

［1-78］ 赵亮. 混凝土空心墩温度效应有限元分析 ［D］. 重庆：重庆大学. 2007.

［1-79］ 张文伟. 混凝土箱型薄壁墩的温度作用及其效应研究 ［D］. 长沙：湖南大学. 2007.

［1-80］ 朱鹏志. 特殊桥梁结构的温度问题研究 ［D］. 浙江大学建筑工程学院浙江大学，2008.

［1-81］ Asakura T，Kojima Y. Tunnel maintenance in Japan [J]. Tunnelling and Underground space Technology，2003，18（2）：161-169.

［1-82］ 乔艳静，费治华，田倩，等. 矿渣、粉煤灰掺量对混凝土收缩、开裂性能的研究. ［J］. 建材世界，2007，28（5）：90-92.

［1-83］ 郑矞鹏，郑建岚. 平板法试验研究高强与高性能混凝土抗裂性能[J]. 厦门大学学报（自然版），2006，45（2）：212-214.

［1-84］ 高志斌. 水泥和减水剂对混凝土收缩开裂的影响 ［J］. 低温建筑技术，2011，33（3）：9-11.

［1-85］ Chiaia B，Fantilli A P，Vallini P. Evaluation of crack width in FRC structures and applications to tunnel linings ［J］. Materials and structures，2009，42（3）：339-351.

［1-86］ Chiaia B，Fantilli A P，Vallini P. Evaluation of minimum reinforcement ratio in FRC members and applications to tunnel linings ［J］. Materials　and Structures，2007，40（6）：593-604.

［1-87］ 杨昌贤. 公路隧道二次衬砌承载能力与优化设计 ［D］. 成都：西南交通大学. 2007：41-70.

［1-88］ 苏生. 公路隧道二次衬砌开裂机理与抗裂性试验研究 ［D］. 杭州：浙江大学. 2008：106-120.

［1-89］ 罗彦斌，陈建勋，乔雄，等. 基于温度效应的隧道二次衬砌混凝土结构力学状态分析 ［J］. 中国公路学报. 2010，23（2）：64-70.

［1-90］ 钟新樵. 土质偏压隧道衬砌模型试验分析 ［J］. 西南交通大学学报. 1996，31（6）602-606.

［1-91］　程桦, 孙钧. 软弱围岩复合式隧道衬砌模型试验研究［J］. 岩石力学与工程学报. 1997, 16（2）: 162-170.

［1-92］　李志业, 王明年, 翁汉民. 大跨度公路隧道结构模型试验研究［J］. 铁道学报. 1996（2）. 114-120.

［1-93］　唐志成, 何川, 林刚. 地铁盾构隧道管片结构力学行为模型试验研究［J］. 岩土工程学报. 2005, 27（1）: 85-88.

［1-94］　史美伦, 陈志源. 硬化水泥浆体孔结构的交流阻抗研究［J］. 建筑材料学报. 1988, 1（1）: 30-35.

［1-95］　汤跃庆, 鲍亚楠, 王廷籍, 等. 阻抗谱用于水泥水化的研究［R］. 北京: 国家建筑材料测试中心, 2000, 149-155.

［1-96］　Khan M I, Lynsdale C J, Waldron P.. Porosity and strength of PFA/SF/OPC ternary blended paste［J］. Cement and Concrete Research, 2000, 30（8）: 1225-1229.

［1-97］　姜奉华, 徐德龙. 碱矿渣水泥硬化体孔结构的分数维特征［J］. 硅酸盐通报, 2007, 26（4）: 830-833.

［1-98］　唐明. 混凝土孔隙分形特征的研究［J］. 混凝土, 2000,（8）: 3-5.

［1-99］　尹红宇. 混凝土孔结构的分形特征研究［D］. 南宁: 广西大学, 2006.

［1-100］　曾力, 刘数华, 吴定燕. 水泥矿物成分和掺合料对砂浆脆性的影响［J］. 水力发电学报, 2003,（2）: 74-79.

［1-101］　郝成伟, 邓敏, 莫立武, 等. 粉煤灰对水泥浆体自收缩和抗压强度的影响［J］. 建筑材料学报, 2011, 14（6）: 746-751.

［1-102］　汪维学. 采用圆弧Ⅰ型截面试件测量砂浆直接抗拉强度的研究［D］. 天津大学, 2009.

［1-103］　张运波. 薄壁空心高墩的温度效应及其对稳定性影响的研究［D］. 北京: 中国铁道科学研究院, 2010.

［1-104］　陈勇. 铁路空心高墩温度场及温度效应研究［D］. 重庆: 重庆大学, 2014.

［1-105］　王勖成. 有限单元法［M］. 北京: 清华大学出版社, 2003.

［1-106］　辛颖. 超长混凝土结构在温度作用下的受力分析［D］. 上海: 同济大学, 2007.

［1-107］　张子明, 王嘉航, 姜冬菊, 等. 气温骤降时大体积混凝土的温度应力计算［J］. 河海大学学报（自然科学版）. 2003, 31（1）: 11-15.

［1-108］　Jensen O M. Thermodynamic limitation of self-desiccation［J］. Cement and Concrete Research, 1995, 25（1）: 157-164.

［1-109］　Jensen O M, Hansen P F. Influence of temperature on autogenous deformation and relative humidity change in hardening cement paste［J］. Cement and Concrete Research, 1999, 29（4）: 567-575.

［1-110］　Jennings H M, Xi Y. Cement-aggregate compatibility and structure property relationship including modeling［J］. Congress of the Chemistry of Cement. 1992: 663-691.

［1-111］　王兵, 谢锦昌. 偏压隧道模型试验及可靠度分析［J］. 工程力学, 1998, 15（1）: 85-93.

［1-112］　CEB-FIP Model Code 1990 [S]. Comit E Euro-International Du B Eton, E Euro-International Du B Eton, 1993.

［1-113］　Yuan Y, Wan Z L. Prediction of cracking within early-age concrete due to thermal, drying and creep behavior [J]. Cement and Concrete Research, 2002, 32 (7): 1053-1059.

［1-114］　Ozaka Y, Fujiwara T, Akita H. A practical procedure for the analysis of moisture transfer within concrete due to drying [J]. Magazine of Concrete Research, 2015, 49 (179): 129-137.

第二篇

混凝土渗透原理及改善方法

第 9 章
混凝土渗透原理及改善方法概述

混凝土结构耐久性的研究成果主要集中于混凝土和钢筋，其中混凝土的耐久性包括混凝土碳化、碱骨料反应、混凝土冻融破坏、氯离子侵蚀、硫酸盐腐蚀破坏、耦合因素作用、施工因素等[2-1]。众多国内外专家学者经过深入研究[2-2]~[2-4]，得出了一致的结论：渗透性是影响混凝土耐久性的关键。通常认为渗透性是评价混凝土耐久性的最重要指标。普遍认为[2-5],[2-6]，渗透性低的混凝土，其耐久性一般是比较好的；为了得到高耐久性的混凝土，必须相应的提高其抗渗性。

从 20 世纪 80 年代开始，发达国家对钢筋混凝土结构的设计就从基于强度的设计方法，逐渐过渡到以强度和耐久性并重，并以耐久性为重点的设计方法。1990 年日本土木学会对混凝土耐久性设计提出了建议，其中针对不同环境类别的侵蚀作用，提出材料性能劣化的计算模型并据此预测结构的使用年限[2-7]。1996 年，国际材料与结构实验室联合会（RIREM）提出的报告《混凝土结构的耐久性设计》，对基于劣化计算模型的混凝土结构耐久性设计方法做了全面的论述[2-8]。2000 年，日本建设省以法律形式提出日本住宅性能必须具备的 9 个项目，其中对耐久性的要求以"关于减轻劣化的规定"方式作出规定，同时提出了对其性能评估方法的标准[2-9]。

1992 年，中国土木工程学会分支机构成立了"混凝土耐久性专业委员会"。2004 年，中国工程院土木水利与建筑学部出版了《混凝土结构耐久性设计与施工指南》，该书较全面、系统地提出了混凝土结构耐久性设计与施工的基本原则和方法，以及维修加固和定期检测的要求[2-10]。2009 年，GB/T 50476—2008《混凝土结构耐久性设计规范》正式出版，是我国首部有关混凝土耐久性设计的规范。

由于混凝土耐久性研究范围广、种类多、内容杂，国内外学者对此做了大量工作，获得了丰富成果。与地上钢筋混凝土结构相比，地下环境复杂。地下钢筋混凝土结构主要处于氯盐、硫酸盐、荷载和疲劳荷载耦合作用下，其耐久性状况难以观测和试验，而且应力状况复杂多变，加之岩土体具有非均质性和流变性等特点，难以模拟结构物的实际破坏规律，在多离子、多因素的影响下，对钢筋锈蚀造成更大的威胁。目前国内对于地下环境中混凝土结构的钢筋锈蚀规律研究不充分，没有考虑在多因素作用下，特别是在疲劳荷载作用下的不同掺合料混凝土结构的钢筋锈蚀规律，同时缺少关于疲劳荷载、浸泡状态对钢筋锈蚀速率影响的研究以及提高地下混凝土结构抗锈蚀能力方法的研究。在钢筋锈蚀膨胀力方面，虽然部分学者通过有限元软件对钢筋锈蚀膨胀过程进行了模拟，但大多数都是考虑了均匀膨胀状态，而实际结构当中钢筋锈蚀膨胀往往是不均匀的。因此通过对地下环境下不同掺合料混凝土结构钢筋锈蚀的研究，确定地下空间结构钢筋锈蚀的规律，提高钢筋的抗锈蚀能力，保证地下结构的正常使用寿命，同时通过 ABAQUS 有限元模拟软件模拟钢筋不均匀锈蚀膨胀的过程，得出锈蚀膨胀力对混凝土应力的影响规律，对地下空间结构的耐久性研究有着重要的意义。

9.1　硫酸盐作用下混凝土的渗透性研究现状

在影响混凝土耐久性的因素中，硫酸盐侵蚀被认为是破坏结构耐久性，并引起混凝土材料失效破坏的四大主要因素之一，硫酸盐侵蚀也是影响因素最复杂、危害性最大的一种环境水侵蚀。目前大量的研究工作围绕如何预防和减少硫酸盐对混凝土的影响。结构周围土壤和水环境中的硫酸根离子渗入混凝土内部并与水化产物发生反应，产生膨胀、开裂、剥落等现象，从而使得混凝土强度和粘性降低并丧失。如何预防和减轻侵蚀破坏，一直是混凝土耐久性研究的一项重要内容。

世界各地分布的硫酸盐环境水大致分为：含盐量较高的地下水、温泉水、盐湖水和海水，这些水中都含有一定浓度的硫酸盐，加之自然环境的作用，很容易对混凝土结构产生破坏侵蚀；土壤中的硫酸盐分为内陆盐土壤和滨海盐土壤两大类，地下结构长期埋入此类土壤极易受到硫酸盐的破坏。温泉水中的硫酸盐等腐蚀性物质，在泉水高温的作用下使得钢筋混凝土结构很容易受到腐蚀，在我国的许多混凝土结构的温泉浴室，10 年左右混凝土就会出现疏松、软化、剥落和强度下降等劣化现象。近年来，在一些西部地区铁路、公路、矿山和水电工程中，都发现了地下含有硫酸盐水，且对混凝土结构物产生了侵蚀破坏问题。在污水处理厂、化纤工业、制盐、制造业等厂房附近的地下水中，硫酸盐浓度较高，经常发现混凝土结构物受到硫酸盐侵蚀破坏现象，这些问题越来越引起关注。

美国农垦局、标准局[2-11]在实验室和野外进行了大量试验，通过硫酸盐溶液对混凝土的腐蚀破坏研究得出，混凝土的密实性和不透水性对混凝土耐久性有重要意义，当混凝土密实度高和硅酸盐水泥熟料中 C_3A 含量不超过 5.5%时，具有较高的抗硫酸盐性。前苏联、美国、欧洲、日本和中国等国均相继制订了混凝土抗腐蚀的有关标准，研制了一些新材料新技术来提高混凝土抗蚀性。

9.1.1　影响硫酸盐侵蚀的因素

经过多年的研究[2-12]，总结影响混凝土硫酸盐侵蚀的因素错综复杂，总体可分为内因和外因，如图 9-1 所示。

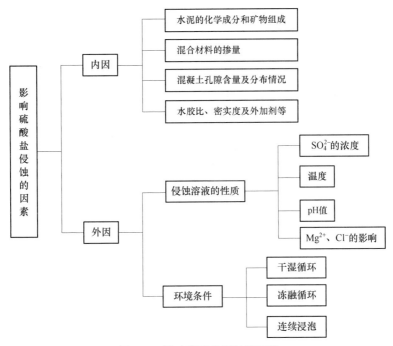

图 9-1　影响硫酸盐侵蚀的因素

从图 9-1 可以看出，为了提高混凝土抗硫酸盐侵蚀能力，应重点从以下几个方面着手。

（1）选择合适的混凝土原材料，降低易与硫酸盐反应的混凝土组分。具体包括：选择含硫酸盐少的原材料、拌和水及外加剂等；选用低 C_3A 含量的抗硫酸盐水泥。粉煤灰、矿渣和硅灰等矿物掺合料可改善混凝土抗硫酸盐侵蚀能力，这些掺合料可以先与水泥水化产物反应生成稳定的产物，避免硫酸盐侵入再次与水化产物反应，同时可改善混凝土的孔结构。

（2）改善混凝土的孔隙结构，提高混凝土的密实度，使硫酸盐难以侵入混凝土内部。具体包括：进行配合比优化设计，在满足混凝土工作性的情况下，尽可能地降低单位用水量，以获得更密实的混凝土，减小孔隙率和孔径；进行合理的养护，使混凝土强度稳定发展，减少温度裂缝；通过掺加矿物掺合料以提高混凝土强度和密实度，降低硫酸盐的侵蚀能力。

（3）选用合理的施工顺序并严格控制每道施工的质量，确保混凝土质量同时加强对混凝土养护中的保温、保湿，有效提高混凝土强度、抗渗、抗冻等性能。

（4）增设必要的保护层。当钢筋混凝土构件处于强腐蚀性溶液中时，可在混凝土表明涂刷耐腐蚀性强且不透水的保护层。

研究[2-13]表明，影响混凝土抗硫酸盐侵蚀的三大主要因素为：水泥中 C_3A 的含量、水胶比以及混凝土的密实度。因此在混凝土中掺入矿物掺合料，能有效提高混凝土抗硫酸盐侵蚀性能；开发效果更好的矿物掺合料也是新型抗硫酸盐混凝土的一个重要研究方向。目前常用粉煤灰、矿渣和硅灰等矿物材料来代替部分水泥制备混凝土，减少了水泥用量，同时原材料中的铝酸三钙也相应减少，能够有效提高混凝土的抗硫酸盐侵蚀性能，保证结构的耐久性。

9.1.2　硫酸盐侵蚀测试与评价方法

硫酸盐侵蚀的测试与评价方法，主要分为室外检测与室内加速试验两类。室外检测主要是通过对服役混凝土结构某部位的性能进行检查，进而评估该结构的健康状况。目前应用的主要方法有表面硬度法、超声波测量法、表面波谱分析法等。实验室加速测试是将混凝土试件浸泡于硫酸盐溶液中，通过测量强度、质量损失等各项参数来判断其抗侵蚀能力，可分为外观对比法和强度对比法。

外观对比法比较流行的有 ASTM C–1012 和 ASTM C–452 中规定的方法。这两种方法都是以混凝土浸泡后的膨胀量作为评价指标，其中前者的适用范围较宽。但是将膨胀量作为评价指标并不能广泛适用，因为有些类型的硫酸盐侵蚀并不会引起较大的膨胀。有些学者提出以质量损失量作为评价指标，但在硫酸盐侵蚀初期，生成的水化产物会填充混凝土孔隙，导致重量增大，且在后期难以确定应该除去破坏到何种程度的浆体和骨料，因而该方法仍存在一定问题。

强度对比法是以浸泡在硫酸盐侵蚀溶液中试件的抗折强度与淡水中的同龄期试件抗折强度之比，即抗蚀系数作为评价指标。但是该方法使用的是砂浆试件，对于反映混凝土的侵蚀破坏缺乏说服力。同时也有一些试验方法采用试件抗压强度或弹性模量作为评价指标。总体上，由于在侵蚀破坏初期，侵蚀产物对混凝土内部孔隙有填充作用，短期提高了混凝土的强度，使用强度对比法得到的试验结果与实际符合程度容易出现偏差，故采用混凝土的力学性能来反映其抗硫酸盐侵蚀能力的方法还存在不足。

9.2　混凝土中氯离子的传输与破坏

氯离子广泛存在于混凝土结构的多种工作环境中，如海洋环境、盐碱地环境、工业环境等。氯离子渗透进混凝土，导致其中钢筋发生锈蚀，是混凝土结构耐久性失效破坏的主要原因，因此氯离子的渗透性是研究混凝土耐久性的重要问题。

9.2.1　氯离子渗透传输机理和破坏作用机理

外界氯离子进入混凝土内部是一个复杂的物理化学过程，主要分为以下三种侵入方式。

（1）毛细作用。毛细作用是指由毛细孔隙的表面张力引起的液体传输。当混凝土表层风干到一定程度，中空或部分饱水的毛细孔隙具有的表面张力将溶液吸入到混凝土内部。风干程度越高，毛细作用就越大。

（2）扩散作用。扩散是指气体或液体中的粒子由于存在浓度差进行的运动。由于混凝土内部与表面氯离子存在浓度差，氯离子通过混凝土的孔隙从溶液进入混凝土内部。当氯离子侵入混凝土内部后，只要具有足够的湿度条件，就可以通过扩散机理继续向内部侵入。

（3）渗透作用。渗透是气体或液体在压力差驱动下的运动。只有在相当大的水头压力下，氯化物溶液向压力较低方向的渗透作用才比较显著。

实际混凝土结构受氯离子的侵蚀作用，往往是这三种侵入方式的组合，同时还受到氯离子与混凝土组成材料间的化学和物理作用的影响。但一般情况下，只有其中一种传输方式占主导。当混凝土孔隙不饱和时，毛细吸收是主要运输方式；当混凝土孔隙吸水饱和后，常压下以扩散为主要传输方式，压力很高时则以渗透为主要方式。地下环境中的混凝土结构由于长期处于浸泡或半浸泡状态，内部孔隙一般饱和，故扩散和渗透是氯离子传播的主要方式，其中又以扩散为主。

通常情况下，对于稳态扩散过程，可以用菲克第一定律描述；对于非稳态扩散过程，则用菲克第二定律描述。

氯离子对钢筋混凝土结构有极强的破坏作用，其原理有以下几方面。

（1）破坏钝化膜。混凝土中的高碱性环境，可使钢筋表面产生一层致密的钝化膜。Cl^- 进入混凝土中并到达钢筋表面，吸附于局部钝化膜处，可使该处的 pH 值迅速降低，这种局部酸化作用可以破坏高碱性环境，从而破坏钢筋表面的钝化膜。

（2）形成腐蚀电池。Cl^- 对钢筋钝化膜的破坏首先发生在局部点，这些部位露出了铁基体，使其与未破坏钝化膜区域之间形成了电位差。铁基体作为阳极、未破坏的钝化膜区作为阴极，构成腐蚀电池，发生氧化还原反应，致使铁基体受到严重腐蚀。

（3）阳极去极化作用。在腐蚀电池的反应过程中，若阳极生成的 Fe^{2+} 沉积于表面，则反应就会因此受阻。可是 Cl^- 与 Fe^{2+} 相遇会生成可溶性的 $FeCl_2$，Cl^- 将 Fe^{2+} 从阳极表面搬运走，从而使阳极反应得以顺利进行甚至是加速进行。

（4）导电作用。形成腐蚀电池需要离子通路，混凝土中的 Cl^- 可以强化这种离子通路，降低阴极与阳极间的电阻，提高腐蚀电池的腐蚀效率，加快电化学腐蚀过程。

可以看出，Cl^- 侵入混凝土，使内部钢筋发生锈蚀，对钢筋混凝土结构有极强的破坏作用，因此提高混凝土本身的抗渗能力，阻止外界 Cl^- 的进入与传输，对于提高结构耐久性有重要意义。

9.2.2　混凝土氯离子传输的测试方法

目前测试混凝土 Cl^- 渗透性的方法以外加电场加速扩散法为主，这种方法主要包括混凝土电通量法、快速氯离子迁移系数法（RCM 法）、饱盐混凝土电导率法（NEL 法）、Permit 法等。

1. 混凝上电通量法

混凝土电通量法最早被称为快速氯离子渗透试验法，也被称为直流电量法。这一方法于 1987 年被定为美国公路运输局标准试验方法，即 AASHTOT–277，随后又被美国试验与材料协会制定的标准试验方法所采用，即 ASTMC–1202。我国于 2009 年将这一方法纳入 GB/T 50082—2009《普通混凝土长期性能和耐久性能试验方法标准》。

混凝土电通量法的试验原理是，在直流电压作用下，氯离子会加速通过混凝土试件向正极方向移动，依据在规定时间内通过混凝土试件的电量高低来快速评价混凝土抗氯离子渗透的能力。其试验装置图如图 9–2 所示。

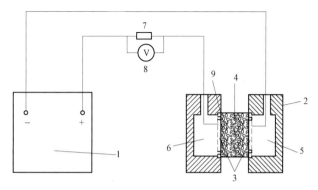

图 9–2　混凝土电通量法试验装置图

1—直流稳压电源；2—试验槽；3—铜电极；4—混凝土试件；5—阴极溶液；
6—阳极溶液；7—标准电阻；8—直流电压表；9—试件垫圈（硫化橡胶垫或硅橡胶垫）

该试验所用的混凝土试件为直径 100mm、高度 50mm 的圆柱体，标准养护至 28d 或 90d。试验槽内阴极为 3%的 NaCl 溶液，阳极为 0.3mol/L 的 NaOH 溶液。施加的直流电压为 60V，通电时间为 6h。其评定标准见表 9-1。

表 9-1   电 通 量 法 评 定 标 准

6h 通过的电量/C	渗透性评价
>4000	高
2000～4000	中
1000～2000	低
100～1000	非常低
<100	可忽略

电通量法操作简便，试验耗时短。但试验过程中孔溶液的化学成分会对试验结果造成一定影响。且试验时所加的高电压，一方面容易发生极化反应，一方面会使溶液温度升高。这都会影响试验的最后结果。

2. 快速 Cl⁻迁移系数法（RCM 法）

当电流通过电解质溶液时，在外加电场的作用下，正离子向阴极方向迁移，负离子向阳极方向迁移，共同承担导电的作用。快速氯离子迁移系数法，又称 RCM 法，就是通过外加电场来加速 Cl⁻在混凝土中的迁移过程，结合化学分析，计算得到 Cl⁻在混凝土中非稳态迁移的扩散系数，从而确定混凝土抗氯离子渗透的性能。

我国 2004 年的《混凝土结构耐久性设计与施工指南》中首先推荐使用非稳态快速氯离子电迁移测定法，认为这一方法测试快速，且直接根据 Cl⁻侵入混凝土深度的测定值来导出扩散系数，而不是通过电量、电阻或电导的测定。目前北欧标准、欧洲 DuraCrete 的建议标准、德国的 ibac-test、瑞士标准 SIA 262-1 以及 GB/T 50082—2009 都采用了这种试验模式，但在细节上有所差异。

GB/T 50082—2009 中的规定 RCM 法所用的混凝土试件为直径 100mm、高度 50mm 的圆柱体，标准养护至 28d 或 84d。阳极溶液为 0.3mol/L 的 NaOH 溶液，阴极溶液为 10%的 NaCl 溶液。初始施加电压为 30V，记录初始电流，通过表 9-2 确定试验所需施加电压以及试验持续时间。

表 9-2   初始电流、试验电压及时间的关系

初始电流 I_0/mA	所需施加电压/V	新初始电流 I_0/mA	试验持续时间/h
$I_0<5$	60	$I_0<10$	96
$5\leqslant I_0<10$	60	$10\leqslant I_0<20$	48
$10\leqslant I_0<15$	60	$20\leqslant I_0<30$	24
$15\leqslant I_0<20$	50	$25\leqslant I_0<35$	24
$20\leqslant I_0<30$	40	$25\leqslant I_0<40$	24
$30\leqslant I_0<40$	35	$35\leqslant I_0<50$	24

续表

初始电流 I_0/mA	所需施加电压/V	新初始电流 I_0/mA	试验持续时间/h
$40 \leqslant I_0 < 60$	30	$40 \leqslant I_0 < 60$	24
$60 \leqslant I_0 < 90$	25	$50 \leqslant I_0 < 75$	24
$90 \leqslant I_0 < 120$	20	$60 \leqslant I_0 < 80$	24
$120 \leqslant I_0 < 180$	15	$60 \leqslant I_0 < 90$	24
$180 \leqslant I_0 < 360$	10	$60 \leqslant I_0 < 120$	24
$I_0 \geqslant 360$	10	$I_0 \geqslant 120$	6

通电结束后,将试件在压力机上沿轴向劈成两半,并在试件断面上喷涂 0.1mol/L 的 $AgNO_3$ 溶液显色剂,测量 Cl^- 渗透深度。根据施加电压的绝对值、阳极溶液试验时的温度平均值、试验持续时间、试件厚度和 Cl^- 渗透深度的平均值,计算出混凝土非稳态氯离子迁移系数。试验装置示意图如图 9-3 所示。

RCM 法在国内应用较多,可以直观地反映 Cl^- 在混凝土中的渗透行为。但 Cl^- 实际渗透深度的采集会受到显色剂显色效果及人为因素的影响。同时在测试抗渗性能好的混凝土试件时,其测试时间过长。

3. 饱和混凝土电导率法（NEL 法）

当有外部电场存在时,溶液中的离子将向与其所带电荷相反的方向运动,其运动规律可用 Nernst-Plank 方程描述,该方程中包含扩散、迁移、对流三部分形成的分量。清华大学路新瀛教授将混凝土看成是固体电解质,省略了 Nernst-Plank 方程中的对流和扩散部分的分量,提出了饱和混凝土电导率法,即 NEL 法。

该法在测量前先将混凝土试件充分饱盐,从而可假设氯离子的迁移数等于 1.0,并假设孔溶液中 Cl^- 的浓度与所用盐溶液的 Cl^- 浓度相同,通过试验测定其电导率,计算出 Cl^- 的扩散系数。其装置示意图如图 9-4 所示。

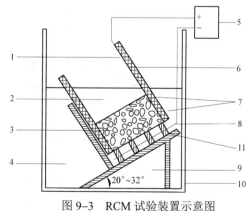

图 9-3　RCM 试验装置示意图

1—阳极板；2—阳极溶液；3—试件；4—阴极溶液；
5—直流稳压电源；6—有机硅橡胶套；7—环箍；
8—阴极板；9—支架；10—阴极试验槽；11—支撑头

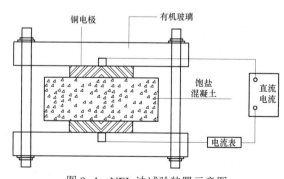

图 9-4　NEL 法试验装置示意图

NEL 法所用的试件厚度可自行确定,基于骨料粒径的考虑,一般采用厚度为 50mm 的切片，要求切片上下表面平整。将饱盐完的试件放于两电极之间，连接好线路即可测试，每个试件测试时间大约几分钟。测试结果为电导值，计算得出 Cl⁻ 的扩散系数。其分级评价标准见表 9-3。

表 9-3   NEL 法混凝土渗透性分级评价标准

Cl⁻扩散系数（×10⁻¹⁴m²/s）	混凝土渗透性等级	混凝土渗透性评价
>1000	I	很高
500～1000	II	高
100～500	III	中
50～100	IV	低
10～50	V	很低
<10	VI	极低

NEL 法操作简单，只需配制饱盐溶液，测试时间短。但其使用范围较窄，试验操作要求高，且测试数据还不够丰富。

4. Permit 法

Permit 法是一种用于测量结构混凝土的 Cl⁻ 渗透性的无损检测方法，是由英国贝尔法斯特女王大学的 Basheer 等研究者研制开发的。设备由试验主机和数据采集及控制系统两部分组成。Permit 法试验设备如图 9-5 所示。可以对混凝土构件的侧面和顶面进行测试，但要求构件表面必须平整。现场测试情况如图 9-6 所示。

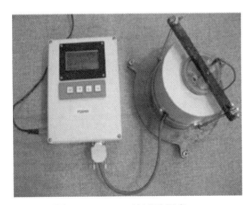 

图 9-5 Permit 法试验设备   图 9-6 现场测试情况

Permit 法的试验主机由设有铁电极的内外两个空室构成，其中内室注入 NaCl 溶液，外室注入去离子水，通过在内、外室间施加电压，内室溶液中的氯离子在外加电压的作用下穿过混凝土向外室迁移。同时外室内的电导率仪以设定的时间间隔连续测定溶液的电导率，确定离子到达外室的速率，并观察电流的变化情况。当达到稳流状态后，即电流达到最大值时，可从外室中取样来测定离子浓度。最后通过稳态流量及 Nernst-Plank 方程计算得到氯离子在混凝土中的扩散系数，进而评价混凝土的抗氯离子渗透性能。其装置原理示意图如图 9-7 所示。测试试块渗透性如图 9-8 所示。

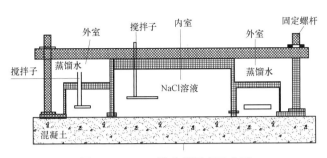

图 9-7　Permit 法装置原理示意图

图 9-8　测试试块渗透性

Permit 法原理清晰，其最大优点是，可以对混凝土结构进行现场快速无损检测。但由于测试过程中将氯离子引入了混凝土结构内部，可能会对实体结构造成深层次危害，恰与其最大优点相矛盾。同时，与 NEL 法一样，作为新兴的试验方法，测试数据还是不够丰富。

9.3　氯盐环境下混凝土中钢筋锈蚀原理、检测方法与研究现状

9.3.1　氯盐环境下的钢筋锈蚀原理

混凝土孔隙中是碱度很高的 $Ca(OH)_2$ 饱和溶液，pH 值一般在 12.5 左右，由于混凝土中还含有少量 Na_2O、K_2O 等物质，实际 pH 值可能超过 13。在这样的高碱性环境中，钢筋表面被氧化，形成一层厚仅 20~60A 的水化氧化膜 $\gamma-Fe_2O_3 \cdot nH_2O$，水化氧化膜牢固地吸附在钢筋表面，即使在有水和氧气的条件下钢筋也不会发生锈蚀，故称水化氧化膜 $\gamma-Fe_2O_3 \cdot nH_2O$ 为"钝化膜"。

由 Cl^- 进入混凝土中通常有两种途径：①　"混入"，如掺用含 Cl^- 外加剂、使用海砂、施工用水含氯盐、在含盐环境中拌制浇筑混凝土等，大都是施工管理的问题；②　"渗入"，环境中的 Cl^- 通过混凝土的宏观、微观缺陷渗入到混凝土中，并到达钢筋表面。当 Cl^- 浓度大于临界值时，便开始破坏钢筋的钝化膜，Cl^- 本身并不构成腐蚀产物，它在腐蚀过程中不消耗，仅作为促进腐蚀的中间产物，起催化作用。Cl^- 导致的钢筋锈蚀是一个很复杂的电化学过程，而且是一个不可逆的过程。钢筋表面的电位差形成了锈蚀电池的电压。根据法拉第定律，铁电离速度与电流成正比。锈蚀过程如图 9-9 所示。

（1）阳极。铁失去了电子变成铁离子，由于水溶性氯化铁（$FeCl_2 \cdot 4H_2O$）的成型，钢筋表面钝化膜发生破坏。阳极反应如下：

$$Fe \rightarrow Fe^{2+} + 2e^-$$
$$Fe^{2+} + 2Cl^- + 4H_2O \rightarrow FeCl_2 \cdot 4H_2O$$

（2）阴极。电子、水、氧转化成 OH^-。阴极反应并不引起钢筋的任何损失，相反起到保护钢筋的作用，这称为阴极保护。阴极反应式如下：

$$\frac{1}{2}O_2 + H_2O + 2e^- \rightarrow 2(OH)^-$$

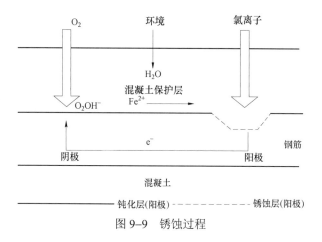

图 9-9   锈蚀过程

OH⁻向阳极方向传递带有负电荷的离子，在阳极附近，$FeCl_2 \cdot 4H_2O$ 向含氧量较高的混凝土孔溶液中迁移，分解为 $Fe(OH)_2$。根据湿度与通风条件，这些中间产物可能继续反应，生成最终的铁锈。

$$FeCl_2 \cdot 4H_2O \rightarrow Fe(OH)_2 + 2HCl + 2H_2O$$

$$Fe(OH)_2 + \frac{1}{4}O_2 + \frac{1}{2}H_2O \rightarrow Fe(OH)_3$$

9.3.2　钢筋锈蚀检测方法

检测钢筋锈蚀的方法包括破损检测方法和非破损检测方法。相对破损检测方法，非破损检测方法更有优势。一般研究混凝土钢筋锈蚀的非破损检测方法，主要分为分析法、物理检测法和电化学方法三大类。

（1）分析法。是根据现场实测的保护层厚度、钢筋直径大小、混凝土强度等级、碳化深度、氯离子侵入深度及其含量、裂缝数量及宽度等数据，运用数学模型，综合考虑构件所处的环境情况，用来推断钢筋锈蚀程度。它是一种较为快速、经济的方法，但该法只是一种定性测量方法，同时缺乏灵敏度，还带有较大主观性。

（2）物理方法。主要是通过测定钢筋锈蚀引起电磁、电阻、声波传播、热传导等物理特性的变化，用来反映钢筋锈蚀情况。用于检测钢筋混凝土结构中钢筋锈蚀的物理方法主要有电阻法、光纤传导法、涡流探测法、射线法、红外热像法和声发射法等，物理方法目前只是停留在实验室研究阶段，但它是未来研究发展的方向。

（3）电化学方法。通过测定钢筋/混凝土腐蚀体系的电化学特性来确定钢筋混凝土结构中钢筋锈蚀程度或速度。混凝土结构中钢筋锈蚀是一种电化学过程，电化学测量能够反映钢筋锈蚀的本质过程，对比物理方法或分析法，电化学方法具有测试速度快、可连续跟踪、原位测量和灵敏度高等优点，因此电化学检测方法在混凝土结构中得到了很大的重视。表 9-4 给出了常用电化学检测方法在应用情况、测量参数、干扰程度、测量速度、适用性等方面的比较。

表 9-4　　　　　　　　　　　常用电化学检测方法比较

检测方法	应用情况	干扰程度	测量速度	定性/定量	测量参数	适用性
半电池电位法	最广泛	无	快	定性	电位差	实验室现场
恒电量实验法	较少	微小	快	定量	腐蚀电流密度	实验室
交流阻抗法	一般	较小	慢	定量	腐蚀电流密度	实验室
线性极化法	广泛	小	较快	定量	腐蚀电流密度、锈蚀速率	实验室现场
电流阶跃法	一般	小	较慢	定性	腐蚀电流密度	—
电化学噪声法	较少	无	较慢	半定量	腐蚀电流密度	—

各方法简单介绍如下。

1. 半电池电位法

通常钝化膜完好、处于保护状态下钢筋的电动势，不同于处于腐蚀状态下钢筋的电动势。钢筋腐蚀是一个复杂的电化学过程，反应过程与带电离子通过混凝土内部微孔液体的运动有关。离子的同方向运动使混凝土成为电导体，测量其导电性或电阻，可以给出腐蚀电流流动的难易性。因此除了外观现象检查以外，还可以通过半电池电位及电阻的测量来评定钢筋的锈蚀性。半电池电位法是目前无损检测钢筋锈蚀状态的一种比较常用的方法。可根据现场实际情况采用单电极法或双电极电位梯度法，前者适用于钢筋端头外露的构件，后者适用于钢筋不外露的构件，其检测装置图如图 9-10 所示。

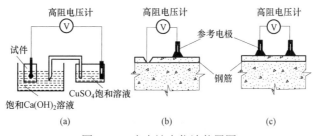

图 9-10　半电池电位法装置图
（a）实验室测量装置；（b）单电极法检测；（c）双电极法检测

混凝土中关于钢筋腐蚀状态的判别标准，一直沿用美国材料试验协会依据对盐污染钢筋混凝土桥面板上调查、检测得到的结果，制订的"混凝土中无涂层钢筋的半电池电位标准试验方法"。钢筋的电位不仅与腐蚀状态有关，还受到混凝土环境和性质等多种因素的影响。在不同的使用环境中应采用不同的电位判别标准，同时可依据钢筋混凝土构件中钢筋半电池电位的大小，定性地判别混凝土中钢筋的锈蚀状态。不同国家电位测量法判别标准见表 9-5。

表 9-5　　　　　　　　　　　电位测量法判别标准

标准	测量方法	判别标准/mV
ASTMC876	单电极法	>-200，95％腐蚀；-200~-350，50％腐蚀；<-350，5％腐蚀
印度	单电极法	>-300，95％腐蚀；-300~-450，50％腐蚀；<-450，5％腐蚀

标准	测量方法	判别标准/mV
日本	单电极法	>-300，不腐蚀；局部<-300，局部腐蚀；全部<-300，全部腐蚀
西德	双电极法	两电极相距 20cm，电位梯度为 150~200 时，低电位处腐蚀
中国	单电极法	>-250，不腐蚀；-250~-400，可能腐蚀；<-400，腐蚀
中国	双电极法	两电极相距 20cm，电位梯度为 150~200 时，低电位处腐蚀

钢筋半电池电位的测量仅仅是对钢筋锈蚀的几率判断，只是一种定性的测量，具有不确定性，因此还应结合其他相关腐蚀信息进行进一步的定性、定量判断。同时钢筋半电池电位和腐蚀速率具有一些不确定关系。钢筋半电池电位法所需设备简单廉价，操作相对简便，数据一目了然，不需要进行复杂分析；不需要对测试对象进行扰动，具有丰富的现场应用经验。但是对于不同的环境，要根据不同的判别标准来进行判断钢筋的锈蚀；且此方法只能给出定性结果，而无法确定钢筋锈蚀的严重程度。

2. 恒电量实验法

利用恒电量方法将一已知的小量电荷作为激励信号，对衰减曲线加以详细分析，求得多个电化学信息参数。这种电化学暂态检测技术施加的电讯号不仅微小，而且是瞬时的，测量的又是电位衰减变化，而电位衰减对工作电极面积大小不敏感，因此就等量的扰动而言，它可以更快、更准确地测量钢筋瞬间腐蚀速度。电极体的电化学行为可用图 9-11 所示的等效电路近似模拟。

恒电量方法测定的结果，代表钢筋腐蚀电极在给定条件下的瞬时腐蚀速度。如果测量可以连续进行，则可测定钢筋表面腐蚀状况的连续变化，所以容易制作成联机在线测量、自动报警和自动数据处理的便携式钢筋腐蚀速率仪。恒电量方法作为一种研究和评价钢筋腐蚀的方法，有着扰动小、快速、无损检测和结果定量等优点，而且通过拉普拉斯或傅立叶变换等时频变换理论，从恒电量激励下衰减信号的暂态响应曲线得到电极系统的阻抗频谱，可以实现实时在线测量，因此是一种极具应用潜力的钢筋锈蚀监测方法。恒电量方法的缺点，在于测量混凝土中钢筋锈蚀只能用在大地与钢筋没有电连接的条件下，应用范围相对受到一定限制。

3. 交流阻抗法

交流阻抗方法是对研究电极施加一个小幅交流电流电压信号，从电流电压的响应来计算电极反应参数，如电极的极化电阻、双电层电容及与扩散过程相关的参数。交流阻抗法的优点是不仅可以测定腐蚀速率，而且同时得到了其他相关的电化学信息，交流阻抗测量可以提供有关钢筋混凝土覆盖层的双电层电容、混凝土电阻、钢筋腐蚀速率及混凝土腐蚀机理等信息。交流阻抗测量已成为实验室研究钢筋混凝土锈蚀的常用方法，由于钢筋混凝土中的钢筋锈蚀常常是氯离子引起的点锈蚀，局部电化学阻抗谱特别适合在实验室测定局部腐蚀，具有更高的敏感性。交流阻抗谱法测量混凝土结构钢筋锈蚀的等效电路如图 9-12 所示。图中 R_c 为混凝土电阻；R_f 为混凝土中钢筋表面钝化膜电阻；C_f 为混凝土中钢筋表面钝化膜电容；C_d 为双电层电容；Z_d 为扩散阻抗即 Warburg 阻抗。

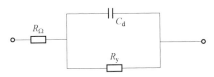

图 9-11　简单电极体系的等效电路　　　　图 9-12　交流阻抗法的等效电路

根据图 9-12 的交流阻抗谱法测钢筋锈蚀的等效电路,可以得出试件的 Nyquist 图,如图 9-13 所示。

交流阻抗法能给出腐蚀机制的有关信息,并能定量得出腐蚀速率,但为了获得准确的信息,测量的频率范围需要较大,特别是对于钢筋混凝土系统中钢筋锈蚀速率的测定,其低频区的信息反映锈蚀反应的电化学极化过程。交流阻抗谱法也存在一些缺点:试验时间较长,需要反复激励待测系统,使系统发生偏移,常常导致误差增大;而且测量仪器相对比较复杂、昂贵,另外操作时间冗长,不适合现场使用;难以确定受到外加信号的钢筋表面积,数据处理困难。上述缺点的存在限制了交流阻抗谱法在现场快速测量中的应用。

4. 线性极化法

根据腐蚀电化学理论,在 1957 年,Stern 和 Geary 提出检测钢筋腐蚀速率的线性极化法,该方法操作简便、价格相对廉价、测量速度快,而且结果容易处理,适合现场和实验室使用。此法主要基于公式,对被测钢筋外加一个恒定电位,保证扰动信号足够小从而使电压与电流之间满足线性关系。

线性极化法能给出可靠的锈蚀速率值,但是难以确定受到外加信号的钢筋表面积,需要用交流方法对其进行补偿。线性极化方法的检测装置如图 9-14 所示。

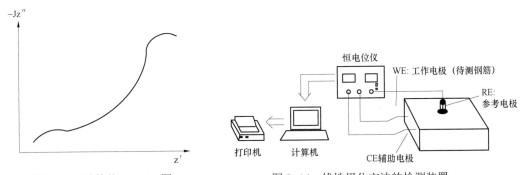

图 9-13　试件的 Nyquist 图　　　　图 9-14　线性极化方法的检测装置

根据腐蚀电化学理论,在极化曲线的微极化区,极化电流与过电位成正比,如下式所示:

$$I/\eta = 2.303 i_{corr}(\beta_a + \beta_c)/(\beta_a \beta_c) = 1/R_p$$

即

$$i_{corr} = \beta_a \beta_c/[2.303(\beta_a + \beta_c)R_p] = B/R_p$$

式中　I——极化电流;

i_{corr}——腐蚀电流密度;

η——过电位;

β_a、β_c——阳极和阴极过程的 Tafel 常数；

R_p——极化电阻；

B——常数，$B = \beta_a \beta_c / [2.303(\beta_a + \beta_c)]$。

测得极化电阻 R_p 后，只要知道 B 值就可以计算出腐蚀电流的 i_{corr}。混凝土中钢筋的 B 值准确测量很困难，通常近似取钢筋在氢氧化钙溶液中的 B 值。大多数系统的 B 值在 13～52mV。Andrade 和 Gonzalez 发现，埋在混凝土中的钢筋处于活态（锈蚀）时，B 为 26mV；而处于钝态时，B 为 52mV。

关于线性条件，对于混凝土施加的电位阶跃范围是 20～30mV。在某些环境中，即使施加的电位阶跃范围高达 100mV，也能保持这种线性关系。正是因为这个条件，极化电阻法又称为线性极化法。

要达到稳态响应常需要足够长的时间，或者在动态测量中采取适当的扫描速度。对于混凝土，等待时间为 30～100s 或扫描速度为 2.5～10mV/min，均可给出与质量损失结果相近的结果。锈蚀速度愈低，所需的等待时间就愈长，或所需的扫描速度就愈低。

5. 电流阶跃法

电流阶跃法通过分析钢筋混凝土中的钢筋在阶跃电流信号作用下的电压响应，来确定钢筋的锈蚀状态。在分析电流阶跃法测量结果时，常采用多重串联阻容单元来拟合所得测量结果。电流阶跃法是在时域中进行测量的暂态方法，其所得结果经过适当变换，可以转移到频域中进行处理，在与钢筋锈蚀状态有关的中低频区，这种转换不会引起大的误差。这样，就在钢筋锈蚀状态的时域与频域分析间建立了联系。在时域中可以确定钢筋锈蚀速率，而在频域中可以研究钢筋锈蚀机理，确定点蚀程度。即利用时域和频域分析方法对电流阶跃法测量结果进行分析，可以较准确地确定混凝土内钢筋的极化电阻和钢筋表面不均匀系数，从而可以确定钢筋的锈蚀速率和点蚀危险性。电流阶跃法能迅速给出腐蚀机制的有关信息，能在短时间内给出混凝土溶液的电阻，是一种新技术具有很大的发展潜力，但设备复杂、昂贵，难以确定受到外加信号的钢筋表面积，数据处理困难。

6. 恒电流脉冲技术

恒电流脉冲技术是将一个小的阳极电流（如 0.1mA）脉冲从一只小的辅助电极（如不锈钢）施加于钢筋（工作电极）上。由于钢筋混凝土界面具有极化电阻和双电层电容，因此用一台示波仪与微机即可便捷、准确、可靠、连续地获得关于混凝土中钢筋锈蚀情况的一些瞬时定量信息。虽然这种检测技术起步较晚，但由于施加的电信号不仅微小，而且瞬时，测量的又是电位变化（对工作电极面积大小不太敏感），因此要比极化电阻法更快、更准确地测量钢筋瞬时锈蚀速率，评价混凝土中钢筋的腐蚀状况。但用恒电流脉冲方法测量混凝土中钢筋的腐蚀性，只能用在钢筋与大地不能有电连接的条件下，且对于锈蚀速度很低的钝态钢筋，由于它的阳极极化率高，对电化学扰动较敏感，因此很难测量准确。

综上所述，自然电位法测量精度不够精确，只能定性说明钢筋的锈蚀情况，不能确定锈蚀变化；交流阻抗法测量时间长，所需仪器昂贵，且测量结果与结构实际尺寸有关，目前该法多应用于实验室研究使用；恒电量法虽然理论上有很大的可行性，能够测出较精确的腐蚀速率，但目前该方法尚处于研究中，有待于进一步开发；其他方法目前均处于研究试验中，其效果尚有待观察；比较而言，线性极化法具有明显的优势，测量准确，精度较高，且速度较快，对于实验室内已知钢筋面积的锈蚀测量更是具有优势，且现在国外已有研究机构对其欧姆压降损失进行了研究，并对其进行了人工补偿。

9.3.3　氯盐环境下混凝土结构钢筋锈蚀的研究现状

施惠生[2-14]研究了氯离子含量对混凝土中钢筋锈蚀的影响，讨论了氯离子加速钢筋锈蚀速率的机理和出现稳定锈蚀期的原因。王胜先等研究了在氯盐环境下新型阻锈剂对钢筋混凝土阻锈作用的影响，发现新型阻锈剂可以有效抑制钢筋锈蚀[2-15]。谢燕等[2-16]研究了内掺氯离子对钢筋锈蚀的影响及不同材料对氯离子的固化作用，发现有效铝酸盐含量高的水泥及矿渣、粉煤灰的加入均能提高对 Cl^- 的固化能力，有效降低钢筋锈蚀的危害。何世钦对氯离子侵蚀混凝土的影响因素进行了试验分析。Scotta[2-17]给出了混凝土水饱和度对 Cl^- 扩散过程影响的函数关系。Amey[2-18]建立了混凝土氯离子扩散系数与温度的关系。Basheer[2-19]等研究了海洋环境下钢筋锈蚀发展的过程，建立了锈胀开裂时间与混凝土胀裂时钢筋锈蚀量的经验计算式。

对于混凝土结构中钢筋锈蚀量预测模型的研究可以分为理论模型和经验模型两大类。在理论模型方面有，Bazant 基于锈蚀反应物质质量守恒定律、Fick 第一扩散定律以及静电化学反应方程针对海洋环境混凝土结构推出了计算钢筋锈蚀量物理模型[2-20]；在钢筋锈蚀过程中考虑扩散浓差极化与 OH^- 扩散浓差极化的刘西拉模型[2-21]；牛荻涛、王林科、王庆霖等人基于电化学理论建立的混凝土保护层开裂前后钢筋锈蚀量的牛荻涛预测模型[2-22]等。在经验模型研究方面，国外的 Morinaga 通过快速锈蚀实验，在考虑氧气浓度、氯离子含量、环境温湿度等参数变化的情况下，建立了因氯盐侵蚀与碳化引起的钢筋锈蚀速率计算经验公式[2-23]；国内的邸小坛等通过实际结构的耐久性调查资料和现场长期暴露实验，提出了以混凝土抗压强度等级、保护层厚度及钢筋直径为主要参数，并根据养护条件、混凝土成分组成和外界环境加以修正的钢筋截面损失率预测公式[2-24]。

对于荷载作用下混凝土结构钢筋锈蚀的研究成果主要包括：方永浩[2-25]对持续压荷载作用下混凝土的渗透性进行了实验研究，结果表明压荷载的存在会影响混凝土的渗透性能。易伟健[2-26]进行大量实验表明，由于持续荷载的作用，发生钢筋锈蚀的混凝土梁的承载力明显降低。金伟良等[2-27]研究了海洋侵蚀环境作用下混凝土梁的抗弯性能，提出了锈蚀混凝土梁的弯曲破坏失效机理。何世钦等[2-28]研究了有无荷载作用下锈蚀梁和参考梁的对比试验，结果表明荷载对钢筋锈蚀有明显影响，荷载作用能够加速梁中钢筋锈蚀，从而使梁的挠度增大，剩余承载力减小。孙富学等通过试验分别研究不同荷载工况（无荷载、承受拉应力、承受压应力）条件下氯离子的扩散特性[2-29]。孙伟等详细研究了混凝土在弯曲荷载—冻融、弯曲荷载—氯盐、弯曲荷载—复合盐、弯曲荷载—盐湖卤水反应下，混凝土的损伤过程以及氯离子在混凝土中的扩散行为[2-30]；并研究了冻融循环与荷载双因素作用、硫酸盐侵蚀与荷载协同作用下的损伤机理[2-31]。惠云玲[2-32]和冷发光[2-33]先后研究了荷载作用下由氯离子侵蚀引起的混凝土中钢筋锈蚀。Yoon[2-34]等对荷载和钢筋锈蚀之间的相互作用以及两者共同对结构寿命的影响进行了研究，结果表明荷载水平和加载时间是决定钢筋开始锈蚀时间和锈蚀过程的重要因素。Goitseone Malumbela[2-35]通过试验研究发现，钢筋锈蚀水平决定了持续荷载作用下的梁的纵向应变、挠度和梁实际承载力。Vidal[2-36]

等对长期处于荷载和氯盐环境下的钢筋混凝土梁的锈蚀过程和结构性能进行了研究,结果表明临界氯离子浓度可以作为钢筋开始锈蚀的预测标准,同时钢筋和混凝土间的黏结性能也是一个决定因素。Andrade 等采用加速腐蚀的办法,研究了钢筋间距、钢筋搭接与腐蚀引起的裂缝宽度、承载力之间的关系[2-37]。Weyers R.E 等研究了弯曲荷载引起的裂缝对氯离子扩散性能的影响[2-38]。Legeron[2-39]研究发现在疲劳荷载作用下,钢筋锈蚀程度是影响钢筋混凝土压弯构件延性的重要因素,延性随锈蚀程度的增加而降低。Francois[2-40]研究了钢筋混凝土梁在荷载作用下混凝土中氯离子渗透性以及对混凝土中钢筋锈蚀的影响,结果表明反复荷载作用不仅降低混凝土结构的力学性能,而且大幅度降低了抗氯离子侵蚀性能。

与地上混凝土结构不同,地下混凝土结构的工作环境要复杂得多,土壤和地下水环境常常对地下结构造成严重侵蚀。1998 年,Janotka 等研究了矿物掺合料对硫酸盐环境中水泥基材料耐久性的影响[2-41];2000 年,Brown 对美国南加利福尼亚长期遭受地下水侵蚀的建筑物基础进行了检测,阐述并分析了地下水对混凝土的侵蚀产物、分布情况及形成机理[2-42];2003 年,Maher 对该地区滨海土壤中混凝土结构进行的研究表明,水胶比、水泥用量、养护时间及外加剂对混凝土抵抗氯离子渗透和硫酸盐侵蚀有重要意义[2-43]。1994 年,Hironaga 提出了通过地下混凝土结构的水渗性等级来确定耐久性的评价模式[2-44];马孝轩等人[2-45]通过对长期埋置于地下的混凝土构件进行了试验分析,研究了不同类型土壤对混凝土材料的腐蚀性规律;2010 年,潘洪科等研究了地下工程混凝土衬砌结构的耐久性,并建立了相应的寿命预测模型[2-46]。

9.4　现状与不足

混凝土的耐久性早已成为了现代学者十分重视的问题,长期以来进行了大量的研究并取得了丰硕的成果。但是存在以下不足。

(1)目前对混凝土耐久性的研究往往是在氯盐或硫酸盐这些单一环境下进行的,考虑荷载作用的研究不充分,而实际工程中的混凝土结构都是在一定荷载作用下工作的,因此一些研究成果并不能合理反应混凝土结构所处的真实状态。目前对氯盐和荷载共同作用下、硫酸盐和荷载共同作用下钢筋锈蚀的研究相对较少。

(2)在现有的钢筋混凝土结构耐久性研究中,多数学者都分别对氯离子电通量和钢筋锈蚀速率进行了研究,但对两者之间的相关性研究并不充分。

(3)地下结构中的地铁工程不同于其他工程,一般都会受到疲劳荷载影响,但目前国内外对硫酸盐、氯盐与疲劳荷载共同作用下的钢筋锈蚀研究并不充分,没有得出在疲劳荷载和侵蚀性盐溶液共同作用下的钢筋锈蚀规律。

(4)在渗透性测试方法方面,目前已有一些测试混凝土氯离子渗透性的试验方法,但各种方法又都存在不同程度的缺陷。关于改善渗透性的方法,有研究者认为大量使用矿物掺合料可显著改善混凝土的氯离子渗透性,但也有学者持不同意见,这说明矿物掺合料对混凝土渗透性的影响研究还不统一。

(5)由于地下结构所处环境复杂,难以观测,因此与地上结构相比,对地下环境影响混凝土渗透性的研究还不充分。

另外,数值模拟钢筋混凝土的侵蚀多尺度本构关系、微结构变化等方面也存在不足,值得今后深入研究。

第10章

氯离子在混凝土中的渗透性研究

本章采用混凝土电通量法和 RCM 法（GB/T 50082—2009 中推荐的两种方法）对不同情况下混凝土的渗透性能进行研究。

10.1 氯离子渗透性试验

10.1.1 试验原材料

水泥：P.O 42.5 水泥，密度 3100kg/m³。

粉煤灰：符合国标 GB/T 1506—2005 的 F 类 I 级粉煤灰，比重 2300kg/m³。

矿渣粉：符合国标 GB/T 18046—2000 的 S95 级矿渣粉，比重 2500kg/m³，比表面积为 443m²/kg。

细骨料：中砂，II 区级配，密度 2650kg/m³，细度模数 2.8。

粗骨料：花岗岩碎石，II 类，5～30mm 连续粒级。

外加剂：采用聚羧酸减水剂，减水率大于 20%；磺酸盐引气剂。

10.1.2 试验配合比

由于矿物掺合料对提高混凝土渗透性有积极作用，故本章不再制备未加掺合料的基准组。通过调整砂率及减水剂的掺量，使混凝土拌和物的坍落度满足 160～200mm，扩展度达到 400mm 以上；通过调整引气剂的掺量，使混凝土拌和物的含气量满足 4%～5%。混凝土坍落度和含气量试验均按照 GB/T 50080—2016《普通混凝土拌合物性能试验方法标准》中的试验规程进行。最终试验配合比见表 10-1。

表 10-1   混 凝 土 试 验 配 合 比   kg/m³

编号	水胶比	水泥	水	砂	石	矿渣	粉煤灰	减水剂	引气剂
A-1	0.42	298	150	650	1200	0	53	2.0	0.10
A-2	0.42	245	150	650	1200	0	106	2.0	0.10

编号	水胶比	水泥	水	砂	石	矿渣	粉煤灰	减水剂	引气剂
A-3	0.42	245	150	650	1200	106	0	2.0	0.10
B-1	0.38	340	152	650	1170	0	60	2.2	0.12
B-2	0.38	280	152	650	1170	0	120	2.2	0.12
B-3	0.38	280	152	650	1170	120	0	2.2	0.12
C-1	0.32	383	144	620	1140	0	67	2.4	0.14
C-2	0.32	315	144	620	1140	0	135	2.4	0.14
C-3	0.32	315	144	620	1140	135	0	2.4	0.14
D-1	0.28	425	140	600	1110	0	75	2.8	0.16
D-2	0.28	350	140	600	1110	0	150	2.7	0.15
D-3	0.28	350	140	600	1110	150	0	2.7	0.15

10.1.3 试验方法

1. 试块制作

制作 150mm×150mm×150mm 的混凝土立方体试块。在养护室中养护至 28d，进行强度试验，试验按照《普通混凝土力学性能试验方法》（GB/T 50081—2002）中的强度试验规程进行。强度试验结果见表 10-2，表明各组试块均达到了设计强度。继续养护至 90d 龄期，对混凝土相关性能进行测试。

表 10-2 　　　　　　　　　　混 凝 土 28d 强 度

编号	强度/MPa	编号	强度/MPa
A-1	29.2	C-1	49.8
A-2	31.5	C-2	52.6
A-3	31.3	C-3	52.9
B-1	39.6	D-1	59.7
B-2	40.1	D-2	61.6
B-3	39.8	D-3	61.3

2. 测试过程

（1）混凝土电通量法。试验龄期前将试块取芯、切割，去掉表面的浮浆层，并将端面打磨光滑，制成 ϕ100mm×50mm 的试件。对试件进行真空保水处理。试验时，先将试件侧面进行蜡封，并填补缺口，之后将试件装入试验装置，正极试验槽中注入 0.3mol/L 的 NaOH 溶液，负极试验槽中注入质量浓度为 3% 的 NaCl 溶液，用导线将试验槽与试验仪器连接。在试件两端施加 60V 的直流电压。记录电流，计算出通电 6h 通过试件的总电流即为试件的电通量。试件成型过程如图 10-1 所示。电通量法试验过程如图 10-2 所示。

(a)　　　　　　　　　　(b)

(c)　　　　　　　　　　(d)

图 10-1　试件加工过程

（a）取芯；（b）取出的圆柱体试块；（c）切割；（d）成型的试件

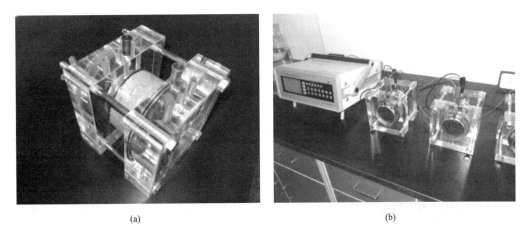

(a)　　　　　　　　　　(b)

图 10-2　电通量法试验过程

（a）试件安装；（b）仪器连接

（2）RCM 法。试验前 7d 将试块取出进行取芯、切割，去掉表面的浮浆层，并将端面打磨光滑，制成 $\phi100mm\times50mm$ 的试件，继续养护至试验龄期。使用真空保盐设备对试件进行真空保盐，盐溶液采用饱和 NaOH 溶液。之后将试件装入试验装置，阳极溶液为 0.3mol/L 的 NaOH 溶液，阴极溶液为质量浓度 10% 的 NaCl 溶液。准备好后，打开电源，施加电压。初始电压为 30V，仪器会根据初始电流自动调整电压，确定试验持续时间。通电结束后，将试件在压力机上沿轴向劈成两半，并在试件断面上喷涂 0.1mol/L 的 $AgNO_3$ 溶液显色剂，分段测量氯离子渗透深度并取平均值。RCM 法试验过程如图 10-3 所示。

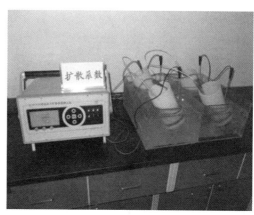

（a）　　　　　　　　　　　　　　　　　　（b）

图 10-3　RCM 法试验过程

（a）试件安装；（b）仪器连接

根据施加电压的绝对值、阳极溶液试验时的温度平均值、试验持续时间、试件厚度和氯离子渗透深度的平均值，通过下式计算出非稳态氯离子扩散系数。

$$D_{RCM} = \frac{0.0239\times(273+T)L}{(U-2)t}\left(X_d - 0.0238\sqrt{\frac{(273+T)LX_d}{U-2}}\right)$$

式中　D_{RCM}——混凝土氯离子扩散系数；

　　　　U——施加电压的绝对值，V；

　　　　T——试验过程中阳极溶液的温度平均值，℃；

　　　　L——试件厚度，mm；

　　　　X_d——氯离子渗透深度的平均值，mm；

　　　　t——试验持续时间，h。

10.1.4　试验结果及分析

1. 混凝土配合比对渗透性的影响

90d 龄期混凝土的渗透性试验结果如图 10-4 所示。由图 10-4 可知如下。

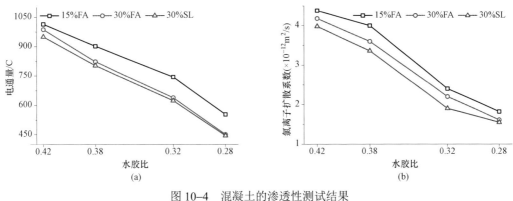

图 10-4　混凝土的渗透性测试结果
（a）电通量试验结果；（b）RCM 试验结果

（1）水胶比的影响。

当混凝土的水胶比从 0.42 减小到 0.28 的过程中，混凝土的电通量和氯离子扩散系数均随之减小。并且对于三种不同的胶凝材料组成，其变化规律相同。这说明水胶比是影响混凝土抗渗性的重要因素，水胶比越小，可以使硬化混凝土界面过渡区孔隙率下降，使混凝土更加密实，其抗渗性能就越好。另外从 RCM 的测试结果看，当水胶比从 0.38 减小到 0.32 时，其氯离子扩散系数迅速减小，而在 0.42～0.38 及 0.32～0.28 的过程中，变化幅度相对较小。这说明在 0.38～0.32 的区间内减小混凝土水胶比，能大幅增加混凝土的抗渗性能。然而，水胶比过大可能会造成混凝土拌和物的黏聚性和保水性不良，水胶比过小又可能会使拌和物流动性过低，这都会影响混凝土密实成型以及硬化混凝土的渗透性。

（2）胶凝材料种类和掺量的影响。

总体看来，不论是电通量法还是 RCM 法都显示，在一定范围内，矿物掺合料占胶凝材料比重越大的混凝土抗渗性能越好。当粉煤灰的掺量从 15% 增加到 30% 时，电通量和氯离子扩散系数都有所降低，并且电通量的降低程度更大一些。这是由于粉煤灰在 60d 后可以产生二次水化作用，其微珠状形态具有增大混凝土的流动性、减少泌水、改善和易性及减水作用，其微细颗粒均匀分布在水泥浆中，可填充孔隙、改善混凝土的孔结构，另外粉煤灰中的铁相也有助于降低氯离子的扩散速度。

通过掺加 30% 粉煤灰和 30% 矿渣的测试结果可以看出，矿渣组的电通量和扩散系数要略小一些，这是由于矿渣比粉煤灰的活性高，可以更加有效地降低混凝土的孔隙率，提高混凝土的抗渗性。但是粉煤灰的后期活性较高，所以对于 90d 龄期的混凝土试件来说，其与矿渣粉作用效果的差别并不明显。另外可以看到，对于水胶比为 0.28 的混凝土来说，粉煤灰组和矿渣组的电通量和扩散系数几乎没有差别，说明改变矿物掺合料的种类对低水胶比的混凝土抗渗性能的影响很小。

2. 电通量和氯离子扩散系数的关系

从图 10-4 可以看出，电通量和氯离子扩散系数在变化趋势上基本一致，均可很好反映混凝土的氯离子渗透性能。为了验证二者的相关性及方便以后的分析，对电通量和氯离子扩散

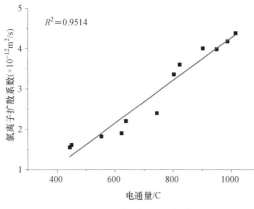

图 10-5　电通量和氯离子扩散系数的关系

系数的结果进行相关性分析，回归分析结果如图 10-5 所示。

回归方程为：

$$y = 0.0053x - 1.023$$

可见，电通量和氯离子扩散系数二者呈线性正相关关系，相关系数的平方为 0.9514，相关性较高。这说明采用混凝土电通量法和 RCM 法对混凝土的氯离子渗透性能进行评价，其结果具有较高的一致性，可以根据条件和需要对二者进行选择。

10.2　混凝土渗透性与孔结构关系的研究

混凝土的物理性质、宏观力学性能、抗冻性、抗渗性等，都会受到孔结构的影响。为了实现不同的研究目的，可采用不同的方法对孔结构参数进行研究。

表征孔结构的参数主要包括孔隙率、孔径分布（孔级配）、孔几何学（孔的形貌和空间排列）。这些参数指标的测试与评价是进行混凝土微观孔结构研究的重要内容。将混凝土的微观孔结构与混凝土的渗透性结合起来进行研究，对揭示混凝土渗透性与孔结构的关系有重要意义。

目前研究混凝土孔结构常规测试方法是压汞法（MIP），但是该法存在着一定的局限性，例如压汞法所用试样在测孔前需要进行干燥，而干燥有可能使孔结构发生不可逆的变化，同时，高压也可能破坏材料的结构；另外压汞法所用的试样为 3～5mm 的颗粒，这种小颗粒在反映整个混凝土的孔结构方面说服力明显不足。因此本章将采用光学的方法，利用 MIC-840-01 型硬化混凝土气泡特征参数测定仪测试不同配合比、不同龄期、不同养护条件的混凝土的孔隙率，并研究孔结构测试结果与混凝土的电通量和氯离子扩散系数的关系。

10.2.1　硬化混凝土气泡特征参数测定试验方法

试件制备及测试方法见 2.2.1 节所示。

10.2.2　试验原材料及配比

分别见 10.1.1 节和 10.1.2 节所示。

10.2.3　试验结果及分析

1. 渗透性试验结果

采用混凝土电通量和氯离子扩散系数表征混凝土的渗透性，试验方法如前所述。混凝土渗透性的试验结果见表 10-3。

表 10-3　　　　　　　　　　　混凝土渗透性试验结果

编号	龄期及养护条件	电通量/C	氯离子扩散系数（×10⁻¹²m²/s）
A-1	标准条件养护 90d	1022	4.4
A-2		986	4.2
A-3		962	4
B-1		902	4
B-2		830	3.6
B-3		813	3.4
C-1		746	2.4
C-2		640	2.2
C-3		628	2
A-1	硫酸镁溶液浸泡 240d	1152	6.1
A-2		1086	4.8
A-3		980	4.6
B-1		940	5.5
B-2		912	3.8
B-3		901	3.6
C-1		830	3.1
C-2		822	2.5
C-3		820	2.1
A-1	室外环境 240d	1000	4.3
A-2		931	4.1
A-3		874	4
B-1		826	3.9
B-2		794	3.5
B-3		760	3.4
C-1		736	2.2
C-2		686	2.3
C-3		618	2

2. 孔结构试验结果

以硬化混凝土气泡特征参数测定仪测得的混凝土气泡特征参数作为孔结构的研究依据，其试验结果如表 10-4 所示。

表 10-4　　　　　　　　　　　混凝土气泡特征参数

编号	龄期及养护条件	含气量（%）	气泡数/（个/36cm²）	气泡间隔系数/μm	平均气泡直径/μm
A-1	标准条件养护 90d	1.7	1558	360.5	190.6
A-2		1.0	1015	431.5	170.2
A-3		0.9	1703	328.5	160.4

编号	龄期及养护条件	含气量（%）	气泡数/（个/36cm²）	气泡间隔系数/μm	平均气泡直径/μm
B-1		1.4	2118	313.0	148.2
B-2		0.75	970	442.0	134.3
B-3	标准条件养护90d	1.7	1956	329.6	130
C-1		2.2	2104	330.0	124.4
C-2		0.61	918	451.5	120.8
C-3		0.98	2036	314.9	97.2
A-1		2.44	1903	332.9	224.9
A-2		1.28	1165	384.7	184.7
A-3		0.92	1672	332.5	161.7
B-1		1.8	1260	396.8	153.8
B-2	硫酸镁溶液浸泡240d	1.0	1452	368.1	137.2
B-3		1.92	2404	294.5	130.4
C-1		2.2	1962	341.8	126.3
C-2		0.81	1450	368.2	121.2
C-3		0.95	2072	296.7	102.4
A-1		1.56	970	454.5	186.5
A-2		1.14	864	412.8	165.1
A-3		1.04	1887	315.0	154.4
B-1		0.88	2545	275.3	145.2
B-2	室外环境240d	0.61	1032	396.4	130.5
B-3		1.2	1776	336.8	127.3
C-1		1.7	1926	339.3	123.7
C-2		0.98	904	402.6	111
C-3		0.85	1865	350.1	94.3

3. 渗透性与孔结构的关系

　　分别以各气泡特征参数为横坐标，以电通量和氯离子扩散系数为纵坐标，绘制散点图，并进行回归分析，结果如图10-6～图10-9所示。

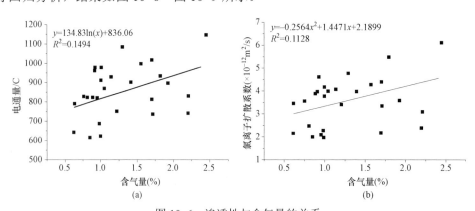

图10-6　渗透性与含气量的关系

（a）电通量与空气量的关系；（b）氯离子扩散系数与空气量的关系

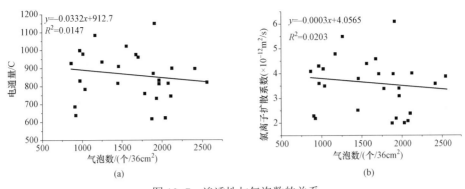

图 10-7　渗透性与气泡数的关系
（a）电通量与气泡数的关系；（b）氯离子扩散系数与气泡数的关系

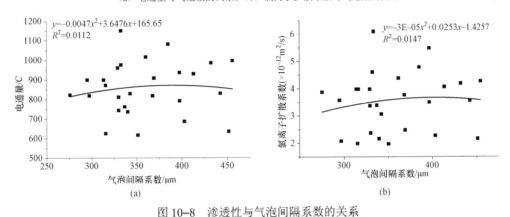

图 10-8　渗透性与气泡间隔系数的关系
（a）电通量与气泡间隔系数的关系；（b）氯离子扩散系数与气泡间隔系数的关系

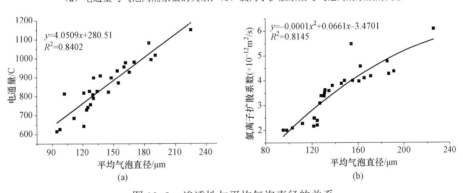

图 10-9　渗透性与平均气泡直径的关系
（a）电通量与平均气泡直径的关系；（b）氯离子扩散系数与平均气泡直径的关系

　　通过观察混凝土渗透性与各气泡特征参数的关系可以看出，混凝土电通量与含气量、气泡数、气泡间隔系数、平均气泡直径的相关系数 R^2 分别为 0.1494、0.0147、0.0112、0.8402；氯离子扩散系数与含气量、气泡数、气泡间隔系数、平均气泡直径的相关系数 R^2 分别为 0.1128、0.0203、0.0147、0.8145。

　　很明显，电通量和氯离子扩散系数与混凝土含气量、气泡数、气泡间隔系数的相关性非常差，几乎可以说它们之间不存在相关关系。一方面是由于这三个参数对于混凝土渗透性的描述具有不确定性，如气泡数多，这些气泡可能是联通孔，使渗透性变差；也可能是封闭孔，可以提高渗透性。另一方面，这和孔结构的试验方法有一定的关系，该方法只对圆形度大于设定值的孔进行识别。与此相反，电通量和氯离子扩散系数与平均气泡直径的相关系数 R^2 分别为 0.8402 和 0.8145，相关性较高。说明混凝土电通量和氯离子扩散系数随平均气泡直径的增大而增大，即混凝土中平均气泡直径越大，其抗渗能力越差。

电通量和氯离子扩散系数与平均气泡直径的回归公式分别如下。电通量与平均气泡直径为线性关系，公式形式相对简单。

$$y = 4.0509x + 280.51$$

$$y = -0.0001x^2 + 0.0661x - 3.4701$$

可以看出，电通量与平均气泡直径的相关系数 R^2 均大于氯离子扩散系数与气泡特征参数的相关系数 R^2，说明其相关性相对较高。

第 11 章
硫酸盐在混凝土中的渗透性研究

影响地下混凝土结构耐久性的因素包括：土壤和地下水的侵蚀、地下结构中侵蚀性气体的影响以及地下混凝土结构的受力情况等。本章以北京市地下环境为例，根据对北京市土壤与地下水情况的调研，北京市地下环境中 Mg^{2+}、SO_4^{2-}、Cl^- 的含量较高，这三种离子对混凝土结构均有不利影响，其中的 Mg^{2+}、SO_4^{2-} 能直接对混凝土部分产生破坏作用。但是实验室研究中若将混凝土试样直接埋在土壤或添加了 Mg^{2+}、SO_4^{2-} 土壤模拟物中，存在一些问题，如在长期的试验过程中，对于土中离子的含量难以测试和调整；而且所用土壤模拟物与实际工作土壤还是有一定区别的。所以本章决定用溶液环境对其进行模拟，这样可以解决土壤环境模拟的问题，同时还具有两个优点：① 溶液中的离子存在更加均匀，不会由于试块的放置位置造成浓度差别；② 侵蚀速度更快，有利于减少浸泡时间。另外服役中的混凝土结构也会出现浸泡于地下水中的情况。故决定用含一定量 Mg^{2+}、SO_4^{2-} 的水溶液模拟地下侵蚀环境。有文献表明，在质量浓度为 5%的 $MgSO_4$ 溶液中混凝土的侵蚀速度最快，故最终决定将混凝土试块置于 5%的 $MgSO_4$ 溶液中进行浸泡以此来加速模拟地下环境侵蚀。

考察硫酸盐对混凝土侵蚀作用的评价指标，主要包括表面观察、强度对比、混凝土膨胀量、相对动弹模量等。硫酸盐对混凝土渗透性的研究一般采用水渗法。

考虑到离子侵入混凝土并在其内部进行传输扩散的过程一般符合菲克第二定律，故本章将参考氯离子渗透性的测试方法对硫酸盐侵蚀下的混凝土进行渗透性测试，探寻上述方法研究混凝土抗硫酸盐渗透性的可行性。

11.1 试验方案设计

11.1.1 试验方案

混凝土试块的浸泡方式有干湿循环和长期浸泡两种，由于大部分地下混凝土结构服役期间长期处于土壤及地下水的环境当中，且有研究[2-46]表明实验室条件下两种测试方法的结果差别不大，故决定采用混凝土在 5%的 $MgSO_4$ 溶液中长期浸泡的方式。

已有研究[2-47]认为，混凝土在硫酸盐环境下开始发生明显变化的时间是在 5%的 $MgSO_4$

溶液中浸泡 150～200d，之后变化逐渐加剧，因此确定在浸泡 150d 时对混凝土开始进行测试分析。

11.1.2　试验配合比

水胶比在 0.32～0.42，试验配合比见表 11-1。

表 11-1　　　　　　　　　混 凝 土 试 验 配 合 比　　　　　　　　　kg/m³

编号	水胶比	水泥	水	砂	石	矿渣	粉煤灰	减水剂	引气剂
A-1	0.42	298	150	650	1200	0	53	2.0	0.10
A-2	0.42	245	150	650	1200	0	106	2.0	0.10
A-3	0.42	245	150	650	1200	106	0	2.0	0.10
B-1	0.38	340	152	650	1170	0	60	2.2	0.12
B-2	0.38	280	152	650	1170	0	120	2.2	0.12
B-3	0.38	280	152	650	1170	120	0	2.2	0.12
C-1	0.32	383	144	620	1140	0	67	2.4	0.14
C-2	0.32	315	144	620	1140	0	135	2.4	0.14
C-3	0.32	315	144	620	1140	135	0	2.4	0.14

11.1.3　试验材料

试验中所用原材料及性质见 10.1.1 节相关内容。使用以上原材料，根据表 11-1 的试验配合比，制作 150mm×150mm×150mm 的标准混凝土立方体试块。

11.1.4　试验方法

1. 建立浸泡环境

（1）制作混凝土水槽若干，每个水槽的长宽高分别为 1000mm、1000mm、350mm，配合比与混凝土试块相同。水槽制作情况如图 11-1 所示。

（2）配置质量浓度为 5%的 $MgSO_4$ 溶液，分别注入不同的水槽当中。定期更换水槽中的溶液，保持溶液中盐浓度。

2. 测试方法与过程

（1）标准养护条件下，测试混凝土 28d 强度和 90d 电通量与 RCM 值，测试初始状态的抗氯离子渗透能力。

（2）将不同配合比的试块分为两组，一组置于室外正常环境作为对比组；一组置于硫酸镁溶液中作为实验组。

（3）混凝土试块在溶液中浸泡 150d、即龄期达到 240d 时取出。观察对比组和硫酸镁浸泡实验组试块的表观形貌，对两组试块进行抗压强度试验、混凝土电通量试验和氯离子扩散系数试验。

（4）混凝土试块在溶液中浸泡 300d 后、即龄期达到 390d 时取出。再次观察对比组和硫酸镁实验组试块的表观形貌，对两组试块进行抗压强度试验、混凝土电通量试验和氯离子扩散系数试验。

(a)　　　　　　　　　　　　　　　　　　(b)

(c)

图 11-1　混凝土水槽制作过程
（a）模板；（b）成型；（c）完成

11.2　试验结果及分析

11.2.1　表观形貌

观察各组试块的表观形貌，以 A-2 组为例进行说明，图 11-2 所示为该组在各种情况下拍摄的照片。

通过对实验组和对比组的观察可以看到，对于未浸泡的试块，其外观形貌正常。对于浸泡了 150d 的试块，没有出现明显变化，仔细观察可以看到，两个棱角边上出现了细微的白色线纹。对于浸泡了 300d 的试块，整个试块表面看起来酥松、多孔，试块表面出现了明显的"白霜"，表面有盐类析出，试件的一个棱角被侵蚀掉一块，并被"白霜"覆盖。

Page

(c)

图 11-2　A-2 组试块照

（a）未浸泡；（b）浸泡了 150d；（c）浸泡了 300d

11.2.2　强度试验

各时期抗压强度试验结果见表 11-2。

表 11-2　　　　　　　　　　混凝土抗压强度试验结果　　　　　　　　　　MPa

编号	28d	240d 未泡	240d 浸泡	390d 未泡	390d 浸泡
A-1	29.2	34.9	23.5	40.9	14.8
A-2	31.5	40.9	26.0	45.5	16.8
A-3	31.3	38.4	25.7	44.4	16.6
B-1	39.6	51.7	33.2	57.3	23.3
B-2	40.1	54.2	34.4	63.0	25.5
B-3	39.8	53.4	33.6	61.8	23.5
C-1	49.8	67.3	43.5	78.4	32.2
C-2	52.6	72.5	46.3	87.4	36.4
C-3	51.9	70.7	45.0	85.1	36.4

为了比较的方便，以混凝土试块 28d 强度为基准，计算各时期各编号试块相对于 28d 强度的相对值，结果如图 11-3 所示。

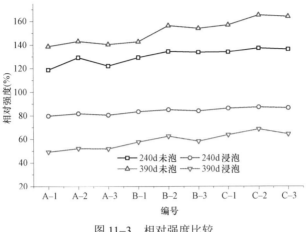

图 11-3　相对强度比较

可以看到，以混凝土试块 28d 强度为基准，对于未浸泡的试块组，240d 和 390d 的相对强度都在 100% 以上，当龄期从 240d 增加到 390d 时，各组的试块相对强度从 120%~138% 增加到了 140%~165%。这是由于随着龄期的增长，水化不断进行，混凝土强度逐渐增大。

对于浸泡在 $MgSO_4$ 溶液中的试块组，240d 和 390d 的相对强度都在 100% 以下，这说明 $MgSO_4$ 溶液对混凝土产生了侵蚀作用，导致其强度降低。其中 240d 的相对强度在 80%~90%，各编号组相对强度变化差别不大。390d 的相对强度降低到了 50%~70%，不同配合比试块的变化情况出现了一些差异：水胶比小的试件强度降低幅度较小；水胶比相同时，粉煤灰掺量为 30% 的试块强度降低幅度最小。这表明当浸泡 150d 时，硫酸镁溶液使各组试块强度的降低幅度与混凝土组成关系不显著；当浸泡 300d 时，硫酸镁的侵蚀作用更加强烈，强度降低幅度更加明显。

11.2.3　渗透性试验

混凝土电通量试验结果如图 11-4 所示；氯离子扩散系数试验结果如图 11-5 所示。

1. 室外正常环境

混凝土试块在 90d 时的电通量在 450~1030C，氯离子扩散系数在 2.0×10^{-12}~$4.4 \times 10^{-12} m^2/s$ 之间；在室外正常环境中，试块在 240d 的电通量在 620~1000C，氯离子扩散系数在 2.0×10^{-12}~$4.3 \times 10^{-12} m^2/s$ 之间；在室外正常环境中，试块在 390d 的电通量在 600~980C，氯离子扩散系数在 2.0×10^{-12}~$4.1 \times 10^{-12} m^2/s$。

可以看出，不论龄期如何，混凝土的配合比对其电通量和氯离子扩散系数影响很大。具体表现在：① 通过 0.42~0.32 三种水胶比的混凝土电通量和氯离子扩散系数的比较，可以看出，当混凝土的水胶比从 0.42 减小到 0.32 时，混凝土的电通量和氯离子扩散系数也随之减小，说明水胶比减小，混凝土密实度提高，混凝土内部毛细孔隙减小，使其抵抗介质侵入的能力增强，抗渗性提高；② 当粉煤灰掺量从 15% 增加到 30% 时，或者当用 30% 的矿渣代替 30% 的粉煤灰时，不同水胶比的混凝土电通量和氯离子扩散系数均有所减小。这是由于对于 90d 龄期以后的混凝土，粉煤灰可以产生二次水化作用，其水化产物能改善了混凝土内部孔结构，从而提高其抗渗能力；矿渣同样可以细化混凝土中的毛细孔隙，其自身活性较高，且对氯离子渗透有较强的抑制作用，故其电通量和氯离子扩散系数较低。

通过对 90d、240d、390d 三个龄期的混凝土电通量和氯离子扩散系数的比较，可以看出，室外正常养护条件下，当混凝土龄期从 90d 增加到 390d 时，各配合比混凝土的电通量和氯离子扩散系数均有所减小。这说明，随着混凝土内部水泥水化的不断进行，毛细孔隙减少，混凝土更加密实，抗渗能力也更强。

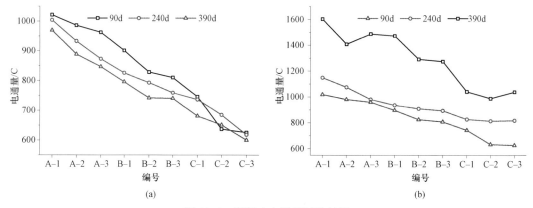

图 11-4　混凝土电通量试验结果
（a）正常情况下的电通量；（b）溶液浸泡下的电通量

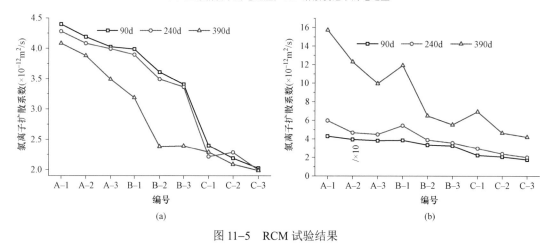

图 11-5　RCM 试验结果
（a）正常情况下的氯离子扩散系数；（b）溶液浸泡下的氯离子扩散系数

2. 溶液浸泡环境

对于浸泡于硫酸镁溶液环境中的试块，240d 龄期的电通量在 820~1160C，氯离子扩散系数在 2.1×10^{-12}~$6.1\times10^{-12}m^2/s$ 之间；390d 龄期的电通量在 1050~1610C，氯离子扩散系数在 4.3×10^{-12}~$15.8\times10^{-12}m^2/s$。

通过对比不同环境下的混凝土试块，可以看到，相同龄期的混凝土试块，浸泡于 5% 的 $MgSO_4$ 溶液中的试件比正常室外养护环境下的电通量和氯离子扩散系数要高。这表明长期浸泡于 $MgSO_4$ 溶液对混凝土的抗渗能力有破坏作用，这是由于 SO_4^{2-} 与混凝土中的水化产物发生反应，生成膨胀性产物，增大混凝土内部的毛细孔隙，使之发生劣化，抗渗能力下降。

通过对溶液环境中 90d、240d、390d 三个龄期的混凝土电通量和氯离子扩散系数的比较，可以看出，对于浸泡于硫酸镁溶液中的混凝土试块，随着浸泡时间的增加，其电通量和氯离子扩散系数也都在增加，且都高于 90d 的初始值。这说明硫酸镁对混凝土的渗透性产生了不利影响，并且这种不利影响的程度超过了因龄期增加而产生的有利影响。

在 5%的 $MgSO_4$ 溶液中，浸泡 300d 的试块比浸泡 150d 的试块的电通量和氯离子扩散系数的增加更为明显。这是由于：① 随着龄期的增加，混凝土内部水化反应趋于稳定，龄期对于提高混凝土抗渗能力的作用减小；② 随着浸泡时间的增加，SO_4^{2-} 侵入混凝土内部的深度增加，其与混凝土内部水化产物的反应也更为显著，强化了硫酸盐对混凝土的劣化作用，使其抗渗能力下降；③ 混凝土抗渗能力的下降，导致 SO_4^{2-} 等有害离子更容易进入混凝土内部进行传输扩散，形成恶性循环。

对比不同配合比试块的电通量和氯离子扩散系数的增加程度，可以看出水胶比为 0.32 试块的电通量和氯离子扩散系数增量最小，这是由于水胶比越小，混凝土越密实，SO_4^{2-} 侵入混凝土内部越缓慢，抑制了生成膨胀性物质的反应速度。矿物掺合料掺量为 30%的试块比掺量为 15%的试块增量要小，且粉煤灰比矿渣的效果好。

通过以上试验可以看到，地下环境的作用能降低混凝土的抗渗能力，抗渗能力的降低又能放大地下环境的不利影响。电通量法和 RCM 法试验结果的变化规律与抗压强度的变化趋势相符，说明采用测试氯离子渗透性的试验方法对受地下环境影响的混凝土进行渗透性测试评价是可行的。同时也可用渗透性的降低程度来反映硫酸盐对混凝土的侵蚀程度，可用渗透性试验方法测试评价硫酸盐对混凝土的侵蚀情况，作为对传统试验方法和评价指标的一种创新和补充。

第12章

多因素耦合作用下
混凝土中钢筋锈蚀的试验研究

12.1 试验材料及试验配合比

普通硅酸盐水泥 P.O 42.5，水泥密度 3100kg/m³；粉煤灰为符合 GB/T 1506—2005 的 F 类
Ⅰ 级粉煤灰，表观密度 2300kg/m³；矿渣为符合 GB/T 18046—2000 的 S95 级矿渣粉，比重
2500kg/m³；中砂密度 2650kg/m³，细度模数为 2.8；碎石视密度 2700kg/m³，颗粒级配 5～10mm
连续级配；减水剂采用聚羧酸系固体高效减水剂；引气剂为磺酸烃的有机盐类。

制备掺有矿物掺合料（矿渣和粉煤灰）的 C30～C50 混凝土，配合比设计结果如表 12-1
所示，粉煤灰掺量分为两组，分别为胶凝材料总量的 15% 和 30%；矿渣掺量为胶凝材料总量
的 30%。减水剂掺量为胶凝材料总量的 0.55%左右，引气剂掺量为胶凝材料用量的 0.03%左
右。新拌混凝土坍落度控制在 160～200mm，含气量控制在 4%～5%。

表 12-1　　　　　　　　　　　　配 合 比 设 计 结 果　　　　　　　　　　　　kg/m³

序号	设计强度等级	水胶比	水泥	水	砂	石	矿渣	粉煤灰
A1	C30	0.42	351	150	650	1200	0	0
A2	C30	0.42	298	150	650	1200	0	53
A3	C30	0.42	245	150	650	1200	0	106
A4	C30	0.42	245	150	650	1200	106	0
B1	C40	0.38	400	152	650	1170	0	0
B2	C40	0.38	340	152	650	1170	0	60
B3	C40	0.38	280	152	650	1170	0	120
B4	C40	0.38	280	152	650	1170	120	0
C1	C50	0.32	450	144	620	1140	0	0
C2	C50	0.32	383	144	620	1140	0	66
C3	C50	0.32	315	144	620	1140	0	135
C4	C50	0.32	315	144	620	1140	13 5	0

12.2　试　验　方　案

12.2.1　耦合作用下较小应力比时的试验方案（应力比为 0.1）

1. 小型钢筋混凝土试件制作

试验中钢筋混凝土构件尺寸 100mm×100mm×300mm，保护层厚度为 20mm，在对角处各放置一根直径为 6mm、长度为 300mm 的光圆钢筋，两头露出来的部分涂上环氧树脂做防锈处理，在钢筋两头引出导线。在 B1～B4 组试件中，在钢筋的中间和边上各贴一个应变片，用来测量锈蚀膨胀产生的应力。在标准养护室中养护 28d，然后将部分试块受压并分别浸泡在氯化钠和硫酸镁两种不同溶液中；另外将部分试件不受力直接浸泡在两种溶液中。钢筋放置图如图 12-1 所示，成型试件如图 12-2 所示。

 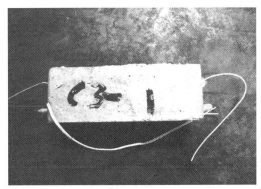

图 12-1　模具　　　　　　　　　　　　　图 12-2　成型试件

2. 水槽制作

制作了 9 个水槽，水槽长、高、厚分别为 1000mm、350mm、100mm，每一边都有不同的配合比组成，并且放置两根钢筋，引出导线用以测量，测量钢筋锈蚀程度和混凝土抗渗性能。水槽试件如图 12-3 所示。

本试验以小型钢筋混凝土试件为试验对象，钢筋混凝土试件放置在水槽中，浸泡在两种不同溶液中，并加以荷载，加载装置图如图 12-4 所示。

 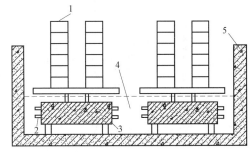

图 12-3　水槽　　　　　　　　　　　　　图 12-4　加载装置图

图 12-4 中 1 为配重试块，2 为钢筋，3 为钢筋混凝土试块，4 为溶液，5 为水槽，受弯钢筋混

凝土试件的应力比为 0.1，定期更换溶液保证侵蚀溶液的浓度不变，在浸泡的第 30d、90d、150d、210d、270d、360d、450d 对其进行钢筋锈蚀测量，试验现场图如图 12-5 所示。

图 12-5　试验现场图

12.2.2　耦合作用下较大应力比时的试验方案（应力比分别为 0.2 和 0.3）

1. 小型钢筋混凝土试件

试验中钢筋混凝土构件尺寸 100mm×100mm×400mm，保护层厚度为 20mm，在对角处各放置一根直径为 6mm，长度为 400mm 的光圆钢筋。将露出来的钢筋两头部分涂上环氧树脂做防锈处理，避免对实验的影响，并用导线引出钢筋。试块成型 24h 后拆模、编号，并在标准养护室中继续养护 27d 后，分不同的养护条件开始研究荷载与侵蚀溶液耦合作用对钢筋锈蚀的影响。钢筋放置如图 12-6 所示，成型试件如图 12-7 所示。

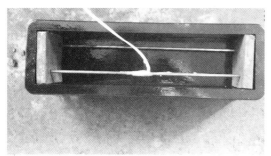

图 12-6　模具

图 12-7　成型试件

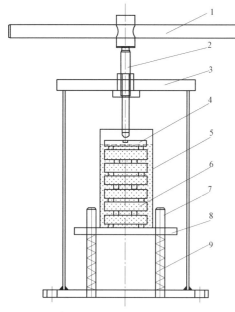

图 12-8　混凝土加载仪

1—旋转手柄；2—加载螺纹杆；3—机架；4—上压板；5—浸泡容器；6—混凝土试件；7—导向立柱；8—下压板；9—测力弹簧

针对混凝土在硫酸盐环境和荷载耦合作用下钢筋受到腐蚀情况，设计制造出两套混凝土加载装置，为混凝土试验块提供恒定压力，装置示意如图 12-8 所示。

试验中设计的两套加载仪浸泡溶液都为 5%硫酸镁，且可分别为混凝土试件提供 1.3t 和 2t 的应力荷载。

2. 混凝土水槽

同 12.2.1 节中的水槽。

12.2.3　钢筋锈蚀测试方法

将成型试块在养护室中养护 28d 后分为三组：第一组放在自然环境下；第二组分别放在三种不同溶液中，不受荷载作用；第三组放在三种不同溶液中并受荷载作用，在浸泡的第 30d、90d、150d、210d、270d、330d、390d、450d 对其进行钢筋锈蚀测量，采集数据进行处理和分析。本试验采用美国阿美特克公司生产的 PAR2273 恒电位仪器对混凝土中的钢筋锈蚀进行测量，PAR2273 仪器如图 12-9 所示。

此仪器基于线性极化原理，具体原理如下所述。

应用线性回归分析计算出极化电阻，进而确定腐蚀电流和腐蚀速率。该种计算方法假定一个典型的腐蚀系统只涉及两个电化学反应：氧化过程和还原过程。其基本原理可由斯特恩—基尔提出的描述电化学氧化还原腐蚀体系的计算式来说明：

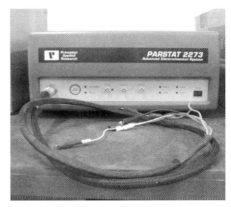

图 12-9　PARSTAT 2273 恒电位仪

$$I(E)=I_{\text{corr}}[10(E-E_{\text{corr}})/\beta_a-10(E_{\text{corr}}-E)/\beta_c] \tag{12-1}$$

式中　E——实际的应用电压；

$I(E)$——应用电压为 E 时对应的电流；

I_{corr}——体系的开路电流；

E_{corr}——体系的开路电压；

β_a——阳极过程中的塔菲尔常数（mV），实验中为 100mV；

β_c——阴极过程中的塔菲尔常数（mV），实验中为 100mV。

当实际的应用电压与开路电压很接近时，通过指数幂级数展开式简化，得到关于电流和电压的计算式：

$$I=2.3I_{\text{corr}}(\beta_a+\beta_c)(E-E_{\text{corr}})/(\beta_a\beta_c) \tag{12-2}$$

把线性极化腐蚀实验数据绘制成电压和电流的曲线图，曲线图的斜率为极化电阻。极化电阻通常缩写为 R_P（Ω），表达式如下：

$$R_P=\beta_a\beta_c/[2.3I_{\text{corr}}(\beta_a+\beta_c)] \tag{12-3}$$

通过转换得到腐蚀电流的表达式：

$$I_{\text{corr}}=\beta_a\beta_c/[2.3(\beta_a+\beta_c)R_P] \tag{12-4}$$

腐蚀速率的表达式为：

$$c_f=C(EW/d)(I_{\text{corr}}/A) \tag{12-5}$$

式中　c_f——腐蚀速率；

　　　EW——样品当量质量，g，本实验中钢筋长度为 300mm，故计算得 EW 为 75.9g；

　　　C——转换常数，当腐蚀速率单位为 mm/年时，取 $3.268×10^3$；

　　　d——密度，g/mL，本实验中为 7.85g/mL；

　　　A——钢筋与混凝土接触面积，cm^2，本实验中钢筋与混凝土接触长度为 260mm，故计算得 A 为 $6.52cm^2$。

实验采用两电极体系，将工作电极与待测钢筋连接，辅助电极和参比电极连接到另一根钢筋上，参比电极要更接近工作电极用来保证电位的稳定，两个电极之间形成一个回路，用来测量锈蚀电流密度和锈蚀速率，测量原理图如图 12-10 所示，现场试验测量如图 12-11 所示。仪器扫描速率为 1mV/s，扫描电位范围为 -20～20mV。

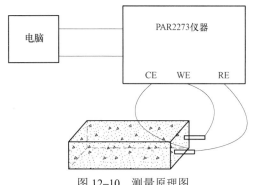

图 12-10　测量原理图　　　　　　　　图 12-11　现场试验测量图

采用 PowerSuite 软件进行数据采集、处理和分析。数据采集和处理界面如图 12-12 所示。

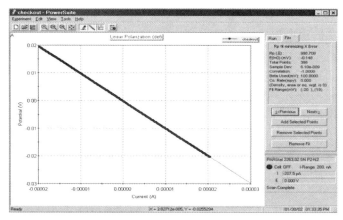

图 12-12　数据采集、处理界面

12.3　氯盐和荷载耦合作用下混凝土中钢筋锈蚀研究

研究了两种环境下不同水胶比、不同掺合料试件的钢筋锈蚀规律，通过非线性拟合方法建立了钢筋锈蚀速率随时间的变化函数，可以用来预测不同时间的钢筋锈蚀速率，从而对钢筋锈蚀程度进行判定；通过对氯盐环境下钢筋锈蚀速率与混凝土电通量的研究，建立了两者的拟合函数公式，利用此关系式可以相互预测锈蚀速率和电通量。

混凝土坍落度和含气量试验均按照 GB/T 50080—2002 中的试验规程进行；强度试验按照 GB/T 50081—2002 中的强度试验规程进行。混凝土的物理力学性能见表 12-2。

表 12-2　　　　　　　　　　　　　混凝土的物理力学性能

序号	设计强度等级	水胶比	28d 抗压强度/MPa	坍落度/mm	含气量（%）
A1	C30	0.42	31.4	167	4.4
A2	C30	0.42	32.4	169	4.6
A3	C30	0.42	34.8	165	4.8
A4	C30	0.42	34.5	174	4.3
B1	C40	0.38	42.4	163	4.1
B2	C40	0.38	43.4	163	4.2
B3	C40	0.38	44.9	189	4.4
B4	C40	0.38	44.2	177	4.8
C1	C50	0.32	52.2	175	4.2
C2	C50	0.32	53.2	175	4.2
C3	C50	0.32	55.9	188	4.5
C4	C50	0.32	55.4	174	4.4

从表 12-2 中可以看出，不同掺合料的混凝土试件的实配强度均满足设计强度要求，且坍落度在 160~200mm，含气量控制在 4%～5%。

12.3.1　低应力比条件时的钢筋锈蚀研究

将试件浸泡在 5%浓度的氯化钠溶液中并施加 0.1 应力比的荷载，通过应用 PAR2273 恒电位仪定期对试件的锈蚀速率进行测量，锈蚀速率单位为 mm/年。测得不同水胶比混凝土中的钢筋锈蚀速率如图 12-13～图 12-15 所示。

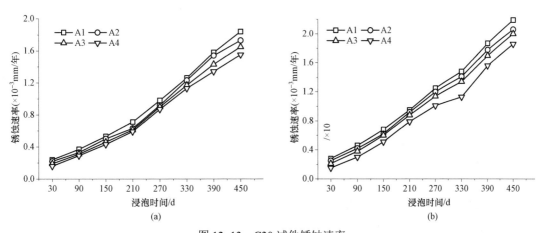

图 12-13　C30 试件锈蚀速率

（a）无荷载作用下钢筋锈蚀速率；（b）0.1 应力比荷载作用下钢筋锈蚀速率

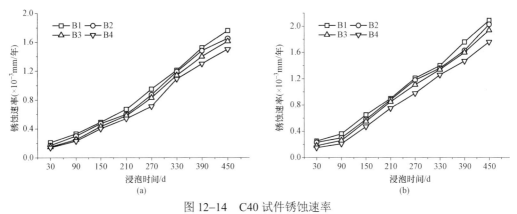

图 12-14　C40 试件锈蚀速率
（a）无荷载作用下钢筋锈蚀速率；（b）0.1 应力比荷载作用下钢筋锈蚀速率

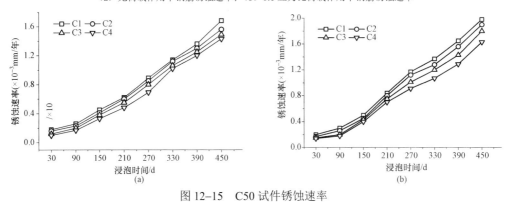

图 12-15　C50 试件锈蚀速率
（a）无荷载作用下钢筋锈蚀速率；（b）0.1 应力比荷载作用下钢筋锈蚀速率

根据试验结果并参照《混凝土工程中钢筋腐蚀检测技术与评价》可以定性地判断钢筋锈蚀情况，判定标准见表 12-3。

表 12-3　　　　　　　　　　　判　定　标　准

序号	锈蚀速率（×10⁻³mm/年）	锈蚀状态	保护层出现损伤年限
1	<1	钝化状态	—
2	1~5	低锈蚀状态	>15 年
3	5~10	中等锈蚀状态	10~15 年
4	10~100	高锈蚀状态	2~10 年
5	>100	很高锈蚀状态	<2 年

通过图 12-13～图 12-15 可以看出，在 5%浓度氯化钠溶液浸泡下，对于三种不同水胶比的钢筋混凝土试件，试件的锈蚀速率随着时间的增长都有所增加，说明随着时间的增长，钢筋的锈蚀程度越来越严重。同时可以看出，对于不同水胶比的不受力试件，在浸泡的前 270d 里，锈蚀速率均小于 $1×10^{-3}$mm/年，在浸泡的第 330d，试件的锈蚀速率大于 $1×10^{-3}$mm/年。这说明在 270～330d 这段时间里，试件钢筋的钝化膜陆续开始破坏，钢筋发生锈蚀。这是因为在浸泡前 270d 里，溶液中的 Cl⁻ 通过扩散或其他方式缓慢地渗入到钢筋表面，并在钢筋表面积聚，在 270～330d 这段时间里，积聚的 Cl⁻ 浓度大于临界值，便开始破坏钢筋的钝化膜，内部钢筋发生锈蚀。对于受力试件，发生钢筋锈蚀的时间段在 210～270d，早于不

受力试件。同时根据表 12-3 可以看出，在测定的这段时间里，试件都处于低锈蚀状态。

通过对比三种不同水胶比的图 12-13～图 12-15（a）和图（b），得出不同时间不同配合比试件在受力和不受情况下锈蚀速率的差值见表 12-4。可以看出，在 0.1 应力比荷载作用下试件的锈蚀速率比不加荷载的大，随着时间的增长，差值有增大的趋势。对于同一种水胶比试件，在浸泡的前期，受力试件的锈蚀速率和不受力的差别不大，但随着时间的推移，受力试件的锈蚀速率明显大于不受力的，说明荷载作用加速了钢筋锈蚀，因为混凝土尚未承受荷载时，内部已经存在着细微裂缝、空隙和缺陷。当荷载作用时，在有细微裂缝、空隙和缺陷的地方会发生应力集中现象。特别是与拉应力方向垂直的细微裂缝尖端，将发生高度的应力集中现象，导致裂缝扩展，随着时间的推移，氯离子更快地通过这些细微裂缝到达钢筋表面，从而加速了钢筋锈蚀的电化学反应，增大了试件的锈蚀速率。

表 12-4 受力与不受力试件锈蚀速率的差值 ×10³mm/年

时间/d \ 编号	A1	A2	A3	A4	B1	B2	B3	B4	C1	C2	C3	C4
30	0.04	0.03	0.02	0.03	0.04	0.06	0.03	0.01	0.02	0.01	0.03	0.03
90	0.09	0.09	0.07	0.05	0.03	0.02	0.01	0.01	0.04	0.03	0.01	0.01
150	0.15	0.12	0.14	0.15	0.16	0.11	0.12	0.12	0.05	0.04	0.05	0.07
210	0.24	0.29	0.27	0.25	0.23	0.28	0.27	0.26	0.22	0.21	0.20	0.24
270	0.27	0.28	0.24	0.23	0.26	0.31	0.28	0.32	0.28	0.27	0.29	0.34
330	0.22	0.18	0.17	0.15	0.23	0.19	0.23	0.18	0.23	0.16	0.14	0.15
390	0.29	0.24	0.27	0.32	0.24	0.18	0.21	0.27	0.29	0.26	0.25	0.29
450	0.31	0.33	0.35	0.41	0.30	0.38	0.33	0.36	0.30	0.34	0.36	0.35

另外可以看出在不同的时间段都有 A1>B1>C1、A2>B2>C2、A3>B3>C3、A4>B4>C4，说明在氯化钠溶液浸泡环境中，在外界条件一致的条件下，随着水胶比的降低，胶凝材料相同的钢筋混凝土试件锈蚀速率相应减小，这个效应在浸泡的前期比较微小，浸泡时间越久，水胶比的影响越明显。这是因为在一定范围内，水胶比越小，混凝土密实度越高，Cl⁻渗透到钢筋表面需要的时间也就越长。

但也可以看出掺合料种类和掺量的不同对锈蚀速率也有很大的影响。通过对比图 12-13～图 12-15 可以看出，在锈蚀速率大小方面，都有 A1>A2>A3>A4、B1>B2>B3>B4、C1>C2>C3>C4，在试验的前期不同掺合料对锈蚀速率的影响并不是很明显，但随着浸泡时间的增加，掺合料的作用越来越显著。原因在于矿渣和粉煤灰的掺入能够使孔隙结构致密化，提高混凝土的密实度和抗渗性，有效地阻碍了有害介质的侵入。通过对比两种不同掺量粉煤灰试件（A2 和 A3、B2 和 B3、C2 和 C3）可以发现，粉煤灰掺量较大（掺量为 30%）的试件，锈蚀速率较低，其降低钢筋锈蚀速率的效果更为显著。在相同的水胶比和掺量的条件下，掺入矿渣对钢筋混凝土抗锈蚀能力的提高更为显著，这是因为矿渣粉的细度比粉煤灰的大，活性比粉煤灰的高，特别是界面效应远大于粉煤灰的，所以能够更有效地降低锈蚀速率。

12.3.2 氯盐和荷载作用下钢筋锈蚀速率的拟合

对氯盐和荷载共同作用下的不同水胶比、不同掺合料的钢筋混凝土试件锈蚀速率曲线进行非线性拟合，建立氯盐和荷载共同作用下钢筋锈蚀速率与时间的函数关系式。C30 试件的拟合函数曲线如图 12-16 所示；C40 试件的拟合函数曲线如图 12-17 所示；C50 试件的拟合函数曲线如

图 12–18 所示。

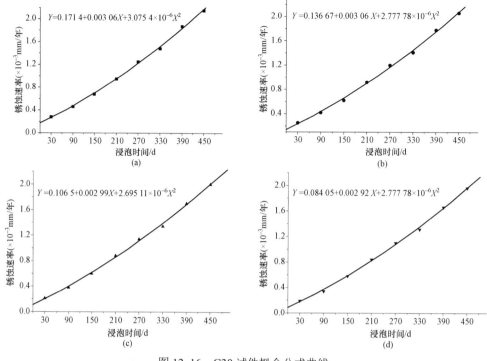

图 12–16　C30 试件拟合公式曲线

（a）A1 拟合曲线；（b）A2 拟合曲线；（c）A3 拟合曲线；（d）A4 拟合曲线

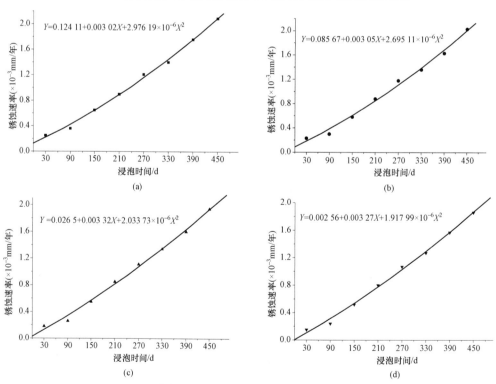

图 12–17　C40 试件拟合公式曲线

（a）B1 拟合曲线；（b）B2 拟合曲线；（c）B3 拟合曲线；（d）B4 拟合曲线

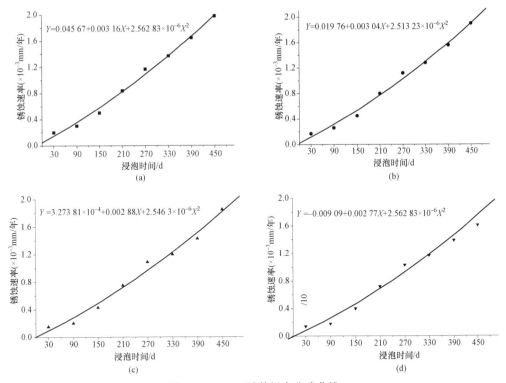

图 12-18　C50 试件拟合公式曲线

（a）C1 拟合曲线；（b）C2 拟合曲线；（c）C3 拟合曲线；（d）C4 拟合曲线

　　根据图 12-16～图 12-18，可以看出图中曲线都能用多项式进行拟合，即都可以用 $y=A+Bx+Cx^2$ 进行表达（y 为锈蚀速率，x 为时间），在氯盐和荷载作用下钢筋混凝土锈蚀速率随时间变化的拟合函数中各系数见表 12-5。

表 12-5　　　　　　　　　　　公式系数以及相关系数

强度等级	编号	系数 A	系数 B	系数 C（$\times 10^{-6}$）	R^2
C30	A1	0.1714	0.0030	3.0754	0.9883
	A2	0.1367	0.0031	2.7778	0.9749
	A3	0.1065	0.0030	2.6951	0.9964
	A4	0.0841	0.0029	2.7777	0.9930
C40	B1	0.1241	0.0030	2.9762	0.9780
	B2	0.0857	0.0031	2.6951	0.9791
	B3	0.0265	0.0033	2.0340	0.9711
	B4	0.0027	0.0033	1.9180	0.9954
C50	C1	0.0457	0.0032	2.5628	0.9764
	C2	0.0198	0.0030	2.5132	0.9749
	C3	0.0004	0.0029	2.5463	0.9729
	C4	−0.0091	0.0028	2.5628	0.9783

　　通过表 12-5 可以看出，各多项式拟合函数的相关系数 R^2 都大于 0.97，说明拟合函数可以较好地预测氯盐和荷载作用下不同水胶比、不同掺合料钢筋混凝土试件某一时间段的钢筋锈蚀速率，判断锈蚀程度和锈蚀发展趋势。

12.4　硫酸盐和荷载耦合作用下混凝土中钢筋锈蚀研究

12.4.1　低应力比条件时的钢筋锈蚀研究

将试件浸泡在 5%浓度的硫酸镁溶液中，测得不同水胶比、不同掺合料试件的钢筋锈蚀速率如图 12-19～图 12-21 所示。

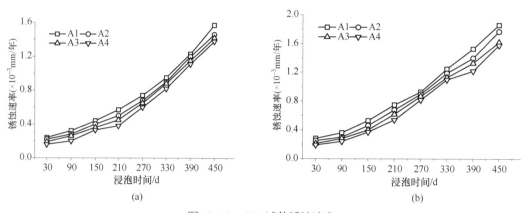

(a)　　　　　　　　　　　(b)

图 12-19　C30 试件锈蚀速率

（a）无荷载作用下钢筋锈蚀速率；（b）0.1 应力比荷载作用下钢筋锈蚀速率

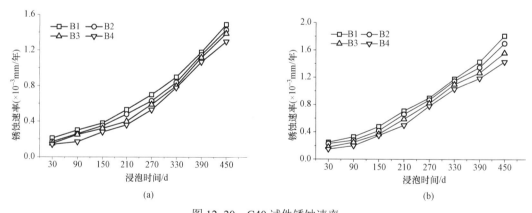

(a)　　　　　　　　　　　(b)

图 12-20　C40 试件锈蚀速率

（a）无荷载作用下钢筋锈蚀速率；（b）0.1 应力比荷载作用下钢筋锈蚀速率

通过图 12-19～图 12-21 可以看出如下。

（1）在硫酸盐浸泡和荷载作用下，对于三种不同水胶比的钢筋混凝土试件，随着时间的增长，钢筋的锈蚀程度越来越严重。

（2）对于硫酸盐浸泡和荷载作用下的试件，锈蚀速率大于 $1×10^{-3}$mm/年的时间段大约发生在 270～310d 这段时间，也就意味着在这个时间段里，钢筋开始发生锈蚀。这是因为随着浸泡时间的增长，镁离子和硫酸根离子缓慢的侵入到混凝土内部，并于混凝土内部生成难溶的膨胀盐，导致混凝土内部产生微小裂缝，在 270～330d 这段时间里，微小裂缝贯穿到钢筋表面，从而空气和水沿裂缝到达钢筋表面导致钢筋锈蚀。相对于加荷载试件，不加荷载试件钝化膜破坏的时间发生的更晚一些，在330～390d左右。

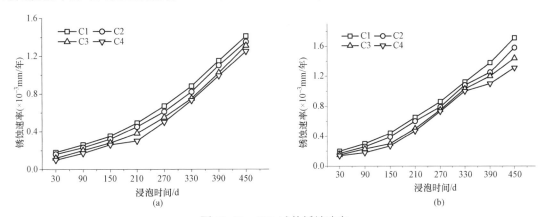

图 12-21　C50 试件锈蚀速率

（a）无荷载作用下钢筋锈蚀速率；（b）0.1 应力比荷载作用下钢筋锈蚀速率

（3）硫酸盐溶液浸泡中受力试件与不受力试件锈蚀速率的差值见表 12-6。同一种水胶比试件，在浸泡的前期，受力试件的锈蚀速率和不受力的差别不大，但随着时间的推移，受力试件的锈蚀速率明显大于不受力的，说明荷载作用促进了钢筋锈蚀速度。因为在长期荷载作用下，混凝土试件内部的微裂缝和缺陷会产生并扩展，$MgSO_4$ 溶液中的 Mg^{2+} 和 SO_4^{2-} 侵入混凝土内部更加容易，从而增大了试件的锈蚀速率。

表 12-6　　　　　　　　　　　　　受力与不受力试件锈蚀速率的差值　　　　　　　　　　　　$\times 10^3 mm/$年

时间/d \ 编号	A1	A2	A3	A4	B1	B2	B3	B4	C1	C2	C3	C4
30	0.04	0.03	0.02	0.03	0.04	0.06	0.03	0.01	0.02	0.01	0.03	0.04
90	0.04	0.02	0.03	0.04	0.03	0.02	0.01	0.03	0.02	0.04	0.05	0.01
150	0.09	0.06	0.04	0.03	0.10	0.07	0.05	0.06	0.09	0.07	0.02	0.01
210	0.18	0.19	0.17	0.16	0.18	0.18	0.17	0.14	0.16	0.15	0.12	0.17
270	0.24	0.27	0.25	0.28	0.20	0.24	0.23	0.25	0.19	0.18	0.21	0.23
330	0.30	0.29	0.26	0.28	0.25	0.29	0.31	0.25	0.24	0.26	0.24	0.27
390	0.31	0.22	0.19	0.13	0.27	0.22	0.15	0.12	0.25	0.15	0.18	0.11
450	0.29	0.31	0.20	0.21	0.32	0.27	0.17	0.13	0.26	0.23	0.13	0.10

（4）在硫酸盐浸泡环境中，在外界条件一致的条件下，随着水胶比的降低，胶凝材料相同的钢筋混凝土试件锈蚀速率相应减小。但是，胶凝材料不同的试件锈蚀速率，不但与水胶比有关，而且与矿物掺合料的种类也密切相关，矿渣抗硫酸盐侵蚀的效果要比粉煤灰好。

对比两种不同粉煤灰掺量的试件可以发现，粉煤灰掺量 30% 的试件，降低钢筋锈蚀速率的效果更好，这是因为粉煤灰代替一部分水泥后，相对降低了铝酸三钙的含量，从而减少了钙矾石的生成。与 NaCl 溶液中的试验效果相似，$MgSO_4$ 溶液中掺入矿渣后混凝土中钢筋锈蚀速率与同水胶比和矿物掺合料掺量的其他试件相比，抗硫酸盐侵蚀能力更好。

对硫酸盐和荷载共同作用下的不同强度、不同掺合料的试件中钢筋锈蚀速率曲线进行非线性拟合，建立钢筋锈蚀速率与时间的多项式函数关系式。C30 试件的拟合函数曲线如

图 12-22 所示；C40 试件的拟合函数曲线如图 12-23 所示；C50 试件的拟合函数曲线如图 12-24 所示。三种不同强度试件的拟合函数关系式都列在了各自的拟合函数曲线图中。

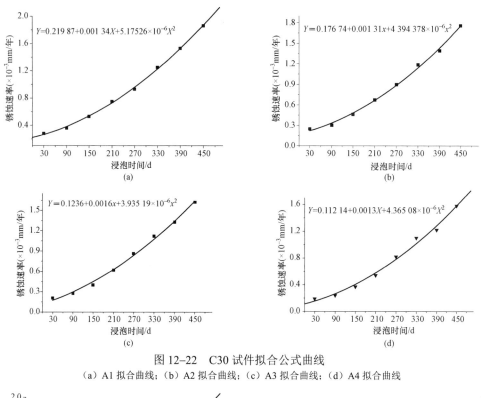

图 12-22　C30 试件拟合公式曲线
（a）A1 拟合曲线；（b）A2 拟合曲线；（c）A3 拟合曲线；（d）A4 拟合曲线

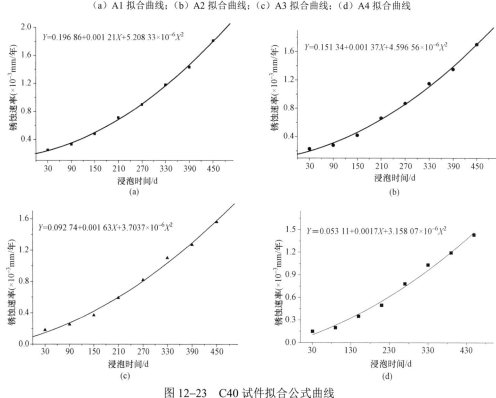

图 12-23　C40 试件拟合公式曲线
（a）B1 拟合曲线；（b）B2 拟合曲线；（c）B3 拟合曲线；（d）B4 拟合曲线

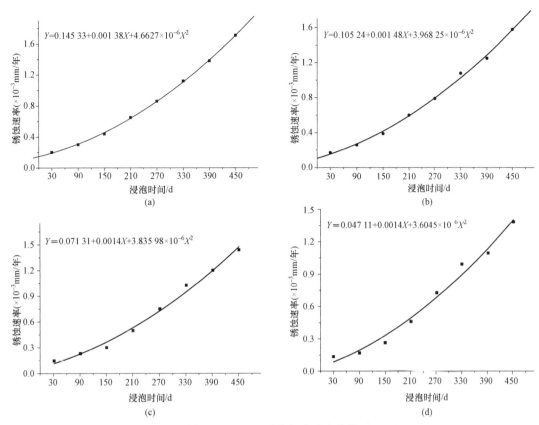

图 12-24　C50 试件拟合公式曲线

（a）C1 拟合曲线；（b）C2 拟合曲线；（c）C3 拟合曲线；（d）C4 拟合曲线

根据图 12-22～图 12-24，二次多项式可以较好地拟合不同强度等级混凝土中钢筋锈蚀速率与时间的关系，表达式为 $y=A+Bx+Cx^2$，表达式中各系数和相关系数 R^2 见表 12-7。

表 12-7　　　　　　　　　　　　　公式中各系数和相关系数 R^2

强度等级	编号	系数 A	系数 B	系数 C（$\times10^{-6}$）	R^2
C30	A1	0.2199	0.0013	5.1753	0.9988
	A2	0.1767	0.0013	4.9438	0.9970
	A3	0.1236	0.0016	3.9352	0.9955
	A4	0.1121	0.0013	4.3651	0.9905
C40	B1	0.1969	0.0012	5.2083	0.9864
	B2	0.1513	0.0014	4.5967	0.9961
	B3	0.0927	0.0016	3.7037	0.9946
	B4	0.0531	0.0017	3.1581	0.9915

强度等级	编号	系数 A	系数 B	系数 C（×10⁻⁶）	R^2
C50	C1	0.1453	0.0015	4.6627	0.9996
	C2	0.1052	0.0015	3.9683	0.9969
	C3	0.0713	0.0014	3.8360	0.9908
	C4	0.0471	0.0014	3.6045	0.9858

从表 12-7 中可以看出，曲线拟合函数的相关系数都非常接近 1，说明拟合函数具有很好的相关性，可以应用上述公式来预测在硫酸盐和荷载作用下掺有粉煤灰、矿渣等不同掺合料钢筋混凝土试件的钢筋锈蚀速率、判断钢筋的锈蚀程度。

12.4.2　低应力比时锈蚀速率与混凝土电通量的关系研究

钢筋混凝土试件在硫酸盐侵蚀环境下，混凝土材料的电通量和钢筋锈蚀速率之间相关性研究还不够充分，因此本节对二者之间关系进行了研究，得到了二者之间的非线性拟合关系。

采用电通量法表征混凝土的渗透性，参照 GB/T 50082—2009 进行。首先成型试件尺寸为 150mm×150mm×150mm 的立方体，标准养护至 28d 后，进行硫酸盐浸泡试验，在硫酸盐浸泡的第 330d 和 390d 对试件进行了钻孔取芯，测量了试件的电通量。电通量试验装置为 NEL-PEU 型混凝土电通量测定仪，符合我国港工 JTJ 275—2000、美国 ASTM C1202 标准，电通量测定仪如图 12-25 所示。

图 12-25　电通量测定仪

电通量结果如图 12-26、图 12-27 所示。

通过图 12-26、图 12-27 可以看出如下结论。

（1）对比 A、B、C 三组数据可以看出，当混凝土所用胶凝材料种类相同时，随着水胶比降低，电通量也随之减小，即 A1＞B1＞C1、A2＞B2＞C2、A3＞B3＞C3、A4＞B4＞C4。说明水胶比减小，混凝土密实度提高，混凝土内部毛细孔隙减小，使其抵抗介质侵入的能力增强，抗渗性提高。

（2）分析 A、B、C 三组结果可以看出，相同水胶比的条件下，由于粉煤灰和矿渣的加入，混凝土电通量均有所减小。通过对比图 12-26、图 12-27 两种不同粉煤灰掺量的试件可以发现，粉煤灰掺量 30% 的试件，其电通量相对更小一些，抗渗透能力也就更强。此外通过对比试样编号 3 和 4 可以看出，同等掺量情况下，相对于粉煤灰，矿渣能够更有效地减小混凝土电通量，提高混凝土抗渗性能。

（3）通过对浸泡 330、390d 的混凝土电通量的比较可以看出，随着浸泡时间的增加，各混凝土的电通量均有所增加。

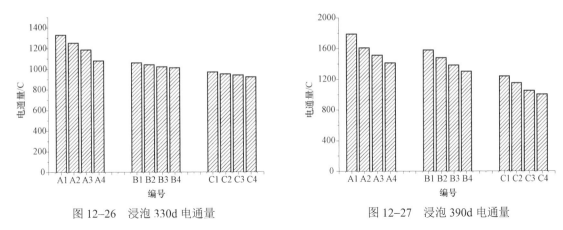

图 12-26　浸泡 330d 电通量　　　　　　图 12-27　浸泡 390d 电通量

为了分析硫酸盐环境下钢筋混凝土试件锈蚀速率和电通量之间的关系，分别取 330d 和
390d 的电通量与钢筋锈蚀速率，结果见表 12-8。

表 12-8　　　　　　　　　　　　钢筋锈蚀速率与混凝土电通量

试样	浸泡时间/d	电通量值/C	钢筋锈蚀速率（×10^{-3}mm/年）
A1	330	1330	0.95
A2	330	1252	0.9
A3	330	1186	0.88
A4	330	1080	0.82
B1	330	1060	0.90
B2	330	1040	0.84
B3	330	1021	0.80
B4	330	1012	0.78
C1	330	970	0.88
C2	330	980	0.82
C3	330	940	0.75
C4	330	922	0.73
A1	390	1788	1.23
A2	390	1610	1.2
A3	390	1500	1.15
A4	390	1412	1.11
B1	390	1580	1.18
B2	390	1480	1.15
B3	390	1383	1.12
B4	390	1302	1.07

续表

试样	浸泡时间/d	电通量值/C	钢筋锈蚀速率（×10⁻³mm/年）
C1	390	1240	1.15
C2	390	1152	1.1
C3	390	1049	1.02
C4	390	1002	0.99

根据表 12-8 中的结果，分别建立钢筋锈蚀速率与混凝土电通量的线性拟合和多项式拟合函数关系，如图 12-28 所示。

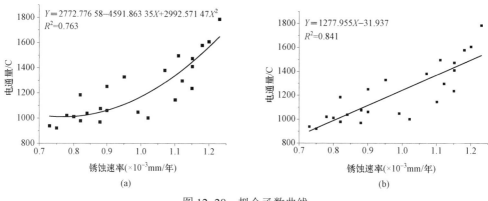

图 12-28   拟合函数曲线

（a）多项式拟合；（b）线性拟合

对比图 12-28（a）和（b）可知，相比多项式拟合函数关系，线性拟合函数的相关系数 R^2 更接近于 1，说明线性关系能较好反映出钢筋混凝土试件中钢筋锈蚀速率和混凝土电通量之间的关系。由于钢筋混凝土试件中钢筋锈蚀速率的测试和混凝土电通量的测试都十分复杂，因此可以应用上述拟合函数式，利用已测定的数据进行相互的预测。

12.4.3   较高应力比条件时混凝土中钢筋的锈蚀研究

对掺有矿渣、粉煤灰的不同配合比钢筋混凝土试件施加了 0.2 和 0.3 的应力比的荷载，考察混凝土在硫酸盐和荷载耦合作用下钢筋的锈蚀情况。使用线性极化方法对混凝土试件进行钢筋锈蚀测量，采用 PAR2273 恒电位仪和 ProCep Canin+钢筋锈蚀仪分别检测，得到钢筋锈蚀的极化电阻和半电池电位等实验数据。发现降低水胶比和掺加矿物掺合料有助于提高钢筋混凝土抗硫酸侵蚀能力。同时根据测量结果对处于硫酸盐和荷载作用下的钢筋极化电阻和半电池电位进行了线性拟合，得到其拟合公式。

混凝土的物理力学性能见表 12-2。

将两组钢筋混凝土试件分别浸泡在含有 5%浓度硫酸镁溶液的加载装置水箱内，并分别施加1.3t 和 2t 的荷载，保证试件承受 0.2 和 0.3 的应力比。使用 PAR2273 仪器和 ProCep Canin+钢筋锈蚀仪定期对试件的锈蚀状况进行测量。得到钢筋混凝土的极化电阻和锈蚀电位如图 12-29～图 12-31 所示。

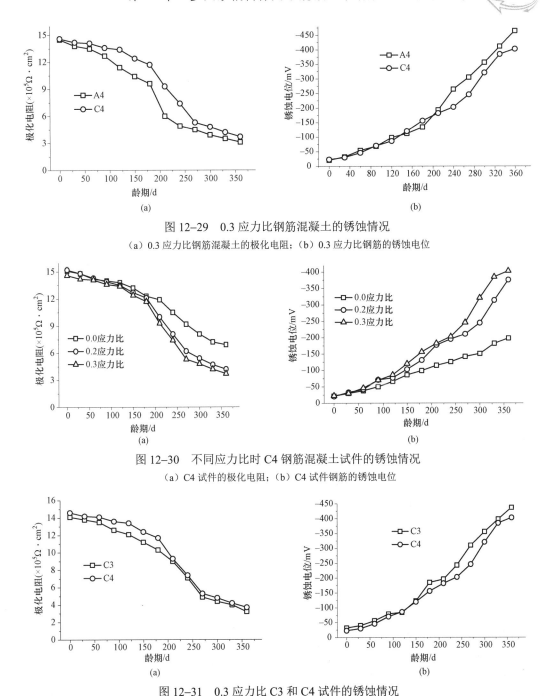

图 12-29　0.3 应力比钢筋混凝土的锈蚀情况

（a）0.3 应力比钢筋混凝土的极化电阻；（b）0.3 应力比钢筋的锈蚀电位

图 12-30　不同应力比时 C4 钢筋混凝土试件的锈蚀情况

（a）C4 试件的极化电阻；（b）C4 试件钢筋的锈蚀电位

图 12-31　0.3 应力比 C3 和 C4 试件的锈蚀情况

（a）极化电阻；（b）锈蚀电位

　　通过图 12-29～图 12-31 可以看出：在硫酸盐和荷载的长期作用下，不同配合比的钢筋混凝土试件的极化电阻随着浸泡时间的增长而降低，说明钢筋正处于缓慢锈蚀的状态。而半电池电位在试件浸泡初期显示大于-250mV，且并无明显规律；在钢筋出现锈蚀后，半电池电位迅速变小。在钢筋出现锈蚀初期，极化电阻和锈蚀电位在短时间内迅速降低，随着锈蚀反应的进行，减小幅度逐渐平缓。

　　图 12-29 反映了两类不同水胶比的钢筋混凝土试件在矿物掺合料相同和应力比相同的情

况下钢筋锈蚀情况。

（1）A4 试件和 C4 试件在浸泡初期，极化电阻达到 $14.5×10^5\Omega\cdot cm^2$ 甚至更高，此时钢筋均处于钝化状态。而随着浸泡时间的增长，试件的极化电阻呈现减小的趋势。在 240～280d 两类试件极化电阻开始小于 $5.2×10^5\Omega\cdot cm^2$，这说明钢筋钝化膜开始出现破坏，钢筋发生锈蚀。

（2）A4 试件在第 240d 测试时，极化电阻为 $4.91×10^5\Omega\cdot cm^2$，半电池电位达到–264mV；C4 试件在第 300d 测试时，极化电阻为 $4.82×10^5\Omega\cdot cm^2$，半电池电位达到–321mV。通过极化电阻可知，钢筋钝化膜出现破坏，通过半电池电位可知，钢筋发生锈蚀的概率达到 50%。可知两者测试结果一致。因此，在其他条件一致的情况下，降低水胶比有利于钢筋混凝土抗硫酸盐侵蚀。

通过图 12–30 可知受到不同应力比荷载下的钢筋混凝土试件在矿物掺合料相同和水胶比相同的情况下钢筋锈蚀情况。

（1）浸泡初期 C4 试件在 0、0.2 和 0.3 应力比荷载下，极化电阻达到 $14.5×10^5\Omega\cdot cm^2$ 甚至更高，此时钢筋均处于钝化状态。而随着浸泡时间的增长，试件的极化电阻呈现减小的趋势。在无应力状态下，钢筋混凝土构件在 1 年浸泡周期内都未出现锈蚀，极化电阻大于 $5.2×10^5\Omega\cdot cm^2$；在 300～330d 以后，另两类试件极化电阻开始小于 $5.2×10^5\Omega\cdot cm^2$，说明这时钢筋钝化膜开始出现破坏，钢筋发生锈蚀。

（2）0.2 应力比下 C4 试件在第 330d 测试时，极化电阻为 $4.76×10^5\Omega\cdot cm^2$，半电池电位达到–314mV；0.3 应力比下 C4 试件在第 300d 测试时，极化电阻为 $4.82×10^5\Omega\cdot cm^2$，半电池电位达到–321mV。极化电阻测试结果表明钢筋钝化膜出现破坏；半电池电位的测试结果表明钢筋发生锈蚀的概率达到 50%，可知两者测试结果一致。相对于 0.2 应力比下 C4 试件在第 300d 出现锈蚀，0.3 应力比下 C4 试件晚于其 30d 发生锈蚀。说明在其他条件一致的情况下，减小混凝土所受荷载有利于钢筋混凝土抗硫酸盐侵蚀。

由图 12–31 可知掺加粉煤灰和矿渣的钢筋混凝土试件在应力比相同和水胶比相同的情况下钢筋锈蚀情况：

（1）C3 试件和 C4 试件在浸泡初期，极化电阻达到 $14.1×10^5\Omega\cdot cm^2$ 甚至更高，此时钢筋均处于钝化状态。而随着浸泡时间的增长，试件的极化电阻呈现减小的趋势。在 270～300d 左右，两类试件极化电阻开始小于 $5.2×10^5\Omega\cdot cm^2$，这说明这时钢筋钝化膜开始出现破坏，钢筋发生锈蚀。

（2）掺有粉煤灰的 C3 试件在第 270d 测试时，极化电阻为 $4.94×10^5\Omega\cdot cm^2$，半电池电位达到–311mV；掺有矿渣的 C4 试件在第 300d 测试时，极化电阻为 $4.82×10^5\Omega\cdot cm^2$，半电池电位达到–321mV。极化电阻测试结果表明，钢筋钝化膜出现破坏；半电池电位测试结果表明钢筋发生锈蚀的概率达到 50%，可知两者测试结果一致。相对于掺有矿渣的 C4 试件在第 300d 出现锈蚀，掺有粉煤灰的 C3 试件早于其 30d 发生锈蚀。可知在相同的水胶比和掺量的条件下，掺入矿渣对钢筋混凝土抗锈蚀能力的提高更为显著。

12.4.4　钢筋锈蚀电位和极化电阻的拟合

对硫酸盐和荷载共同作用下的 A4 和 C4 试件的锈蚀电位和极化电阻进行线性拟合，建立它们之间的函数关系式。A4 试件的拟合函数曲线如图 12–32 所示；C4 试件的拟合函数曲线如图 12–33 所示。两种不同强度试件的拟合函数关系式都列在了各自的拟合函数曲线图中。

由 A4 和 C4 试件的锈蚀电位和极化电阻的拟合公式可以看出，其函数关系式呈现出 $y=ax+b$ 形式，可知锈蚀电位和极化电阻之间是一次函数关系，其中 a、b 是与混凝土配合比、应力比有关的参数。

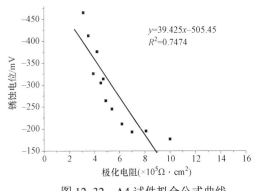

$$y=39.425x-505.45$$
$$R^2=0.7474$$

图 12-32　A4 试件拟合公式曲线

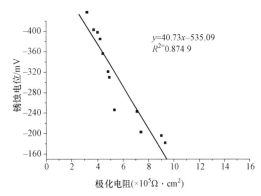

$$y=40.73x-535.09$$
$$R^2=0.8749$$

图 12-33　C4 试件拟合公式曲线

从图 12-32、图 12-33 可以发现，钢筋的锈蚀电位和极化电阻之间有良好的相关性，相关系数分别达到了 0.7474 和 0.8749。随着研究的深入，在获得更长时间的锈蚀数据情况下，可以应用上述公式来预测在硫酸盐和荷载作用下掺有粉煤灰、矿渣等不同掺合料钢筋混凝土试件的极化电阻或锈蚀电位，来判断钢筋的锈蚀程度。

12.4.5　水槽试验结果及分析

按 12.1 节及表 12-9 制备混凝土水槽，水槽四边为不同配合比的混凝土，如图 12-34 所示。

表 12-9　　　　　　　　　　　　水 槽 混 凝 土 设 计

序号	A1	A2	A3	A4	B1	B2	B3	B4	C1	C2	C3	C4
等级	C30				C40				C50			
水胶比	0.42				0.38				0.32			
矿渣	0	0	0	30%	0	0	0	30%	0	0	0	30%
粉煤灰	0	15%	30%	0	0	15%	30%	0	0	15%	30%	0

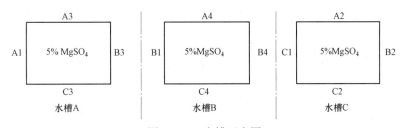

图 12-34　水槽示意图

采用 ProCep Canin+钢筋锈蚀仪对浸泡两年的水槽及浸泡在其中的钢筋混凝土试件的锈蚀状况进行测量，测试数据及结果如图 12-35 和图 12-36 所示。

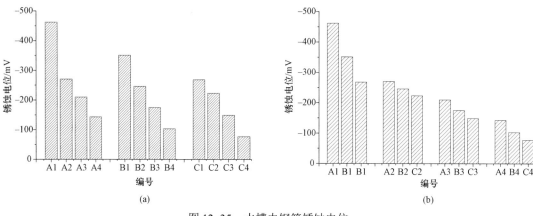

图 12-35　水槽内钢筋锈蚀电位

（a）不同矿物掺合料的钢筋混凝土水槽锈蚀电位；（b）不同水胶比的钢筋混凝土水槽锈蚀电位

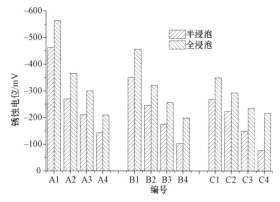

图 12-36　全浸泡与半浸泡钢筋锈蚀电位

由图 12-35 可知，总体看来，在水胶比相同时，随着矿物掺合料的增加，钢筋的半电池电位相应增大，且掺合料同掺量时，掺矿渣的效果好于掺粉煤灰；在掺合料相同时，随着水胶比的降低，钢筋的锈蚀电位增大。上述变化规律与极化电阻的变化规律相同。

由图 12-36 可知，混凝土试件在全浸泡时的锈蚀电位小于半浸泡的构件，且锈蚀严重程度也更高。这是由于全浸泡的试件与侵蚀溶液的接触面积更大，使得侵蚀性物质更易对混凝土造成破坏，加速了钢筋的锈蚀速率。

12.5　不同浸泡状态下混凝土中钢筋锈蚀的研究

本节主要通过对氯盐和硫酸盐环境下三种不同浸泡制度（不浸泡、循环浸泡和长期浸泡）的钢筋混凝土进行锈蚀速率研究，探讨了浸泡制度对钢筋混凝土锈蚀速率的影响规律。

12.5.1　氯盐环境下不同浸泡制度对钢筋锈蚀速率的影响

将表 12-1 中设计的 C 组小型钢筋混凝土试件分为三组：第一组长期全部浸泡在装有 NaCl 溶液的水槽中；第二组放在自然环境下，处于不浸泡状态；第三组先浸泡 30d，然后取出干燥 30d，以此周期反复循环浸泡，属于循环浸泡状态。对氯盐环境下三种不同浸泡制度的试件进行研究，在浸泡的第 60、210d 和 390d 采用 PAR2273 恒电位仪对试件进行钢筋锈蚀速率测量，测量结果如图 12-37～图 12-39 所示。

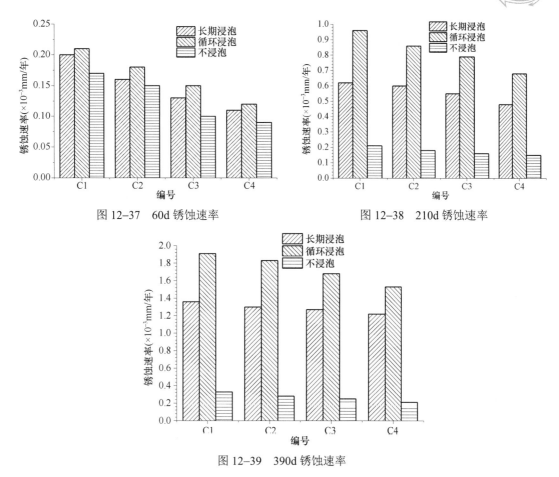

图 12-37　60d 锈蚀速率　　　　　　　　图 12-38　210d 锈蚀速率

图 12-39　390d 锈蚀速率

从图 12-37～图 12-39 可以看出，三种浸泡制度的 60d 锈蚀速率相差很小，210d 和 390d 试件的锈蚀速率相差较大，这是因为 Cl⁻ 渗透是一个较为漫长的过程，渗透程度随时间的增长而增加。对于 60、210d 和 390d 不同浸泡状态混凝土试件的钢筋锈蚀速率，都有循环浸泡＞长期浸泡＞不浸泡，原因如下：循环浸泡制度的浸泡期间，氯离子渗透到混凝土内部，在干燥期间试件又吸收了充分氧气，充足的氯和氧的叠加作用造成循环浸泡制度下钢筋锈蚀电化学反应最快，钢筋锈蚀速率也就最大。不浸泡条件下，外界氯离子总含量非常少，在测试的 390d 里面锈蚀速率很小，钢筋将长期处于钝化状态。长期浸泡制度下溶液中氯离子含量较多，但是溶液中氧相对循环浸泡的较少，因此锈蚀速率低于循环浸泡制度。同时对比图 12-37～图 12-39 还可以看出，随着时间的增长，循环浸泡试件的钢筋锈蚀速率增加得最快，不浸泡试件的锈蚀速率增长极为缓慢。

12.5.2　硫酸盐环境下不同浸泡制度对钢筋锈蚀速率的影响

将表 12-1 中设计的 C 组小型钢筋混凝土试件分为三组：第一组全部浸泡在装有硫酸镁溶液的水槽中，处于长期浸泡状态；第二组放在自然环境下，处于不浸泡状态；第三组先浸泡 30d，然后取出干燥 30d，以此反复循环浸泡，属于循环浸泡状态。对硫酸盐环境下三种不同浸泡状态的试件进行研究，应用 PAR2273 恒电位仪在试验的第 60、210d 和 390d 对试件进行钢筋锈蚀速率测量，测量结果如图 12-40～图 12-42 所示。

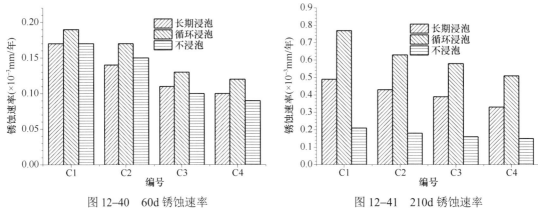

图 12-40　60d 锈蚀速率　　　　　　　图 12-41　210d 锈蚀速率

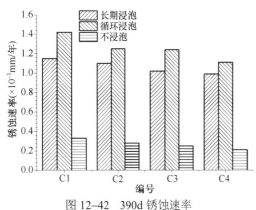

图 12-42　390d 锈蚀速率

从图 12-40～图 12-42 可以看出，在硫酸盐环境下随着浸泡制度的不同，试件的锈蚀速率变化规律与在氯盐环境下的变化规律一致，但是原理不同。在循环浸泡制度下当混凝土试块浸泡在溶液中时，SO_4^{2-} 在浓度梯度作用下通过混凝土内部孔隙扩散进入混凝土内部；干燥状态下，混凝土孔隙中的 $MgSO_4$ 溶液会在毛细作用下不断析出到表层，形成结晶体，同时留存在混凝土中的膨胀产物的膨胀作用和孔隙失水产生的收缩作用叠加造成孔隙表面的拉应力使混凝土内原有孔隙受到损伤并产生新的微裂缝，这些裂缝为再次浸泡时 SO_4^{2-} 的渗透提供了更便利的通道，从而加速侵蚀，同时也就加速了钢筋锈蚀。长期浸泡和不浸泡制度不存在上述双重作用的叠加，因此钢筋锈蚀速率的比循环浸泡制度要缓慢。

12.5.3　两种不同溶液对钢筋锈蚀速率的影响比较

将上述在 5%浓度 NaCl 溶液和 $MgSO_4$ 溶液中不同浸泡状态的钢筋锈蚀速率进行比较，钢筋锈蚀速率的差值列于表 12-10 中。

表 12-10　　　　　　氯化钠溶液与硫酸镁溶液中试件钢筋锈蚀速率的差值　　　　　　×10³mm/年

编　　号	C1	C2	C3	C4
长期浸泡 60d	0.03	0.02	0.02	0.01
长期浸泡 210d	0.13	0.17	0.16	0.15
长期浸泡 390d	0.21	0.19	0.25	0.23
循环浸泡 60d	0.02	0.01	0.02	0
循环浸泡 210d	0.19	0.23	0.22	0.17
循环浸泡 390d	0.49	0.58	0.44	0.42

通过表 12-10 可以看出，在浸泡的前期，两种溶液中钢筋锈蚀速率的差别不大，但随着

浸泡周期的增加，不管是长期浸泡制度还是循环浸泡制度，在 NaCl 溶液中的试件钢筋锈蚀速率都要大于 $MgSO_4$ 溶液中试件钢筋锈蚀速率，且随着时间增加差值有增大的趋势。这是因为两种溶液下钢筋锈蚀机理不同造成的。

在氯盐溶液下，Cl^- 渗透到钢筋表面并达到临界浓度后，钢筋开始发生电化学反应产生锈蚀；在硫酸盐溶液中，主要是由于 SO_4^{2-} 和镁离子与混凝土中物质发生物理化学反应，造成一定的体积膨胀，导致混凝土内部裂缝扩展，从而使溶液中的水和氧气渗透钢筋表面与钢筋发生化学反应产生锈蚀。在低锈蚀阶段，相对于氯盐溶液的传输渗透过程，硫酸盐溶液中的物理化学反应所需要时间更长，因而在同等条件下锈蚀程度会轻。

12.6　疲劳荷载作用下混凝土中钢筋锈蚀的研究

疲劳荷载作用不同于一般的静态或瞬时动态受力作用，疲劳荷载耦合腐蚀环境会对混凝土结构的钢筋锈蚀产生显著影响，目前此领域研究还不充分，因此本节对试件进行疲劳/腐蚀耦合试验。

首先对试件进行疲劳试验，然后将其浸泡于 5%浓度硫酸镁溶液中进行钢筋锈蚀研究。对表 12-1 中 B（C40）组和 C（C50）组配合比的试件进行了等幅疲劳荷载试验，疲劳试验应力与加载次数见表 12-11。

表 12-11　疲劳试验应力与加载次数

标号	试验测得抗弯力/kN	疲劳荷载最大值（0.5 应力比）/kN	疲劳荷载最小值（0.1 应力比）/kN	疲劳次数/万次
B1	22.6	11.3	2.3	10
B2	25.1	12.5	2.5	10
B3	27.2	13.6	2.7	10
B4	30.4	15.2	3.0	10
C1	31.3	15.65	3.1	10
C2	32.4	16.20	3.2	10
C3	34.6	17.30	3.5	10
C4	35.8	17.90	3.6	10

采用等幅疲劳荷载，疲劳加载频率采用 4Hz，荷载波形为正弦波，以压一压的加载方式施加循环荷载。先进行两次静加载循环，即先从零荷载开始施加等幅静载至疲劳荷载最大值，再等幅卸载至零，如此进行两个静加载循环；然后加静载至疲劳荷载最小值，由 MTS 液压伺服系统按给定的荷载频率按正弦波加载至疲劳荷载，加载形式如图 12-43 所示，疲劳加载次数为 10 万次。MTS 疲劳试验机如图 12-44 所示；试件底部用圆形钢

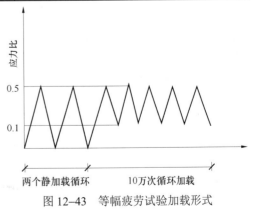

图 12-43　等幅疲劳试验加载形式

板进行两点支撑，支撑点距试件最外侧距离均为 20mm；试件顶部受力两支撑点位于三分点处，具体试验加载装置如图 12-45 所示。

图 12-44　MTS 疲劳试验机

图 12-45　试验加载装置

　　将 B（C40）和 C（C50）两组钢筋混凝土构件标准养护 28d 后各分为二组，一组按上述方法进行疲劳试验，另外一组按前述方案进行弯曲静力加载，受弯钢筋混凝土试件的应力比为 0.1。在疲劳试验过程中，用放大镜观察试验中的试件，确保试件没有出现表面裂缝和损坏。然后待疲劳试验结束后的试件与受弯曲静力的试件一起浸泡在 5%的硫酸镁溶液中，在固定的浸泡周期应用 PAR2273 恒电位仪对试件进行钢筋锈蚀速率测量。

　　将浸泡在 5%浓度硫酸镁溶液中受静力和疲劳试验后 B 组（C40）试件的锈蚀速率随浸泡时间变化的曲线绘制于图 12-46 中，同时将 C 组（C50）试件的锈蚀速率随时间变化的曲线绘制于图 12-47 中。将硫酸镁溶液中疲劳荷载和受静力荷载试件的钢筋锈蚀速率差值列于表 12-12。

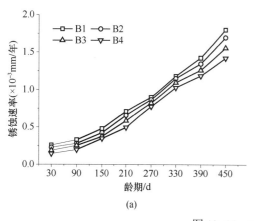
(a)

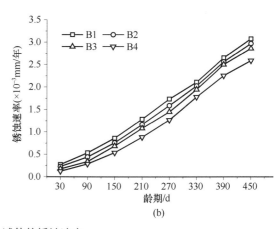
(b)

图 12-46　C40 试件的锈蚀速率
（a）受静力试件的锈蚀速率；（b）疲劳试验试件的锈蚀速率

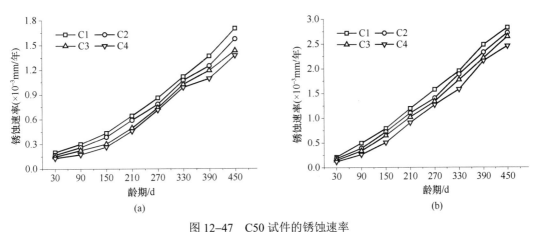

图 12-47　C50 试件的锈蚀速率

（a）受静力试件的锈蚀速率；（b）疲劳试验试件的锈蚀速率

表 **12-12**　　硫酸镁溶液中疲劳荷载和受静力荷载试件的钢筋锈蚀速率差值　　×10³mm/年

时间/d＼编号	B1	B2	B3	B4	C1	C2	C3	C4
30	−0.01	0.01	0	−0.01	0.01	0.02	0	0.02
90	0.2	0.17	0.11	0.13	0.2	0.14	0.11	0.10
150	0.38	0.33	0.32	0.19	0.36	0.34	0.35	0.23
210	0.57	0.49	0.54	0.38	0.54	0.58	0.52	0.44
270	0.83	0.72	0.63	0.49	0.72	0.62	0.58	0.55
330	0.93	0.87	0.84	0.75	0.83	0.81	0.75	0.62
390	1.22	1.21	1.23	1.06	1.11	1.08	1.01	1.06
450	1.27	1.29	1.32	1.17	1.12	1.13	1.21	1.08

通过图 12-46、图 12-47、表 12-12 可以看出如下结论。

对于两种不同水胶比试件，在浸泡的前期，两种不同环境下的锈蚀速率差别不大。随着浸泡时间的增长，疲劳试验后试件的锈蚀速率比受静力试件有了明显的增加；且随着浸泡时间的延长，疲劳试验试件的锈蚀速率增幅加大。含掺合料试件在疲劳/浸泡的第 150～230d 期间开始陆续发生钢筋锈蚀（即锈蚀速率大于 $1×10^{-3}$mm/年），明显早于静力/浸泡试件（270～330d 左右）。说明疲劳试验对钢筋混凝土试件的锈蚀速率具有明显的促进作用。因此对于承受疲劳荷载作用下的钢筋混凝土结构，应更加重视钢筋锈蚀的产生和发展。

对图 12-46、图 12-47 中疲劳荷载和 $MgSO_4$ 溶液耦合作用下不同配合比试件锈蚀速率和时间的关系进行了非线性拟合，建立了相应的多项式函数关系式，C40 试件的多项式拟合函数曲线如图 12-48 所示；C50 试件的多项式拟合函数曲线如图 12-49 所示。

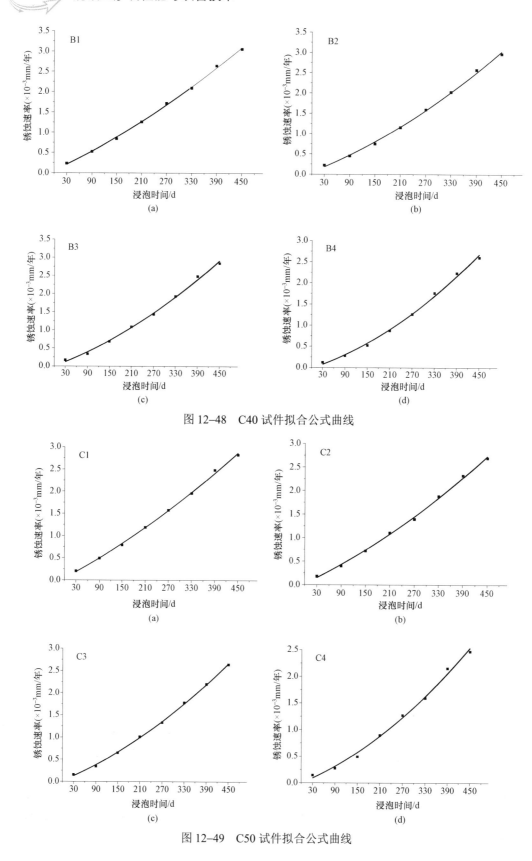

图 12-48　C40 试件拟合公式曲线

图 12-49　C50 试件拟合公式曲线

根据图 12-48、图 12-49 可以看出，二次多项式可以较好地拟合图中数据，表达式为 $y=A+Bx+Cx^2$，在硫酸盐和荷载作用下钢筋锈蚀速率随时间变化拟合函数的公式系数和相关系数见表 12-13。

表 12-13　　　　　　　　　　　　　　　拟合式系数和相关系数

强度等级	编号	系数 A	系数 B	系数 C（×10⁻⁶）	R^2
C40	B1	0.0841	0.0048	4.2989	0.9989
	B2	0.0685	0.0041	5.5225	0.9982
	B3	0.0081	0.0039	5.8532	0.9968
	B4	−0.0118	0.0031	6.5311	0.9957
C50	C1	0.0531	0.0047	3.5714	0.9986
	C2	0.0327	0.0041	4.3320	0.9984
	C3	0.0196	0.0035	5.2579	0.9990
	C4	−0.0011	0.0030	5.8366	0.9947

从表 12-13 中可以看出，多项式拟合曲线函数的相关系数都在 0.99 以上，因此可以应用这些多项式拟合函数公式来预测，在硫酸盐和疲劳荷载耦合作用下，掺有粉煤灰、矿渣等不同掺合料的钢筋混凝土试件的钢筋锈蚀速率。

12.7　钢筋锈蚀膨胀时的应力应变

当钢筋混凝土结构中的钢筋发生锈蚀后，会在钢筋表面生成锈蚀产物，同时这些锈蚀产物会向周边混凝土孔隙中扩散。锈蚀产物的体积比原钢筋的体积要大得多，根据锈蚀产物的不同，一般膨胀体积可达到钢筋锈蚀量的 2～4 倍。由于锈蚀产物的体积膨胀，钢筋外围混凝土会产生环向膨胀应力，当环向膨胀应力逐渐增长到大于混凝土的抗拉强度时，在混凝土和钢筋接触面处会产生内部径向裂缝，随着锈蚀程度的进一步加大，混凝土内部径向裂缝向混凝土表面发展，直到混凝土保护层开裂。本节首先对混凝土中钢筋锈蚀膨胀的应变变化进行检测，探索其变化规律；然后通过 Abaqus 有限元软件对钢筋膨胀对混凝土产生的影响进行了数值模拟，研究了锈蚀膨胀力对混凝土的影响。

12.7.1　混凝土中钢筋锈蚀膨胀应变

B1、B3、B4 三种配合比试件钢筋的中间和边缘贴上应变片。应变片分布图如图 12-50 所示。应变片电阻值为 120.1Ω±0.1Ω，灵敏系数为 2.10%±1%，栅长为 10mm，栅宽为 2mm。先将钢筋表面打磨平后将应变片粘贴于钢筋上，外部涂以 703 胶并用医用胶布将应变片包裹结实。

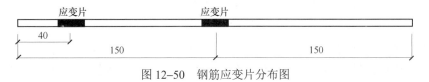

图 12-50　钢筋应变片分布图

　　将 B1、B3、B4 组试件按前述浸泡方案浸泡于 5%浓度的氯化钠溶液中，另外取 B1、B3 组试件将其按前述方案置于压弯荷载和 5%浓度氯化钠溶液耦合环境作用下，根据前述的实验结果可知在荷载和 5%浓度氯化钠溶液共同作用下，B1、B3 组试件在 210～270d 这段时间内锈蚀，所以从浸泡的第 300d 开始应变测试，测试周期为 60d；而对于仅浸泡于氯化钠溶液中的 B1、B3、B4 组试件，钢筋锈蚀发生的时间在浸泡的第 270～330d 左右，故从浸泡的第 360d 开始对不受力试件开始进行应变测量，测试周期为 60d。数据采集使用 DH3815N 静态应变测试系统，它是全智能化的巡回数据采集系统，通过计算机完成自动平衡、采样控制、自动修正、数据存储、数据处理和分析，可同时对多块试件测量，设置每 4d 读取一次数据。DH3815N 静态应变测试系统如图 12-51 所示。

图 12-51　钢筋应变测量仪器

　　首先对于只浸泡于 5%氯化钠溶液但不受力试件的应变结果进行处理和分析，应变随时间的变化结果如图 12-52 所示。

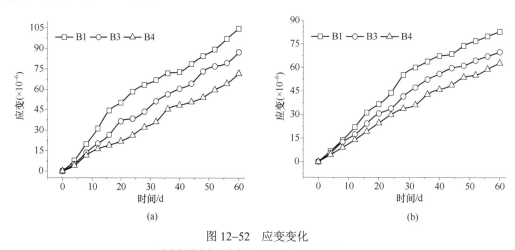

(a)　　　　　　　　　　　　　　　(b)

图 12-52　应变变化

（a）边缘位置应变片的变化；（b）中间位置应变片的变化

　　铁锈本身是一种非常复杂的复合物，其性能既不符合弹性，也不符合弹塑性或塑性，且在不同条件下生成的铁锈会有不同的化学组分，性能也会发生变化，因此本节重点关注钢筋锈蚀膨胀产生的应变变化规律。

由图 12–52 可以看出，随着时间的增长，钢筋膨胀产生的应变逐渐增大。说明在测试起始时间被测钢筋段已经发生了锈蚀。同时可以看出不管是中间还是边缘位置的钢筋，没有掺矿物掺合料试件的钢筋锈蚀膨胀产生的应变最大，掺粉煤灰的次之，掺矿渣的最小，这和钢筋锈蚀速率的变化趋势相吻合。

对比图 12–52 中（a）和（b）可以发现对于不同时间段钢筋锈蚀膨胀产生的应变，边缘位置的始终大于中间位置的，这说明边缘位置的锈蚀程度大于中间位置，分析原因如下：在边缘位置处，周围氯化钠溶液中的自由氯离子能够更快渗入混凝土中，边缘位置率先发生锈蚀，且锈蚀程度一直高于中间位置。

对置于荷载/氯化钠溶液耦合环境下的 B1 和 B3 组试件进行了应变测量，应变变化结果如图 12–53 所示。

从图 12–53 中可以看出，矿物掺合料的掺入可以有效地提高混凝土抗渗性能，从而减小钢筋锈蚀膨胀。对比图中（a）和（b）可以看出，钢筋中间位置由于膨胀产生的应变大于边缘位置，这和图 12–52 中的结果正好相反。这是由于在荷载的作用下，钢筋混凝土承受弯矩，不同位置梁的弯矩大小也不同，在中间位置钢筋混凝土的弯矩最大，中间部位混凝土内部的微观裂缝得到迅速发展，Cl⁻可以更快的渗入到钢筋表面，相对边缘位置，钢筋中部位置首先发生锈蚀。

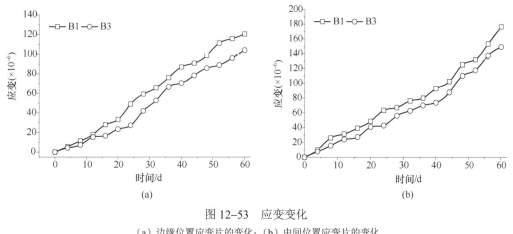

图 12–53　应变变化
（a）边缘位置应变片的变化；（b）中间位置应变片的变化

12.7.2　钢筋混凝土锈蚀膨胀力的数值模拟

钢筋混凝土结构中的钢筋发生锈蚀以后，其产生铁锈的体积是相应钢筋体积的 2～4 倍，因此会发生体积膨胀，钢筋四周的混凝土则会限制这个膨胀，由此在混凝土和钢筋交界面上产生压力，这种压力就称为钢筋锈蚀锈胀力。钢筋的锈蚀膨胀力会导致混凝土主拉应力过大而发生开裂。Abaqus 是一套功能强大的工程模拟有限元软件，其解决问题的范围从相对简单的线性分析到许多复杂的非线性问题。本节通过 Abaqus 有限元软件对钢筋锈蚀的非均匀膨胀进行了模拟，研究了锈蚀膨胀对混凝土应力的影响。

目前有限元软件模拟混凝土中钢筋锈蚀膨胀应力有三种途径：对混凝土试件施加径向力、

对混凝土试件设置温度膨胀环和对混凝土试件施加径向位移。本文采用施加径向位移的方法对混凝土保护层开裂前钢筋锈蚀不均匀膨胀进行了数值模拟，更能够接近于真实情况。假设沿轴向钢筋的锈蚀膨胀是均匀的，因此钢筋锈蚀膨胀过程就可以按照平面应变问题进行处理分析，用直径相同的孔洞来代表钢筋，以便于实现位移的施加。大量的试验已经证明混凝土结构中钢筋的锈蚀是不均匀的，朝向混凝土保护层一侧的钢筋膨胀更大一些，因此本文有限元模拟中的径向位移场采用文献中分析得出的位移场，如图 12-54、图 12-55 所示。图中，u_1 是锈蚀层最大厚度；u_2 是锈蚀层最小厚度；θ 为各锈蚀位置与 x 轴的夹角。

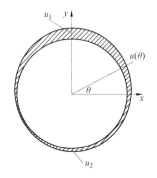
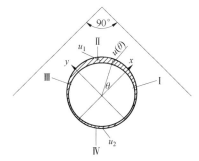

图 12-54　非角区钢筋表面混凝土的径向位移分布　　图 12-55　角区钢筋表面混凝土的径向位移分布

位于非角区钢筋表面的混凝土径向位移表达式见下式：

$$u(\theta)=\begin{cases}\dfrac{(r+u_1)(r+u_2)}{\sqrt{(r+u_1)^2\cos^2\theta+(r+u_2)^2\sin^2\theta}}-r & 0\leqslant\theta\leqslant\pi\\[3mm] u_2 & \pi\leqslant\theta\leqslant2\pi\end{cases}\qquad(12\text{-}6)$$

位于角区钢筋表面的混凝土径向位移表达式如下式：

$$u(\theta)=\begin{cases}\dfrac{(r+u_1)(r+u_2)}{\sqrt{(r+u_2)^2\cos^2\theta+(r+u_1)^2\sin^2\theta}}-r & -\dfrac{\pi}{2}\leqslant\theta\leqslant0\\[3mm] u_1 & 0\leqslant\theta\leqslant\dfrac{\pi}{2}\\[3mm] \dfrac{(r+u_1)(r+u_2)}{\sqrt{(r+u_1)^2\cos^2\theta+(r+u_2)^2\sin^2\theta}}-r & \dfrac{\pi}{2}\leqslant\theta\leqslant\pi\\[3mm] u_2 & \pi\leqslant\theta\leqslant\dfrac{3\pi}{2}\end{cases}\qquad(12\text{-}7)$$

由以上两个公式可以看出，钢筋膨胀产生的径向位移取决于 u_1、u_2 和 θ，且有 u_1 恒大于 u_2。这里假设沿轴向钢筋的锈蚀膨胀力是一致的，此外，模拟时不考虑混凝土微裂缝和结构初始缺陷对钢筋锈蚀的影响，以便于分析。

混凝土采用 C40 强度等级混凝土，具体参数为弹性模量为 32 500N/mm^2、泊松比为 0.2。应用 Abaqus 有限元软件共建立三个不同的钢筋混凝土试件模型。中部单孔模型及其网络划分如图 12-56 所示，其几何尺寸为 100mm×100mm，钢筋用 20mm 的孔洞来代替，上部保护层厚度为 20mm，应用式（12-16）对其施加径向位移；角部单孔和单排双孔的几何尺寸均为

160mm×100mm，钢筋也采用 20mm 的孔洞替代，保护层厚度为 20mm，按式（12-7）中的位移场对其进行施加径向位移，模型及网络划分如图 12-56～图 12-58 所示。

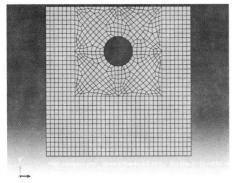

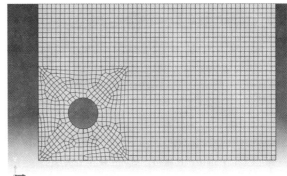

图 12-56　中部单孔模型网格划分　　　　图 12-57　角部单孔模型网格划分

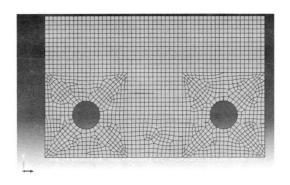

图 12-58　单排双孔模型网格划分

在 Abaqus 软件中施加位移具体操作如下：首先需要创建边界条件，选择位移/转角，如图 12-59 所示；然后选择编辑边界条件，建立柱坐标系如图 12-60 所示。

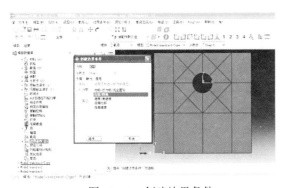

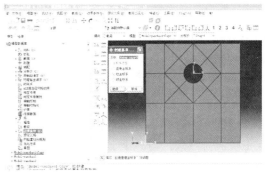

图 12-59　创建边界条件　　　　图 12-60　建立柱坐标系

选择施加位移区域并按式（12-6）、式（12-7）建立径向位移场，如图 12-61 所示。

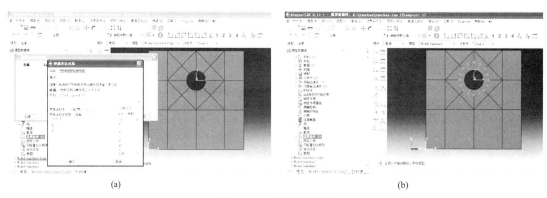

(a)　　　　　　　　　　　　　(b)

图 12-61　建立位移场
（a）输入位移场；（b）位移场模型

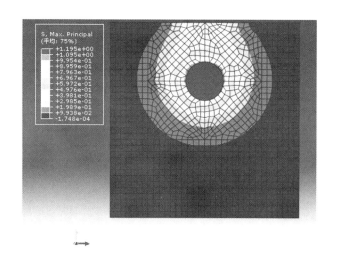

图 12-62　中部单孔模型最大主拉应力云图

（1）对于中部单孔钢筋锈蚀膨胀模型，当 u_1=1.5μm，u_2=1μm 时，通过计算得出了混凝土最大主拉应力的应力云图，如图 12-62 所示。

通过图 12-62 可以看出，由于钢筋锈蚀膨胀力的作用，混凝土最大主拉应力呈现不均匀分布，钢筋表面和混凝土接触处的混凝土最大主拉应力相对较大。将钢筋最上表面处到混凝土最上侧的路径定义为路径 1，钢筋最下表面到混凝土最下侧的路径定义为路径 2，混凝土最大主拉应力沿路径 1 的分布如图 12-63 所示，其沿路径 2 的分布如图 12-64 所示。

由图 12-63 可以得出，在混凝土与钢筋表面接触处，由于钢筋锈蚀膨胀产生的混凝土最大主拉应力最大，但其小于混凝土的抗拉强度，所以此时的混凝土并没有发生开裂，符合模型弹性设计的基本原理。如果锈蚀膨胀程度继续加大，那么与钢筋表面接触处的混凝土最先开裂，裂缝由此处向外扩展。同时随着路径映射距离的增加，混凝土最大主拉应力逐渐减小，在路径映射距离为 13mm 左右时，混凝土最大主拉应力达到最低值，随后最大主拉应力有缓慢增大的趋势。

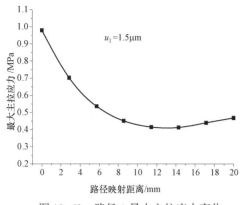

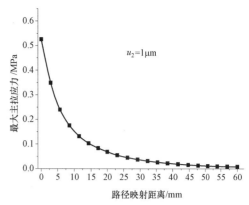

图 12-63　路径 1 最大主拉应力变化　　　　　图 12-64　路径 2 最大主拉应力变化

从图 12-64 中分析可以得出，对于背向混凝土保护层一面，混凝土最大主拉应力同样也是在与钢筋表面接触处最大，但随着映射距离的增加，最大主拉应力一直是减小的，在混凝土最表侧几乎降低到零，说明这里是最不容易发生混凝土开裂的部位。同时可以看出，在距离钢筋表面较近的部位随着映射距离的增加混凝土最大主拉应力降低得比较快，路径映射距离越远，降低程度越小。

对于路径 1，通过控制径向位移 u_1 的大小来研究不同锈蚀程度对混凝土最大主拉应力的影响，计算结果如图 12-65 所示。

锈蚀程度越大，混凝土最大主拉应力就越高，钢筋表面混凝土就越容易因为所受拉应力大于抗拉强度而发生开裂。不同锈蚀程度下，沿路径 1 的混凝土最大主拉应力的变化规律一致，即随着映射距离的增加，混凝土最大主拉应力减小，当靠近保护层最外边缘时，最大主拉应力有增大的趋势。但也可以看出锈蚀程度越小，靠近保护层最外边缘的主拉应力增大幅度也就越小，当径向位移为 0.5μm 时，基本没有增大的趋势。

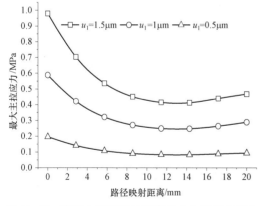

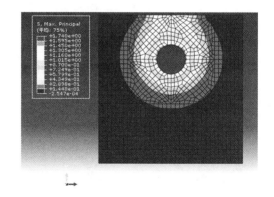

图 12-65　路径 1 不同锈蚀程度最大主拉应力变化　　　图 12-66　混凝土开裂时最大主拉应力云图

C40 混凝土的抗拉强度为 1.71N/mm²，通过不断调试参数得到当 u_1=2.1μm，u_2=1.3μm 时，钢筋锈蚀产生的混凝土最大主拉应力大致达到 1.71N/mm²，位置位于钢筋与混凝土表面交接面处，此时混凝土发生开裂，如图 12-66 所示。

（2）对于角部单孔模型和单排双孔模型，设定 u_1=1.5μm，u_2=1μm，对模型进行了计算和分析，混凝土最大主拉应力云图如图 12-67、图 12-68 所示。

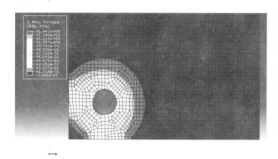

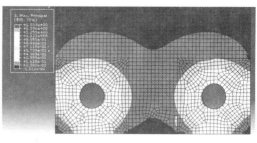

图 12-67　角部单孔模型最大主拉应力云图　　　　图 12-68　单排双孔模型最大主拉应力云图

　　对于角部单孔和单排双孔模型，钢筋锈蚀膨胀对混凝土最大主拉应力的影响和中部单孔一致，即在与钢筋表面接触处的混凝土最大主拉应力最大，并由此向四周减小，在保护层最外侧处有增大的趋势。对比图 12-67 和图 12-68 可以看出，当多根钢筋同时锈蚀时，会对混凝土的最大主拉应力产生影响，在部分区域由于共同膨胀会产生混凝土最大主拉应力的叠加。在单根钢筋锈蚀膨胀下，混凝土的最大主拉应力为 1.462MPa，而在双根钢筋锈蚀膨胀下，混凝土的最大主拉应力增加到 1.533MPa。由于实际工程中的混凝土结构很少有单一根钢筋的情况，大多数都是单排多根钢筋并存，因此相邻钢筋之间的间距也会对混凝土最大主拉应力造成很大影响，对此进行相关研究。

　　在其他参数不改变的情况下，通过改变相邻钢筋的间距，得到了钢筋间距对混凝土最大主拉应力的影响，如图 12-69 所示。图中，p_1 为混凝土由于单根钢筋锈蚀膨胀产生的最大主拉应力；p_2 为双根钢筋锈蚀膨胀产生的混凝土最大主拉应力；s 为钢筋间距；r 为钢筋直径。

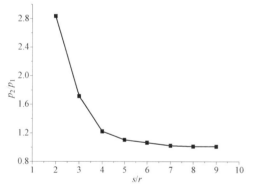

图 12-69　路径 2 最大主拉应力变化

　　从图 12-69 中可以看出相邻钢筋之间的间距越小混凝土最大主拉应力叠加程度越大。当钢筋间距与直径比在 4 以内时，相邻钢筋膨胀对混凝土最大主拉应力的影响特别明显；当钢筋间距为钢筋直径的 8 倍时，应力叠加现象基本消失。当钢筋间距为直径的 5 倍时，双根钢筋膨胀产生最大主拉应力大约为单根钢筋情况下的 1.1 倍。实际工程中钢筋间距一般都会小于钢筋直径的 5 倍，所以必须考虑相邻钢筋膨胀对混凝土应力产生的叠加作用。

第13章
锈蚀钢筋混凝土
构件承载力评估

钢筋混凝土结构锈蚀损伤是指由于钢筋锈蚀导致结构性能劣化。由于钢筋锈蚀造成钢筋有效截面减小、钢筋力学性能下降、钢筋与混凝土黏结力下降、混凝土强度降低、混凝土保护层开裂剥落等问题，从而降低了结构或构件的承载力。锈蚀钢筋混凝土构件承载力评估是依据现场检测的材料力学性能、几何尺寸、钢筋锈蚀量等参数，运用承载力评估模型，获得服役结构的承载力。

国内外学者对锈蚀钢筋混凝土构件的受弯性能进行了大量试验研究。Okada[2-48]等通过室内加速锈蚀试验研究出现纵向锈蚀裂缝的钢筋混凝土梁的受力性能，发现锈蚀梁的屈服强度降低，承受疲劳荷载时强度急剧降低，但未研究其承载力评估方法。Ting 等[2-49]提出了钢筋截面损失对钢筋混凝土梁承载力影响的计算方法，并采用有限差分法编制计算程序，但未考虑钢筋强度降低和黏结力损失。惠云玲[2-50]等在预制混凝土中掺加氯化物并养护 3～5 年，用来模拟构件在实际使用一段时间（20 年）后的锈蚀状态，通过对 24 根梁和 9 根柱的试验研究提出了钢筋混凝土截面损失、钢筋屈服强度降低和黏结力损失对结构性能的影响，同时按现行规范公式计算了构件的承载力。史庆轩[2-51]等通过实验室快速锈蚀模拟试验，对 20 根偏心受压构件的承载力进行了研究，结果表明，锈蚀构件平均应变分布与平截面假定不相符。

以上研究结论大多以平截面假定为依据，采用协同工作系数近似考虑黏结性能的损失，按混凝土结构设计规范的公式，计算锈蚀钢筋混凝土构件的受弯承载力。然而通过拔出试验证实：保护层出现开裂后，黏结强度迅速降低，裂缝宽度超过 2mm 后，黏结力基本丧失，其平均黏结强度仅为无纵向裂缝的 3.5%～5.5%，这时混凝土结构设计的公式已不适用。因此，本章从钢筋混凝土受弯构件的破坏模式入手，分析其破坏机理和过程，建立锈蚀钢筋混凝土受弯构件承载力的评估模型。

13.1 锈蚀钢筋混凝土构件的破坏模式

研究表明[2-52]，钢筋锈蚀对钢筋混凝土构件的受弯承载力影响体现在三个方面：① 钢筋截面面积的减小；② 钢筋屈服强度的降低；③ 钢筋与混凝土之间黏结性能的退化。因此钢筋的锈蚀程度决定了锈蚀钢筋混凝土构件的破坏模式。而未开裂的锈蚀钢筋混凝土与未锈蚀钢筋混凝土受弯构件的破坏模式是基本相同的，随着外界荷载增加，受拉区混凝土开裂退出服役，中和轴上移，受拉钢筋承受拉力直至屈服，同时受压区混凝土达到极限压应变，混凝土被压碎，构件丧失承载力。

关于锈蚀开裂的钢筋混凝土构件的破坏模式，Rodriguez 等对 30 根锈蚀钢筋混凝土梁进行受弯试验，得到以下四种不同的破坏模式。

（1）受拉钢筋屈服的弯曲破坏。

（2）受压混凝土压碎的弯曲破坏。

（3）剪切破坏。

（4）黏结锚固破坏。受拉钢筋锈蚀严重与混凝土之间的滑移时产生。

对于大多数锈蚀开裂的钢筋混凝土构件，黏结锚固破坏成为其主要破坏模式。随着钢筋锈蚀越来越严重，混凝土将产生顺筋胀裂。由于混凝土截面刚度降低，在很小荷载下就会出现弯曲裂缝。随着荷载增加，弯曲裂缝扩展至和钢筋锈蚀胀裂产生的纵向裂缝汇合。此时还未开裂的混凝土将为受拉钢筋的应力传递提供很好的锚固。当荷载进一步增加时，未开裂混凝土锚固部分的拔出应力增加，直至锚固失效，最终导致沿纵筋方向的混凝土与钢筋截面的劈裂。这种破坏就是典型的锈蚀钢筋与混凝土锚固丧失导致的。

13.2　锈蚀开裂前钢筋混凝土构件承载力评估

在钢筋混凝土出现锈蚀、处于受拉区的混凝土并未出现锈胀开裂时，由于钢筋锈蚀面积通常不大，混凝土抗拉强度几乎不考虑，因此钢筋锈蚀对受拉区影响不大，且钢筋与混凝土之间的黏结力几乎没有损失；而在受压区，由于钢筋周围的混凝土承受拉压双向应力状态，使得混凝土抗压强度有所降低。此时需采用以下模型进行钢筋混凝土的受弯承载力评估。

13.2.1　截面应力应变的基本假定

（1）截面应变保持平面。

（2）不考虑混凝土抗拉强度。

（3）锈蚀钢筋应力应变为理想弹塑性关系，即钢筋屈服前应力与应变成正比，在钢筋屈服后，钢筋应力保持不变。

（4）混凝土应力应变曲线采用抛物线及水平线组成的曲线，如图 13-1 所示。

（5）考虑混凝土受压区钢筋锈蚀产生的锈胀力的影响范围为钢筋周围 a_s^1 区域。

根据上述基本假定，锈蚀钢筋混凝土受弯承载力计算简图如图 13-2 所示。

研究表明在锈蚀钢筋混凝土的受压区，混凝土处于拉压双向应力状态时，混凝土抗压强度随拉应力的增加而降低，并呈线性关系。由 Nelisson 公式，拉压双向应力状态时，混凝土抗压强度减小，计算公式：

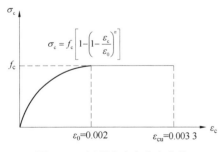

$$\sigma_c = f_c \left[1 - \left(1 - \frac{\varepsilon_c}{\varepsilon_0} \right)^\eta \right]$$

图 13-1　混凝土应力应变曲线

$$\sigma_c = \left(1.6\frac{\sigma_1}{f_c} - 0.9\right)f_c \tag{13-1}$$

式中 σ_1——混凝土承受的最大拉应力，取 $\sigma_1 = f_t$。

混凝土抗拉强度一般为抗压强度的 8%～12%，简化计算取 $f_t = \frac{1}{10}f_c$，代入式（13-1），得 $\sigma_c = -0.74 f_c$。

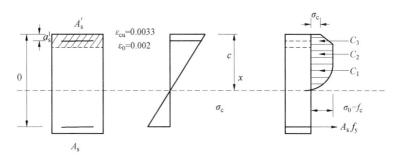

图 13-2   钢筋混凝土受弯承载力计算简图

C_1——混凝土 σ-ε 曲线中二次抛物线部分合力；C_2——混凝土 σ-ε 曲线中直线部分合力；
C_3——拉压应力状态下混凝土压应力合力；σ_c—— a_s' 范围拉压双向应力状态下抗压强度的平均值

13.2.2   锈蚀开裂前钢筋混凝土受弯构件承载力评估模型

在图 13-1 混凝土应力应变图中，$f_{cu,k} \leqslant C50$ 时，取 $n=2$，得到 $\sigma_c = f_c\left[\dfrac{2\varepsilon_c}{\varepsilon_0} - \left(\dfrac{\varepsilon_c}{\varepsilon_0}\right)^2\right]$。

此时，二次抛物线终点对应的应变值为 $\varepsilon_0 = 0.002$，所以二次抛物线高度为：

$$y_0 = \frac{\varepsilon_0}{\varepsilon_u}x_c = \frac{20}{33}x_c \tag{13-2}$$

直线应力段分为两部分，一部分为 $2a_s'$，另一部分为：

$$x_c - y_0 - 2a_s' = \frac{13}{33}x_c - 2a_s' \tag{13-3}$$

根据图 13-2 计算简图，由力的平衡条件整理得：

$$(0.8x_c - 0.52a_s')f_c b + f_y'A_s' = f_y A_s$$
$$M = 0.17(x_c - 0.11a_s')f_c bx_c + 0.2x_c f_y'A_s' + f_y A_s(h_0 - 0.2x_c - a_s') \tag{13-4}$$

金伟良等[2-53]通过大量实验，考虑钢筋锈蚀对钢筋截面面积、钢筋屈服强度和钢筋混凝土黏结力损失的影响，提出锈蚀状态下的钢筋混凝土的受弯承载力折减系数 η：

$$\eta = \begin{cases} 1 & \rho < 1.2 \\ 1.04514 - 0.03762\rho & \rho \geqslant 1.2 \end{cases} \tag{13-5}$$

式中 ρ——钢筋锈蚀率，%。

因此将折减系数 η 与式（13-4）合并，可得未开裂的锈蚀钢筋混凝土受弯构件的承载力评估模型：

$$\begin{cases} (0.8x_c - 0.52a_s^1)f_c b + f_y^1 A_s^1 = f_y A_s \\ M = \eta[0.17(x_c - 0.11a_s^1)f_c bx_c + 0.2x_c f_y^1 A_s^1 + f_y A_s(h_0 - 0.2x_c - a_s^1)] \end{cases} \qquad (13-6)$$

13.2.3　模型验证

采用牛荻涛在文献［2-54］中试验梁 S2A11U 和 S2A14U 构件来验证模型，试验中两根梁均未出现锈蚀裂缝，结果为弯曲破坏。将实验值和利用本节计算公式得到的计算值列于表 13-1。由表 13-1 可见模型计算结果与实测结果较为吻合。

表 13-1　　　　　　　　　锈蚀钢筋混凝土梁的计算值与实测值

编号	实测参数					弯曲承载力/（kN·m）		M/M^1
	$f_{cu,k}$/MPa	b/mm	h_0/mm	ρ/%	$f_y A_s$/kN	实测 M	计算 M^1	
S2A11U	23.5	62	162	2.4	42	5.58	5.42	1.03
S2A14U	23.5	62	147	2.2	41.3	4.76	4.7	1.01

13.3　锈蚀开裂后钢筋混凝土构件承载力评估

混凝土内钢筋常发生不均匀锈蚀，常常是某一段严重锈蚀而另一段只是轻微锈蚀。当钢筋混凝土构件处于受弯情况下，因此跨中的底部混凝土保护层更容易开裂剥落，底部钢筋与周围混凝土失去黏结作用，严重影响结构性能。当钢筋在支座处锚固良好时，构件将发生弯曲破坏或剪切破坏；而当钢筋在支座处锚固较差时，构件将发生黏结锚固破坏。

13.3.1　发生弯曲破坏时锈蚀开裂构件受弯模型

钢筋锈蚀开裂后，钢筋与混凝土之间的黏结力损失，意味着依据整个截面变形协调的极限弯矩公式已不适用。当混凝土开裂后导致保护层剥落，剥落区混凝土和钢筋之间不能传递剪应力，此时钢筋拉应力沿无黏结长度均匀分布。

本节从偏于安全角度分析，假定钢筋锈蚀开裂后，混凝土与钢筋之间的黏结力完全丧失，因此锈蚀开裂后的混凝土构件受弯模型如图 13-3 所示。

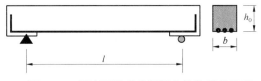

图 13-3　锈蚀开裂后的混凝土构件受弯模型

钢筋混凝土构件受弯时，力的平衡条件和总变形条件如下式。

水平力合力为零：

$$A_s f_y = f_c bx / 2 \qquad (13-7)$$

内力与作用弯矩平衡：

$$A_s f_y Z = M \qquad (13-8)$$

变形协调：

$$\int_0^l \varepsilon_s \mathrm{d}l = \int_0^l \varepsilon_c \mathrm{d}l \qquad (13-9)$$

式中　A_s ——受拉区纵向非预应力钢筋的截面面积；

　　　　f_y ——普通钢筋抗拉强度设计值；

　　　　ε_s ——钢筋的应变；

　　　　ε_c ——钢筋位置处混凝土应变。

对于钢筋完全黏结混凝土截面，中和轴高度 x 沿全跨不变，混凝土压力与钢筋拉力之间的力臂是不变的，因此由式（13-8）可知，钢筋的拉应力与作用弯矩成正比，由式（13-7）可知混凝土最大压应力与弯矩成正比。如图 13-4 中（a）所示。

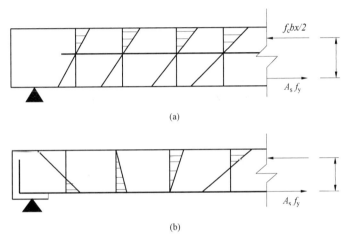

图 13-4　混凝土截面应变分布

（a）完全黏结混凝土截面；（b）无黏结混凝土截面

钢筋锈蚀混凝土保护层开裂剥落后，钢筋与混凝土黏结力损失。此时钢筋拉应力沿无黏结长度均匀分布，为了满足式（13-7）平衡条件，混凝土与钢筋拉力之间的力臂随弯矩增大而增大，随弯矩减小而减小，因此跨中的力臂大，支座的力臂小，且受压区高度由跨中到支座逐渐增大。在靠近跨中处，混凝土压应力作用线达到混凝土截面高度的 1/3，截面高度范围内均处于受压状态，而越靠近跨中，混凝土截面将完全处于受压状态。在靠近支座处，弯矩减小，中和轴以上混凝土受拉，以下混凝土受压，情况与跨中相反，混凝土应变图如图 13-4（b）所示。因此无黏结钢筋混凝土应变不符合平截面假定。

13.3.2　锈蚀开裂后承载力评估理论模型

1. 锈蚀开裂后混凝土截面相对受压区高度

无黏结钢筋混凝土简支梁的中和轴变化如图 13-5 所示，其受压区高度为：当 $x_1 \leqslant h_0$ 时，$x = x_1$；当 $x_1 > h_0$，$x_2 > h_0$ 时，$x = h_0$；当 $x_2 \leqslant h_0$ 时，$x = x_2$。

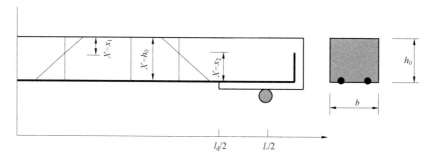

图 13-5　混凝土截面中和轴变化

简支梁钢筋混凝土处于集中荷载作用下时，任意位置弯矩为：

$$M(l) = \frac{Pl}{4}\left(1 - 2\frac{l}{L}\right) \tag{13-10}$$

假定未锈蚀时构件承载力为 P_0，破坏弯矩为 M_0，令

$$p = \frac{P}{P_0}，\quad \psi(l) = 1 - \frac{2l}{L} \tag{13-11}$$

代入可得：

$$M(l) = pM_0\left(1 - 2\frac{l}{L}\right) = pM_0\psi(l) \tag{13-12}$$

未锈蚀的构件破坏弯矩为：

$$M_0 = f_y A_s\left(h_0 - \frac{x}{2}\right) = f_y A_s h_0\left(1 - \frac{2}{3} \times \frac{f_y A_s}{f_c b h_0}\right) \tag{13-13}$$

令 $k = \frac{2}{3} \times \frac{f_y A_s}{f_c b h_0}$，则

$$M_0 = f_y A_s h_0 (1 - k) \tag{13-14}$$

构件锈蚀开裂后，在无黏结长度上，由式（13-8）可知力臂为：

$$Z = \frac{M}{A_s \sigma_s} = \frac{pM_0\psi(l)}{A_s \sigma_s} \tag{13-15}$$

由 13-5 可知，跨中处 $Z = h_0 - x_1/3$。

因此跨中处相对受压区高度为：

$$\xi_1 = \frac{x_1}{h_0} = 3\left(1 - \frac{Z}{h_0}\right) = 3\left[1 - \frac{p(1-k)\psi(l)}{\varepsilon_s/\varepsilon_y}\right] \tag{13-16}$$

式中　ε_s——钢筋开始屈服时应变；

　　　ε_y——混凝土开始屈服时应变。

而支座处 $Z = x_2/3$，因此支座处相对受压区高度：

$$\xi_2 = \frac{x_2}{h_0} = 3\frac{p(1-k)\psi(l)}{\varepsilon_s/\varepsilon_y} \tag{13-17}$$

假定跨中压碎时混凝土的相对受压区高度为 ξ_c，$\xi_c = x_c/h_0$，由式（13-7）可得：

$$\frac{\varepsilon_s}{\varepsilon_y}=\frac{\xi_c}{3k} \qquad (13-18)$$

将式（13-18）代入式（13-16）和式（13-17）得到跨中及支座处相对受压区高度为：

$$\begin{cases} \xi_1=3\left[1-\dfrac{3pk(1-k)\psi(l)}{\xi_c}\right] \\ \xi_2=\dfrac{9pk(1-k)\psi(l)}{\xi_c} \end{cases} \qquad (13-19)$$

因此，在构件跨中点处，$l=0$，$\psi(0)=1$ 代入式（13-19），得：

$$\xi_c=3\left[1-\frac{3pk(1-k)}{\xi_c}\right] \qquad (13-20)$$

将式（13-20）整理可得：

$$\xi_c=\frac{3}{2}\left(1-\sqrt{1-4pk(1-k)}\right) \qquad (13-21)$$

2. 建立模型

由图 13-5 可知，钢筋处混凝土应变为：

$$\varepsilon_c=\frac{Me}{r^2E_c}-\frac{T}{E_c}\left[1+\left(\frac{e}{r}\right)^2\right] \qquad (13-22)$$

式中　e ——钢筋至受压混凝土截面中心距离；

　　　r ——受压混凝土截面回转半径。

令 $i=r/h_0$，$\eta=e/h_0$，$n=E_s/E_c$，$\rho=A_s/bh_0$，则：

$$\varepsilon_c=\frac{3p\varepsilon_c k(1-k)\psi(l)\eta}{2\xi i^2}-\frac{\varepsilon_s\rho n}{\xi}\left[1+\left(\frac{\eta}{i}\right)^2\right] \qquad (13-23)$$

在无黏结长度上混凝土的平均应变等于钢筋应变，由式（13-9）有：

$$\frac{\sum_0^{l_d}\varepsilon_c dl}{l_d}=\varepsilon_s \qquad (13-24)$$

将式（13-23）代入式（13-24）得：

$$\varepsilon_s=\frac{\dfrac{3p\varepsilon_c k(1-k)}{l_d}\displaystyle\int_0^{l_d/2}\dfrac{\psi(l)\eta}{\xi i^2}dl}{1+\dfrac{2\rho n}{l_d}\displaystyle\int_0^{l_d/2}\dfrac{1}{\xi}\left[1+\left(\dfrac{\eta}{i}\right)^2\right]dl} \qquad (13-25)$$

则

$$\frac{\varepsilon_s}{\varepsilon_c}=\frac{\xi_c}{2\rho n} \qquad (13-26)$$

将式（13-25）代入式（13-26），得：

$$p = \xi_c \frac{\dfrac{l_d}{2\rho n} + \displaystyle\int_0^{l_d/2} \dfrac{1}{\xi}\left[1+\left(\dfrac{\eta}{i}\right)^2\right]dl}{3k(1-k)\displaystyle\int_0^{l_d/2}\dfrac{\psi(l)\eta}{\xi i^2}dl} \quad\quad (13\text{-}27)$$

从式（13-27）可知，锈蚀开裂长度越长，承载力降低越大。式中 l_d 长度可通过工程检测得到。

模型验证：本模型采用文献［2-55］的 L-0.2 及 L-0.4 梁进行验证。梁的参数如下，梁长 1500mm，截面尺寸及配筋如图 13-6 所示；材料采用 C30 混凝土，箍筋 $\Phi8@100$，受拉钢筋 $3\Phi8$。

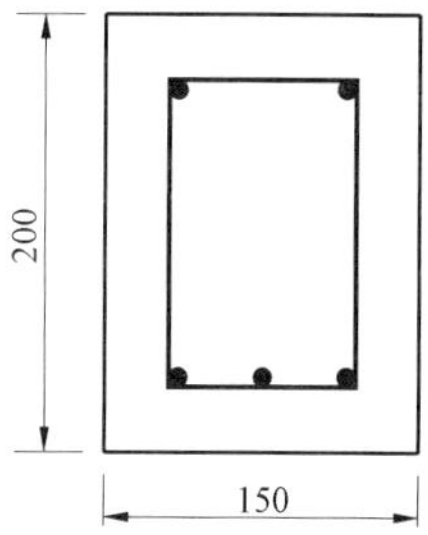

以 L-0.2 为算例：

$$k = \frac{2}{3}\times\frac{f_y A_s}{f_c b h_0} = \frac{2}{3}\times\frac{300\times151}{14.3\times150\times185} = 0.23, \quad l_d = 521\text{mm}$$

$$\xi_c = \frac{3}{2}[1-\sqrt{1-4pk(1-k)}] = \frac{3}{2}(1-\sqrt{1-4\times0.73\times0.23\times0.77}) = 0.42$$

$$\rho = A_s/bh_0 = \frac{151}{150\times185} = 0.005\,4, \quad n = E_s/E_c = 200\,000/30\,000 = 6.67$$

$$i = r/h_0 = 73/185 = 0.4, \quad \eta = e/h_0 = 30/185 = 0.16$$

$$\psi(l) = 1 - \frac{2l}{L} = 1 - \frac{2\times400}{1500} = 0.47, \quad \xi = 0.55$$

将以上参数代入 $p = \xi_c \dfrac{\dfrac{l_d}{2\rho n} + \displaystyle\int_0^{l_d/2}\dfrac{1}{\xi}\left[1+\left(\dfrac{\eta}{i}\right)^2\right]dl}{3k(1-k)\displaystyle\int_0^{l_d/2}\dfrac{\psi(l)\eta}{\xi i^2}dl} = 0.42\times\dfrac{7.23+15.3}{0.04\times0.42} = 562.2$

图 13-6 梁截面配筋

表 13-2 模 型 验 证

编号	l_d/mm	理论值/kN	试验值/kN	理论值/实验值
L-0.2	521	562.2	476.8	1.18
L-0.4	723	515.84	496.5	1.04

由表 13-2 可知，模型计算结果相比试验值偏大，大约在 20% 范围内，因此今后可进一步收集更多的试验数据对公式进行校正，使其更符合实际情况。

13.3.3　锈蚀开裂后承载力评估实用模型

钢筋保护层锈蚀开裂后，钢筋与混凝土的黏结力下降甚至丧失。因此在梁受力变形时，钢筋与混凝土会发生相对滑动。经研究发现[2-56]，锈蚀开裂梁的受弯性能与无黏结预应力混凝土梁相似，因此可采用无黏结预应力梁的设计方法来评估锈蚀开裂梁的承载力。

根据杜拱辰的《现代预应力混凝土结构》[2-57]可知，梁破坏时无黏结筋的极限应力为：

$$\sigma_p = \frac{1}{1.2}[\sigma_{pe} + (500 - 770\beta_0)] \tag{13-28}$$

当公式应用于锈蚀开裂混凝土构件时，式中钢筋有效预应力 $\sigma_{pe}=0$，$\beta_0 = \beta_p + \beta_s \leqslant 0.45$。无黏结筋配筋指标 $\beta_s = A_s f_y / bh_0 f_{cm}$，预应力筋配筋指标 $\beta_p = 0$。

由构件破坏弯矩公式及式（13-7）可得：

$$M_0 = \sigma_s A_s\left(h_0 - \frac{x}{2}\right) = \sigma_s A_s h_0\left(1 - \frac{\sigma_s}{2f_y} \cdot \beta_0\right) \tag{13-29}$$

式中　A_s——锈蚀后钢筋面积；

σ_s——锈蚀后钢筋的极限应力，由式（13-28）可得；

f_y——锈蚀后钢筋的屈服强度。

13.3.4　模型验证

选取文献［2-58］中 A21、A22、A31、A32 四根处于锈蚀开裂后的梁进行验证，试验结果显示四根梁均发生弯曲破坏。承载力计算值及实测值见表 13-3。

表 13-3　　　　　锈蚀开裂后钢筋混凝土梁的计算值与实测值

梁号	实测值							计算值		M'/M
	f_{cu}/MPa	B/mm	h_0/mm	P/(%)	f_y/MPa	A_s/mm²	M/(kN·m)	σ_s/MPa	M'/(kN·m)	
A21	39.6	154	218	7.11	383	286	21.84	345	20.4	0.94
A22	39.6	154	224	10.17	387	277	22.19	352	20.81	0.94
A31	38.1	176	221	4.6	381	294	22.4	351	21.73	0.97
A32	38.1	176	220	8.49	382	282	24.21	353	20.9	0.86

由表 13-3 可知，模型计算结果与实测结果较为接近，可用于锈蚀开裂后的受弯构件承载力的评估，且具有一定的安全储备。

第14章

地下工程钢筋混凝土结构寿命预测模型

结构耐久性评估包括结构耐久性等级评定、结构构件及结构的寿命预测。对混凝土结构进行耐久性评估，确保结构在目标使用年限内安全和合理使用，这是混凝土结构耐久性研究的重要内容。对混凝土结构使用寿命的预测，既能够根据预测结果调整设计方案，使其具有足够的耐久性，还可以揭示影响混凝土结构寿命的内部和外部因素，对于提高工程的设计水平和施工质量起到积极作用。

本章考虑混凝土配合比、环境温度、湿度、侵蚀性溶液作用、外装涂料对氯离子扩散的影响，在菲克第二定律的基础上，建立多因素作用下混凝土氯离子扩散模型。研究 NaCl 和 $MgSO_4$ 溶液浸泡环境与荷载耦合作用下钢筋锈蚀速率的时变性及锈蚀膨胀的应变变化规律，采用有限元软件模拟计算了钢筋锈蚀膨胀产生的拉应力，通过对钢筋锈蚀速率时变性的研究，分析钢筋锈蚀速率与锈蚀应力应变的规律，建立地下混凝土结构使用寿命预测模型。

14.1　多因素作用下钢筋混凝土中氯离子扩散模型的建立

钢筋脱钝开始锈蚀时间即 Cl^- 侵入混凝土到达钢筋表面并积累到临界浓度的时间。这一阶段主要是 Cl^- 在混凝土中的扩散及其在钢筋表面积累的时间，基于菲克第二定律，建立多因素耦合作用下的 Cl^- 扩散模型，可根据模型计算此阶段的时间。

14.1.1　菲克定律

Cl^- 侵入混凝土是一个非稳态扩散的过程，这一过程可用菲克第二定律来描述。菲克第二定律假定：混凝土是各向同性均质材料，Cl^- 在混凝土中的扩散是一维扩散行为，混凝土的扩散特性不随时间和 Cl^- 浓度而变化。菲克第二定律的基本形式为：

$$\frac{\partial c}{\partial t} = D\frac{\partial^2 c}{\partial x^2}$$

（14-1）

式中　c——t 时刻 x 处的 Cl^- 浓度；

t——时间，s；

D——Cl^- 扩散系数；

x——混凝土内部距表面的深度。

假定初始条件为 $c(x,0)=c_0$，即混凝土内部初始含有 Cl^- 浓度为 c_0；边界条件为 $c(0,t)=c_s$，$c(\infty,t)=c_0$，即混凝土表面的 Cl^- 浓度为 c_s。可得上式的解析解为：

$$c(x,t) = c_0 + (c_s - c_0)\left[1 - \mathrm{erf}\left(\frac{x}{2\sqrt{Dt}}\right)\right] \tag{14-2}$$

式中　　c_0——混凝土中初始 Cl^- 浓度；

c_s——混凝土表面的 Cl^- 浓度；

$\mathrm{erf}(x)$——误差函数，即：

$$\mathrm{erf}(x) = \frac{2}{\sqrt{\pi}}\int_0^x e^{-u^2}\,\mathrm{d}u \tag{14-3}$$

式（14-2）就是菲克第二定律的一般解，通过改变边界条件，可以得到该定律的不同解，从而得到相应的氯离子扩散模型。

通过菲克第二定律的公式及解可以看出，Cl^- 扩散系数 D 是影响 Cl^- 扩散过程的主要因素。扩散系数并不是一个常数值，而是不断变化的，它不仅与混凝土组成、内部孔结构的数量和特征等内部因素有关，同时也受到时间、温度、湿度、养护龄期、混凝土碳化等外部因素的影响。因此，该定律应用时的关键是扩散系数 D 的确定。

14.1.2　配合比对氯离子扩散系数的影响

主要考虑混凝土配合比对 Cl^- 的结合能力、扩散系数时变性的影响。

1. 混凝土配合比对 Cl^- 结合能力的影响

Cl^- 在侵入混凝土内部的过程中，由于混凝土材料的物理化学作用，即混凝土对 Cl^- 的结合能力，使真正进入内部的自由 Cl^- 含量有所减少，可表现为 Cl^- 扩散速度的降低。已有混凝土对 Cl^- 结合系数的研究成果就是对此问题的修正。目前应用较多的结合理论有：线性结合理论、Langmuir 吸附理论、Freundlich 结合理论，线性结合理论的表达式最为简单，后两者都属于非线性结合理论。

余红发[2-59]的研究表明，在较低 Cl^- 浓度范围内，混凝土的 Cl^- 结合能力趋于线性，可采用线性结合理论；当 Cl^- 浓度较高时，混凝土对 Cl^- 的结合能力减弱，继续采用线性理论会造成很大误差，应采用非线性结合理论，即 Langmuir 吸附理论或 Freundlich 结合理论。地下环境与沿海、除冰盐、盐碱地等环境不同，该环境中不存在高浓度的自由 Cl^-，而是多种离子共存，以 SO_4^{2-} 为主。基于以上原因，在本研究中将采用线性结合理论对 Cl^- 扩散公式进行修正。

定义混凝土内部 x 处结合 Cl^- 浓度与自由 Cl^- 浓度之比 r，其为混凝土对氯离子的结合系数，采用线性结合理论，可得：

$$c_f = \frac{c}{1+r} \tag{14-4}$$

式中　　c——距混凝土表面深度为 x 处的总 Cl^- 浓度；

c_f——距混凝土表面深度为 x 处的自由 Cl^- 浓度；

r——混凝土对 Cl^- 结合系数。

2. 扩散系数时变性的影响

在 Cl⁻的扩散过程中，由于混凝土本身不断水化和 Cl⁻与内部混凝土产生化学反应的作用，使混凝土内部孔隙不断被填充，结构变得密实，表现为随时间增长抗渗能力提高。上述结果在扩散模型中的反映就是 Cl⁻扩散系数随时间的增长而发生衰减。为此，引入时变性常数对其进行修正。

Thomas 等[2-60]对 Cl⁻扩散系数随时间的变化进行修正，其理论用下式表示混凝土 Cl⁻扩散系数与时间的函数关系，即：

$$D_t = D_0 \left(\frac{t_0}{t}\right)^m \tag{14-5}$$

式中　D_t——t 时刻混凝土的氯离子扩散系数；

　　　D_0——t_0 时刻的氯离子扩散系数，一般以 28d 或 90d 龄期作为初始值；

　　　m——氯离子扩散系数时变系数，小于 1。

其中，对于使用粉煤灰和矿渣两种矿物掺合料的混凝土的 m 取值，美国 Life-365 标准设计程序[2-61]中规定如下公式：

$$m = 0.2 + 0.4 \times \left(\frac{F\%}{50} + \frac{S\%}{70}\right) \tag{14-6}$$

式中　$F\%$——粉煤灰在胶凝材料中的质量比；

　　　$S\%$——矿渣在胶凝材料中的质量比。

考虑到地下环境中所使用的大多是含矿物掺合料混凝土，且粉煤灰和矿渣在我国混凝土工程中的大量使用，故将式（14-6）代入式（14-5）中，得到本文采用的时变性修正公式：

$$D_t = D_0 \left(\frac{t_0}{t}\right)^{0.2+0.4(F\%/50+S\%/70)} \tag{14-7}$$

式中　D_t——t 时刻混凝土的氯离子扩散系数；

　　　D_0——t_0 时刻的氯离子扩散系数，一般以 28d 或 90d 龄期作为初始值；

　　　$F\%$——粉煤灰在胶凝材料中的质量比；

　　　$S\%$——矿渣在胶凝材料中的质量比。

14.1.3　环境因素对氯离子扩散系数的影响

针对混凝土服役环境对混凝土 Cl⁻扩散能力的影响，主要考虑环境温度、相对湿度、MgSO₄浓度等三个因素对 Cl⁻扩散系数的影响。

14.1.3.1　环境温度的影响

温度对混凝土渗透性的长期影响表现在两个方面：① 温度升高使水分蒸发加快，造成混凝土表面孔隙率增大，渗透性增大；② 根据普朗克方程，温度的升高可以加速 Cl⁻在混凝土中的扩散速度，即增加混凝土的 Cl⁻扩散系数。对于地下环境，尤其是地铁隧道中的混凝土结构，其工作温度一般与地面结构有所区别，故需引入温度影响系数 K_T 对 Cl⁻扩散系数进行修正。

采用美国 Life-365 标准设计程序[2-61]中的温度对扩散系数影响的计算公式，即

$$K_T = e^{\left[\frac{U}{R}\times\left(\frac{1}{T_{w0}}-\frac{1}{T_w}\right)\right]} \tag{14-8}$$

式中　U——扩散过程的活化能，一般取 35 000J/mol；

　　　R——气体常数，其值为 8.314J/（mol·K）；

　　　T_{w0}——正常环境的绝对温度，一般取 293K（20℃）；

　　　T_w——服役环境的绝对温度。

14.1.3.2　环境相对湿度的影响

由于 Cl⁻ 侵入混凝土的过程就是其通过渗透、扩散等方式向混凝土内部传输的过程，这一过程需要混凝土中的孔隙水作为离子的载体，所以混凝土的相对湿度是影响扩散系数的一个重要因素。对于地下混凝土结构，其服役环境相对湿度受到土壤、地下水、降雨等多方面的影响，与正常人气相对湿度差异较大。故引入相对湿度影响系数 K_w 对扩散系数进行修正。

Saetta 等[2-62]通过对混凝土内部 Cl⁻ 扩散的试验研究，提出了湿度变化对 Cl⁻ 扩散系数的影响公式（14-9），本文将采用该公式对地下环境相对湿度的影响进行修正。

$$K_w = \left[1 + \frac{(1-RH)^4}{(1-RH_c)^4}\right]^{-1} \tag{14-9}$$

式中　RH——服役混凝土相对湿度；

　　　RH_c——临界相对湿度，一般取为 75%。

14.1.3.3　MgSO₄劣化的影响

试验研究[2-63]结果表明，相同龄期的混凝土，浸泡于 MgSO₄ 溶液中的电通量和氯离子扩散系数比正常环境下的混凝土要大，这说明 MgSO₄ 溶液浸泡会降低混凝土的抗渗能力，使其电通量和 Cl⁻ 扩散系数增大。考虑 MgSO₄ 对混凝土的劣化作用，对 Cl⁻ 扩散系数进行修正。引入 MgSO₄ 劣化影响系数 K_s，令：

$$D_s = K_s D_n \tag{14-10}$$

式中　D_s——考虑 MgSO₄ 劣化影响的 Cl⁻ 扩散系数；

　　　D_n——未被 MgSO₄ 侵蚀的 Cl⁻ 扩散系数；

　　　K_s——MgSO₄ 劣化影响系数。

1. 影响因素与基本形式

在外界环境 MgSO₄ 浓度一定的情况下，与 MgSO₄ 劣化影响系数 K_s 有关的因素有两个，分别是混凝土的配合比和侵蚀环境的作用时间。水胶比减小和掺加矿物掺合料均可增强混凝土对 MgSO₄ 破坏的抵抗能力，减小 K_s；而侵蚀作用时间越长，则 MgSO₄ 对混凝土的破坏越严重，K_s 越大。

设混凝土配合比的影响系数为 n，参考美国 Life-365 中对矿物掺合料影响时变性系数的规定[2-61]，并加入水胶比的影响，定义 n 的计算公式如下：

$$n = (0.8 - W) + 0.4 \times \left(\frac{F\%}{50} + \frac{S\%}{70}\right) \tag{14-11}$$

式中　n——混凝土配合比的影响系数；

W ——混凝土的水胶比；

$F\%$ ——粉煤灰在胶凝材料中的质量比；

$S\%$ ——矿渣在胶凝材料中的质量比。

可见，$MgSO_4$ 劣化影响系数 K_s 与配合比影响系数 n 为负相关；与侵蚀环境作用时间为正相关。故可设它们的关系为：

$$K_s = f\left(\frac{t_e}{n}\right) \qquad (14-12)$$

式中 K_s ——$MgSO_4$ 劣化影响系数；

t_e ——侵蚀环境的作用时间，单位为年。

2. 经验公式

根据式（14-10）及前面的研究结果，计算浸泡 150d 时各配合比混凝土的 $MgSO_4$ 劣化影响系数 K_s，并根据式（14-12）及混凝土的配合比，计算出相应的配合比影响系数 n，结果见表 14-1。

表 14-1 　　　　　　　　　　浸泡 150d 时 K_s 与 n 的计算结果

编号	氯离子扩散系数（$\times 10^{-12}$m²/s）		劣化影响系数 K_s	配合比影响系数 n	t_e/n
	对比基准组	试验组			
A2	4.3	6.1	1.418 605	0.5	0.822
A3	4.1	4.8	1.170 732	0.62	0.663
A4	4	4.6	1.15	0.666	0.617
B2	3.9	5.5	1.410 256	0.54	0.761
B3	3.5	3.8	1.085 714	0.66	0.623
B4	3.4	3.6	1.058 824	0.706	0.582
C2	2.2	3.1	1.409 091	0.6	0.685
C3	2.3	2.5	1.086 957	0.72	0.571
C4	2	2.1	1.05	0.766	0.537

当侵蚀环境作用时间 t_e 为 0，即未接触 $MgSO_4$ 环境时，影响系数 K_s 为 1。基于这一条件，根据表 14-1 对 $MgSO_4$ 劣化影响系数 K_s 与 t_e/n 进行多项式拟合，并选取较简单的表达式，拟合结果如图 14-1 所示，图中的曲线为拟合后的曲线。

由以上拟合结果可见，相关系数 R^2 为 0.7969，精度较高，且拟合公式较为简单，故得到 $MgSO_4$ 劣化影响系数的经验公式为：

$$K_s = 2\left(\frac{t_e}{n}\right)^2 - \frac{t_e}{n} + 1 \qquad (14-13)$$

对于以上图形及公式中 K_s 小于 1 的情况，可做出如下解释：一方面，在硫酸盐作用的早期，由于 $MgSO_4$ 与混凝土发生膨胀性反应，使混凝土内部孔隙率变小，混凝土由于这种微膨胀变得密实，渗透性减小；另一方面，SO_4^{2-} 与 Mg^{2+} 进入混凝土，在其内部进行扩散，影响了 Cl^- 的渗透与扩散速度。这两方面的作用使混凝土在浸泡的早期对 Cl^- 的抗渗能力有所增强，表现为 Cl^- 扩散系数减小，则 $MgSO_4$ 劣化影响系数小于 1。

但是，在浸泡一定时间后，$MgSO_4$ 的腐蚀性开始显现，其与混凝土反应，生成大量的膨胀性物质，在混凝土内部产生应力，破坏孔结构，使内部微裂缝不断发展，混凝土变得"酥松"，抗渗能力下降，且下降速率逐渐增大，这与该曲线的上升段情况吻合。以上解释同时也印证了该经验公式在理论上的合理性。

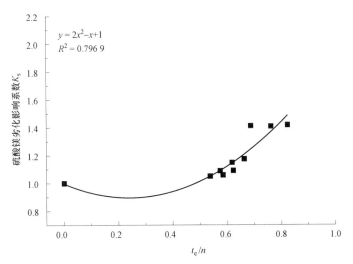

$$y = 2x^2 - x + 1$$
$$R^2 = 0.796\ 9$$

图 14-1　$MgSO_4$ 劣化影响系数 K_s 与 t_e/n 的拟合关系

3. 试验混凝土验证

为了验证 $MgSO_4$ 劣化影响系数的经验公式，采用浸泡 300d 试件的试验结果与拟合公式（14-13）的计算值进行比较。比较情况见表 14-2，如图 14-2 所示，图中曲线为采用公式（14-13）计算后的理论曲线。

很明显，K_s 的实际值与计算值相差很小，与拟合函数曲线能很好吻合，计算实际值与拟合公式曲线的相关系数 R^2 为 0.9208。可见 300d 时的试验结果比 150d 时的相关程度更高，表明该经验公式对于长期浸泡于 $MgSO_4$ 环境的混凝土拟合效果更好。

表 14-2　　　　　　　　　　　浸泡 300d 时 K_s 的实际值与计算值

编号	氯离子扩散系数（×10⁻¹²m²/s）		t_e/n	K_s 实际值	K_s 计算值
	对比组	试验组			
A2	4.1	15.8	1.644	3.853 659	4.761 472
A3	3.9	12.5	1.326	3.205 128	3.190 552
A4	3.5	10.2	1.234	2.914 286	2.811 512
B2	3.2	12.1	1.522	3.781 25	4.110 968
B3	2.4	6.7	1.246	2.791 667	2.859 032
B4	2.4	5.7	1.164	2.375	2.545 792
C2	2.3	7.2	1.37	3.130 435	3.3838
C3	2.1	4.9	1.142	2.333 333	2.466 328
C4	2	4.3	1.074	2.15	2.232 952

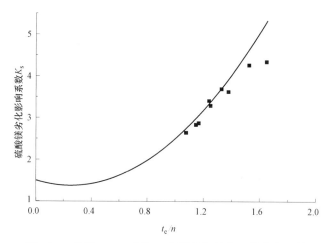

图 14-2　浸泡 300d 时的 K_s 实际值与拟合函数曲线比较

4. 地铁混凝土验证

为了进一步验证 $MgSO_4$ 劣化影响系数的经验公式，选取某地铁工程中使用的 C30、C35、C40、C50 四个强度等级的混凝土试件，按照前面的浸泡制度与测试方法进行试验。

地铁中使用的混凝土配合比如表 14-3 所示。

表 14-3　　　　地铁工程混凝土配合比

强度等级	水胶比	水泥 /（kg/m³）	水 /（kg/m³）	砂 /（kg/m³）	碎石 /（kg/m³）	粉煤灰掺量 （%）	矿渣掺量 （%）	外加剂掺量 （%）
C30	0.45	226	166	774	1069	20	20	2.00
C35	0.42	243	163	752	1082	20	20	2.00
C40	0.37	285	157	705	1103	20	16	2.00
C50	0.33	309	161	663	1081	20	20	2.00

计算地铁混凝土浸泡 150d 时 $MgSO_4$ 劣化影响系数 K_s 的实际值与拟合公式曲线的相关系数，得到相关系数 R^2 为 0.7989，结果如表 14-4 与图 14-3 所示。从计算结果与图形对照中可以看出，经验公式具有较好的拟合特性。对于地铁工程实际用混凝土来说，$MgSO_4$ 劣化影响系数的经验公式同样适用。

表 14-4　　　　地铁混凝土浸泡 150d 时 K_s 的实际值与计算值

强度等级	氯离子扩散系数（×10⁻¹²m²/s）		t_e/n	K_s 实际值	K_s 计算值
	对比组	试验组			
C30	5.4	7.2	0.659	1.333 333	1.209 562
C35	3.4	3.7	0.628	1.088 235	1.160 768
C40	1.0	1.1	0.604	1.100 000	1.125 632
C50	0.7	0.7	0.552	1.000 000	1.057 408

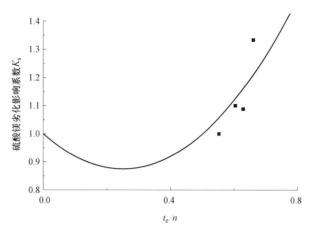

图 14-3　地铁混凝土浸泡 150d 时 K_s 的实际值与
拟合函数曲线比较

综合以上分析与验证，说明采用式（14-13）计算 $MgSO_4$ 劣化影响系数是可行的，且该公式形式简单，便于计算，将式（14-11）与式（14-13）联立，即得到本文的 $MgSO_4$ 劣化影响系数的经验公式，如下：

$$\begin{cases} K_s = 2\left(\dfrac{t_e}{n}\right)^2 - \dfrac{t_e}{n} + 1 \\ n = (0.8 - W) + 0.4\left(\dfrac{F\%}{50} + \dfrac{S\%}{70}\right) \end{cases} \qquad (14-14)$$

14.1.4　外装涂料对氯离子扩散系数的影响

在混凝土表面涂刷防水涂料能够有效地提高混凝土的抗渗性能。混凝土抗渗性能的提高，能够有效地降低水、CO_2、O_2、Cl^-、SO_4^{2-} 等有害物质的侵入，从而达到提高混凝土耐久性的目的。考虑防水涂层对混凝土氯离子渗透的影响，故引入防水涂料影响系数 K_f，令

$$D_f = K_f D_n \qquad (14-15)$$

式中　D_f——涂刷一定厚度的防水涂层后的混凝土氯离子扩散系数；

　　　D_n——未涂刷防水涂层的混凝土氯离子扩散系数；

　　　K_f——防水涂料影响系数。

14.1.5　多因素作用下的氯离子扩散模型

配合比、环境因素、外装涂料对混凝土的扩散系数都有较大的影响，在多因素影响下的扩散系数可表示为：

$$D = KD_0 = \left(\dfrac{t_0}{t}\right)^m K_T K_w K_s K_f D_0 \qquad (14-16)$$

综合以上几个方面，在菲克第二定律的基础上，考虑混凝土对 Cl^- 的结合能力，扩散系数

的时变性，环境温度和相对湿度，以及 $MgSO_4$ 环境对混凝土的劣化，建立 Cl^- 扩散模型。将式（14–4）、式（14–7）～式（14–10）及式（14–15）代入式（14–2），可得地下环境中的氯离子扩散模型：

$$\begin{cases} \dfrac{\partial c}{\partial t} = \dfrac{1}{1+r} K_f K_s D_0 \left(\dfrac{t_0}{t}\right)^m e^{\left[\frac{U}{R}\times\left(\frac{1}{T_{w0}}-\frac{1}{T_w}\right)\right]} \times \left[1+\dfrac{(1-RH)^4}{(1-RH_c)^4}\right]^{-1} \dfrac{\partial^2 c}{\partial x^2} \\ m = 0.2 + 0.4\times\left(\dfrac{F\%}{50}+\dfrac{S\%}{70}\right) \end{cases} \quad (14\text{–}17)$$

设混凝土内部初始状态含有的氯离子浓度为 c_0，混凝土表面的 Cl^- 浓度为 c_s。则根据边界条件：$c(x,0)=c_0$；$c(0,t)=c_s$；$c(\infty,t)=c_0$，可得式（14–17）解为：

$$\begin{cases} c = c_0 + (c_s-c_0)\left\{1-\mathrm{erf}\dfrac{\sqrt{(1+r)(1-m)\left[1+\frac{(1-RH)^4}{(1-RH_c)^4}\right]}x}{2\sqrt{K_f K_s D_0\, e^{\left[\frac{U}{R}\times\left(\frac{1}{T_{w0}}-\frac{1}{T_w}\right)\right]} t_0{}^m t^{1-m}}}\right\} \\ m = 0.2 + 0.4\times\left(\dfrac{F\%}{50}+\dfrac{S\%}{70}\right) \end{cases} \quad (14\text{–}18)$$

式中　c——距混凝土表面深度为 x 处的总 Cl^- 浓度；

c_0——初始状态混凝土内部含有的 Cl^- 浓度；

c_s——混凝土表面的 Cl^- 浓度；

r——混凝土对 Cl^- 结合系数；

m——时变性系数；

$F\%$——粉煤灰在胶凝材料中的质量比；

$S\%$——矿渣在胶凝材料中的质量比；

RH——服役混凝土相对湿度；

RH_c——临界相对湿度，一般取 75%；

x——混凝土内某点到混凝土表面的距离；

K_f——防水涂料影响系数；

K_s——$MgSO_4$ 劣化影响系数；

D_0——t_0 时刻的氯离子扩散系数，一般以 28d 或 90d 龄期作为初始值；

U——扩散过程的活化能，一般取 35 000J/mol；

R——气体常数，其值为 8.314J/（mol·K）；

T_{w0}——正常环境的绝对温度，一般取 293K（20℃）；

T_w——服役环境的绝对温度；

t——混凝土暴露时间；

t_0——初始龄期，一般以 28d 或 90d 龄期。

14.2　不同裂缝控制等级时构件的寿命预测

根据混凝土中钢筋锈蚀引起的结构损伤过程，混凝土中钢筋锈蚀过程中有以下几个控制时间[2-64]：① 钢筋脱钝开始锈蚀时间 t_1；② 混凝土保护层出现裂缝的时间 t_{cr}；③ 混凝土裂缝宽度达到限值的时间 t_{wl}；③ 承载力下降到限值时间 t_p；⑤ 变形达到限值时间 t_s；⑥ 横向裂缝宽度达到限值的时间 t_{wh}。由于构件截面、配筋、荷载和环境的不同，t_{cr}、t_{wl}、t_p、t_s、t_{wh} 的大小关系会有所不同，为方便研究，假设 $t_s > t_p > t_{wh} > t_{wl} > t_{cr}$，则钢筋锈蚀与使用寿命的关系如图 14-4 所示。

根据钢筋混凝土中钢筋锈蚀引起的结构损伤模型，结合混凝土构件正常使用状态下的极限状态及混凝土构件一、二、三级裂缝控制等级，可对混凝土使用寿命进行预测。根据 GB/T 50746—2008《混凝土耐久性设计规范》中对混凝土结构耐久性极限状态的规定，混凝土结构耐久性极限状态可分为三种：① 钢筋开始发生锈蚀的极限状态；② 钢筋发生适量锈蚀的极限状态；③ 混凝土表面发生轻微损伤的极限状态。

（1）钢筋开始发生锈蚀的极限状态。该极限状态指的是混凝土碳化发展到钢筋表面或者 Cl^- 侵入混凝土内部，并在钢筋表面积累的浓度达到临界浓度。对于工程钢筋混凝土耐久性极限状态控制等级为钢筋开始发生锈蚀的极限状态，当 Cl^- 侵入混凝土内部并在钢筋表面的积累浓度达到临界浓度，则认为其寿命终止，可根据 Cl^- 渗透模型计算，即 $T = t_1$。

（2）钢筋发生适量锈蚀的极限状态。该极限状态为钢筋锈蚀发展导致混凝土构件表面出现顺筋裂缝或者钢筋截面的径向锈蚀深度达到 0.1mm。对于工程钢筋混凝土耐久性极限状态控制等级为钢筋发生适量锈蚀的极限状态，当混凝土保护层出现顺筋涨裂，则认为其寿命终止，则其使用寿命为 T，即 $T = t_1 + T_{cr}$。

（3）混凝土表面发生轻微损伤的极限状态。该极限状态为不影响外观、不明显损害构件的承载力和表层混凝土对钢筋的保护。对于工程钢筋混凝土极限状态控制等级为表面发生轻微损伤极限状态，当承载力、变形、横向裂缝或纵向裂缝中一项达到耐久性极限状态时，则认为其寿命终止。本文研究纵向裂缝达到耐久性极限状态（即纵向裂缝宽度达到 w_l）时的寿命，则其使用寿命为 T，即 $T = t_1 + T_{cr} + T_{wl}$。

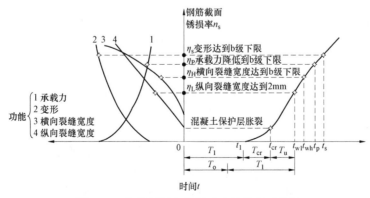

图 14-4　钢筋锈蚀与使用寿命的关系示意图

14.2.1　一级裂缝控制等级构件的寿命预测

在地下环境中,如果地下水中含有 Cl^-,当其到达钢筋表面并聚集且浓度超过临界浓度时,钢筋钝化膜被破坏,形成腐蚀电池,造成钢筋锈蚀。而地下水中的 $MgSO_4$ 溶液则破坏混凝土内部结构,对混凝土的抗渗性造成不利影响,具体表现为混凝土的电通量和 Cl^- 扩散系数的增大,缩短钢筋表面 Cl^- 聚集达到临界浓度的时间。

在各种因素作用下 Cl^- 从混凝土表面侵入混凝土内部,在钢筋表面逐渐聚集,当浓度达到临界浓度,钢筋开始出现锈蚀情况,这段时间即钢筋开始锈蚀时间,记做 t_1,t_1 时间的长短由 Cl^- 在混凝土内部的传输速率决定。本节将建立考虑 $MgSO_4$ 溶液劣化等多因素作用下混凝土氯离子扩散模型,用于计算 Cl^- 侵入混凝土,通过保护层到达钢筋表面并聚集到临界浓度的时间,即钢筋开始锈蚀时间 t_1。应用建立的多因素耦合作用下地下工程混凝土的氯离子扩散模型,见式(14-18),对氯离子在混凝土中扩散和在钢筋表面积累达到临界浓度的时间进行计算,预测钢筋脱钝开始锈蚀时间 t_1。

对于裂缝控制等级为一级的构件,当氯离子侵入混凝土内部并在钢筋表面积累的浓度达到临界浓度,则认为其寿命终止,可根据氯离子渗透模型计算 T,即 $T=t_1$。

氯离子通过混凝土的保护层厚度 x 到达钢筋表面,当浓度 c 达到临界浓度,所用时间 t 为钢筋脱钝开始锈蚀时间,即为 t_1,t_1 可根据式(14-18)求的,即:

$$t_1 = \left\{ \frac{\sqrt{(1+r)(1-m)\left[1+\frac{(1-RH)^4}{(1-RH_C)^4}\right]}x}{2\mathrm{erf}^{-1}\left(1-\frac{c-c_0}{c_s-c_0}\right)\sqrt{K_f K_S D_0 e^{\left[\frac{U}{R}\times\left(\frac{1}{T_{w0}}-\frac{1}{T_w}\right)\right]}t_0^m}} \right\}^{\frac{2}{1-m}} \quad (14-19)$$

14.2.2　二级裂缝控制等级构件的寿命预测

从混凝土发生钢筋锈蚀到混凝土保护层开裂的时间称为 T_{cr}。一般认为,对于裂缝控制等级为二级的钢筋混凝土耐久性极限状态构件,当混凝土保护层出现胀裂,则认为其寿命 T 终止,即 $T=t_1+T_{cr}$。

T_{cr} 与钢筋的锈蚀速度和钢筋锈蚀厚度有着密切的关系。本节研究了钢筋锈蚀膨胀与锈蚀速率关系的规律,采用 ABAQUS 有限元软件模拟了钢筋锈蚀不均匀膨胀应力的变化规律。当钢筋锈蚀厚度 u 产生的膨胀应力大于混凝土最大拉应力时,混凝土将发生开裂,其对应的锈蚀厚度,记作 u_{cr}。通过 ABAQUS 有限元软件调试得出 u_{cr},从而确定钢筋开始锈蚀到保护层开裂的时间 T_{cr}。

1. 氯盐和荷载作用下钢筋锈蚀速率的时变性

对氯盐和荷载共同作用下的不同水胶比、不同掺合料的钢筋混凝土试件锈蚀速率曲线进行非线性拟合,建立氯盐和荷载共同作用下钢筋锈蚀速率与时间的函数关系式。水胶比分别为 0.42、0.38 和 0.32 试件的拟合函数曲线如图 14-5~图 14-7 所示。

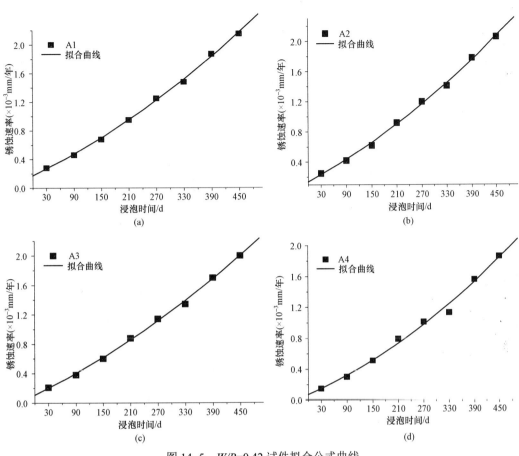

图 14-5　*W/B*=0.42 试件拟合公式曲线

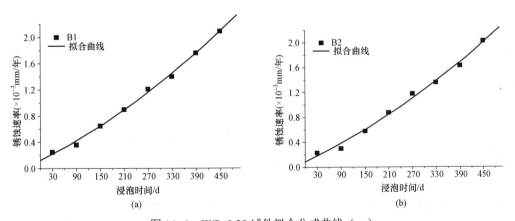

图 14-6　*W/B*=0.38 试件拟合公式曲线（一）

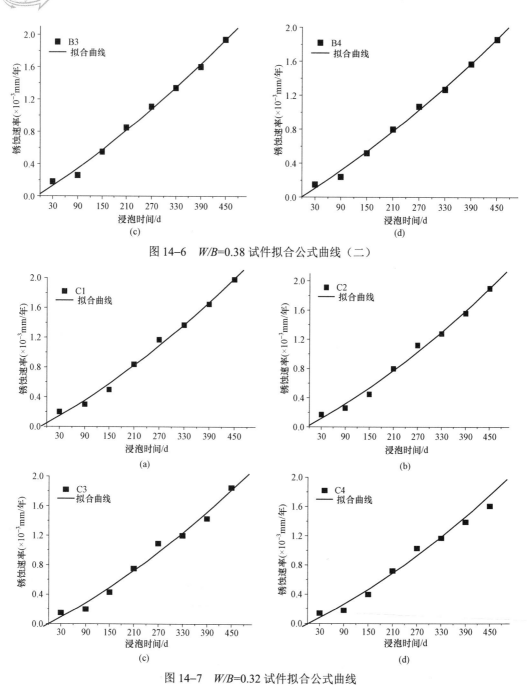

图 14-6 *W/B*=0.38 试件拟合公式曲线（二）

图 14-7 *W/B*=0.32 试件拟合公式曲线

根据图 14-5～图 14-7，可以看出图中曲线都能用多项式进行拟合，即

$$v = A + Bt + Ct^2 \qquad (14-20)$$

式中　v ——钢筋锈蚀速率；

　　　t ——钢筋服役时间。

在氯盐和荷载作用下钢筋混凝土锈蚀速率随时间变化拟合函数的各系数以及相关系数见表 14-5。

表 14-5　　　　　　　　　　公式系数以及相关系数

编号	系数 A	系数 B	系数 C（$\times 10^{-6}$）	R^2
A1	0.1714	0.0030	3.0754	0.9983
A2	0.1367	0.0031	2.7778	0.9949
A3	0.1065	0.0030	2.6951	0.9964
A4	0.0733	0.0024	3.3234	0.9921
B1	0.1241	0.0030	2.9762	0.9968
B2	0.0857	0.0031	2.6951	0.9921
B3	0.0265	0.0033	2.0340	0.9951
B4	0.0027	0.0033	1.9180	0.9945
C1	0.0457	0.0032	2.5628	0.9934
C2	0.0198	0.0030	2.5132	0.9912
C3	0.0004	0.0029	2.5463	0.9913
C4	0.0001	0.0028	2.5628	0.9897

　　通过表 14-5 可以看出各多项式拟合函数的相关系数 R^2 都大于 0.98，很接近 1，说明拟合函数接近试验数据，拟合函数方程具有较高的参考价值，因此可以通过多项式拟合函数公式对处于氯盐和荷载作用下不同水胶比、不同掺合料钢筋混凝土试件某一时间段的钢筋锈蚀速率进行预测，判断锈蚀程度和锈蚀发展趋势。

　　2. $MgSO_4$ 和荷载作用下钢筋锈蚀速率的时变性

　　对 $MgSO_4$ 和荷载共同作用下的不同强度、不同掺合料的钢筋锈蚀速率曲线进行非线性拟合，建立钢筋锈蚀速率与时间的多项式函数关系式。水胶比为 0.42、0.38 和 0.32 试件的拟合函数曲线分别如图 14-8～图 14-10 所示。根据图 14-8～图 14-10 可见二次多项式可以较好地拟合图中曲线，表达式为 $v=A+Bt+Ct^2$，在 $MgSO_4$ 和荷载作用下钢筋锈蚀速率随时间变化拟合函数的公式系数和相关系数见表 14-6。

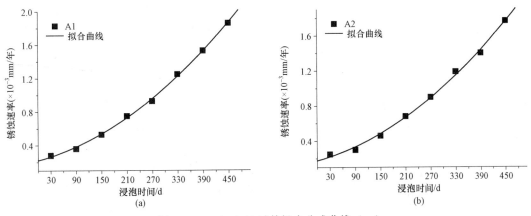

图 14-8　W/B=0.42 试件拟合公式曲线（一）

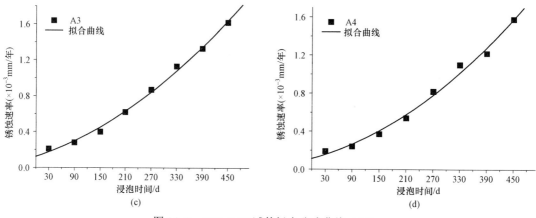

图 14-8　*W/B*=0.42 试件拟合公式曲线（二）

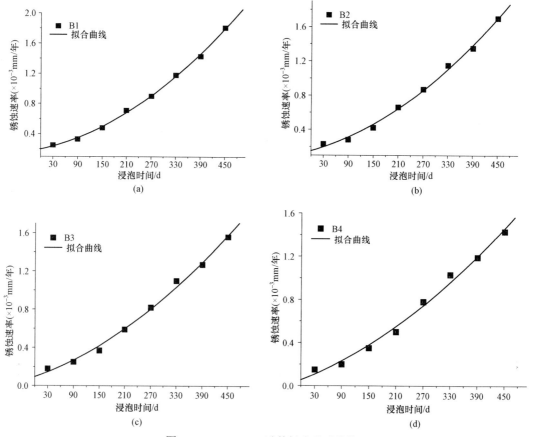

图 14-9　*W/B*=0.38 试件拟合公式曲线

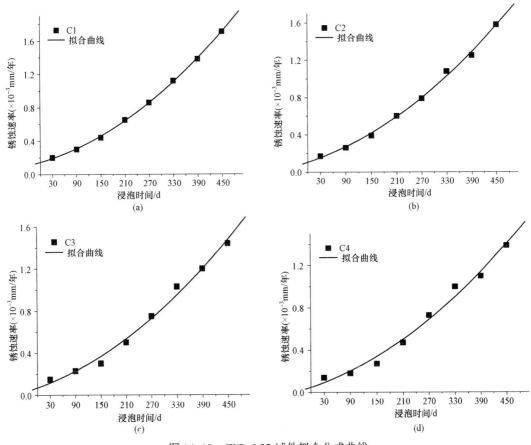

图 14-10　W/B=0.32 试件拟合公式曲线

从表 14-6 中可以看出，曲线拟合函数的相关系数都非常接近 1，说明它与试验数据有很好的相关性，可以应用函数方程预测某一时刻在 $MgSO_4$ 和荷载作用下掺有粉煤灰、矿渣等不同掺合料钢筋混凝土试件的锈蚀速率，来判断钢筋的锈蚀程度。

表 14-6　　　　　　　　　　　　　　　　公式系数和相关系数

编号	系数 A	系数 B	系数 C（×10^{-6}）	R^2
A1	0.2199	0.0013	5.1753	0.9988
A2	0.1767	0.0013	4.9438	0.9970
A3	0.1236	0.0016	3.9352	0.9955
A4	0.1121	0.0013	4.3651	0.9905
B1	0.1969	0.0012	5.2083	0.9864
B2	0.1513	0.0014	4.5967	0.9961
B3	0.0927	0.0016	3.7037	0.9946
B4	0.0531	0.0017	3.1581	0.9915
C1	0.1453	0.0015	4.6627	0.9996
C2	0.1052	0.0015	3.9683	0.9969
C3	0.0713	0.0014	3.8360	0.9908
C4	0.0471	0.0014	3.6045	0.9879

3. 腐蚀溶液和荷载耦合作用下 T_{cr} 的计算

钢筋的锈蚀厚度与钢筋的锈蚀速度存在着一定的关系，即：

$$\mathrm{d}u=\begin{cases}0 & t<t_1\\ v\mathrm{d}t & t\geq t_1\end{cases} \tag{14-21}$$

式中 u——钢筋锈蚀厚度；

v——钢筋锈蚀速度。

$$v=A+Bt+Ct^2 \tag{14-22}$$

根据 14.4.1 节的研究，钢筋锈蚀速度 v 与时间 t 存在着一定的函数关系。式（14-22）中，A、B、C 为常数，根据混凝土强度等级、环境因素、荷载情况等确定。

$$\mathrm{d}u=\begin{cases}0 & t<t_1\\ (A+Bt+Ct^2)\mathrm{d}t & t\geq t_1\end{cases} \tag{14-23}$$

将式（14-22）代入式（14-21），可得钢筋锈蚀厚度与时间的关系，则 t 时刻钢筋锈蚀厚度 u 为：

$$u=\begin{cases}0 & t<t_1\\ \int_{t_1}^{t}(A+Bt+Ct^2)\mathrm{d}t & t\geq t_1\end{cases} \tag{14-24}$$

当 $t=t_1$ 时，$u=0$，故而积分常数 $d=-At_1-1/2Bt_1^2-1/3Ct_1^3$，即：

$$u=\begin{cases}0 & t<t_1\\ At+1/2Bt^2+1/3Ct^3-At_1-1/2Bt_1^2-1/3Ct_1^3 & t\geq t_1\end{cases} \tag{14-25}$$

$$u=\varphi(t)=At+1/2Bt^2+1/3Ct^3-At_1-1/2Bt_1^2-1/3Ct_1^3 \tag{14-26}$$

式中，定义 $At+1/2Bt^2+1/3Ct^3-At_1-1/2Bt_1^2-1/3Ct_1^3$ 为 $\varphi(t)$，则：根据式（14-26）可知，当钢筋锈蚀厚度达到 u_{cr}，从钢筋开始锈蚀到混凝土开始胀裂所用时间 T_{cr}，即：

$$T_{cr}=\varphi^{-1}(u_{cr})-t_1 \tag{14-27}$$

对于钢筋混凝土裂缝控制等级为二级的构件，如果混凝土保护层出现涨裂，则认为其寿命终止，则其使用寿命为 t_{cr}，即

$$\begin{cases}t_{cr}=t_1+T_{cr}=\varphi^{-1}(u_{cr})\\ u=\varphi(t)=At+1/2Bt^2+1/3Ct^3-At_1-1/2Bt_1^2-1/3Ct_1^3\end{cases} \tag{14-28}$$

14.2.3 三级裂缝控制等级构件的寿命预测

本节研究纵向裂缝达到耐久性极限状态（即纵向裂缝宽度达到 $w1$）时的寿命，则其使用寿命为 T，即 $T=t_1+T_{cr}+T_{wl}$。

混凝土开裂是由钢筋锈蚀膨胀引起，因此裂缝的宽度与钢筋锈蚀厚度存在着密切的关系。假设裂缝宽度 d 与钢筋锈蚀厚度 u 的关系为 $g(x)$，则：

$$d=\begin{cases}0 & u<u_{cr}\\ g(u) & u>u_{cr}\end{cases} \tag{14-29}$$

将式（14-25）代入式（14-29），得：

$$d=\begin{cases}0 & t\leq T_{cr}+t_1\\ g[\varphi(t)] & t>T_{cr}+t_1\end{cases} \tag{14-30}$$

根据式（14–30）可求出当混凝土裂缝极限控制宽度达到 d_{wl} 时的时间 t_{wl}，即

$$t_{wl}=\varphi^{-1}[g^{-1}(d_{wl})] \qquad (14\text{–}31)$$

对于钢筋混凝土控制等级为三级的构件，如果混凝土保护层承载力、变形、横向裂缝或纵向裂缝中一项达到耐久性极限状态时，则认为其寿命终止，本文主要依据裂缝宽度判定，其使用寿命为 t_{wl}，即

$$\begin{cases} t_{wl} = \varphi^{-1}[g^{-1}(d_{wl})] \\ d = g(u) \\ u = \varphi(t) = At + \dfrac{1}{2}Bt^2 + \dfrac{1}{3}Ct^3 - At_1 - \dfrac{1}{2}Bt_1^2 - \dfrac{1}{3}Ct_1^3 \end{cases} \qquad (14\text{–}32)$$

参 考 文 献

[2-1] 吉林，缪昌文，孙伟. 结构混凝土耐久性及其提升技术 [M]. 北京：人民交通出版社，2011：6-9.

[2-2] Lynsdale C J, Cabrera J G. New gas permeameter for measuring the permeability of mortar and concrete [J]. Magazine of Concrete Research，1988，40（144）：177-182.

[2-3] 王红春，李兴贵. 改善混凝土耐久性的方法研究 [J]. 建筑技术开发，2003，30（9）：107-109.

[2-4] Khatri R P，Sirivivatnanon V，Yu L K. Effect of curing on water permeability of concretes prepared with normal Portland cement and with slag and silica fume[J]. Magazine of Concrete Research，1997，49（180）：167-172.

[2-5] 冷发光，冯乃谦. 高性能混凝土渗透性和耐久性及其评价方法研究 [J]. 低温建筑技术，2004，82（4）：14-17.

[2-6] Richardson M G. Fundamentals of durable reinforced concrete [M]. Spon Press，2002：38-45.

[2-7] 金伟良，赵羽习. 混凝土结构耐久性研究的回顾与展望 [J]. 浙江大学学报（工学版），2002，36（4）：371-380.

[2-8] 赵铁军. 渗透型涂料表面处理与混凝土耐久性 [M]. 北京：科学出版社，2009：1-3.

[2-9] 张誉，蒋利学，张伟平，等. 混凝土结构耐久性概论 [M]. 上海：上海科学技术出版社，2003.

[2-10] 中国工程院土木水利与建筑学部工程结构安全性与耐久性研究咨询项目组. 混凝土结构耐久性设计与施工指南 [M]. 中国建筑工业出版社，2004.

[2-11] Santhanam M，Cohen M D，Olek J. Sulfate attack research—whither now? [J]. Cement and Concrete Research，2001，31（6）：845-851.

[2-12] 吕林女，何永佳，丁庆军，等. 混凝土的硫酸盐侵蚀机理及其影响因素 [J]. 河南理工大学学报（自然科学版），2003，22（6）：465-468.

[2-13] 韩宇栋，张君，高原. 混凝土抗硫酸盐侵蚀研究评述 [J]. 混凝土，2011（1）：52-56.

[2-14] 施惠生，郭晓潞，张贺. 氯离子含量对混凝土中钢筋锈蚀的影响 [J]. 设计与研究，2009（5）21-25.

[2-15] 王胜先，林薇薇，李悦，等. 新型阻锈剂对钢筋混凝土阻锈作用的研究（I）——对电化学阻抗特性的影响 [J]. 建筑材料学报，2000，3（4）：310-315.

[2-16] 谢燕，吴笑梅，樊粤明，等. 内掺氯离子对钢筋锈蚀的影响及不同材料对氯离子的固化 [J]. 华南理工大学学报（自然科学版），2009，37（8）：132-139.

[2-17] Saetta A V, Scotta R V, Vitaliani R V. Analysis of chloride diffusion into partially saturated concrete [J]. ACI Materials Journal, 1993, 90 (5):441-451.

[2-18] Amey S L, Johnson D A, Miltenberger M A, et al. Predicting the service life of concrete marine structures: An environmental methodology[J]. ACI Structural Journal, 1998, 95(2): 205-214.

[2-19] Basheer M, Andrews R J, Robinson D, et al. "PERMIT" ion migration test for measuring the chloride ion transport of concrete on site[C]// Conference on Artificial Intelligence for Applications. 2016:55-64.

[2-20] Bazant, Z P. Physical model for steel corrosion in concrete sea structures application [J]. Journal of Structural Division, 1979, 105（6）：1155-1166.

［2-21］ 刘西拉，苗澎柯. 混凝土结构中的钢筋锈蚀及其耐久性计算［J］. 土木工程学报，1990（4），69-78.

［2-22］ 牛荻涛，王庆霖. 锈蚀开裂后混凝土中钢筋锈蚀量的预测［J］. 工业建筑，1996. 26（4），11-13.

［2-23］ Morinaga S. Prediction of service life of reinforced concrete buildings based on the corrosion rate of reinforced steel［C］. Durability of Building Materials and Components，Proceedings of the Fifth International Conference Held in Brighton，UK，2000.

［2-24］ 邸小坛. 钢筋锈蚀对混凝土构件性能影响的计算分析［A］. 第五届全国混凝土耐久性学术交流会论文集［C］. 中国土木工程学会混凝土及预应力混凝土分会混凝土耐久性专业委员会，2000：98-106.

［2-25］ 方永浩，李志清，张亦涛. 持续压荷载作用下混凝土的渗透性［J］. 硅酸盐学报，2005. 33（10）：1281-1286.

［2-26］ 易伟健，赵新. 持续荷载作用下钢筋锈蚀对混凝土梁工作性能的研究［J］. 土木工程学报，2006. 39（1）：7-12.

［2-27］ 金伟良，陈驹，吴金海，等. 海洋侵蚀作用下混凝土梁抗弯性能试验研究［J］. 浙江大学学报，2004. 38（5）：83-89.

［2-28］ 何世钦，贡金鑫. 负载钢筋混凝土梁钢筋锈蚀及使用性能试验研究［J］. 东南大学学报（自然科学版），2004，34（4）：474-479.

［2-29］ 孙富学. 海底隧道衬砌结构寿命预测理论与试验研究［D］. 上海：同济大学，2006.

［2-30］ 关宇刚，孙伟，缪昌文. 高强混凝土在冻融循环与硫酸按侵蚀双因素作用下的交互分析［J］. 工业建筑，2002，32（2）：19-21.

［2-31］ 詹炳根，孙伟，沙建芳，等. 冻融循环对混凝土碱硅酸反应的二次损伤的影响［J］. 东南大学学报（自然科学版），2005，35（4）：598-601.

［2-32］ 惠云玲. 混凝土结构钢筋锈蚀耐久性损伤评估及寿命预测方法［J］. 工业建筑，1997，27（6）：19~23.

［2-33］ 冷发光. 荷载作用下混凝土氯离子渗透性及其测试方法研究［D］. 北京：清华大学，2002.

［2-34］ Yoon S，Wang K，Weiss W J. Interaction between loading，corrosion，and service-ability of reinforced concrete［J］. ACI Materials Journal，2000，97（6）：637-644.

［2-35］ Malumbela G，Moyo P，Alexander M. Behaviour of RC beams corroded under sustained service loads［J］. Construction and Building Materials，2009，23（11）：3346-3351.

［2-36］ Vidal T，Castel A，Francois R. Corrosion process and structural performance of a 17years old reinforced concrete beam stored in chloride environment［J］. Cement and Concrete research，2007，37（11）：1551-1561.

［2-37］ Andrade C，Alonso C，Molina F J. Cover cracking as a function of bar corrosion：Part I Experimental test［J］. Material and Structures，1993，26（8）：453-464.

［2-38］ Weyers R E. Service life model for concrete structures in Chloride Laden Environments［J］. ACI Material Journal，1998，95（4）：445-453.

［2-39］ Legeron F，Paultre P. Behavior of high-strength concrete columns under cyclic flexure and constant axial Load［J］. ACI Structural Journal，2000，97（4）：591-601.

［2-40］ Francois R，Maso J C. Effect of damage in reinforced concrete on carbonation or chloride penetration［J］. Cement and Concrete Research，1988，18（6）：961-970.

［2-41］ Janotka Ivan，Stevula Ladislav. Effect of bentonite and zeolite on durability of cement suspension ［J］. under sulfate attack ［J］. ACI Materials Journal，1998，（95）：710～715.

［2-42］ Brown P W，Doerr A. chemical changes in concrete due to the ingress of aggressive species ［J］. Cement and Concrete Research，2000，30（3）：411-418.

［2-43］ Bader M A. Performance of concrete in a coastal environment ［J］. Cement and Concrete Composites，2003，25（4）：539-548.

［2-44］ Hironaga M，Nagura K，Endo T，et al. The establishment of a method for evaluating the long-term water-tightness durability of underground concrete structures taking into account of some deteriorations ［J］. Proceedings of the Japan Society of Civil Engineers，2010，（502）：63-72.

［2-45］ 马孝轩. 我国主要类型土壤对混凝土材料腐蚀性规律的研究 ［J］. 建筑科学，2003，19（6）：56-57.

［2-46］ 潘洪科，李申，杨林德. 地下工程混凝土衬砌结构耐久性寿命的智能预测研究 ［J］. 应用基础与工程科学学报，2010，18（5）：784-791.

［2-47］ 吴长习. 水泥混凝土抗硫酸盐侵蚀试验方法研究 ［D］. 成都：西南交通大学，2007.

［2-48］ Okada K，Kobayashi K，Miyagawa T，et al. Influence of longitudinal crack due to reinforcement corrosion on characteristics of reinforced concrete member ［J］. ACI Structural Journal，1985，85（2）：134-140.

［2-49］ Ting S C，Nowak A S. Effect of reinforcing steel area loss on flexural behavior of reinforced concrete beams ［J］. ACI Structural Journal，1991，88（3）：309-314.

［2-50］ 惠云玲，李荣，林志仲，等. 混凝土基本构件钢筋锈蚀前后性能试验研究 ［J］. 工业建筑，1997，27（6）：11-18.

［2-51］ 史庆轩，李小建，牛荻涛，等. 锈蚀钢筋混凝土偏心受压构件承载力试验研究 ［J］. 工业建筑，2001，31（5）：14-17.

［2-52］ 李林峰. 锈蚀钢筋混凝土受弯构件承载力分析 ［D］. 西安建筑科技大学，2005.

［2-53］ 金伟良，赵羽习. 锈蚀钢筋混凝土梁抗弯强度的试验研究 ［J］. 工业建筑，2001，31（5）：9-11.

［2-54］ 牛荻涛，翟斌，王林科. 锈蚀钢筋混凝土梁的承载力分析 ［J］. 建筑结构，1999（8）：23-25.

［2-55］ 黄颖. 荷载，硫酸盐作用下混凝土结构耐久性研究 ［D］. 北京：北京工业大学，2012.

［2-56］ 曾严红，顾祥林，张伟平. 锈蚀预应力混凝土梁开裂荷载与刚度计算 ［J］. 结构工程师，2013，29（3）：65-69.

［2-57］ 杜拱辰. 现代预应力混凝土结构 ［M］. 北京：中国建筑工业出版社，1988.

［2-58］ 宋晓兵. 钢筋混凝土结构中的钢筋锈蚀 ［D］. 北京：清华大学出版社，1999.

［2-59］ 余红发，孙伟. 混凝土氯离子扩散理论模型 ［J］. 东南大学学报（自然科学版），2006（s2）：68-76.

［2-60］ Thomas M，Bamforth P B. Modeling chloride diffusion in concrete-effect of fly-ash and Slag ［J］. Cement and Concrete Research，1999，29（4）：487-495.

［2-61］ Life 365. Computer program for predicting the service life and life cycle costs of RC exposed to chloride ［J］. Version 1. 0. 0，2000.

［2-62］ Saetta A V，Scotta R V，Vitaliani R V. Analysis of chloride diffusion into partially saturated concrete ［J］. Aci Materials Journal，1993，90（5）：441-451.

［2-63］ 谭志催，李悦. 混凝土电通量与氯离子扩散系数关系研究 ［J］. 商品混凝土，2008（3）：12-14.

［2-64］ 张誉. 混凝土结构耐久性概论 ［M］. 上海：上海科学技术出版社，2003.

第三篇

混凝土防护修补材料与
高性能混凝土工程实践

第 15 章

修补防护材料与方法简介

混凝土开裂是混凝土性能损伤的最重要原因，裂缝形成的原因较多，形成机理也很复杂，有材料本身原因，也受施工工艺影响，同时还要考虑环境等外部因素影响[3-1]。大量调查研究及工程实例表明，混凝土较低的抗拉强度是导致其在外荷载、结构次应力、变形变化（温度、收缩、不均匀沉陷）等作用下很容易产生裂缝的主要原因。裂缝成因一般可以概括为如下四个方面：

（1）混凝土结构受力裂缝。混凝土结构在设计荷载或其他外力作用下所引起的裂缝。

（2）混凝土收缩变形约束裂缝。混凝土干缩、温度收缩变形因为受到约束作用所引起的约束拉伸开裂。

（3）混凝土化学反应膨胀。混凝土内部某种化学反应物的膨胀力所引发的裂缝。

（4）混凝土的塑态裂缝。混凝土在浇筑后呈塑性状态时因收缩或沉降等引发的开裂[3-2]。

在修补混凝土裂缝之前，要全面考虑与之相关的各种影响因素，仔细分析产生裂缝的原因，还要研究该裂缝是否已经稳定，若仍处于发展过程，要估计该裂缝发展的最终状态，最后确定其处理方案[3-3]。

15.1 混凝土裂缝修补技术

目前混凝土防护修补方法很多，常用的有表面处理法、灌浆法、填充法、结构加固法、自修复法等[3-4]。

1. 表面处理法

表面处理法适用于对承载能力没有影响的表面裂缝（宽度一般小于 0.2mm）及大面积细微深进裂缝的处理，以提高结构防水性及耐久性。通常使用的表面修补用的材料必须具有不透水性、密封性和耐候性，其变形性能也应与被修补的混凝土性能相近。常用的表面修补材料有环氧树脂、丙烯酸橡胶等一些弹性防水材料及渗透性防水剂。较大的裂缝也可用水泥砂浆、防水快凝砂浆涂抹。近年来水泥基渗透结晶材料（CCCW）作为一种具有一定裂缝修复能力的刚性防水材料引起关注。根据施工工艺，可具体细分为表面涂抹环氧胶泥法、表面涂抹水泥砂浆法、表面粘贴环氧玻璃布法、表面贴条法、表面凿槽嵌补法等。表面处理法施工简单，既可喷涂、也可涂敷，缺点是，修补材料无法深入到裂缝内部，且对活动型裂缝难于追踪其变化过程[3-5],[3-6]。

　　2. 灌浆法

　　灌浆就是用外部压力将修补浆材压入构件的裂缝中，浆材凝结、硬化后填充裂缝，起到恢复和补强结构整体性的作用。此方法适用于对结构整体性有影响，或有防水、防渗要求的裂缝修补。根据灌浆材料的不同，可分为水泥基灌浆和化学灌浆两种，可按裂缝的性质、宽度、施工条件等具体情况选用。一般对宽度 0.5~2mm 的裂缝，可采用化学灌浆；对宽度大于 2mm 的裂缝，宜采用水泥基灌浆。当然，近年来超细水泥灌浆材料也被广泛地应用到细微裂缝的灌浆修补中。水泥基灌浆具有材料来源广、强度高、价格低等优点，一般用于大体积混凝土结构的修补。化学浆材与水泥浆材相比具有化学稳定性好、黏度低、可灌性好、收缩小及较高的黏结强度和一定的弹性等优点，恢复结构整体性效果好，适用于各种情况下的裂缝修补、堵漏及防渗处理。浆材应根据裂缝的性质、缝宽和干湿情况选用。浆材的性能对裂缝的修补施工和修补效果有决定性的影响，目前国内应用比较普遍的是环氧树脂浆材和聚氨酯浆材。化学灌浆材料也存在缺点，主要是固化后脆性较大、耐久性能差、污染环境等，关于化学灌浆材料的改性是近年来该领域的研究热点之一。另外工艺要求较高，灌浆后是否与结构形成整体很难判定，灌浆效果评价标准有待规范统一[3-7]~[3-11]。

　　3. 填充法

　　填充法主要用于修补水平面上较宽的裂缝及钢筋锈蚀所产生的裂缝，以达到恢复防水性、耐久性和部分恢复结构整体性的目的。对于小于 0.3mm 的裂缝，应沿裂缝将混凝土开凿成 U 型或 V 型槽，然后灌注修补材料。对于有钢筋锈蚀的裂缝，应先加宽、加深凿槽，对钢筋彻底除锈，然后涂刷防锈涂料，再填充聚合物水泥砂浆、环氧砂浆。值得注意的是填充法对结构有一定的损伤，适用范围较小，像混凝土梁、电杆、轨枕这些物件不宜采用。另外，目前许多单位采用环氧树脂砂浆填补，由于收缩和老化的关系，长期效果都不甚理想[3-12]。

　　4. 结构加固法

　　对于危及到结构安全的混凝土裂缝都需要做结构补强。结构加固法适用于对整体性、承载能力有较大影响的表面损坏严重的表面、深进及贯穿性裂缝的加固处理。常用的方法有粘贴加固法、加大截面积法、预应力加固法和增设杆件法等。加固方法的选择应根据可靠性鉴定结果、结构功能降低及加固原因，结合结构特点、当地具体条件、新的功能要求等因素，并按加固效果可靠、施工简便、经济合理等原则综合分析确定[3-13]。

　　5. 自修复技术

　　混凝土自修复技术是混凝土裂缝修补的一个非常新的领域，混凝土裂缝自修复方法是国外近些年提出的混凝土裂缝修补方法，指混凝土在外部或内部条件作用下释放或生成新的物质自行愈合其裂缝。这些自修复方法包括结晶沉淀法、渗透结晶法、聚合物固化法等。有关混凝土的裂缝自修复原理尚未完全得到确认，许多裂缝自修复技术还很不成熟，在这方面应该继续深入研究，对实现以较低成本获得材料可靠性提高有意义，同时对进一步开发结构——智能一体化的混凝土也具有重要意义[3-14]。

15.2　混凝土裂缝修补材料

混凝土的修补一直受到国内外工程界和学术界的高度重视，修补材料的种类也从单一的水泥基浆材，发展为无机材料、聚合物树脂类和有无机复合类三大类的数百个品种[3-15]。

1. 无机修补材料

无机修补材料主要以水泥为主，加入一定的掺合料、骨料和外加剂，特点是材料本身强度高、原材料取材广泛、价格便宜、施工方便。常用的无机修补材料有：

（1）快速堵漏修补材料。在水泥中加入促凝剂和防水外加剂，使其在几分钟内快速凝结，主要用于有水的防渗修补工程。

（2）超细水泥修补材料。由于细度要比普通水泥大，而且浆体具有较大的流动性，主要用于混凝土结构中出现的微细裂缝修补。

（3）灌注修补材料。在水泥中加入细骨料和外加剂，具有微膨胀、强度高、密实性好的特点，主要用于混凝土结构中梁、板、柱等大体积混凝土缺陷的修补和增强等。

2. 聚合树脂类修补材料[3-16],[3-17]

聚合树脂类修补材料以高分子聚合物树脂为主要原料，根据工程情况加入一定量的固化剂、填料、稀释剂、增韧剂、促进剂等进行改性，具有黏结力强、可灌性好、易于聚合硬化，聚合体具有较好的抗渗防潮和耐腐蚀性能等一系列优点，可用于混凝土的结构补强、裂缝修补、防渗堵漏；缺点是与混凝土和水泥制品的热膨胀系数差别较大、树脂固化后收缩大、对施工面要求比较高（清洁、干燥）、单体或聚合体易对环境造成污染等。目前常用的聚合物树脂类修补材料如下。

（1）环氧树脂。由于具有强度高、黏结力强、收缩小、化学稳定性好、可以室温固化等一系列优点，因此最早被用于混凝土结构的裂缝修补，近年来通过对固化剂、稀释剂、增韧剂和填料的改进，使环氧树脂黏度大大降低（水性环氧树脂黏度低于水），可在低温（−50℃）和潮湿环境固化，并具有一定的韧性，适应了不同工程、不同修补部位的要求，仍是目前最普遍使用的修补材料。

（2）聚氨酯树脂。突出的优点是具有较好的韧性和弹性，是处理基建工程（如大坝、屋面、厂房等）的施工缝较为理想的填缝材料。最大的特点是遇水后迅速膨胀并固化，常用于有水裂缝的防渗堵漏。但缺点是固化后强度不是很理想。

（3）甲基丙烯酸甲酯。具有黏度低（比水更低）、可灌性好，聚合体物理力学性能好，可共聚改性等优点，是一种绝好的补强灌浆材料，可灌入 0.05mm 的细微裂缝，渗入 4～6cm 深度，能较好地恢复混凝土裂缝的整体性。缺点是硬化后体积会有一定程度的收缩，易造成聚合体与缝面局部脱落，且隔氧贮存困难，有水环境修补效果差，目前的用量不是很大。

（4）有机硅树脂。具有硬度高、耐磨、耐热、耐辐射、耐大气老化、耐水防潮等优点，常用作酚醛树脂和环氧树脂基料的改性剂，提高耐热性和耐水性，主要用于防水和老建筑物的封闭修补。

（5）复合树脂。近几年研究和开发了一些如环氧树脂与聚氨酯复合、环氧树脂与丙烯酸酯复合等一系列复合型修补材料，以及互穿聚合物网络技术制备新型化学灌浆材料等。主要是利用各自的特点，互为改性，提高修补材料的综合性能。

3. 有机–无机复合修补材料

主要是指在水泥砂浆中加入水分散聚合物乳液，形成聚合物水泥砂浆，它既具有水泥砂浆收缩小、与被修补的混凝土和水泥制品热膨胀系数相当的特点；又有聚合物黏结强度高、具有一定韧性的特点，因此不易产生脱落；而且聚合物在水泥砂浆中形成的网络结构，填充了水泥砂浆结构中的缺陷。使水泥砂浆的抗渗性、耐腐蚀性等性能大为提高；同时由于采用的聚合物都是水分散性乳液，不需要其他有机溶剂，施工简便，同时不会对环境造成污染，越来越广泛的应用到实际工程修补中。目前常用的水分散聚合物乳液如下。

（1）水分散环氧乳液。特点是黏结强度高、收缩小、具有优良的防水和耐腐蚀性能，而且可以在潮湿条件下或水环境中固化，广泛用于混凝土结构加固补强、水泥制品缺陷修补、防水和耐腐蚀工程中。

（2）VAE乳液。是醋酸乙烯与乙烯经乳液聚合而得的共聚物水分散体系，共聚成膜性好，具有较低的表面张力，对薄膜材质有特殊的黏结性，有很好的湿黏性和很快的固化速度，较好的耐水性、耐高温性，主要用于防渗修补。

（3）丙烯酸酯乳液。特点是耐紫外光老化性能好、具有一定的韧性，主要用于室外防水修补。

（4）氯丁胶乳。用于生产水基氯丁胶黏剂，也可作为水基胶黏剂的改性剂，黏结型氯丁胶乳具有较高的黏结力，是乳胶型胶黏剂中性能较好的品种之一，适宜于混凝土和水泥制品的黏结并具有耐日光、耐热、耐老化、耐腐蚀等性能。

15.3　环氧树脂灌浆材料

在众多的裂缝修补材料中环氧树脂灌浆材料拥有很多优良的性能，如材料来源广、成本低、黏合力高、收缩性能小、稳定性好及硬化后机械性能高等优点。但是其也存在黏度较大、固化后脆性大、潮湿或水中固化困难、黏结强度低、耐老化、耐低温能力低及所用溶剂、固化剂往往有毒性等缺点，限制了环氧灌浆材料在实际工程中的应用。

（1）黏度改性。环氧灌浆材料首先要求具有很好的可灌性，这就要求灌浆材料低黏度，一般要求在10～30mPa·s，然而环氧树脂和固化剂混合后黏度太大，必须加入稀释剂来降低环氧树脂灌浆浆液的初始黏度。但是随着稀释剂的加入，浆液固结体力学性能又会下降，影响灌浆效果。因此必须选择合适的稀释剂及其适宜的掺量，降低环氧树脂灌浆材料的黏性，所用稀释剂的种类一般分为非活性稀释剂体系（如二甲苯、丙酮等）和活性稀释剂体系（如环氧丙烷丁基醚）两类。此外，水性、无溶剂型环氧灌浆材料在国外被越来越广的应用。

（2）韧性。环氧树脂灌浆材料增韧研究，经历了由早期的橡胶弹性体增韧、热塑性树脂增韧到近几年的液晶聚合物增韧、超支化聚合物增韧、核—壳结构聚合体增韧、互穿聚合物增韧、纳米材料增韧的发展历程。进一步研究发现[3-18]，将玻璃微珠、碳酸钙、氧化铝等高强度、高模量的无机刚性粒子添加到环氧树脂中也可以起到增韧增强的效果。

（3）亲水性。在修补水工或者潮湿条件的混凝土裂缝时，由于环氧树脂憎水性，水被牢固地吸附在混凝土表面，灌浆材料不能冲破水层黏结到基体上，黏结强度大大降低，使环氧灌浆材料应用大大受到限制。后期有研究[3-19]用衣康酸改性环氧树脂，制备了羧酸根为亲水基团的阴离子型水性环氧树脂灌浆材料；此外通过化学结构改性法也可以得到能够在水中固化、有较高的黏结强度的阳离子型水性环氧树脂[3-20]。

（4）耐高、低温性能。一般而言，环氧浆材固化后在高温条件下会很快老化，性能大大被削弱；在低温条件下亦固化困难，性能较差。有研究采用活性较高的环氧树脂和低温固化体系，研制出了能在低温条件下具有良好性能的环氧树脂灌浆材料[3-21]。

（5）环保性和降低成本。文献［3-22］研究了糠醛—丙酮稀释体系的环氧树脂灌浆材料的降低毒性方法，用低毒的代替品取代糠醛，产品保留了原糠醛—丙酮稀释体系的环氧树脂灌浆材料低黏度、高强度的特点。此外无溶剂型环氧浆材和水性环氧浆材的研发、利用拮抗原理改造丙凝浆液也为浆材的绿色化趋势提供了方向。成本降低方法目前有水玻璃改性环氧浆材，木质素类浆材的无害化开发等。

综上所述，环氧灌浆材料虽然拥有很多优良的性能，但是也存在黏度较大、固化后脆性大、潮湿或水中固化困难、黏结强度低、耐老化、耐低温能力低及有毒性等缺点，大大限制了环氧灌浆材料在实际工程中的应用。目前市面上的环氧树脂灌浆产品，黏度较低的，力学性能相对较低；而综合性能较高的产品，黏度却较高，而且价格比较昂贵。

15.4　聚合物改性水泥砂浆

15.4.1　新拌聚合物改性水泥砂浆的性能

1. 工作性

聚合物的种类和掺量对新拌水泥砂浆的工作性影响显著。有研究发现，不同种类聚合物乳液的减水率都能达到 20% 以上，减水效果明显，其中 SBR 的减水效果更优[3-23]。即使是同种聚合物，由于聚合物乳液的性质不同，对改性砂浆流动性的影响也不相同[3-24]。通常随着聚灰比的增加，改性砂浆的流动性增大，工作性得到改善[3-25],[3-26]。聚合物乳液的掺入能提高新拌砂浆的工作性[3-27]，这是因为乳液中的表面活性剂及稳定剂在改性砂浆中引入了较多气泡，砂浆中水泥颗粒的堆积状态得到改善，水泥颗粒的分散效果提高。乳液的憎水性和胶体特性使新拌改性砂浆具有良好的保水性，从而降低了对其进行长期湿养护的必要。通过在聚合物改性砂浆中掺入纤维素醚[3-28]、改性无机矿粉[3-29]，可以进一步提高新拌砂浆的保水率。

2. 含气量

已有研究表明，聚合物乳液改性砂浆的含气量高于空白普通水泥砂浆，这是因为掺入的聚合物乳液中的表面活性剂和稳定剂在新拌砂浆中引入了较多气泡。适当的引气有助于改善新拌水泥砂浆的流动性，提高其抗渗性和抗冻融性，但过量的气泡则会降低砂浆的强度。一般聚合物乳液改性砂浆的含气量为 5%～20%，有些甚至高达 30%。控制改性砂浆的含气量，常用的方法是在乳液中掺入适量的消泡剂。有研究表明，不掺消泡剂的聚丙烯酸酯乳液改性水泥砂浆的含气量为 43.6%，而当掺入 0.5% 的消泡剂后含气量大幅降低至 8.0%[3-30]。考虑到消泡剂可能会影响水泥与增强材料之间的黏结，有学者研究了其他降低含气量的方法，例如在拌和前采用恒温水浴法提高环氧乳液的温度可以降低改性砂浆的含气量[3-31]。

3. 凝结时间与工作时间

通常掺入聚合物乳液后，水泥砂浆的凝结时间延长，乳液掺量的影响较为显著。对此不同学者得出的研究结果迥异。有些研究[3-32],[3-33]发现,聚合物改性砂浆的凝结时间比普通水泥砂浆延长且随着聚灰比的增大而增加。但有的研究结果却刚好相反[3-34],[3-35]。

聚合物改性砂浆的工作时间与凝结时间没有直接的关系,主要与施工时表面的干燥条件(温度、湿度、风速等)有关。如果改性砂浆表面干得太快,较早形成"硬皮",就会影响最后的修整工作。一般而言,聚合物改性砂浆拌和完暴露于空气中后,需要有 15~30min 的工作时间进行表面刮平等修整工作。

4. 塑性开裂

新拌砂浆在凝结硬化前(塑性阶段)由于表面水分快速蒸发容易产生塑性开裂,主要原因是砂浆内部的泌水速度与表面水分的蒸发速度之间存在差别。研究表明,聚合物的掺入限制了砂浆塑性收缩导致的表面和内部微裂缝的产生[3-36]。有学者认为,聚合物减缓了水泥水化的放热速率,提高了砂浆的抗开裂性能,但收缩变形会增大[3-37]。对此有学者发现,掺加适量的聚丙烯纤维可以有效抑制改性砂浆的塑性开裂[3-38]。进一步的研究发现,纤维的种类和长度、聚丙烯纤维的几何形态、不同的搅拌方式、砂子的粒径对改性砂浆的早期失水都有一定的影响[3-39],[3-40]。考虑到乳液改性砂浆的收缩变形较大,在现场施工时应特别注意蒸发率超过 0.5kg/(m²·h) 的情况,施工完后最好对砂浆采取短期的保湿养护措施。

15.4.2　硬化聚合物改性水泥砂浆的性能

1. 抗压强度和抗折强度

通常,聚合物的掺入会降低砂浆的抗压强度但是提高其抗折强度。水胶比相同时,聚合物改性砂浆的抗压强度要低于未改性的普通水泥砂浆。文献 [3-41] 对比了掺入 SBR 乳液和 PAE 乳液后改性砂浆的强度,结果表明,两种改性砂浆的抗压强度较空白水泥砂浆均有所减小,但是聚灰比 0.2 时的抗压强度高于聚灰比 0.1 时的抗压强度。

聚合物砂浆的配合比(聚灰比、水胶比、灰砂比等)是砂浆强度的主要影响因素。文献 [3-42] 研究发现,当聚灰比小于 7.5% 时,SBR 的掺入致使砂浆的抗压强度明显下降。文献 [3-43] 对比了三种不同类型聚合物乳液对自流平砂浆强度的影响,研究发现三种改性砂浆的抗压强度随着聚合物掺量的增大均有所下降。对此有学者研究认为,纤维素醚的掺入减缓了聚合物对砂浆抗压强度的降低趋势[3-24]。文献 [3-44] 研究发现,水胶比对改性砂浆的抗压抗折强度略有影响。而当水泥砂浆的灰砂比不同时,聚合物乳液对抗压抗折强度的改性效果也不同[3-45]。

关于掺合料对改性砂浆的强度影响,不同学者得出的结论迥异。有学者研究发现,掺入硅灰或矿渣后,改性水泥砂浆的强度提高,其中掺入 10% 硅灰的改性效果优于掺入 40% 的矿渣[3-46]。有研究表明,掺入超细矿渣后,聚合物改性砂浆的 28d 抗压抗折强度比普通水泥砂浆高出 15%~25%[3-47]。在文献 [3-48] 的研究中,研究了不同种类的矿物掺合料对聚合物改性砂浆性能的影响情况,结果表明,掺加粉煤灰能提高其抗折强度,掺加矿渣粉能提高其抗压强度,掺加硅灰则会降低其强度。有些研究发现,粉煤灰的加入会减小改性砂浆的强度,同时粉煤灰的细度不同也会影响改性砂浆的强度[3-49]。

掺入聚丙烯纤维能提高改性砂浆的抗折强度,长纤维能大大提高其抗折强度,而短纤维的提高效果则不明显。利用一些矿物废料如铁尾矿砂[3-50]来代替石英砂配制改性水泥砂浆或掺入高炉矿渣[3-51]取得了不错的效果。掺入水玻璃[3-52]、偏高岭土或煅烧膨润土[3-23]也可以提高聚合物改性砂浆的抗压抗折强度，其中掺入偏高岭土的效果优于煅烧膨润土。通过改变减水剂与乳液的加料顺序[3-53]、细骨料的种类和粒径[3-54],[3-55]也会影响改性水泥砂浆的强度。

养护条件也会在一定程度上影响改性砂浆的强度。有学者研究发现，蒸汽养护加热养护后的丁苯—环氧（无固化剂）改性砂浆的抗压抗折强度是未改性砂浆的 3 倍[3-56]。文献 [3-57] 研究表明，随着乳液掺量的提高，试件达到一定强度所需要的湿养护时间逐渐减少。但是有学者认为短期的湿养护对于聚合物改性砂浆仍然是必要的[3-58]。早期水中养护后期干燥养护是较为理想的养护条件。

有学者研究发现，经冻融循环后聚合物改性砂浆的抗压强度有所增加，其原因是冻融破坏了聚合物薄膜，被其包裹的水泥颗粒得到释放，继续参与水化从而使强度增加[3-59]。另外，不同的冻融条件也会不同程度地影响改性砂浆的强度。有研究发现，空气冻融和水冻循环两种情况下，改性砂浆的抗压强度和抗折强度均会下降，其中"气冻"造成的影响更大[3-60]。

2. 黏结性能

聚合物改性砂浆在多种基体上的黏结都比普通水泥砂浆好，原因是聚合物与被黏基体材料具有良好的胶接作用。聚合物的种类不同也会较大程度地影响改性砂浆的黏结性能。有学者研究发现，丙烯酸砂浆对老混凝土的长期黏结性能优于纯丙和氯丁砂浆[3-61]。聚合物的掺量和水胶比对改性砂浆的黏结强度也有重要影响。试验表明，添加 5%～20% 的聚合物乳液可以将基准砂浆的黏结强度提高 1～4 倍[3-62]。也有学者认为，低聚合物掺量（不超过 3.5%）下，改性砂浆的黏结强度与聚合物的掺量成正比；而当聚合物掺量超过 3.5% 时，掺量增加 1% 会使黏结强度降低 40%[3-63]。在文献 [3-64] 的研究中，研究了水胶比的差别对改性砂浆的黏结性能的影响状况，研究发现 90 天龄期时，两种不同水胶比（0.35、0.4）的改性砂浆黏结强度均大于 4MPa，比水胶比 0.3 时的黏结强度提高超过 1 倍，且远高于空白水泥砂浆。而黏结养护制度也会影响改性砂浆的黏结性能。

3. 韧性

聚合物改性砂浆韧性的表征指标有多种，例如压折比、抗冲击性、横向变形等，一般常用的表征指标是压折比，用于混凝土表面修补时常用抗冲击性来表征。有研究发现，当韧性较低时改性砂浆的压折比较明显，当韧性较高时其横向变形最明显，而其抗冲击性在任何情况下都较明显[3-41]。同样大小的流动度时改性砂浆的韧性优于普通砂浆。有研究表明，当聚灰比在一定范围（小于 10%）时，随着聚灰比的增大，改性砂浆的韧性提高[3-65]。具有不同性能指标的同种聚合物乳液对砂浆韧性的改善效果也不同[3-66]。有研究发现，在改性砂浆中掺入 30%～40% 的粉煤灰可以显著降低改性砂浆的压折比，提高砂浆的韧性[3-67]。进一步的研究表明，粉煤灰细度的增大可以减小改性砂浆的压折比，提高其韧性[3-45]。通过掺入纤维来增强改性砂浆的韧性也是一种较好的途径。

4. 收缩

聚合物改性砂浆的收缩主要受到聚合物种类和聚灰比的影响，文献 [3-68] 把不同掺量的丁苯乳液掺入水泥砂浆中，乳液掺量分别为 3%、6%、9%、12%。研究表明：乳液掺量为 6% 时，改性砂浆的 90d 收缩变形降低幅度最大（9.4%）；28d 龄期前，乳液掺量大于 3% 时，乳液的掺入会抑制改性砂浆的收缩变形，掺加 12% 的乳液时其收缩变形降幅超过 20%。关于聚合物乳液使砂浆减缩的机理，有研究认为乳液的掺入减缓了砂浆早期水化放热的速率，减少了后期养护时砂浆内部水分的丢失，因而产生减缩效果[3-69]。为了进一步减小收缩，通常采用的方法是掺入纤维。有研究发现，掺加 1.5%聚丙烯纤维的聚合物乳液，改性砂浆的收缩较空白普通水泥砂浆减少 40.5%，较同掺量乳液的改性砂浆减少 28.6%[3-70]。另外，利用改性剂例如一些带有特殊基团的聚合物单体对聚合物乳液进行改性，也能达到减缩的效果[3-71]。

5. 耐久性

聚合物改性砂浆的耐久性一般包括抗渗透性、抗侵蚀性以及抗冻性等性能。国外有学者认为绝大部分水泥基材料的耐久性均可归因于水泥基材料的渗透性和尺寸稳定性[3-72]。通常经过聚合物改性后砂浆的耐久性会有显著提高[3-73],[3-74]。试验结果表明，在砂浆中掺入聚合物乳液后，孔隙孔径明显减小，大孔减少[3-75]。大孔和连通孔被聚合物本身填充或聚合物成膜封闭，因此改性砂浆的吸水率降低，不透水性提高[3-75]。聚合物的加入使砂浆形成更致密的微观结构，提高了 Cl⁻的渗透阻力因而其具有优良的抗氯离子渗透性[3-76]。试验表明，与空白水泥砂浆相比，聚灰比为 20%的 SAE 乳液、VAE 乳液、SBR 乳液及 PAE 乳液改性砂浆的抗氯离子渗透性分别提高了 69%、27%、75%、42%，其中 SBR 乳液的改善效果更为理想[3-32]。有学者认为，一层 10mm 厚的高性能聚合物改性砂浆可以保护钢至少 25 年不被海水腐蚀[3-77]。进一步的试验研究表明，在水泥基修补材料中掺入高性能纤维可以有效地抑制氯离子的渗透和防止钢筋锈蚀[3-78]。通过改变水泥的品种，可以使改性砂浆具有特殊的耐盐性能，例如聚合物乳液改性后的硫铝酸盐水泥修补砂浆具有优异的耐硫酸盐腐蚀性能[3-79]。

有研究发现，掺加苯丙乳液的改性砂浆耐酸性比空白砂浆有很大改善，且改善的程度与酸的种类和其浓度有关，但是总体改善效果仍然较差[3-80]。这可能因为水泥水化产物本身并不耐酸，所以改性砂浆并不耐酸。对此有学者认为，在聚合物改性砂浆中掺入水玻璃可以提高其耐酸性能[3-48]。

已有研究报道，改性砂浆的抗冻性优于普通砂浆，这是因为掺加聚合物时的低水胶比和硬化砂浆中聚合物膜的存在及其合理的孔结构[3-81]。有研究发现，聚合物乳液的掺加使得砂浆的抗冻性得到一定程度上的提高[3-56]。有学者对比了冻融循环对空白水泥砂浆和聚合物改性砂浆的影响，研究结果表明：经过 100 次冻融循环后，改性砂浆的强度损失小于 6%，质量损失小于 2%，外观破损状况也较轻微[3-82]。

15.4.3　聚合物改性机理的研究

1. 聚合物对水泥水化的影响

聚合物对水泥砂浆的改性作用，与聚合物对水泥水化的影响有关。有学者利用 X 射线显微镜研究了 VAE 乳液对纯硅酸三钙（C_3S）早期水化的影响，结果表明，VAE 共聚物在含有 C_3S 的碱性环境中发生水解释放出 CH_3COO^-，在溶液中与 Ca^{2+}反应生成了有机盐，改变了 C–S–H 中的 Ca/Si 比，减小了 Ca（OH）$_2$ 的含量，同时 CH_3COO^-进入 C–S–H 凝胶层也增加了层间距。此外 VAE 粒子吸附在 C_3S 颗粒的表面作为水化成核质点阻碍了 C_3S 的水解和水化晶体的生长，加速了颗粒的沉淀[3-83]。有研究发现，SBR 乳液虽然能加速石膏与铝酸钙的反应，提高钙矾石的生成，促进水泥水化[3-84]，但其并非选择吸附在水泥颗粒表面，而是按比例分散在整个系统之中[3-85]。

2. 聚合物改性水泥砂浆的微观结构

材料的宏观性能与其内部的微观结构紧密相关。聚合物改性水泥砂浆的微观结构涉及聚合物的形态结构、聚合物在水泥颗粒表面的吸附、聚合物的成膜过程、水泥水化产物、水泥基材的形貌等。有学者研究了水胶比为 0.5 时聚合物乳液和正在水化的水泥颗粒表面的相互作用，结果表明，阴离子胶乳从水泥孔隙溶液中吸附了大量的 Ca^{2+}，电子显微照片证实带电的聚合物乳液选择性地吸附在带相反电荷的水化水泥颗粒表面，在水泥水化和干燥的一系列过程中，通过分子颗粒之间的凝聚形成连续的聚合物薄膜[3-86]。有研究发现，在环氧乳液改性系统中，聚合物膜形成了一种三维结构，提高了改性砂浆的力学性能，而在 VAE 乳液改性系统中，聚合物和水泥之间形成的化学键会提高二者间的相互作用和黏结力，使聚合物膜紧密地吸附在硬化水泥体的表面，增强了改性砂浆的力学性能[3-87]。而对于改性水泥砂浆微观结构更致密韧性更高的原因，有研究认为随着聚灰比的增加，聚合物和水泥水化产物共同作用交织成的网状结构继续发展，孔径小于 200Å 的孔隙也开始增大，这表明改性砂浆的孔径变得更加优异[3-88], [3-89]。

第16章

环氧灌浆材料的
制备与性能研究

16.1 试验原材料

（1）水泥。P·O 42.5R 普通硅酸盐水泥。水泥的化学成分及基本性能分别见表 16-1 及表 16-2。

表 16-1 水泥的化学成分 %

名称	CaO$_2$	SiO$_2$	Al$_2$O$_3$	Fe$_3$O$_4$	MgO	TiO$_2$	SO$_3$	烧失量
水泥	63.67	21.30	5.73	3.65	0.57	2.15	1.75	0.97

表 16-2 水泥的基本性能

标准稠度（%）	凝结时间/h		安定性（试饼法）	抗压强度/MPa		抗折强度/MPa		密度/（g/cm³）
	初凝	终凝		3d	28d	3d	28d	
25.3	1.45	2.55	合格	26.5	56.2	5.1	10.3	3.13

（2）骨料。河砂，细度模数为 2.57，中砂Ⅱ级配区；石灰岩质碎石，5～25mm 连续级配，表观密度 2.67～2.70g/cm³，压碎指标 10.3%。

（3）环氧树脂。环氧树脂浆液所用组分均为市售。双酚 A 型环氧树脂 E-44，其环氧值指标 0.37～0.47 当量/100g，平均值 0.44；双酚 A 型环氧树脂 E-51，其环氧值指标 0.48～0.53 当量/100g，平均值 0.51；三乙烯四胺（分析纯）、501 稀释剂（分析纯）、QS 增韧剂（分析纯）、D2000（分析纯）、T5 固化剂（分析纯）。

（4）减水剂。JK-5 型萘系减水剂，减水率为 23%。

（5）黄铜片。厚度分别为 0.5mm、1mm、2mm 的三种铜片。按需要进行切割。

（6）混凝土。试验配制 C30 和 C50 两种不同强度的混凝土，混凝土的配合比及力学性能见表 16-3。

表 16–3　　　　　　　　　　混凝土配合比及力学性能测试结果

强度等级	水胶比	水泥/（kg/m³）	砂子/（kg/m³）	石子/（kg/m³）	水/（kg/m³）	减水剂/（kg/m³）	28d 抗压强度/MPa
C30	0.5	453	612	1090	226.5	0.9	38.1
C50	0.34	500	504	1175	172	0.9	56.2

16.2　环氧灌浆材料的制备

　　裂缝用环氧树脂灌浆材料的基本性能指标要满足 JC/T 1041—2007《混凝土裂缝用环氧树脂灌浆材料》的相关规定。见表 16–4 与表 16–5。

表 16–4　　　　　　　　　环氧树脂灌浆材料浆液性能标准

序号	项　　目		浆液性能	
			L	N
1	浆液密度/（g/cm³）	>	1.00	1.00
2	初始黏度/（mPs·s）	<	30	200
3	可操作时间/min	>	30	30

表 16–5　　　　　　　　　环氧树脂灌浆材料固化物性能标准

序号	项　　目			固化物性能标准	
				I	II
1	抗压强度/MPa		≥	40	70
2	拉伸剪切强度/MPa		≥	5.0	8.0
3	抗拉强度/MPa		≥	10	15
4	黏结强度	干黏结/MPa	≥	3.0	4.0
		湿黏结/MPa	≥	2.0	2.5
5	抗渗压力/MPa		≥	1.0	1.2
6	渗透压力比（%）		≥	300	400

　　注：1. 湿黏结强度：潮湿条件下必须进行测试。

　　　　2. 固化物性能的测定龄期为 28d。

16.3　环氧树脂灌浆材料性能测试方法

　　（1）黏度测试。采用 NDJ–1 旋转黏度仪，按 GB/T 2794—2013《胶粘剂黏度测定方法（旋转黏度计法）》测定浆液 A、B 组分混合后的初始黏度，计算结果精确到 1mPa·s。

　　（2）抗压强度。采用 20mm×20mm×20mm 立方体，按 GB/T 2567—2008《树脂浇铸体性能试验方法》在压力试验机上测试。

（3）凝胶体拉伸强度。参考 GB/T 2567—2008《树脂浇铸体性能试验方法》进行测试。

采用图 16-1 所示的 XL-250A 型拉力试验机测试，将制作好的试件（见图 16-2）中心轴线与上、下夹具的对准中心线保持一致夹持，选择量程，然后以 2～10mm/min 的速度持续加载，直至破坏，读取破坏时的荷载值。

| 图 16-1　拉伸性能测试 | 图 16-2　拉伸试样图 |

（4）灌浆材料黏结拉伸强度测试：参考 DL/T 5150—2001《水工混凝土试验规程》、GB/T 16777—2008《建筑防水涂料试验方法》及 JC/T 1041—2007《混凝土裂缝用环氧树脂灌浆材料》进行测试。

16.4　裂缝修补灌浆材料的性能研究

本实验目的是配制出黏度低、强度高、体积稳定性好、质量损失率低、可操作时间适中的裂缝修补灌浆材料。

16.4.1　环氧树脂灌浆材料的配制过程

中国工程建设标准化协会标准 CECS25：90《混凝土结构加固技术规范》，以附录的形式给出了混凝土结构裂缝灌浆修补用环氧树脂浆液的参考配方，结合本试验所要达到的裂缝修补效果使用要求，设计了表 16-6 所示的六组配比。其中环氧主剂为 E-51 环氧树脂，稀释剂采用了 A_1、A_2 两种。A_1 非活性稀释剂，挥发性比较大；A_2 活性稀释剂，参与固化反应。固化剂采用了 B_1、B_2、B_3 三种类型，其中 B_3 为柔性固化剂。DMP-30 为促进剂，能够协调各组分之间的反应，得到性能更优异的环氧灌浆料材料。

表 16-6　　　　　　　　　　　　　环 氧 树 脂 浆 液 配 比　　　　　　　　　　　　　g

配方编号	E-51	A_1	A_2	B_1	B_2	B_3	DMP-30
AB-1	100	50	0	20	0	0	5
AB-2	100	25	25	20	0	0	5
AB-3	100	10	40	15	5	0	5
AB-4	100	10	40	10	10	0	5
AB-5	100	10	40	10	3	15	5
AB-6	100	10	40	10	3	5	5

　　环氧树脂浆液的配制方法：先将 E-51 环氧树脂稍加热，使其能较好地与其他外加剂搅拌混合，称重后倒入一次性塑料杯中。依次将称量好的稀释剂、促进剂等倒入塑料杯子中，最后加入固化剂，搅拌均匀。浆液配制完成后标记液面刻度线，放置室温中进行固化，如图16-3 所示。试样的模具及成型后试样如图 16-4 与图 16-5 所示。

图 16-3　混合后环氧树脂浆液　　　　　　图 16-4　模具

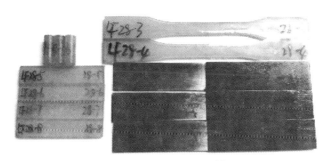

图 16-5　固化后试样

16.4.2　配制结果及分析

1. 固化过程中的试验现象（见表 16-7）

表 16-7　　　　　　　　　　　　固　化　现　象

配方编号	现　　　象
AB-1	温和固化，无裂缝、有较大收缩
AB-2	温和固化，无裂缝、收缩相比 AB-1 减小
AB-3	反应较为剧烈，膨胀比较多
AB-4	剧烈反应，融化塑料杯，2mm 厚的试样表面坑洞多，油脂多
AB-5	反应速度较快，中心有微小裂纹
AB-6	反应速度适中、无裂纹

　　由表 16-7 可以看到 AB-1、AB-2 两组固化过程中出现收缩，原因是 AB-1、AB-2 两组中 A_1 的含量较多，A_1 为非活性稀释剂，它不参与环氧树脂的固化反应，在固化过程中挥发，引起固化体的体积收缩。随着 A_1 含量减少，收缩量减少。当 A_1 与 A_2 比例为 1:4 时，对收缩影响最少。AB-3、AB-4 两组固化过程剧烈，原因是 B_1 固化剂可以与 E-51 发生强烈的固化

反应，放出大量的热（融化塑料杯），导致体积膨胀，在固化物表面产生大量气泡，进而形成较多的坑洞。随着 B_1 含量降低，反应速度降低，当 B_1 含量为 3%左右时，反应速度适中，实验效果较为理想。调整后的配方为 AB–5、AB–6，固化速度适中，固化物相比于 AB–4 表面较为光滑，无坑洞，如图 16–6 所示。单从环氧树脂浆液固化现象考虑配方，AB–5 与 AB–6 效果最好。

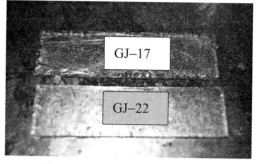

图 16-6　AB–5、AB–6 固化物表面

2. 环氧树脂浆的高度变化率及质量损失率

将各种掺料在塑料杯中充分搅拌均匀后，标记液面刻度，并称重，记录刚混合时质量。固化反应完全后，标记出此时的液面刻度并称质量，并计算出环氧树脂浆液的高度变化率及质量损失率，结果见表 16–8。

表 16–8　　　　　　　　　浆液的高度变化率与质量损失率

配方编号	高度变化率（%）	质量损失率（%）
AB–1	–3.0	2.9
AB–2	–1.4	2.2
AB–3	>40	3.2
AB–4	—	—
AB–5	0.2	0.8
AB–6	0.9	0.9

注："—"表示无法测得。

从表 16–8 可以看出 AB–1、AB–2 两组高度变化率分别为–3.0 与–1.4，说明固化过程中液面下降，体积收缩，同时分别伴随着 2.9%与 2.2%的质量损失率。AB–3 高度变化率在 40%以上，质量损失率也较大，反应更为剧烈的 AB–4 融化了塑料杯，高度变化率与质量损失率无法测得。相比于以上 4 组，AB–5、AB–6 有少许的膨胀，表现出较低的高度变化率及质量损失率。单从环氧树脂浆液的高度变化率及质量损失率考虑配方，AB–5 与 AB–6 效果最好。

3. 可操作时间内浆液黏度

每组配方均测定了浆液的初始黏度及黏度随时间变化曲线。浆液的初始黏度及黏度—时间关系曲线分别见表 16–9 与图 16–7。

表 16–9　　　　　　　　　浆 液 的 初 始 黏 度

配方编号	AB–1	AB–2	AB–3	AB–4	AB–5	AB–6
初始黏度/（mPa·s）	10	15	17	17	50	40

表 16–9 中，AB–1、AB–2、AB–3 与 AB–4 为超低黏度灌浆材料，黏度均少于 30mPa·s，可以灌注到超细裂缝中去。AB–1 的黏度最低，可达 10mPa·s，原因是 AB–1 中稀释剂为 A_1，A_1 黏度低，稀释效果较好。其他五组中均有 A_2，A_2 虽为活性稀释剂，但是自身黏度较大，对降低浆液黏度贡献没有 A_1 大。AB–5 与 AB–6 黏度大于 30mPa·s，但可灌性良好。

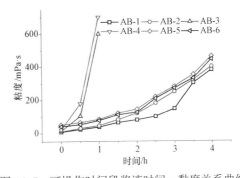

图 16–7 可操作时间段浆液时间—黏度关系曲线

图 16–7 中，六组浆液黏度均随着时间的增长而增长，AB–1、AB–2、AB–5 与 AB–6 在 0～2.5h 黏度变化比较缓慢，说明固化速度比较缓慢。2.5h 以后黏度增长速度变快，4h 时黏度达到 350mPa·s。浆液的可操作时间在 2.5～4h 内，满足实际灌浆工作对可操作时间的要求。而 AB–3 与 AB–4 的黏度在 0～5h 内增长速度比较大，表现在 0.5h 后黏度急剧增大，1h 时黏度高达 600mPa·s，说明基本没有可操作时间，不满足实际工程的需要。单从可操作时间内黏度变化考虑，AB–1、AB–2、AB–5 与 AB–6 均能满足要求。

4. 环氧树脂浆液的固化性能

测定 AB–1、AB–2、AB–3、AB–5 和 AB–6 浆液固化体 7、14、28d 的抗压强度、拉伸强度及干湿黏结强度，试验的结果见图 16–8 所示。

由图 16–8 可以得出如下结论。

（1）5 组浆液的抗拉强度随着时间的增长而增大。AB–1～AB–3 及 AB–6 浆液的 7d 抗拉强度均比较低，在 0.5MPa 左右；14d 时抗拉强度有了一定的提高：AB–6 浆液的抗拉强度增强较为明显，可达 13.5MPa，AB–1～AB–3 浆液的抗拉强度略有提高；28d 时，AB–1～AB–3 抗拉强度在 10MPa 以下，不能满足抗拉强度指标。AB–6 抗拉强度在 16MPa 左右，满足抗拉强度指标。相比于其他 4 组，AB–5 早期就具有较大的抗拉强度，7d 抗拉强度就达到 10MPa，15d 抗拉强度高达 46.6MPa。可见 AB–5 浆液具有较高的抗拉强度。

（2）5 组浆液的抗压强度也是随着时间增长呈上升趋势。AB–1～AB–3 及 AB–6 浆液的 7d 抗压强度均比较低：AB–1～AB–3 浆液抗压强度在 0.5MPa，AB–6 浆液的抗压强度在 15MPa 左右。AB–1～AB–3 抗压强度随时间增长比较缓慢，28d 时抗压强度最高才 10MPa，而 AB–6 浆液的 14d 抗压强度可达到 90MPa，28d 时高达 156MPa，可见 AB–6 后期强度增长比较快，后期强度比较高。AB–5 浆液 7d 时抗压强度便可以达到 50MPa，28d 时 60MPa，强度增长不明显。AB–5 与 AB–6 浆液的 28d 抗压强度均满足规范规定的抗压强度指标值 40MPa。

（3）5 组浆液的干黏结强度也是随着时间增长大致呈上升趋势。AB–1 浆液 7d 干黏结强度为 2.0MPa 左右，28d 时干黏结强度略有增加在 3.0MPa 左右，达到了指标值规定的 3.0MPa。AB–2 浆液 7d 干黏结强度比较低，约为 1.4MPa 左右；14d 时干黏结强度迅速增加到 3.0MPa 左右；28d 干黏结强度可达 3.6MPa。AB–3 浆液在 7d、14d、28d 均有比较高的干黏结强度。AB–6 浆液 7d 时干黏结强度可达 3.46MPa；14d 达到 4.6MPa；之后干黏结强度迅速增长，28d 时高达 8.5MPa，具有良好的干黏结性能。AB–5 浆液干黏结强度随时间变化比较缓慢，7d 时

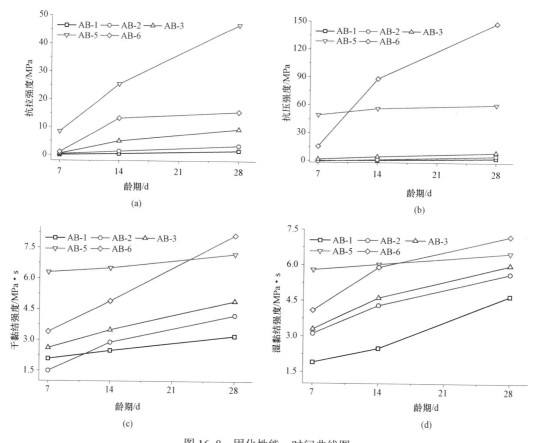

图 16-8　固化性能—时间曲线图

（a）抗拉强度—时间关系图；（b）抗压强度—时间关系图；（c）干黏结强度—时间关系图；
（d）湿黏结强度—时间关系图

强度便高达 6.55MPa，28d 时干黏结强度略有提高为 7.0MPa。由上分析可知，AB-5 具有较高的早期干黏结强度，后期强度略有提高；而 AB-6 浆液早期干黏结强度相对较小，后期具有较高的干黏结强度。

（4）5 组浆液的湿黏结强度也是随着时间增长呈上升趋势。AB-1 及 AB-2 浆液 7d 湿黏结强度在 3.0MPa 以下；AB-3～AB-6 浆液 7d 湿黏结强度均高于 3.0MPa，且 AB-5 的最高值为 5.55MPa。14d 时，除了 AB-1 浆液，其他 4 组浆液的湿黏结强度均达到 4.0MPa，其中 AB-6 浆液的湿黏结强度达到 5.55MPa，接近了 AB-5。28d 时，除了 AB-5 浆液，其他 4 组浆液的湿黏结强度均有大幅度提高，AB-6 浆液的湿黏结强度高达 6.8MPa。

（5）AB-4 浆液由于反应过于剧烈，固化后基本没有强度，故不考虑 AB-4 浆液。

（6）综合固化物反应现象、固化过程中体积变化率及质量损失率、可操作时间、初始黏度与固化胶体的力学性能等几方面因素，最终选择 AB-5 与 AB-6 两组配方为最优配方。AB-5 灌浆材料用 GR 表示，AB-6 灌浆材料用 DN 表示。两种灌浆材料的性能见表 16-10。

表 16–10   **DN、GR 综 合 性 能**

灌浆材料	初始黏度 /（mPa·s）	养护时间/d	拉伸强度 /MPa	抗压强度 /MPa	抗剪强度 /MPa	干黏结强度 /MPa	湿黏结强度 /MPa
DN	40	7	1	9.4	3.3	2.5	4.1
		28	13.4	148	13.0	7.0	6.2
GR	50	7	8.9	52.9	15.2	6.3	5.8
		28	46.6	49.4	11.7	6.8	6.2
标准指标	<300	28	≥10	≥40	≥5.0	≥3.0	≥2.0

第17章

裂缝修补材料灌注带缝混凝土的强度试验研究

17.1 带缝混凝土试件制备

抗压试件尺寸为 100mm×100mm×100mm，强度等级为 C30、C50；抗折试件尺寸为 100mm×100mm×400mm，强度等级为 C30、C50。两种正方形铜片的边长为 100mm，厚度分别为 0.5mm、1mm。用电钻在距离铜片一侧分别为 30mm、50mm、70mm 的中心处钻出直径为 1mm 左右的小孔，便于后期用粗细适中的铁丝串起固定于试模之上以保证插入铜片制造的人工裂缝深度精确。在浇筑混凝土试件时，将厚度分别为 0.5mm、1mm 的铜片串起后插在混凝土试模中，固定好铁丝，为保证构件统一性，铜片插在试模正中心处。浇筑完成并充分振捣后，拔掉铁丝，将混凝土表面抹平，混凝土即将终凝时将铜片拔出得到带缝混凝土构件，如图 17-1 和图 17-2 所示。拆模后，将试件放入标准养护室养护。

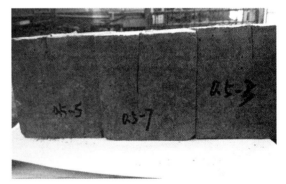

图 17-1　带缝混凝土构件的浇筑　　　　图 17-2　拆模后的带缝混凝土构件

17.2 模 拟 灌 浆

17.2.1 灌浆设备

考虑到本实验中试件尺寸和裂缝宽度深度较小，因此所采用的灌浆器材为便携式针筒灌浆器，如图 17-3 所示。注入器橡胶管的压力约为 0.3MPa，能低压持续注入，主要优点是能将灌浆材料可靠地注入细微裂缝。通过橡皮的收缩压力自动完成注入，无需人力，提高了工作效率。同时注入浆液的硬化程度也较易判断，只要检查留在注入器中的材料，即可了解裂缝中浆液的注入量和硬化状态。

(a)　　　　　　　　　　　　　　　　(b)

图 17-3　针筒灌浆器及注浆嘴

（a）针筒灌浆器；（b）注浆嘴

17.2.2　灌浆过程及工艺

参照传统的压力灌浆工艺并考虑到本实验构件尺寸较小的特点，设计了适合灌注本试验构件的工艺。

（1）基层处理。沿裂缝两侧 2～5cm 的距离清除表面的灰尘、污垢等。用吹风机将裂缝内部的灰尘及残渣清理干净。

（2）粘贴注浆嘴和封闭裂缝。一个混凝土构件粘贴 2 个注浆嘴，粘贴在裂缝表面。预先在裂缝位置处贴上医用胶布，用磷酸镁水泥沿裂缝来回涂刷，使裂缝封闭，揭去布条，粘贴注浆嘴。

（3）试漏。将其中一个注浆嘴堵住，将肥皂水涂抹在封缝胶泥上，用注胶器从另一个注浆嘴注气并观察是否漏气。若漏气，则用磷酸镁水泥填补，直至灌浆不漏气、漏浆。

（4）灌浆。注浆器针头插入一个注浆嘴注浆，直到浆液无法继续注入。为使灌浆饱满，可间歇数分钟后重复灌浆。

（5）封闭注浆嘴。养护至浆液固化后清除表面注浆嘴及残留物。灌浆如图 17-4 所示。

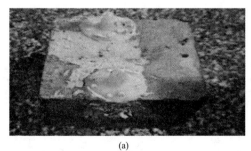

(a)　　　　　　　　　　　　　　　　(b)

图 17-4　带缝试件模拟灌浆

（a）抗压试件灌浆；（b）抗折试件灌浆

17.2.3 灌浆饱满度的测试

灌浆饱满度检测：灌浆后 7d 左右，称量构件质量为 m_1，构件浸入水中 1h 后，将试件表层水分擦拭干净，称量此时构件质量为 m_2，比较同编号试件的（m_2-m_1）差值。

若构件质量差值相比同批次的过大，说明灌浆不饱满，应重新灌浆。以此方法选出灌浆饱满的构件备用。

17.3 试验测试方法

采用插铜片的方法预制了不同裂缝宽度、深度的 C30、C50 混凝土构件，裂缝的存在将会削弱混凝土的试件自身强度，试验通过对带有不同宽度、深度裂缝的混凝土试件的 28d 抗压、抗折强度对比，观察了裂缝宽度、深度对混凝土抗压强度影响。同时将环氧灌浆修复后的带缝试件与同条件下未带缝的混凝土试件力学性能作比较，以强度恢复率作为评价灌浆改善混凝土构件力学性能的指标。

（1）混凝土抗压强度、抗折强度测试。参照 GB/T 50081—2002《普通混凝土力学性能试验方法》进行测试。考虑到试验结果与混凝土带缝面放置位置有关，采用带缝面放置位置对试验结果最不利的情况：抗压试件带裂缝面作为顶面直接接触加压装置，压力方向垂直于裂缝。抗折试件带裂缝面作为底面，压力方向垂直于裂缝。

（2）混凝土抗压（抗折）强度损失率。为统计分析不同宽度、深度等级裂缝下混凝土抗压/抗折的损失情况，提出了抗压（抗折）强度损失率的概念，即制备两组相同等级（含缝与不含缝）的混凝土试件，养护相同龄期分别测定抗压（抗折）强度；再根据如下公式计算：

$$f_a = \frac{f - f_1}{f} \times 100\% \tag{17-1}$$

式中 f_a ——抗压（抗折）强度损失率，%；

f_1 ——带缝构件抗压（抗折）强度，MPa；

f ——标准试件抗压（抗折）强度，MPa。

（3）混凝土抗压（抗折）强度恢复率。带裂缝混凝土构件经灌浆修复 7d 后测抗压（抗折）强度。为测定修复程度，提出了抗压（抗折）强度恢复率概念，即：

$$f_b = \frac{f_0}{f} \times 100\% \tag{17-2}$$

式中 f_b ——抗压（抗折）强度恢复率，%；

f_0 ——灌浆后抗压（抗折）强度，MPa。

17.4 结 果 分 析

17.4.1 抗压强度试验

C30、C50 带缝混凝土试件灌浆前后抗压破坏模式没有改变，与 Camille A. Issa[3-89]研究结果相吻合。灌浆修补前后混凝土试件抗压试验结果见表 17-1。

表 17-1　　　　　　　　　　　修补前后混凝土试件抗压试验结果

编号	混凝土等级	裂缝宽度/深度 / （mm/cm）	未灌浆		灌浆后	
			抗压强度/MPa	强度损失率（%）	抗压强度/MPa	强度恢复率（%）
A0	C30	0/0	38.1	—	—	—
A1	C30	0.5/3	29.8	21.78	33.0	86.61
A2	C30	0.5/5	27.8	27.03	33.3	87.40
A3	C30	0.5/7	25.6	32.81	33.5	88.08
A4	C30	1/3	27.6	27.56	33.1	87.93
A5	C30	1/5	26.9	29.40	33.8	88.71
A6	C30	1/7	25.2	33.86	34.3	90.05
B0	C50	0/0	56.2	—	—	—
B1	C50	0.5/3	45.1	19.75	49.4	87.90
B2	C50	0.5/5	39.5	29.72	50.2	89.32
B3	C50	0.5/7	37.8	32.74	50.6	90.04
B4	C50	1/3	42.5	24.38	50.3	89.50
B5	C50	1/5	38.6	31.32	53.2	94.67
B6	C50	1/7	37.9	32.56	56.3	100.18

注：强度损失率与强度恢复率由式（17-1）、式（17-2）算得。

17.4.2　抗压强度试验结果分析

由表 17-1 可以得出如下结论。

（1）不同深度/宽度的裂缝均不同程度的降低了混凝土的抗压强度值。对 C30、C50 混凝土，裂缝对抗压强度损失率都在 20%~35%，其中裂缝宽度/深度为 1/7 的 C30 混凝土强度（A6）损失率高达 33.86%。裂缝宽度不变时，抗压强度随着裂缝深度的增大而降低，降低幅度分别为 5%~14.1% 和 1%~16.1%；裂缝深度不变时，抗压强度随裂缝宽度变大而降低，但降低幅度较小。

（2）灌浆处理后，C30、C50 混凝土抗压强度均得到一定程度恢复，混凝土裂缝宽度、深度相同时，C50 混凝土灌浆后强度恢复率要优于 C30 混凝土，原因是灌浆材料抗压强度与 C50 混凝土抗压强度较接近，能在混凝土破坏前发挥较大作用。

（3）随着裂缝宽度、深度增大，灌浆效果较好，强度恢复率增大。裂缝宽度不变时，抗压强度恢复率随着裂缝深度的增大而增大，增大幅度分别为 2.0%~3.1% 和 2%~11.9%；裂缝深度不变时，抗压强度恢复率随裂缝宽度变大而变大，增大幅度分别为 1.5%~2.2% 和 1.8%~11.3%。原因是因为环氧灌浆材料黏度较低，有较好的浸润效果，较宽、深裂缝填充效果较好，与混凝土基体产生较高黏结力，提高了试件的整体刚度，进而提高强度。

17.4.3　抗折强度试验

抗折试件破坏实物图与示意图分别如图 17-5 和图 17-6 所示，灌浆修补前后混凝土试件抗折试验结果见表 17-2。

图 17-5　带缝抗折试件灌浆前后破坏形式图

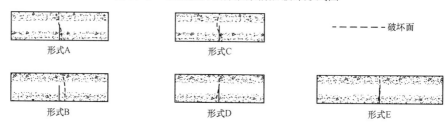

图 17-6　带缝抗折试件灌浆前后破坏形式示意图

表 17-2　　　　　　　　　　灌浆修补前后混凝土试件抗折试验结果

编号	混凝土等级	裂缝宽度/深度/（mm/cm）	未灌浆			灌浆后		
			抗折强度/MPa	强度损失率（%）	破坏形式	抗折强度/MPa	强度恢复率（%）	破坏形式
A0	C30	0/0	3.57	—	—	—	—	—
A1	C30	0.5/3	1.59	55.46	E	3.41	95.60	D
A2	C30	0.5/5	0.66	81.15	E	3.46	96.80	A
A3	C30	0.5/7	—	100.00	E	3.48	97.40	A
A4	C30	1/3	1.55	56.58	E	3.55	99.50	D
A5	C30	1/5	0.51	85.71	E	3.58	100.20	B
A6	C30	1/7	—	100.00	E	3.59	103.50	B
B0	C50	0/0	5.80	—	—	—	—	—
B1	C50	0.5/3	2.88	50.30	E	5.80	100.00	C
B2	C50	0.5/5	1.26	78.32	E	5.88	101.43	C
B3	C50	0.5/7	—	100.00	E	6.01	103.55	C
B4	C50	1/3	2.71	53.20	E	6.28	108.30	B
B5	C50	1/5	1.15	80.24	E	6.39	110.13	B
B6	C50	1/7	—	100.00	E	6.51	112.30	B

注：1. 强度损失率与强度恢复率由式（17-1）、式（17-2）算得。

　　2. "-" 表示抗折强度较低，无法测得。

　　从图 17-5 可以看出，未灌浆试件破坏裂纹都沿原裂缝线向上开展，最终导致试件破坏；灌浆后试件破坏裂纹均未在原裂缝处产生，而出现在原裂缝周边混凝土处。说明自制环氧树脂灌浆材料能够与混凝土有效的黏结，修补混凝土裂缝效果较好。

　　本实验中带缝抗折试件灌浆前后破坏形式有 5 种，如图 17-6 所示。破坏形式为 A、B、C、D 的抗折试件破坏面均未在原裂缝处，均为弯曲破坏。其中 A 的破坏裂缝首先出现在原裂缝右边临近混凝土处，随后裂缝向上开展并逐渐向原裂缝顶端靠拢，之后裂缝垂直向上到达试件顶端，试件破坏；B 的破坏裂缝首先出现在离原裂缝较远的右边混凝土处，随后裂缝向上开展到达试件顶部，形成贯穿裂缝，试件破坏；C 的破坏面穿过原裂缝到达试件顶部，形成贯穿裂缝，试件破坏。相比于 A，破坏面较为缓和；D 的破坏裂缝首先出现在原裂缝左边临近混凝土处，破坏过程与 A 相似。破坏形式为 E 的抗折试件破坏面与原裂缝重合，破坏裂纹沿原裂缝线向上开展，最终导致试件破坏。

17.4.4　抗折强度试验结果分析

由表 17-2 可以得出如下结论。

（1）相比于抗压强度，裂缝的存在对抗折强度的影响比较明显，强度损失率均在 50%以上，裂缝深度为 7cm 的 C30、C50 构件抗折强度甚至完全丧失。此时裂缝深度成为影响抗折强度的主要因素。这是因为随着裂缝深度的增加，内部缺陷加深，承受荷载的截面面积受到较大程度的削弱，刚度大大降低，导致抗折强度削减。

（2）裂缝对 C30 抗折强度损失率要高于对 C50。灌浆后 C30、C50 混凝土抗折强度均得到一定程度恢复；混凝土裂缝宽度、深度相同时，C50 混凝土灌浆后强度恢复率要优于 C30 混凝土。

（3）随着裂缝宽度、深度增大，强度恢复率增大，灌浆效果较好。裂缝宽度不变时，抗折强度恢复率随着裂缝深度的增大而增大，裂缝深度为 7cm 的 C30、C50 构件抗折强度恢复率分别为 103.5%和 112.3%；裂缝深度不变时，抗折强度恢复率随裂缝宽度变大呈变大趋势，增大幅度分别为 4.1%～6.3%和 7.2%～8.5%。

（4）从图 17-5、图 17-6 看出，抗折强度破坏形式随裂缝深度、宽度、混凝土强度等级不同而呈现多样化，但都为脆性破坏。带缝混凝土构件的破坏形态均为 E，即沿裂缝线处破坏。灌浆修复后，C30 混凝土试件破坏形态出现 A、B、D 三种情况，C50 混凝土试件破坏形态出现 B、C 两种情况，均未在原裂缝处开裂。原因是环氧树脂固化后填充了裂缝且与混凝土产生了牢固的连接，提高了混凝土整体性，在荷载作用下，环氧—混凝土界面抗拉强度要大于周围混凝土，导致新裂缝在裂缝周围混凝土处出现。

第18章

裂缝修补材料灌注
带缝混凝土的灌注饱和度检测

本章采用渗水试验和超声波方法测试了带缝混凝土的灌注饱和度。

18.1 灌浆修补效果的渗水试验检测

18.1.1 试件设计

渗水试验试件尺寸边长为 150mm 的混凝土立方体试块，强度等级为 C30。抗渗试件分为 7 组：第一组为无裂缝密实混凝土构件，用 P0 表示；其余 6 组均为带缝混凝土构件，裂缝宽度有 0.5mm、1mm、2mm 三种，深度为半贯通（75mm）、全贯通（150mm）两种。分别用 P10、P11、P20、P21、P30 及 P31 表示裂缝宽度|深度为 0.5mm|75mm、0.5mm|150mm、1mm|75mm、1mm|150mm、2mm|75mm 及 2mm|150mm 的带缝混凝土试件。带缝混凝土试件的制备过程与 17.1 节中带缝混凝土抗压、抗折构件相似，本节将不再赘述。浇筑及拆模后的带缝混凝土试件如图 18-1 所示。拆模后，与无裂缝密实混凝土在相同标准条件下养护。

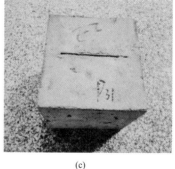

(a)   (b)   (c)

图 18-1 带缝渗水试件的制备

（a）模具；（b）浇筑；（c）拆模后

18.1.2　试验方案

渗水试件标准养护 7d 后，将 PVC 薄管牢固黏结到渗水构件表面（该表面为裂缝所在平面）制作成渗水测试装置，如图 18–2、图 18–3 所示。PVC 薄管的直径为 100mm，高度 1m，厚度为 1mm，具有良好透光性，便于试验中液面高度的观察及记录，如图 18–4 所示。试验时，将含有 30% 红墨汁的水注入 PVC 管中，用红笔标记出液面高度并记录灌浆前后 14h 内液面高度 h 随时间的变化及 1m 水柱完全渗完所用时间，每隔 1h 记录一次 h 值。

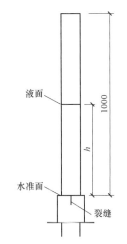

图 18-2　渗水试验示意图

图 18-3　渗水试验图

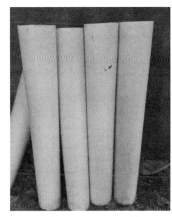

图 18-4　PVC 薄管

本实验所用的渗水混凝土试块尺寸及裂缝深度、宽度与第 17 章试验用混凝土试块相似，灌浆器材仍然采用便携式针筒灌浆器。灌浆材料为 DN 型环氧树脂灌浆材料。

18.2　灌浆修补效果的超声波检测

混凝土裂缝是混凝土的内部缺陷，经灌浆修补后，灌浆的饱满程度很难直观进行判定，而环氧灌浆饱满是保证灌浆修补工程的重要一环，对修补质量起着决定性作用。17.2.3 提到过浸水称重的方法检测灌浆饱满度，这种方法虽然操作比较简单，但是相对误差较大。

近年来，超声波无损检测技术被广泛的应用于混凝土内部损伤检测。环氧树脂的声阻抗率与混凝土的声阻抗率相差不大，脉冲波在"混凝土—环氧树脂"界面传播时不会产生"固—气"界面的近似全反射现象。同时，超声波在环氧树脂中的传播速度也与在混凝土中的传播速度相差不大。因此，可以将修补前、后混凝土裂缝部位超声波声速与超声波在纯混凝土中的声速作比较，用于评价灌浆的饱满程度[3-90]。

18.2.1　测试方法

具体检测方法可参照 CECS 21：2000《超声法检测混凝土缺陷规程》。本实验所用的超声波检测仪为 NM–4B 非金属超声检测分析仪，如图 18–5 所示。实验构件有两侧平行的测试面，采用对测法测试。实验前将构件表面画出网格，标注出测点，调整仪器参数（如输入传输距离为 150mm、间隔时间等），将一对涂有黄油的换能器分别在两对互相平行的表面上进行测试，待波峰稳定后，记录此时的声速 X_n，换能器布置如图 18-6 所示。

图 18-5 NM-4B 非金属超声检测分析仪

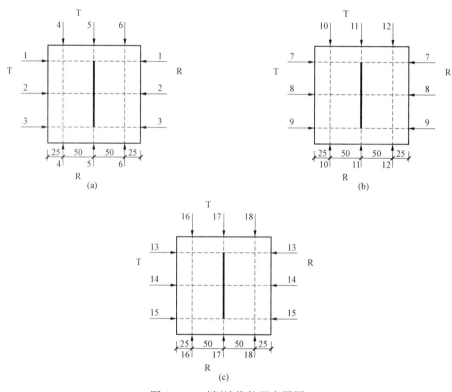

图 18-6 对侧法换能器布置图

（a）中心截面以上 50mm 处截面换能器布置；（b）中心截面处截面换能器布置；

（c）中心截面以下 50mm 处截面换能器布置

18.2.2 检测结果及评价

从图 18-6 中三个截面的测点布置可以看出，灌浆前所有测点按超声波通过的介质大致可以划分为三种类型：密实混凝土介质（如测点 4、6、10、12、16、18）、混凝土—空气—混凝土介质（如测点 2、8、14）及混凝土—空气界面介质（如测点 1、3、7、9、13、15）。灌浆后所有测点按通过的介质大致也可以划分为三种类型：密实混凝土介质（如测点 4、6、10、12、16、18）、混凝土—环氧树脂—混凝土介质（如测点 2、8、14）及混凝土—环氧树脂界面介质（如测点 1、3、7、9、13、15）。如果将 18 个测点数据全部写出，略显繁琐，因此每种介质均选取 3 个测点，灌浆前及灌浆后超声波检测结果分别见表 18-1 及表 18-2。

表 18-1　　　　　　　　　　　灌浆前超声波检测结果　　　　　　　　　　km/s

测点	4	10	16	2	8	5	1	7	13	平均值
P0	4.56	4.55	4.57	4.53	4.50	4.59	4.56	4.56	4.55	4.552
P10	4.56	4.56	4.56	4.33	4.30	3.59	4.50	4.56	4.56	4.391
P11	4.54	4.51	4.56	4.30	4.31	3.56	4.51	4.54	4.52	4.372
P20	4.55	4.55	4.51	4.23	4.20	3.69	4.52	4.54	4.55	4.371
P21	4.53	4.52	4.53	4.22	4.21	3.66	4.52	4.53	4.54	4.362
P30	4.56	4.54	4.50	4.13	4.10	3.79	4.51	4.53	4.56	4.358
P31	4.52	4.51	4.50	4.12	4.11	3.66	4.55	4.50	4.53	4.333

表 18-2　　　　　　　　　　　灌浆后超声波检测结果　　　　　　　　　　km/s

测点	4	10	16	2	8	5	1	7	13	平均值
P0	4.56	4.55	4.57	4.53	4.50	4.59	4.56	4.56	4.55	4.552
P10	4.56	4.56	4.56	4.53	4.50	4.50	4.50	4.56	4.56	4.537
P11	4.54	4.51	4.56	4.53	4.58	4.52	4.51	4.54	4.52	4.534
P20	4.55	4.55	4.51	4.54	4.52	4.52	4.52	4.54	4.55	4.533
P21	4.53	4.52	4.53	4.52	4.51	4.57	4.52	4.53	4.54	4.530
P30	4.56	4.54	4.50	4.54	4.52	4.52	4.51	4.53	4.56	4.531
P31	4.52	4.51	4.50	4.52	4.51	4.57	4.55	4.50	4.53	4.523

由表 18-1 超声波检测结果可以看出，完整密实的混凝土 P0 各个测点的声速在 4.50～4.60km/s，各测点声速平均值为 4.552km/s，几乎没有较大波动。而其余 P10～P31 六个试件在灌浆前 2、5、8 测点检测结果出现异常，声速折减比较大，这是由于超声波在固—气界面传播时发生全反射现象，导致声速降低。测点 1、7、13 检测结果与混凝土差别不大，说明混凝土—空气界面介质处声速反射现象不明显，略有降低。同时发现，裂缝宽度、深度较大的 P21、P31 试件异常点的声速折减较大，这主要是由于混凝土内部空隙较大。

灌浆后 P10～P31 六个试件各个测点超声波声速又趋于稳定，特别是灌浆后的异常点处声速又恢复到 4.50～4.60km/s，与密实混凝土的声速相差不大。各测点声速平均值约为 4.53km/s，与标准密实混凝土 4.55km/s 较为接近。因此可以认为混凝土裂缝被浆液填充完全，混凝土密实度得到大幅度增强，灌浆效果良好。如果检测结果显示灌浆后异常点声速并没有完全恢复到周边密实混凝土声速水平，则说明灌浆程度不良，需要重新灌浆，直到灌浆饱满为止。根据此方法选择灌浆效果较好的试件进行后续试验。

18.3　渗水试验结果及分析

18.3.1　裂缝宽度、深度对渗水性能影响

试验记录了灌浆前带缝渗水试件上 PVC 管中液面高度随时间变化曲线，探索裂缝宽度、深度对渗水性能的影响。

1. 裂缝深度对混凝土渗水性能影响

裂缝宽度不变时，带不同裂缝深度的混凝土液面高度—时间曲线如图 18-7 所示。

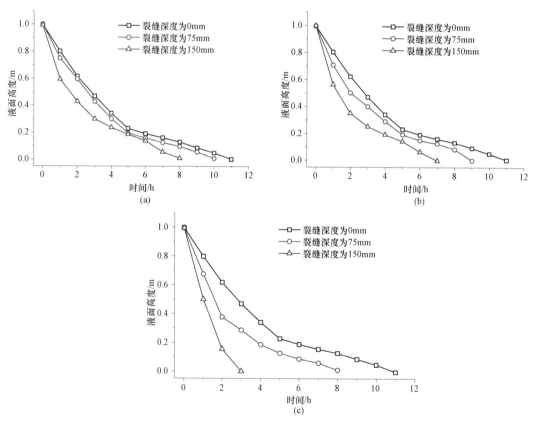

图 18-7　裂缝深度对混凝土渗水性能影响曲线

（a）裂缝宽度 0.5mm；（b）裂缝宽度 1mm；（c）裂缝宽度 2mm

由图 18-7 中可以看出，裂缝宽度一定时，裂缝深度越大，前期渗水速率就越快，渗水完全所用时间越短，抗渗水性也越差，裂缝的存在会对裂缝的抗渗水性能产生不利的影响。

2. 裂缝宽度对渗水性能影响

裂缝深度不变时，带不同裂缝宽度的混凝土液面高度—时间曲线如图 18-8 所示。

由图 18-8 中可以看出，裂缝深度不变时，裂缝宽度越大，单位时间内液面下降越快，渗水流量越大，渗水完成所用时间就越短。

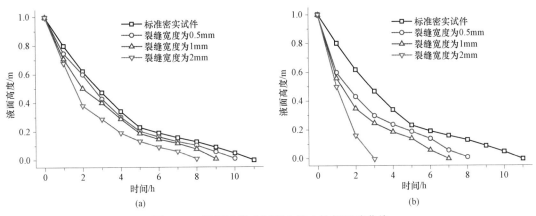

图 18-8　裂缝宽度对混凝土渗水性能影响曲线

（a）裂缝深度为 75mm；（b）裂缝深度为 150mm

18.3.2　灌浆修复对渗水性能影响

取经超声波检测合格的灌浆饱满的试件，测试了 PVC 薄管中液面高度随时间变化曲线，探究灌浆修复后试件的渗水性能。灌浆前后各试件测试结果对比分别如图 18-9 与图 18-10 所示。

由图 18-9 得出如下结论：

（1）各带缝构件灌浆后抗渗水性能均较灌浆前有了一定程度的提高，完成渗水时间大约为 14h。

（2）单个带缝构件灌浆前后对比可以看出，0～5h 时间段内，灌浆后试件的渗水速率仍然很快，但低于灌浆前的渗水速率；5h 后，灌浆后试件的渗水速率明显趋于缓慢，说明灌浆比较饱满，灌浆后密实度提高。

由图 18-10 可以得出如下结论：

（1）灌浆后的试件，单位时间内的渗水量相比标准密实混凝土 P0 降低，0～5h 时间段内，液面高度变化比较大；5h 之后液面高度变化比较平缓。主要原因是环氧树脂灌浆材料填充了混凝土内部裂缝。

（2）P30、P31 渗透速率最慢，抗渗水性能最好，原因是裂缝深度、宽度最大，环氧树脂灌浆材料能够填充更为充分。环氧树脂灌浆材料本身密实度远远大于混凝土，且为憎水材料，使得渗水过程受到较大的阻力，渗水只能绕过环氧树脂浆材从其周边混凝土孔隙中渗透，使得修复后的试件渗水性能增强。

（3）灌浆后混凝土试件完全渗水所用时间约为 14h，比标准密实混凝土延后了 2h 左右，说明灌浆修补后的混凝土抗渗水性能得到一定程度的增强。

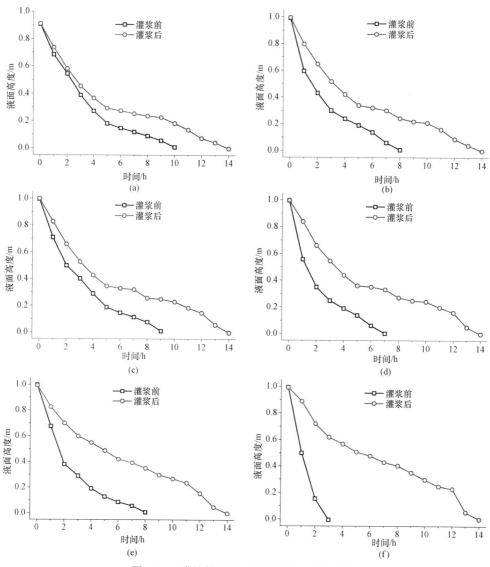

图 18-9   灌浆前后渗水液面高度—时间曲线

（a）P10；（b）P11；（c）P20；（d）P21；（e）P30；（f）P31

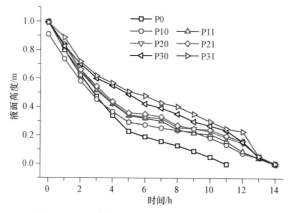

图 18-10   灌浆后渗水液面高度—时间曲线

第19章

聚合物修补砂浆的制备与性能研究

本章针对混凝土剥落、麻面、错台等表面缺陷问题，研究了缓凝、快硬、早强和高耐久性修补砂浆。在复合胶凝体系配比确定的基础上研究了调凝剂、聚胶比和砂胶比等参数对修补砂浆性能的影响，优选出砂浆的最优配比，并对三种修补砂浆的各项物理力学性能进行对比分析。最后分析了修补砂浆的改性机理。

19.1 修补砂浆制备

19.1.1 原材料

（1）水泥。P·O42.5、P·O52.5 普通硅酸盐水泥，其力学性能见表 19–1。

表 19–1 　　　　　　　　　　　P·O42.5 水泥的力学性能

强度等级	抗压强度/MPa		抗折强度/MPa	
	3d	28d	3d	28d
P·O42.5	34.3	48.0	5.9	7.5
P·O52.5	45.1	58.7	7.8	9.7

硫铝酸盐水泥的物理力学性能见表 19–2。

表 19–2 　　　　　　　　　　　硫铝酸盐水泥的力学性能

强度等级	抗压强度/MPa			抗折强度/MPa		
	1d	3d	28d	1d	3d	28d
42.5	34.5	42.5	56.3	6.5	7.0	8.9

（2）石膏。选用国产某无水石膏，其化学组成见表 19–3。

表 19-3　　　　　　　　　　　　　无水石膏的化学组成　　　　　　　　　　　　　　%

MgO	CaO	SO$_3$	H$_2$O
1.2	38.2	48.2	0.5

（3）砂。河砂，含泥量 2%，细度模数为 2.98，属于中砂。在没有特殊说明时，试验均采用此砂。制备修补砂浆时将此砂过 2.36mm 筛后使用。另外制备 7623 丁苯乳液改性砂浆所用砂为石英砂，种类分别为 10～20 目、20～40 目、40～70 目、70～100 目，如图 19-1 所示。

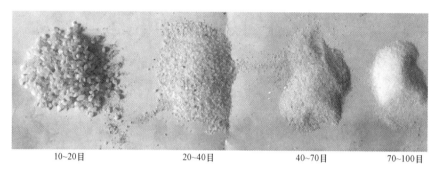

10～20目　　　　　　20～40目　　　　　　40～70目　　　　　70～100目

图 19-1　四种目数石英砂

（4）聚合物乳液。聚合物乳液是改性砂浆的关键原料之一，用于改性砂浆的乳液品种很多，例如环氧类乳液、丙烯酸类乳液、氯丁类乳液、丁苯类乳液、苯丙乳液等。此处选用两种苯丙乳液来制备修补砂浆，分别是刚性较好的 P608 乳液和柔性较好的 S400 乳液；对比砂浆使用的乳液为丁苯 7623 乳液。物理化学指标见表 19-4。

表 19-4　　　　　　　　　　　　　乳 液 的 物 理 指 标

代号	P608	S400	7623
乳液类型	苯丙乳液	苯丙乳液	丁苯乳液
最低成膜温度/℃	10	<1	14
固含量（%）	50±1	57±1	51±1
pH 值	7.0～9.0	7.0～8.5	7.0～9.0
黏度/（MPa·s）	500～2000	300～750	50～300

（5）减水剂。制备砂浆所用减水剂为聚羧酸系高效减水剂，掺量为 0.1%～1.5%，减水率可达 40%。制备混凝土所用减水剂为萘系高效减水剂，掺量为水泥质量的 0.5%～1.0%，减水率 20%。

（6）调凝剂。包括缓凝剂（HN）和早强剂（ZQ）。

（7）消泡剂。白色乳状非离子型乳液，推荐掺量为胶凝材料质量的 0.1%。

（8）微硅粉。实测密度为 2.30g/cm^3。

19.1.2　试验方法

1. 抗压抗折强度

抗压抗折强度测定参照 GB/T 17671—1999《水泥胶砂强度检验方法（ISO 法）》。

2. 凝结时间

凝结时间测定参照 GB/T 1346—2011《水泥标准稠度用水量、凝结时间、安定性检验方法》。

3. 黏结强度

采用拉拔试验法。基底混凝土采用 C30 混凝土，其基本性能如表 19-5 所示。对基底混凝土表面处理采用钢刷刷毛方式，浇筑修补砂浆前，湿润基底混凝土表面。成型修补砂浆厚度为 1cm，表面覆盖塑料薄膜，实验室条件下养护至测试龄期前一天，然后根据拉拔仪标准试块的尺寸（4cm×4cm），用切割机在修补砂浆层进行切割，使测试区域与周围修补区域分离，切割的深度应超过修补砂浆的厚度，用环氧树脂将拉拔头黏结到测试区域，安装拉拔仪测试黏结强度。记录试件发生断裂时拉拔仪的最大拉力，根据试块的截面积，计算得到黏结强度。

表 19-5　　　　　　　　　　　C30 混凝土基本性能

强度等级	坍落度/mm	抗压强度/MPa	黏结强度/MPa
C30	96	32.3	2.04

19.1.3　普硅—硫铝—石膏复合胶凝材料体系配合比的确定

由于普通硅酸盐水泥（P·O52.5）的水化是一个体积缩小的过程，而硫铝酸盐水泥（SAC）和石膏（GE）水化时体积膨胀，因此可以通过掺入 SAC 和 GE 补偿普硅水泥的收缩。参考文献［3-91］的研究，考虑修补砂浆的快硬早强特性，选择的复合胶凝体系质量比为普硅∶硫铝∶石膏=5.5∶2.3∶1，此配合比复合胶凝体系的力学性能测试结果如表 19-6 所示。

表 19-6　　　　　　　　　　复合胶凝体系的力学性能

抗折强度/MPa		抗压强度/MPa	
7d	28d	7d	28d
5.7	8.8	30.2	40.4

19.1.4　调凝剂掺量确定

在混凝土表面修补时，既要保证总施工时间较短，又要保证砂浆从拌和到硬化时间间隔较长。这就要求修补砂浆不但快硬早强，而且满足初凝时间超过 30min，终凝时间在 40～50min，因此砂浆中必须复掺早强剂和缓凝剂，调配两者的掺量较为关键。

1. 缓凝剂掺量确定

首先固定早强剂 ZQ 掺量为水泥质量的 0.1%，改变缓凝剂 HN 的掺量进行试验。各组缓凝剂掺量见表 19-7 所示，凝结时间试验结果见图 19-2 所示。

表 19-7　　　　　　　　　　各 组 缓 凝 剂 掺 量　　　　　　　　　　%

编号	1	2	3	4	5
HN	0	0.05	0.1	0.15	0.2

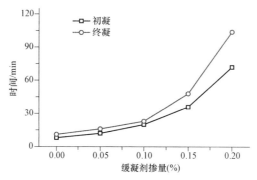

图 19-2 缓凝剂掺量对砂浆凝结时间的影响

从图 19-2 中可以看出，随着缓凝剂掺量的提高，砂浆的初凝和终凝时间都逐渐增加。当掺量为 0.15%时，砂浆的初凝和终凝时间分别为 36min 和 48min，满足施工要求；当掺量为 0.2%时，砂浆的初凝和终凝时间分别为 72min 和 104min，不符合快凝的要求。因此确定缓凝剂掺量为 0.15%。

　　2. 早强剂掺量确定

采用已确定的缓凝剂掺量，改变早强剂的掺量，根据砂浆 4h 的抗折强度和抗压强度，确定早强剂的最佳掺量。各组早强剂掺量见表 19-8，抗压强度和抗折强度如图 19-3 所示。

表 19-8 　　　　　　　　　　　　　　各 组 早 强 剂 掺 量 　　　　　　　　　　　　　　%

编号	1	2	3	4	5
ZQ	0	0.08	0.12	0.16	0.20

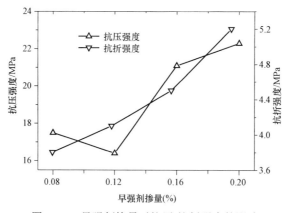

图 19-3 早强剂掺量对抗压/抗折强度的影响

随着早强剂掺量的提高，4h 抗折强度逐渐增大，而砂浆 4h 抗压强度总体上也呈增大趋势。考虑到修补砂浆对早期强度要求较高，因此确定早强剂掺量为 0.2%。

19.1.5　聚胶比和砂胶比确定

在已确定的调凝剂的基础上，根据《聚合物改性水泥砂浆试验规程》，设置砂胶比为 1:1、1.5:1、2:1，聚胶比为（乳液固含量与水泥质量之比）为 5%、10%、15%，交叉得到 9 组配比加上 3 组对照试验，共计 12 组配合比，用水量通过稠度试验确定（稠度达到 50mm±5mm

时的用水量），减水剂掺量为胶凝材料质量的 0.25%，消泡剂掺量为所有粉料质量的 0.2%，具体配比见表 19-9，表中 S 为砂，C 为胶凝材料，P 为聚合物，Sup 为减水剂，Def 为削泡剂。强度试验结果如图 19-4、图 19-5 所示。

表 19-9　　　　　　　　　　　　　　各 组 砂 浆 配 合 比

乳液类型	编号	砂胶比	聚胶比	减水剂用量（%）	削泡剂用量（%）
空白	K1	1:1	0	0.25	0.2
	K2	1.5:1	0	0.25	0.2
	K3	2:1	0	0.25	0.2
P608 乳液	X1	1:1	5	0.25	0.2
	X2	1:1	10	0.25	0.2
	X3	1:1	15	0.25	0.2
	X4	1.5:1	5	0.25	0.2
	X5	1.5:1	10	0.25	0.2
	X6	1.5:1	15	0.25	0.2
	X7	2:1	5	0.25	0.2
	X8	2:1	10	0.25	0.2
	X9	2:1	15	0.25	0.2

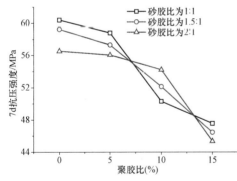

图 19-4　聚胶比对 7d 抗压强度的影响

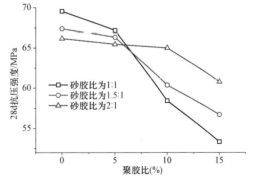

图 19-5　聚胶比对 28d 抗压强度的影响

1. 抗压强度

从图 19-4、图 19-5 中可以看出：随着聚胶比的增加，砂浆的抗压强度逐渐减小；当聚胶比为 10%、砂胶比为 2:1 时，苯丙乳液对砂浆抗压强度的影响最小，7d、28d 抗压强度分别降低 3.4%、1.2%。这主要是由于：一方面聚合物形成的空间网络结构的弹性模量低于水泥石；另一方面聚合物具有引气作用，随着聚合物掺量的增加，向砂浆中引入的气泡也逐渐增多。

2. 抗折强度

抗折强度试验结果如图 19-6、图 19-7 所示。

随着聚胶比的增加，砂浆的抗折强度明显提高，这是由于聚合物颗粒完全凝聚形成了连续的聚合物网络结构，同时聚合物填充了砂浆的内部孔隙。当聚胶比为 10%、砂胶比为 2:1 时，苯丙乳液对砂浆抗折强度的提高效果最大，7d、28d 抗折强度分别提高 69.9%、89.1%。

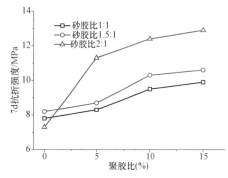

图 19-6　聚胶比对 7d 抗折强度的影响

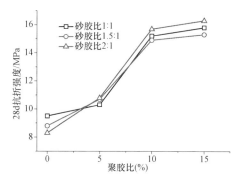

图 19-7　聚胶比对 28d 抗折强度的影响

3. 黏结强度

黏结强度试验结果如图 19-8 所示。

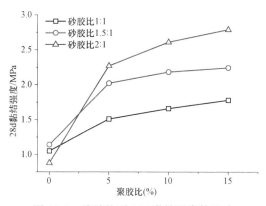

图 19-8　聚胶比对 28d 黏结强度的影响

随着聚胶比的增加，砂浆的黏结强度明显提高，增幅最大为 217%。这是因为聚合物乳液具有极好的黏性、而且分子扩散能力强，能够渗透到基底混凝土表面的裂缝与毛细孔中，乳液凝聚时产生的细丝效应，会在基底混凝土与砂浆之间产生架桥，而且随着聚合物掺量增加，聚合物成膜填充的孔隙增多，砂浆更加密实，与混凝土的接触面积也更大，因此砂浆的黏结强度不断提高。

19.1.6　修补砂浆的配合比的确定

综合考虑砂浆的各项性能，选择 X8 的配比作为基础配合比，以此配合比制备的修补砂浆为 S1。将 S1 中的 52.5 普硅水泥换为 42.5 普硅水泥，乳液换为柔性较好的 S400 苯丙乳液，得到 S2 砂浆的配比。S3 为采用丁苯乳液制备的双组分修补砂浆。几种砂浆的配比见表 19-10 和表 19-11。

表 19-10　　　　　　　　　　　　修补砂浆 S1、S2 配合比　　　　　　　　　　　　　　　g

编号	水泥	硫铝酸盐水泥	石膏	砂	减水剂	缓凝剂	早强剂	乳液	水	削泡剂
S1	375	157	68	1200	1.5	0.9	1.2	120	80	1.2
S2	375	157	68	1200	1.5	0.9	1.2	105	98	1.2

表 19-11		修补砂浆 S3 配合比						g
编号	42.5 普硅	石英砂				硅灰	乳液	水
		10–20 目	20–40 目	40–70 目	70–100 目			
S3	273	210	151	105	255	6	54	83

修补砂浆的制备过程如图 19-9 所示，按设计比例将液料、粉料混合并用砂浆搅拌机搅拌 1～2min，得到修补砂浆，浇筑砂浆试件后覆盖塑料薄膜养护至 1d 脱模，放置在温度为 20℃±2℃且相对湿度为 50%±5%的试验室环境中养护至测试龄期。未作特殊说明时，均采用此种养护方式。

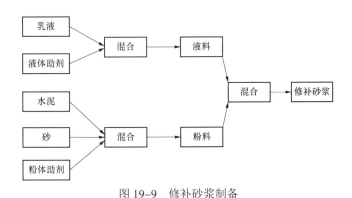

图 19-9　修补砂浆制备

19.2　修补砂浆的工作性

19.2.1　试验方法

流动性试验参照 JGJ/T 70—2009《建筑砂浆基本性能试验方法标准》，在温度为 20℃±2℃且相对湿度为 50%±5%的实验室环境下，对三种砂浆的适用时间进行测试。

19.2.2　试验结果

（1）由表 19-12 流动性试验结果可知，三种砂浆流动性的大小顺序为 S3＞S2＞S1。

表 19-12	流 动 性 试 验 结 果		
砂浆	S1	S2	S3
稠度/mm	46	51	63

（2）三种砂浆的适用时间分别为：S1 砂浆 30min，S2 砂浆 40min，S3 砂浆 60min。

19.3　修补砂浆的抗压强度和抗折强度

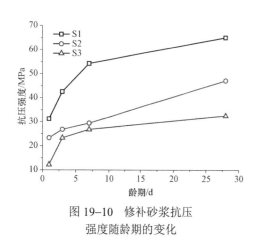

图 19-10　修补砂浆抗压
强度随龄期的变化

图 19-10 为修补砂浆抗压强度随龄期的变化，从图中可以得出如下结论。

（1）随着龄期的增加，三种修补砂浆抗压强度先快速增长后缓慢增长。

（2）相同龄期下 S1 的抗压强度远高于 S2 和 S3，且 S2 高于 S3。这是由于 S1 掺入的是 52.5 普硅水泥和刚性苯丙乳液，S2 掺入的是 42.5 普硅水泥和柔性苯丙乳液，所以 S1 要高于 S2；砂浆的抗压强度主要取决于胶凝材料的刚性支撑作用，S3 中胶凝材料的掺量低于 S2，所以抗压强度最小。

（3）由于复合胶凝体系水化相对较快，S1 的 1d 抗压强度已接近 S3 的 28d 抗压强度。

图 19-11 为修补砂浆抗折强度随龄期的变化，从图中可以得出如下结论。

（1）随着龄期的增加，三种修补砂浆抗折强度先快速增长后缓慢增长，例如：7d 龄期的 S1 抗折强度，与 1d 龄期相比提高了 72.2%，而 28d 龄期比 7d 龄期仅提高了 26.6%，说明 S1 具有早强性，这是由于 S1 中掺入了硫铝酸盐水泥、无水石膏和早强剂，早期抗压强度发展迅速，后期发展减缓。

（2）相同龄期下 S1 的抗折强度远高于 S2 和 S3，而且 S2 高于 S3。虽然抗折强度主要取决于聚合物形成的空间网格结构，但聚合物的引气作用导致砂浆中出现较多气泡，S3 由于未掺消泡剂，孔隙较多，因此抗折强度低于 S2。

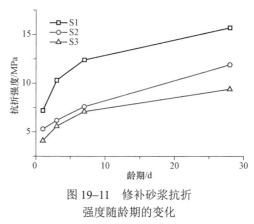

图 19-11　修补砂浆抗折
强度随龄期的变化

（3）由于 S1 复合胶凝体系水化相对较快，因此其 3d 抗折强度已超过 S3 的 28d 抗折强度。

根据 JG/T 336—2011《混凝土结构修复用聚合物水泥砂浆》，修补砂浆按物理力学性能分为：A 型适用于承重混凝土结构的加固和修复；B 型适用于承重混凝土结构的修复；C 型适用于非承重混凝土结构的修复。对比规范中的技术指标（如表 19-13 所示），可以得出三种修补砂浆强度等级如表 19-14 所示。综合 7d、28d 抗压和抗折强度的试验结果，S1、S2、S3 分别满足 A 型、B 型、C 型要求。

表 19–13　　　　　　　　　　修补砂浆强度技术指标

测试项目	龄期	技术指标		
		A 型	B 型	C 型
抗压强度/MPa	7d	≥30.0	≥18.0	≥10.0
	28d	≥45.0	≥35.0	≥15.0
抗折强度/MPa	7d	≥6.0	≥6.0	≥4.0
	28d	≥12.0	≥10.0	≥6.0

表 19–14　　　　　　　　　　修补砂浆强度等级

测试项目	龄期	强度等级		
		S1	S2	S3
抗压强度等级	7d	A	B	B
	28d	A	A	C
抗折强度等级	7d	A	A	A
	28d	A	B	C

19.4　修补砂浆的劈裂抗拉强度

19.4.1　试验方法

修补砂浆劈裂抗拉强度的测试参照 GB/T 50081—2002《普通混凝土力学试验方法标准》进行，劈裂抗拉试件采用的尺寸为 100mm×100mm×100mm，每组三块试件，成型后先在温度 20℃±2℃、相对湿度 90%以上的条件下养护 1d 后拆模。到达 7d 龄期后，用试验机进行劈裂抗拉试验。

19.4.2　试验结果及分析

试验结果见表 19–15。

表 19–15　　　　　　　　　　劈裂抗拉强度试验结果

试件类别	S1	S2	S3
7d 劈裂抗拉强度/MPa	3.4	2.9	2.7

与 S1 相比，S2 由于使用了低强度等级的水泥和柔性较好的乳液，因而劈拉强度低于 S1；S3 由于普硅水泥的水化较慢，因此强度低于 S1、S2。

19.5 修补砂浆的轴向拉伸性能

19.5.1 试验方法

轴向拉伸试验采用 0.1mm/min 的等位移拉伸控制加载速度，荷载传感器测量范围为 0～5kN，试件变形位移传感器最大量程为 9mm。采用自制模具制作试件，试件为哑铃形，成型后的试件及尺寸如图 19-12 所示，每组试件成型 6 个，7d 龄期后进行测试，取其试验数据的平均值进行相对比较。

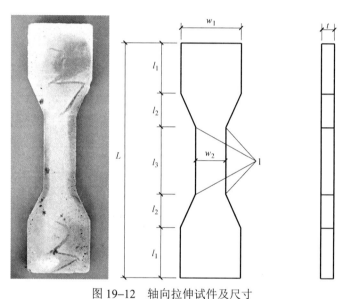

图 19-12 轴向拉伸试件及尺寸

L—280mm；l_1—60mm；l_2—40mm；l_3—80mm；w_1—60mm；w_2—30mm；t—13mm

19.5.2 试验结果及分析

通过引伸计测试试样变形，变形除以引伸计标距（50mm）即得到应变，试样被拉伸时出现的最大力对应的应变即为峰值应变，被拉断时出现的断裂力对应的应变即为断裂拉伸应变；最大力除以试样横截面积（13mm×30mm）即得到试样拉伸强度。

表 19-16 是砂浆 S1、S2 的轴拉试验结果，图 19-13 是 S1 和 S2 的轴拉应力—应变曲线。试验结果表明，S1 轴拉强度最高，这与前面劈拉强度的试验结果相一致。S2 峰值后变形比 S1 高出 167.6%。达到峰值后，S1 砂浆再经过较小变形就发生断裂，而 S2 还会经过较长的变形才发生断裂，S2 比 S1 具有更好的塑性变形性能。这是因为 S2 中掺入了柔性较好的乳液和低强度等级水泥，虽然强度较低但柔性变形能力更好，而 S1 中掺入了刚性较好的乳液和高强度等级水泥导致其强度更高但柔性变形能力较差。

表 19-16

轴 拉 试 验 结 果

编号	试样厚度/mm	试样宽度/mm	引伸计标距/mm	最大力/N	断裂力/N	拉伸强度/MPa	峰值应变(×10⁻⁶)	断裂拉伸应变(×10⁻⁶)
S1	13	30	50	200.88	173.64	0.52	44.39	62.47
S2	13	30	50	95.67	40.33	0.25	30.83	79.21

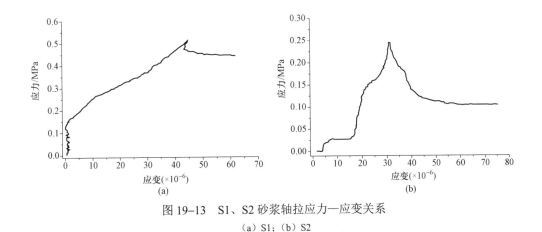

图 19-13　S1、S2 砂浆轴拉应力—应变关系
(a) S1；(b) S2

19.6　修补砂浆的黏结性能

19.6.1　试验方法

（1）采用拉拔试验法。基底混凝土采用前述 C30 混凝土，对基底混凝土表面处理采用钢刷刷毛方式，浇筑修补砂浆前，湿润基底混凝土表面。

（2）成型修补砂浆厚度为 1cm，表面覆盖塑料薄膜，实验室条件下养护至测试龄期前一天，然后根据拉拔仪标准试块的尺寸（4cm×4cm），用切割机在修补砂浆层进行切割，使测试区域与周围修补区域分离，切割的深度应超过修补砂浆的厚度，用环氧树脂将拉拔头黏结到测试区域，安装拉拔仪测试黏结强度。记录试件发生断裂时拉拔仪的最大拉力，根据试块的截面积，计算得到黏结强度。

（3）参照 JG/T 336—2011《混凝土结构修复用聚合物水泥砂浆》的要求，对三种砂浆黏结强度的测试分为三种情况：未处理、浸水处理、25 次冻融循环处理。浸水处理的具体过程为：将试件在标准条件下养护 7d，然后完全浸没于 23℃±2℃的水中并于 1d 后取出试件进行测试。冻融循环处理是将制备好的试件养护至 28d 龄期，随后进行 25 次冻融循环。每次循环步骤是先在-15℃±3℃环境下保持 2h，然后将试件浸入 23℃±2℃的水中 2h，在冻融循环结束之后进行黏结性能测试。

19.6.2　试验结果及分析

表 19-17 为 JG/T 336—2011 中三种砂浆黏结强度的技术指标。试验结果见表 19-18。

表 19-17 修补砂浆黏结强度技术指标

测试项目			技术指标		
			A 型	B 型	C 型
拉伸黏结强度/MPa	未处理	28d	≥2.0	≥1.5	≥1.0
	浸水	28d	≥1.5	≥1.0	≥0.8
	25 次冻融循环	28d	≥1.5	≥1.0	≥0.8

表 19-18 黏结强度试验结果

测试项目			S1	S2	S3
拉伸黏结强度/MPa	未处理	28d	2.61	2.86	2.92
	浸水	28d	2.42	2.72	2.75
	25 次冻融循环	28d	2.28	2.63	2.47

（1）未处理时，三种砂浆的测试结果均大于 2.0MPa，满足 A 型指标要求。三种砂浆中 S3 的黏结强度最高，这是由于 S3 所用乳液的成膜温度最高，相同聚胶比条件下，聚合物与基底混凝土的黏结强度也最高。

（2）浸水处理后，三种砂浆的黏结强度均有所降低，损失率分别为 7.28%、4.90%、5.82%，S2 砂浆的黏结强度损失最小，S3 次之，S1 最大。三种砂浆的测试结果均大于 1.5MPa，满足 A 型指标要求。

（3）25 次冻融循环处理后，三种砂浆的黏结强度均有所降低，损失率分别为 12.6%、8.0%、15.4%。其中 S2 砂浆的黏结强度损失最小，S1 次之，S3 最大。S2 在冻融环境中的黏结性能最好，这是由于 S2 使用的是防水乳液，耐水性、抗冻性较好。三种砂浆的测试结果均大于 1.5MPa，满足 A 型指标要求。

冻融循环后三种砂浆的黏结强度降低的原因有以下两点。

（1）混凝土与改性砂浆的线膨胀系数存在差异。修补砂浆线膨胀系数比普通混凝土高出约 20%，当试件在 −20℃±2℃～10℃±2℃ 之间进行冻融循环时，温度的变化会导致二者产生不同的体积变形。

（2）冻融循环造成修补砂浆与混凝土基体及其黏结界面损伤。

19.7 修补砂浆的收缩性能

19.7.1 试验方法

每组试件制作 3 个尺寸为 40mm×40mm×160mm 的试件，试件成型后先放入温度 20℃±2℃、相对湿度 90% 以上的条件下养护 7d 后拆模。然后取出试件并在两端面中心处黏结铜钉头，将试件移入温度 20℃±2℃、相对湿度 60%±5% 的试验室中放置 4h，测试试件的初始长度。试件的长度采用砂浆收缩测试仪测定。测试初始长度后，将试件放于实验室条件下，然后到 7、14、21、28d 分别测定试件的长度，即为试件自然收缩后的长度。试件收缩率的计算公式如下：

$$\varepsilon = \frac{L - L_n}{L - 2L_h} \qquad (19\text{-}1)$$

式中 ε——线性收缩率，mm/mm；

L——试件成型后 7d 的长度即初始长度，mm；

L_n——第 n 天试件实测长度，mm；

L_h——铜钉头长度，mm。

19.7.2 试验结果及分析

表 19-19 为 JG/T 336—2011 中三种砂浆收缩率的技术指标；图 19-14 为砂浆收缩率随龄期的变化规律图。

表 19-19   修补砂浆收缩率技术指标

测试项目		技术指标		
		A 型	B 型	C 型
收缩率（%）	28d		≤0.10	

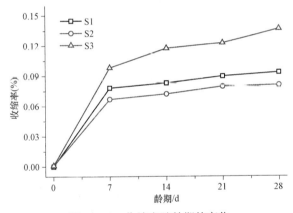

图 19-14 收缩率随龄期的变化

可以看出，随着龄期的增加，三种砂浆的收缩率均逐渐增大。三种修补砂浆中 S3 收缩率最高，28d 收缩率分别比 S1、S2 高出 47.1%、70.0%，S2 收缩率最小。这是由于 S3 中的胶凝材料只有普硅水泥，其水化反应是一个体积缩小的过程，而 S1、S2 中掺入的硫铝水泥和石膏水化时体积微膨胀，从而补偿了普硅水泥的收缩，复合胶凝体系的体积更稳定，因此 S3 收缩率最大。S1 中掺入的是强度较高的 52.5 水泥和刚性较好的苯丙乳液，因此其收缩略高于 S2。从理论上来说，三种修补砂浆在修补相同的基底混凝土时，S3 开裂风险最大，S1 次之，S2 最小。S1、S2 砂浆 28d 收缩率均小于 0.1%，满足 JG/T 336—2011 的要求，S3 不满足规范要求。

第20章

修补砂浆在混凝土
构件中的应用研究

要提高混凝土表面缺陷的修补效果，不仅需要研究修补砂浆本身，还需要研究修补厚度、修补界面方位以及修补角度对修补效果的影响。

20.1　试验原材料及配比

试验材料见 19.1.1 节相关内容，修补砂浆配比见 19.1.6 节相关内容。

20.2　修补厚度对修补效果的影响

20.2.1　修补厚度对力学性能的影响

1. 试验方法

使用 100mm×100mm×400mm 模具浇筑基底混凝土，上面预留出 5mm、10mm、15mm 三种不同厚度，用于浇筑修补砂浆，标准条件下带模先养护 24h，拆模后继续养护至 7d 龄期进行抗折强度测试。混凝土抗折强度的测试参照 GB/T 50081—2002《普通混凝土力学性能试验方法标准》进行，试验过程如图 20-1 所示。

(a)　　　　　　　　　　　　　　　(b)

图 20-1　修补结构破坏状态

2. 试验结果及分析

修补厚度对结构抗折强度影响的试验结果如图 20-2 所示。

试验结果表明，随着修补厚度的增加，混凝土抗折强度有所提高。当修补厚度为 5mm 时，三种砂浆修补后的抗折强度分别提高了 9.98%、7.36%、3.56%；当修补厚度为 10mm 时，三种砂浆修补后的抗折强度分别提高了 15.20%、13.06%、5.70%；当修补厚度为 15mm 时，三种砂浆修补后的抗折强度分别提高了 21.14%、14.73%、11.40%。由此

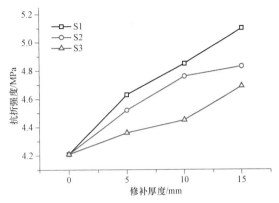

图 20-2　修补厚度对结构抗折强度的影响

可见，当修补厚度相同时，修补结构抗折强度的提高效果与砂浆自身抗折强度成正比，依次为 S1＞S2＞S3。这也说明修补砂浆具有良好的界面黏结性。

将抗折强度与修补厚度进行线性拟合，S1、S2、S3 三种修补砂浆的拟合结果如图 20-3 所示。由拟合结果可知，抗折强度与修补厚度之间存在良好的线性相关性。

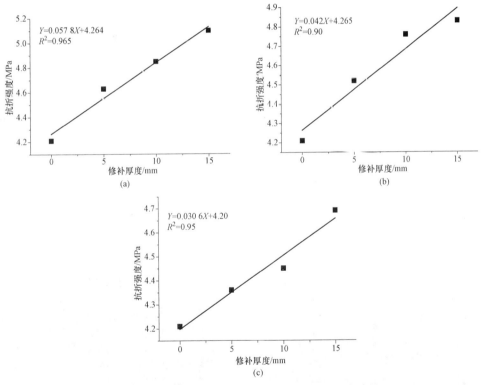

图 20-3　修补结构的抗折强度与修补厚度的拟合结果

（a）S1 修补；（b）S2 修补；（c）S3 修补

20.2.2　修补厚度对抗冲击性的影响

1. 试验方法

采用落锤冲击法测试养护 28d 砂浆的抗冲击性能，抗冲击试件如图 20-4 所示。试验所用

落锤为实心圆柱钢锤，横截面直径为 30mm，锤头部为球面，锤重 1.4kg，每次落锤的下落高度为 300mm，落锤中线与试件中心线重合，测试时落锤在空心圆柱体套筒中自由落下（落锤及套筒如图 20-5 所示），统计面层砂浆初裂（试件上出现第一条裂缝）的冲击次数 N_1 和破坏（试件裂缝宽度大于 3mm）的冲击次数 N_2。在每组所得到的六个数据中剔除最大和最小两个数值，以剩余四个的平均值作为试验结果。砂浆的各项抗冲击性能指标按下式计算：

$$W = N_2 mgh \qquad (20-1)$$

$$A_w = \Delta N mgh \qquad (20-2)$$

式中 W——修补砂浆的冲击韧性，J；

      m——落锤质量，1.4kg；

      g——重力加速度，9.81m/s²；

      h——下落高度，0.3m；

      A_w——修补砂浆的冲击延性，J；

    ΔN——破坏和初裂次数的差值，$N_2 - N_1$。

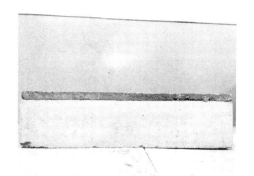

图 20-4   抗冲击试件

图 20-5   套筒和落锤

2. 试验结果及分析

图 20-6 和图 20-7 分别表示面层砂浆的初裂和终裂，修补厚度对结构抗冲击性影响的试验结果如图 20-8～图 20-11 所示。

图 20-6   面层砂浆初裂

图 20-7   面层砂浆终裂

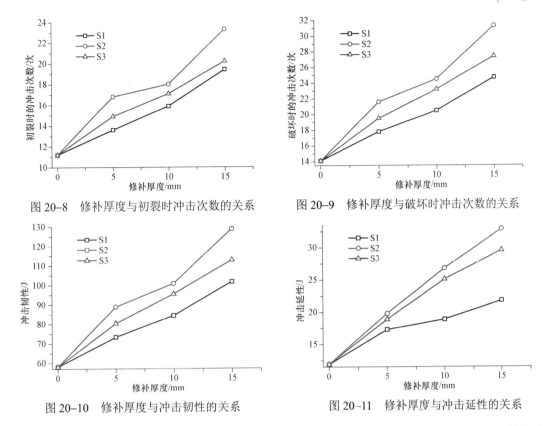

图 20-8　修补厚度与初裂时冲击次数的关系　　　图 20-9　修补厚度与破坏时冲击次数的关系

图 20-10　修补厚度与冲击韧性的关系　　　图 20-11　修补厚度与冲击延性的关系

从图 20-8～图 20-11 中可以看出，随着修补厚度的增加，结构冲击韧性和冲击延性均有提高。修补厚度 5mm 时，三种砂浆修补结构的冲击韧性分别较不修补时提高了 26%、53%、38%，三种砂浆修补结构的冲击延性分别较不修补时提高了 45%、66%、59%。修补厚度 10mm时，三种砂浆修补结构的冲击韧性分别提高了 45%、74%、65%，三种砂浆修补结构的冲击延性分别较不修补时提高了 59%、125%、110%。修补厚度 15mm 时，三种砂浆修补结构的冲击韧性分别提高了 75%、122%、94%，三种砂浆修补结构的冲击延性分别较不修补时提高了 83%、176%、149%。由此可知，三种修补砂浆提高结构抗冲击性的效果依次为 S2＞S3＞S1。

分别拟合了三种修补结构的冲击韧性与修补厚度、冲击延性与修补厚度间的线性关系式，拟合结果分别如图 20-12、图 20-13 所示。

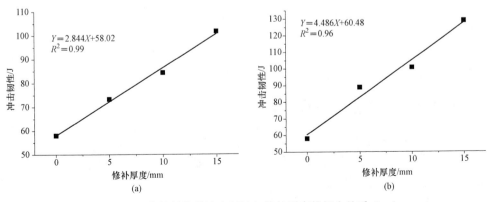

(a)　　　　　　　　　　　　　　　(b)

图 20-12　修补结构的冲击韧性与修补厚度的拟合关系（一）

（a）S1 修补；（b）S2 修补

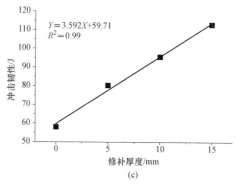

图 20-12 修补结构的冲击韧性与修补厚度的拟合关系（二）

（c）S3 修补

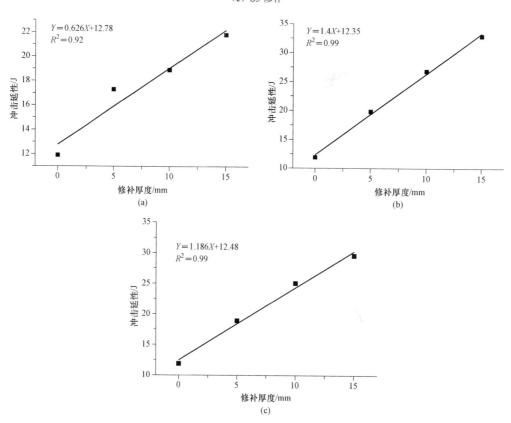

图 20-13 修补结构的冲击延性与修补厚度的拟合关系

（a）S1 修补；（b）S2 修补；（c）S3 修补

20.2.3 修补厚度对抗冻性的影响

1. 试验方法

本试验按照 DL/T 5150—2001《水工混凝土试验规程》中的快冻法测定经过 25 次冻融后修补结构的相对动弹性模量和质量损失作为评估砂浆抗冻性指标。

2. 试验结果及分析

（1）试验现象。图 20-14 为基底混凝土表面破坏情况，图 20-15 为经过冻融循环后的黏结界面破坏情况。

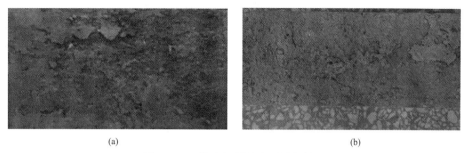

(a)　　　　　　　　　　　　　　(b)

图 20-14　基底混凝土表面破坏情况

（a）掉粉；（b）开裂、层状剥落

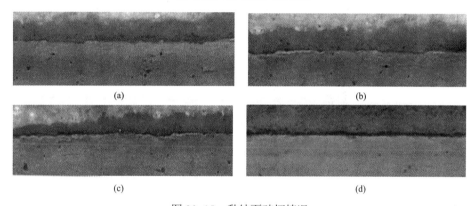

(a)　　　　　　　　　　　　　　(b)

(c)　　　　　　　　　　　　　　(d)

图 20-15　黏结面破坏情况

（a）黏结面无明显破坏；（b）黏结面边缘少许脱开；（c）黏结面边缘部分脱开；（d）黏结面边缘严重脱开

可以看出，基底混凝土表面破损严重，出现开裂、掉粉以及层状剥落等情况，而三种修补砂浆表面均完好，未出现剥落、掉粉等现象，对比未修补的混凝土，表面缺陷显著减少，说明修补砂浆抵抗环境水浸入和抵抗冰晶压力的能力优于普通基底混凝土，修补后结构的抗冻性有所提高。

（2）试验结果。三种修补厚度对抗冻性影响的试验结果如图 20-16 所示，不同修补厚度时黏结面破坏状况见表 20-1。

表 20-1　　　　　　　　　　　不同修补厚度时黏结面破坏状况

编号	修补厚度	5mm	10mm	15mm
S1		边缘严重脱开	边缘部分脱开	边缘少许脱开
S2		无明显破坏	无明显破坏	无明显破坏
S3		边缘部分脱开	边缘少许脱开	无明显破坏

由图 20-16 可知，修补厚度 5mm 时，质量损失率和相对动弹性模量下降率的高低顺序均为 S1＞S3＞S2，结合修补层破坏状况，说明修补厚度 5mm 时，砂浆抗冻性的优劣为 S2＞S3＞S1；修补厚度 10mm 时，质量损失率的高低顺序为 S1＞S3＞S2，相对动弹性模量下降率

的高低顺序为 S1＞S3＞S2，结合修补层破坏状况，说明修补厚度 10mm 时，砂浆抗冻性的优劣为 S2＞S3＞S1；修补厚度 15mm 时，质量损失率的高低顺序为 S3＞S1＞S2，相对动弹性模量下降率的高低顺序为 S1＞S3＞S2，结合修补层破坏状况，说明修补厚度 15mm 时，砂浆抗冻性的优劣为 S2＞S3＞S1。

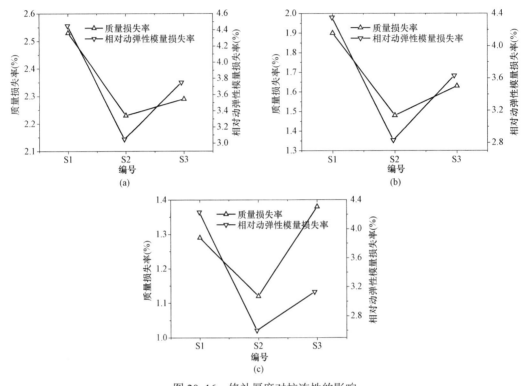

图 20-16   修补厚度对抗冻性的影响

（a）修补厚度为 5mm；（b）修补厚度为 10mm；（c）修补厚度为 15mm

综合三种修补厚度的结果可知，随着修补厚度的增加，修补砂浆的冻融质量损失率和相对动弹性模量下降率均逐渐减小，以抗冻性最好的 S2 修补厚度 5mm 为例，修补厚度每增加 5mm 时，质量损失率分别减少 33.63%、49.78%，相对动弹性模量下降率分别减少 7.21%、14.75%。随着修补厚度的增加，每种砂浆黏结界面破坏状况也逐渐减轻。由此可见，修补厚度的增加有利于提高结构的抗冻性。三种砂浆抗冻性的优劣依次为 S2＞S3＞S1，S2 最适用于混凝土表面冻融破坏情况的罩面修补。

20.3   修补界面方位对黏结强度的影响

因为混凝土本身或多或少地存在质量缺陷再加上外部环境因素的作用，导致梁、板底部、柱侧部混凝土保护层出现脱落，因此需对混凝土梁、板下部、柱侧部进行修补，而下补、侧补时修补界面的黏结质量较难保证，因此研究修补界面方位对黏结强度的影响很有必要。

20.3.1　试验方法

模拟工程实际，分别对混凝土顶面、底面和侧面进行修补，分别简称为上补、下补和侧补，如图 20–17 所示。上补的方法即最常见的在混凝土顶面浇筑修补砂浆，保持试模朝上放置养护至 28d。下补的方法是首先在 100mm×100mm×400mm 试模里成型预留 1cm 修补厚度的基底混凝土，然后把整个试模倒扣在已经置于振动台面的修补砂浆上。此时试模内修补砂浆在下，为了避免试模被振起、启动振动台开始振动时要手扶试模，待修补砂浆均匀密实地填入试模后关闭振动台。用塑料板沿着试模边缘插入试模下方取下试模，保持试模朝下放置养护至 28d。侧补的方法与下补相同，区别在于侧补是保持试模侧向放置养护。

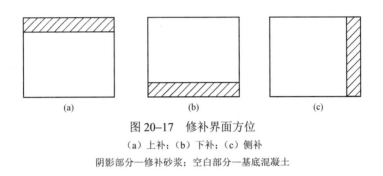

图 20–17　修补界面方位

（a）上补；（b）下补；（c）侧补

阴影部分—修补砂浆；空白部分—基底混凝土

20.3.2　试验结果及分析

修补界面方位对黏结强度的影响如图 20–18 所示。

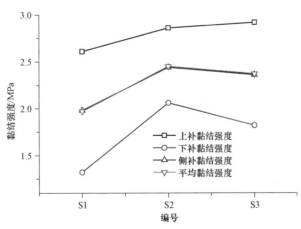

图 20–18　不同修补界面方位时的黏结强度

由图 20–18 可知，三种砂浆侧补时的强度分别为上补时的 75.9%、85.3%、80.8%，而下补时的强度分别为上补时的 50.6%、72.0%、62.3%，三种砂浆平均黏结强度的大小为 S2＞S3＞S1。试验结果表明，侧补时的黏结强度弱于上补，而下补时的黏结强度最差。

20.4　错台结构修补试验

本节通过试验模拟错台修补效果，重点研究修补角度对修补结构强度的影响。

20.4.1　试验方法

修补的基底砂浆采用的配比为水:水泥:砂=0.5:1:3，1d 后拆模，在标准环境下养护到 7d。使用石材切割机切割出所设计角度的砂浆试件，设计的修补角度为 0°、30°、60°、90°（其中 0° 代表完好不进行修补的普通水泥砂浆试件，90° 代表修补砂浆的抗折黏结强度），如图 20–19 所示。试模中的 1/2 放入预制硬化基底砂浆，另一半使用修补砂浆重新浇筑成型，1d 后进行抗折强度试验。试验时，抗折试验机的上压头放在试件中点位置，加载示意图如图 20–20 所示。

图 20–19　不同角度黏结试件

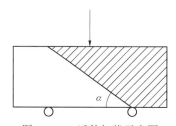

图 20–20　试件加载示意图

阴影—修补砂浆；空白—普通砂浆；α— 修补角度

20.4.2　试验结果与分析

修补结构抗折强度随修补角度变化的试验结果如图 20–21 所示。

由图 20–21 可以看出，随着修补角度的增加，三种砂浆修补的结构抗折强度均逐渐降低，其中 S2 的降低趋势最缓，而 S3 的降低趋势最为明显。这说明提高修补结构抗折强度的主要途径是减小其修补角度。从总体来看，S1 和 S2 砂浆修补结构的抗折强度高于 S3 砂浆。修补角度为 30° 时，S1、S2 的 1d 抗折强度分别比 S3 提高了 13.2%、31.6%；修补角度为 60° 时，S1、S2 的 1d 抗折强度分别比 S3 提高了 24.4%、17.8%；修补角度为 90° 时，S1、S2 的 1d 抗折强度分别比 S3 提高了 61.9%、76.2%。

修补结构破坏情况如图 20–22 所示。在抗折试验中，以修补角度 30° 为例，当施加三分点加载压力时，试件下边的两分支点间会产生应力集中，如图 20–22（a）所示，普通水泥砂浆修补的结构薄弱区在修补界面，正好处于两分点之间，因此界面产生微裂缝，并由下向上传递。当裂缝延伸到砂浆试件中部时，上面分点处集中应力大于斜面上集中的应力，所以裂缝从砂浆试件中部传递到上分点，而不是继续沿着修补界面传播。

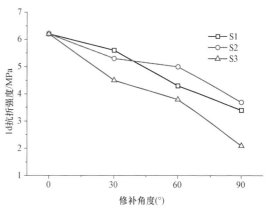

图 20–21　修补结构抗折强度随修补角度的变化

由图 20–22（b）、（c）可知，S1、S2 砂浆修补的结构断裂裂缝近似垂直结构上、下表面，近似为一条直线，这是由于两种修补砂浆的修补界面黏结强度较高，结构薄弱区已不在修补界面，而是在基底砂浆上。当加载时，试件首先从应力较为集中的中间部分开始产生裂缝并由下向上传递，当裂缝延伸到砂浆试件中部与黏结界面相交时，上分点处集中应力大于斜面上集中的应力，所以裂缝将继续沿直线延伸到上分点，并且断裂界面处黏结了一部分基底砂浆，这也是 S1、S2 两种修补砂浆的修补界面黏结强度较高的体现。而图 20–22（d）的 S3 砂浆修补的结构在加载后从修补砂浆部分断裂，断裂界面几乎与黏结界面平行，说明其修补效果较差，不适用于快速修补。

图 20–22　修补结构破坏情况
（a）普通砂浆；（b）S1 砂浆；（c）S2 砂浆；（d）S3 砂浆

20.4.3　1d 抗折强度与修补角度的关系

对已有的 1d 抗折强度与修补角度的关系进行分析，探讨三种修补砂浆修补后修补结构的 1d 抗折强度与修补角度的关系。将抗折强度与修补角度进行了线性拟合，结果如图 20–23 所示。由图可知，三种砂浆修补结构的 1d 抗折强度与修补角度的关系之间存在良好的线性相关性。

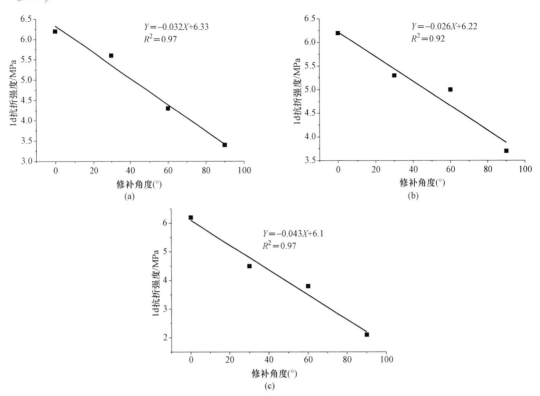

图 20-23　修补结构的抗折强度与修补角度的关系

（a）S1 修补；（b）S2 修补；（c）S3 修补

第 21 章

水泥基渗透结晶材料的研制

水泥基渗透结晶型材料（cementitious capillary crystalline waterproofing materials，CCCW）是由硅酸盐水泥或普通硅酸盐水泥和石英砂为基材，掺入带有活性化学物质制成的一种可掺入混凝土中使用或涂覆在混凝土表面的一种刚性防水材料。该材料与水作用后，材料中含有的活性化学物质与混凝土中未水化的水泥颗粒发生水化反应，形成水泥水化晶体，生成大量晶体填充、封堵混凝土的孔隙、毛细管和裂缝。对于结构由于荷载或环境作用条件下形成的裂缝，具有修补能力和较好的防水作用。

21.1　CCCW 防水机理简介

水泥基渗透结晶型防水材料（CCCW）是一种新型防水材料，其特点就是"渗透"与"结晶"，CCCW 依靠其活性化学物质通过水作载体不断渗入混凝土内部，与 $Ca(OH)_2$ 等化合，生成晶体，充实混凝土内毛细孔道。只要混凝土中存在水介质与氢氧化钙，这种渗透与反应会持续进行，形成整体和永久防水层。我国 20 世纪 80 年代从国外引进此种产品，应用于上海地铁工程。90 年代中期开始从国外引进母料（活性化学物质）国内批量生产，应用于大坝、地铁、污水处理厂、桥梁等，因其良好的防水效果受到了工程界的好评。目前关于水泥基渗透结晶型防水材料的作用机理并没有一个完整准确的描述，普遍认为是沉淀反应机理和络合—沉淀反应机理[3-92]~[3-95]。

沉淀反应机理是针对水泥石中存在着大量的 $Ca(OH)_2$ 和游离 Ca^{2+} 等碱性物质原理提出的。当水泥基渗透结晶型防水材料应用于新拌混凝土时，由于防水材料中含有活性化学物质，在浓度和压力差的共同作用下，活性化学物质会通过混凝土孔隙中存在的水渗透到混凝土内部，与毛细孔中的游离石灰和氧化物发生化学反应，生成不溶于水的结晶体，密封混凝土中的毛细管网、毛细孔及微裂缝，起阻水和防水作用[3-96]~[3-97]。同时又能与钢筋表面的氧化物起反应，形成一层稳定的薄膜，起到保护钢筋的作用。当混凝土成干燥状态时，活性化学物质和混凝土内部的 Ca^{2+} 便不能以游离态的离子存在，即处于了所谓的"休眠"状态。当混凝土受不均匀载荷、地基沉降、温差变化等物理作用产生微裂纹等缺陷时，水便会再次沿着裂纹进入混凝土，相应的活性物质也就被再次激活。上述渗透结晶反应过程如图 21-1 所示。

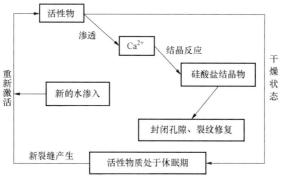

图 21-1　沉淀反应示意图

络合—沉淀反应机理：水泥基渗透结晶型防水材料中存在着可与 Ca^{2+} 络合的化学活性物质。与水拌和后，在化学势梯度、布朗运动、干粒子反应三种驱动力的作用下，活性物质就会分布到基体内部。当活性化学物质遇到 $Ca(OH)_2$ 的高浓度区时，与混凝土中电离出的钙离子络合，形成易溶于水的、不稳定的钙络合物。络合物随水在混凝土孔隙中扩散，遇到活性较高的未水化水泥、水泥凝胶体等，活性化学物质就会被更稳定的硅酸根、铝酸根等取代，发生结晶、沉淀反应，从而将 $Ca(OH)_2$ 转化为具有一定强度的晶体合成物，填充混凝土中裂缝和毛细孔隙。而活性化学物质则重新变成自由基，继续随水向内部迁移。其催化而发生的水泥结晶增生的基本过程如图 21-2 所示。图中，A^{2-} 代表活性基团，$Ca^{2+}=A^{2-}$ 代表不稳定络合物。

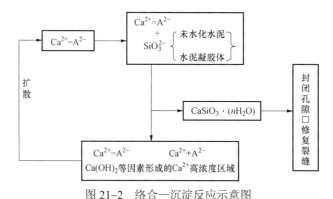

图 21-2　络合—沉淀反应示意图

21.2　试　验　方　法

21.2.1　常规试验方法和要求

试验方法参照 GB 18445—2012《水泥渗透结晶型防水涂料》的规定进行。

基准抗渗试件的成型与养护方法如下。

（1）砂浆基准试件。按 JGJ/T 70—2009 中规定的方法成型 $\phi 70mm \times \phi 80mm \times 30mm$ 截头圆锥形基准砂浆抗渗试件。基准砂浆试件配合比：水泥 320～340g（根据水泥的不同自行调整）；ISO 标准砂 1350g；水 260g；纤维素醚 0.5g。砂浆试件预养护温度 20℃±2℃，预养护时间为 1d。

（2）混凝土基准试件。按 GB/T 50082—2009 中的规定成型 ϕ175mm×ϕ185mm×150mm 截头圆锥形基准混凝土抗渗试件。基准混凝土试件配合比：水泥：250kg/m^3；标准级配的骨料：1750kg/m^3；水：250kg/m^3。试件预养护温度 20℃±3℃，预养护时间为 1d。

采用防水涂料:水=1:0.45 的质量比。涂料涂覆量为 1.20kg/m^2，分两次涂覆。用钢丝刷将基准试件上、下端面打毛，清洗后使试件表面处于饱和面干状态，用硬毛刷将涂料分两次涂刷在试件端面，第二次涂刷在第一次涂刷后手触感觉为面干时进行。

21.2.2　一次抗渗和二次抗渗压力试验

防水性能是衡量防水材料质量最为关键的指标，防水性能通过抗渗压力来衡量，抗渗压力高，防水性能好。第二次抗渗压力是指第一次抗渗试验透水后的试件置于水中继续养护一定龄期，再次进行抗渗试验所测得的抗渗压力。二次抗渗压力反映的是渗透结晶材料的自我修复能力，其值愈高，自我修复能力愈强。因此选择一次抗渗压力和二次抗渗压力作为防水材料防水性能的重要评判指标。

测试迎水面抗渗压力时涂刷在试件下端面，测试背水面抗渗压力时涂刷在试件上端面。基准试件和涂层试件浸在深度为试件高度 3/4 的水中养护（涂层面不浸水），水温 20℃±2℃，环境湿度大于 95%。

抗渗试件在到达试验龄期前一天从养护室中取出，并擦拭干净。待试件表面晾干后，试件侧面用石蜡密封，装入抗渗试模中。到达试验龄期后进行抗渗试验。抗渗试验的起始压力为 0.1MPa，每隔 8h 自动加压 0.1MPa。试件的抗渗压力以每组 6 个试件中第 3 个试件出现渗水的压力减去 0.1MPa 计。

渗透压力比计算式如下：

$$S=S_1/S_0×100\%　　　　　　　　　　（21-1）$$

式中　S——渗透压力比，%；

　　　S_1——涂层抗渗压力，MPa；

　　　S_0——相同配比、相同养护条件的空白基准试件的抗渗压力，MPa；初始压力为 0.4MPa。

将第一次抗渗试验 6 个试件进行到全部透水，脱模后放入 3/4 基体高度的水中养护至规定龄期，再进行抗渗测试，至第 3 个试件透水，以此时的水压力值减去 0.1MPa 后即为第二次抗渗压力。

21.3　活性物质的优化试验研究

根据对材料机理的探讨以及配制技术的分析，主要活性物质含有可溶性碳酸盐、有机酸、钙离子补偿剂、减水剂以及可溶性的硅酸盐等成分。

21.3.1　活性物质结晶机理

能够在混凝土内生成晶体的活性物质主要有以下几种情况。

1. 可溶性碳酸盐、硅酸盐和硫酸盐类

SiO_3^{2-} 是一种能够与钙离子反应结晶的离子，而且本身具有良好的渗透性，在混凝土毛

细孔中会发生如下反应：

$$Ca^{2+} + SiO_3^{2-} + nH_2O \rightarrow CaSiO_3 \cdot nH_2O$$

可见，生成的物质与混凝土基质中的物质基本一致，因此不必担心兼容性和膨胀性的问题，所以可溶性的偏硅酸盐、硅酸盐都可以作为活性物质来考虑。

CO_3^{2-} 以及 HCO_3^- 离子也能与 Ca^{2+} 离子反应生成不溶于水的 $CaCO_3$ 沉淀。但此类物质一个显著的缺陷是容易与涂料中的水泥发生反应，容易被消耗，影响长期的渗透结晶作用。

SO_4^{2-} 能够与混凝土中 $Ca(OH)_2$ 等物质发生反应形成不溶的针状钙矾石晶体，这是许多混凝土膨胀剂、防水剂的作用机理。因此硫酸盐与可溶性的硫铝酸盐类物质也可能作为渗透结晶型防水涂料的活性物质，但如何限制钙矾石膨胀、产生适当晶体的问题是此类物质作为活性物质所面临的问题。

2. 气相纳米 SiO_2

这一类粒子以气相纳米 SiO_2 为代表，具有高的比表面积和可溶于水形成溶胶的特性，因而具有一定的渗透能力，并与混凝土中的 $Ca(OH)_2$、CaO 发生如下反应：

$$SiO_2 + Ca(OH)_2 + (n-1)H_2O \rightarrow CaSiO_3 \cdot nH_2O$$
$$SiO_2 + CaO + nH_2O \rightarrow CaSiO_3 \cdot nH_2O$$

该反应生成不溶硅酸钙晶体，但此类物质由于本身不能完全溶于水、颗粒度较大的特点，具有渗透深度浅，反应速度慢的缺陷；但另一方面，这种缓慢的反应速度也为涂料的长期修复能力提供了可能条件。

3. 与钙离子形成不溶络合物晶体的可溶物质

此类物质以有机物居多，它们能够与混凝土中的钙离子发生螯合作用，形成络合物沉淀，但这类络合物遇到混凝土中能够与钙离子形成稳定不溶物的 SiO_3^{2-} 类原子团时，钙离子便会被这类原子团夺取，而有机物又会形成新的自由基，随水溶液在混凝土内游动，当游动到钙离子浓度较高的区域时，又会与钙离子发生络合沉淀作用，如此周而复始，可以很好地解决前述的活性物质总量不足、无法产生再次修补的缺陷。理论上，此类物质最可能作为涂料的活性物质，但是由于此类物质遇到 Ca^{2+} 离子后立即会形成络合物沉淀，这就大大限制了该类物质的游动能力，因而其与 SiO_3^{2-} 类原子团相遇的概率也就很小，这种无限循环的能力也就很难发生了。

4. 与钙离子形成短期可溶络合物的物质

由于络合物在较短的时间内可溶，因而增大了游动能力，与 SiO_3^{2-} 类原子团接触的概率大大增加，使得上述循环能够顺利发生，而长时间后由于络合物逐渐稳定而自身结晶沉淀。

5. 可溶的钙离子络合物类物质

此类物质由于本身不能够形成不溶结晶，其作用机理则完全靠上述的循环作用，依赖于混凝土中残留的 SiO_3^{2-} 类、$[Al(OH)]^{4-}$ 类离子团来产生沉淀，由于混凝土中这类离子属于少数离子，因而此类物质可进行复合使用。

21.3.2 组分的选取

1. 成膜物质的选取

考虑原料获取的方便性和性能的稳定性，选用水泥作为成膜物质。试验采用 42.5 级硅酸盐水泥作为涂料的成膜物质。

2. 骨料的选取

选用级配合理、清洁、坚硬的石英砂。

3. 活性物质的选取

活性物质的离子在混凝土毛细管中与混凝土内部离子发生反应，生长出不溶晶体的方式可能有两种：一种方式是将混凝土内部存在的$[SiO_4]^{4-}$、$[Al(OH)]^{4-}$等易形成不溶结晶的阴离子转化为沉淀物，但对于已经硬化的混凝土来说，这类阴离子含量极少，而且分布得不均匀，因而此种方法的可能性较小；另一种就是将混凝土中的游离 Ca^{2+}转化为沉淀晶体。一般而言，对水泥石的强度起主要作用的是水化硅酸钙，钙矾石和水化铁酸钙对水泥石的强度也有一定的贡献，而由于氢氧化钙具有一定的溶解度，在混凝土处于渗漏水状态时，其溶出会对混凝土的强度造成危害。而水泥中硅酸二钙、硅酸三钙是硅酸盐水泥的主要组分，其水化均会产生氢氧化钙，因此，氢氧化钙在水泥石中的含量占有相当大的比例。由于 $Ca(OH)_2$ 对强度和耐久性的贡献弱，将其转化为不溶晶体是完全可行的。

21.3.3　活性物质正交实验

根据对活性物质的分析，将其分为两类，一类是反应结晶剂，另一类是钙离子络合剂。此外还需要添加一些助剂、辅助络合剂及离子补偿剂等。设计正交试验，活性物质的掺量选择三水平，主要控制指标为材料对基准试件抗渗性能的影响，确定各主要组分的含量。

原材料采用基准水泥（简写为 A）、络合剂（简写为 B）、钙铝复合盐 1（简写为 C）、钙离子补偿剂（简写为 D）和钙铝复合盐 2（简写为 E）。起骨架作用的石英砂，确定为 40%～60%，而基准水泥用量和其他材料用量总计为 40%～60%，其他成分分别取三水平，设计($L_9 3^4$)正交表，因素及水平分析见表 21-1。按照表 21-1 配制涂料，涂覆在基准砂浆试件上，编号为 Y1-Y9，未涂刷对比试件编号为 Y10。试件养护 14d 进行第一次抗渗测试，将每组 6 个试件完全水压击穿后，再放于标准养护室中养护 14d，进行二次抗渗测试。正交实验结果见表 21-2。

表 21-1　　　　　因 素 及 水 平 分 析

因素	水平（%）		
	水平 1	水平 2	水平 3
B	0.3	0.6	0.9
C	1	2	3
D	1	3	5
E	2	3	4

表 21-2　　　　　正 交 实 验 结 果

编号＼因素	B	C	D	E	一次抗渗结果（14d）/MPa	二次抗渗结果（14d+14d）/MPa
Y1	0.3	1	1	2	0.45	1.1
Y2	0.3	2	3	3	0.45	0.8
Y3	0.3	3	5	4	0.4	1.0
Y4	0.6	1	3	4	0.6	1.5
Y5	0.6	2	5	2	0.5	1.3

因素 编号	B	C	D	E	一次抗渗结果（14d）/MPa	二次抗渗结果（14d+14d）/MPa
Y6	0.6	3	1	3	0.4	1.3
Y7	0.9	1	5	3	0.4	1.3
Y8	0.9	2	1	4	0.45	0.8
Y9	0.9	3	3	2	0.5	0.7
Y10	空白试件				0.3	0.4
K1，14d	0.433	0.483	0.433	0.483	—	—
K2，14d	0.500	0.467	0.517	0.417	—	—
K3，14d	0.450	0.433	0.433	0.483	—	—
极差，14d	0.067	0.050	0.084	0.066	—	—
K1，28d	0.967	1.300/1	1.067	1.033	—	—
K2，28d	1.367/0.6	0.967	1.000	1.133/3.5	—	—
K3，28d	0.933	1.000	1.20/2.5	1.100	—	—
极差，28d	0.434	0.333	0.200	0.100	—	—

从表 21-2 可以看出，试件 Y1～Y9 涂覆防水涂料后，试件的一次和二次抗渗性能均有明显提高，而未涂覆涂料的试件 Y10 的二次抗渗压力增长很小，仅仅增长了 0.1MPa。涂覆涂料的 Y4 试件的 28d 二次抗渗压力达到了 1.5MPa，二次抗渗压力明显提高，说明涂层具有自愈合能力。

根据正交试验结果应用极差分析法分析可得，对于一次抗渗试验结果（14d）B、C、D、E 四个因素中 D 因素的极差为 0.084，影响效应最为显著，即对一次抗渗压力影响最大，依次是 B、E、C。优选的水平分别是：B 为第二水平即 0.6%，C 为第一水平即 1.0%，D 为第二水平即 3.0%，E 为第一水平或者第三水平即 2.0%和 4.0%，优选配合比为 B2C1D2E（1，3）。对于二次抗渗试验结果（28d）四个因素中 B 因素的极差为 0.434，影响效应最为显著，即对二次抗渗压力影响最大，依次是 C、D、E，优选的水平分别是：B 为第二水平即 0.6%，C 为第一水平即 1.0%，D 为第三水平即 5.0%，E 为第二水平即 3.0%，优选配合比为 B2C1D3E2。

通过上述分析，确定基础配方的活性组分是：B 为 0.6%，C 为 1.0%，D 为 2.5%，E 为 3.5%。

21.4   CCCW 配方优化试验

本节围绕正交试验结果，对 CCCW 的基础配方做进一步的优化。首先考察灰砂比对试件强度和黏结强度的影响。然后对灰砂比、石英砂颗粒级配以及 B、C、D、E 组分对砂浆试件一次抗渗压力和二次抗渗压力的影响进行研究，涂料涂覆采用背水面涂覆。最后确定防水涂料的优化配方。

21.4.1   灰砂比对涂料性能的影响研究

灰砂比是影响涂层致密性、收缩和开裂的一个重要因素。通过涂料净浆强度来考察灰砂比对涂料性能的影响，从而选择出最佳的灰砂比。保持基础配方中活性物质含量不变，即 B 为 0.6%，C 为 1%，D 为 2.5%，E 为 3.5%，助剂占 2.4%。采用不同的灰砂比，根据 GB/T 17671—2009《水泥胶砂强度检验方法》进行 7d 和 28d 进行强度测试。图 21-3 和图 21-4 分别为不同灰砂比涂料的抗压强度和抗折强度曲线。实际成型过程中发现，当灰砂比小于 1.0 时，涂料的施工性能很差，所以选择灰砂比大于 1.0。

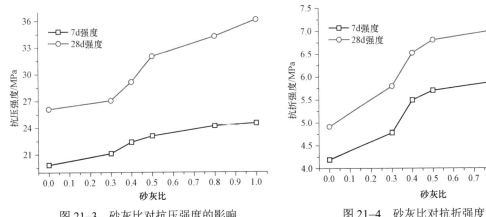

图 21-3　砂灰比对抗压强度的影响　　　　　图 21-4　砂灰比对抗折强度的影响

从图 21-3 和图 21-4 可以看出，随着砂灰比的增加，试件的抗折、抗压强度均随之增加，说明加入石英砂有效地填充到了涂层硬化后的孔隙中，起到了骨架支撑作用，增加了涂层的致密性。砂灰比小于 0.5 时，试件强度随着砂灰比的变化较为明显，砂灰比大于 0.5 时，曲线开始平缓，表明其对涂料净浆强度影响显著降低。当进一步增加石英砂用量，涂料的工作性较差，并且黏结强度降低，湿基面黏结强度测试结果如图 21-5 所示。

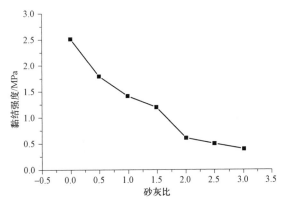

图 21-5　砂灰比对净湿基面黏结强度的影响

由图 21-5 可知，随着涂料中的砂灰比增大，涂料的黏结强度逐渐降低，同涂料的抗压、抗折强度变化规律相反。从曲线上可知，砂灰比在 0～1.0，黏结强度随砂灰比的增大而急剧降低，在 1.0～3.0，黏结强度随砂灰比的变化则明显减慢。因此既要保证较高的抗压强度，又具有较高黏结强度的条件下，选择砂灰质量比为 0.8，即灰砂为 1.25。

21.4.2　石英砂颗粒分布对涂料性能的影响

防水涂料涂层的厚度约为 0.8～1.0mm，因此配制涂料用砂的粒径应小于 0.5mm（约大于

40 目的石英砂颗粒），将此范围分成三档，分别为 40～70 目，70～100 目和 100～200 目，配制砂的比例见表 21-3。分别以 S1 至 S8 号石英砂样品作为骨料填料，其他成分掺量保持不变，石英砂级配对抗渗压力和强度的影响如图 21-6 和图 21-7 所示。从图中可以看出，不同颗粒分布的石英砂试样对涂料的一次抗渗压力、二次抗渗压力和抗压强度的影响不大。

表 21-3   石 英 砂 比 例

砂粒级配编号	40～70 目	70～100 目	100～200 目
S1	10%	40%	50%
S2	20%	40%	40%
S3	30%	40%	30%
S4	40%	40%	20%
S5	50%	40%	10%
S6	40%	30%	30%
S7	30%	30%	40%
S8	20%	50%	30%

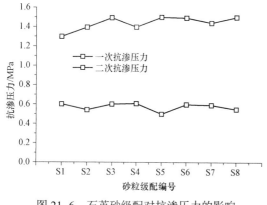

图 21-6　石英砂级配对抗渗压力的影响

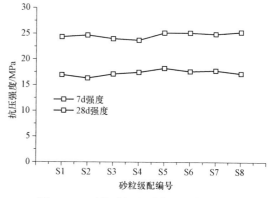

图 21-7　石英砂级配对抗压强度的影响

21.4.3　活性组分 B 的优化

固定其他组分的掺量，改变 B 组分的掺量，考察一次抗渗和二次抗渗的试验值，确定最佳用量。同样其他活性物质也采用抗渗压力变化来衡量性能的变化。

固定灰砂比为 1.25，40～100 目石英砂，C 为 1%，D 为 2.5%，E 为 3.5%，助剂占 2.4%。选择 B 的掺量水平为 0.4%、0.5%、0.6%、0.7%、0.8%。一次和二次砂浆试件抗渗压力试验结果如图 21-8 所示。从图 21-8 可以看出，B 的含量对涂料的一、二次抗渗压力的关系曲线均为二次曲线形状，一次和二次抗渗压力的最高点为 B 含量在 0.6% 到 0.7% 处，因此选择 B 的掺量为 0.65%。

21.4.4　活性组分 C 的优化

选择 C 的用量为 0.6%、0.8%、1%、1.2% 和 1.4%，固定其他组分在最佳条件，即 B 为 0.65%，D 为 2.5%，E 为 3.5%，助剂占 2.4%。固定灰砂比为 1.25，40～100 目石英砂。活性

组分 C 对渗透压力影响变化曲线测试结果如图 21-9 所示。

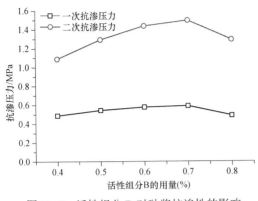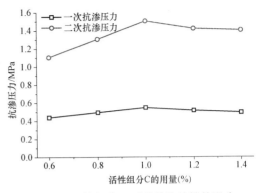

图 21-8　活性组分 B 对砂浆抗渗性的影响　　　图 21-9　活性组分 C 对砂浆抗渗性的影响

从图 21-9 可以看出，C 的含量对试件的一、二次抗渗压力的关系曲线均为二次曲线形状，一次和二次抗渗压力的最高点为 C 含量在 1.0%，因此选择 C 的掺量为 1.0%。

21.4.5　活性组分 D 的优化

通过正交试验看出，D 的用量对砂浆的一次抗渗压力影响较大，为了确定其最佳用量，进行优化试验，选择 D 的用量为 2%、2.5%、3%、3.5% 和 4%，固定其他组分在最佳条件，即 B 为 0.65%，C 为 1%，E 为 3.5%，助剂占 2.4%。固定灰砂比 1.25，选择 40～100 目石英砂。一次和二次抗渗压力测试结果如图 21-10 所示。由图可以看出，D 的掺量为 2.6% 时具有较高的抗渗压力值。

21.4.6　活性组分 E 的优化

选择活性组分 E 的用量为 2.0%、2.5%、3.0%、3.5% 和 4%，固定其他组分在最佳条件，即 B 为 0.65%，C 为 1.0%，D 为 2.6%，助剂占 2.4%。固定灰砂比为 1.25，40～100 目石英砂。一次和二次抗渗压力测试结果如图 21-11 所示，从图中可以看出，活性组分 E 的最佳掺量为 3.0%。

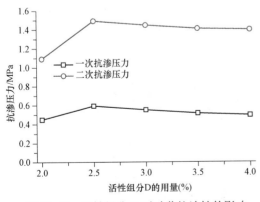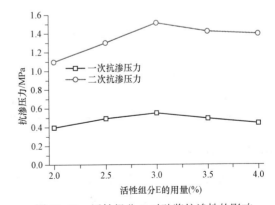

图 21-10　活性组分 D 对砂浆抗渗性的影响　　　图 21-11　活性组分 E 对砂浆抗渗性的影响

由以上优化试验分析，确定防水涂料的配方为：硅酸盐水泥 50.35%，石英砂 40%，助剂

2.4%和活性化学物质 7.25%。活性化学物质比例为 B 为 0.65%，C 为 1.0%，D 为 2.6%，E 为 3%，助剂占 2.4%。灰砂比为 1.25，40～100 目石英砂。助剂的主要成分是消泡剂、缓凝剂和早强剂等，可根据施工凝结时间要求进行调整。

21.5　CCCW 性能测试

21.5.1　力学性能

1. 净浆强度试验

以涂料粉体:水为 1:0.45 的质量比例进行混合，按 GB/T 17671—1999 规定的方法成型 40mm×40mm×160mm 抗压、抗折试件，24h 脱模。在标准条件下养护至规定龄期测试涂料的净浆强度。涂料的净浆抗压/抗折强度发展趋势如图 21-12 所示。

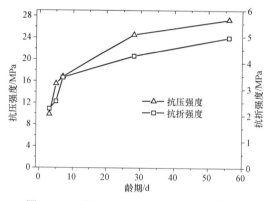

图 21-12　涂料净浆抗压抗折强度发展规律

从试验结果看出，涂料净浆的 7d 抗压强度达到 16.9MPa，28d 抗压强度达到 24.6MPa；7d 抗折强度达到 3.5MPa，28d 达到 4.3MPa，并随龄期的延长逐渐增加。

2. 对基准试件强度的影响

成型 2 组基准抗压砂浆试件，尺寸为 70mm×70mm×70mm。一组试件去除表面浮浆，并涂覆 1mm 厚的涂料，另一组试件不涂覆涂料，两组试件标准养护 28d 后进行抗压强度对比试验。基准试件的抗压强度为 24.5MPa，涂覆后试件的抗压强度为 25.5MPa，抗压强度提高了 4.1%。

3. 湿基面黏结强度

采用正拉黏结强度表征涂层与混凝土的黏结能力。按 GB 18445—2012《水泥基渗透结晶型防水材料》要求进行测试，涂料与湿基面 28d 黏结强度达到 1.8MPa，具有良好的黏结能力。

21.5.2　抗渗性能

1. 涂覆量对抗渗性能的影响

（1）砂浆试验。在基准砂浆试件的背水面分别涂覆为 0、0.5kg/m²、0.8kg/m²、1.0kg/m²、1.2kg/m² 和 1.5kg/m² 的防水涂料，进行第一次、第二次抗渗压力试验。试件养护 14d 龄期后进行一次抗渗压力试验，当全部渗水后，再养护 14d 进行二次抗渗试验，试验结果如图 21-13

所示。

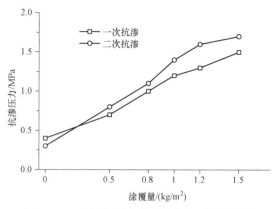

图 21-13　涂覆量对砂浆试件抗渗压力的影响

由图 21-13 可知，基准试件的二次抗渗压力为 0.3MPa，相对于一次抗渗压力 0.4MPa，降低了 0.1MPa。涂覆防水涂料后，试件的抗渗压力随着涂覆量的增加而增加，涂覆量为 1.2kg/m² 时，抗渗压力达 1.3MPa。不同涂覆量的试件均表现出了较高二次抗渗性能，当涂覆量为 1.2kg/m² 时，二次抗渗压力达 1.6MPa。

（2）混凝土试验。对基准混凝土试件背水面进行不同涂覆量试验，涂料涂覆量分别为 0（涂覆水泥浆为 0.4kg/m²，为基准对比组）、0.4kg/m²、0.8kg/m²、1.0kg/m²、1.2kg/m²。14d 龄期抗渗试验试件全部渗水后再次进行养护 14d，进行第二次抗渗压力试验，测试结果如图 21-14 所示。

从结果看出，涂覆 0.4kg/m² 水泥浆试件的二次抗渗压力比一次抗渗压力下降了 0.1MPa，但涂覆 0.4kg/m² 涂料试件的抗渗压力则增加了 0.1MPa。当涂覆量为 1.2kg/m² 时，试件二次抗渗压力达 1.3MPa，比一次抗渗压力 1.1MPa 提高 18.2%，说明该涂料具有良好自我修复能力。

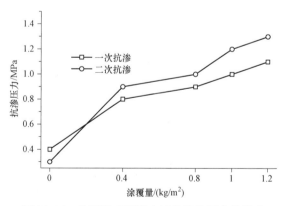

图 21-14　涂覆量对混凝土试件抗渗压力的影响

2. 龄期对抗渗性能的影响

（1）龄期对砂浆试件抗渗性能的影响。在基准砂浆试件背水面与迎水面分别涂覆 1.2kg/m² 的涂料，测试不同龄期的一次抗渗压力，试验结果如图 21-15 所示。从图中可知，涂覆试件的养护龄期对抗渗压力影响较大，7d 时涂覆涂料试件与未涂覆试件抗渗压力基本相同，未表现出防水作用。但随着龄期的增长，试件的抗渗压力明显增加，14d 龄期时迎水面抗渗压力达到 1.4MPa，背水面抗渗压力达到 1.3MPa，28d 迎水面抗渗压力达到 1.8MPa，背水面抗渗压力达到 1.6MPa，比未涂覆试件抗渗压力 0.4MPa 分别提高 350%和 300%。

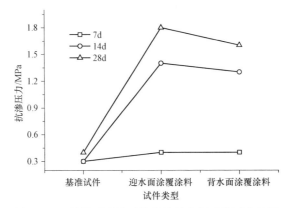

图 21-15　龄期对砂浆试件抗渗性能影响的试验结果

（2）对混凝土试件抗渗性能的影响。对未涂覆基准混凝土试件、迎水面和背水面各涂覆防水涂料（涂覆量为 1.20kg/m²）进行对比试验。测试 7d、14d、28d 龄期试件的一次抗渗压力，试验结果如图 21-16 所示。

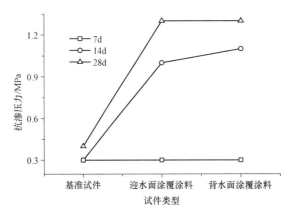

图 21-16　龄期对混凝土试件抗渗性能影响的试验结果

从图 21-16 可知，涂覆试件的养护龄期对抗渗压力影响较大，7d 时涂覆涂料试件与未涂覆试件抗渗压力基本相同，未表现出防水作用。但随着龄期的增长，试件的抗渗压力明显增加，14d 龄期时迎水面抗渗压力达到 1.0MPa，背水面抗渗压力达到 1.1MPa，28d 迎水面和背水面抗渗压力均达到 1.3MPa。涂覆试件 28d 抗渗压力比未涂覆试件提高了 225%，说明该涂料具有良好的提高试件防水性能的作用。

图 21-17 和图 21-18 为背水面和迎水面涂覆涂料 28d 试件在试验后劈开的断面图。由图可见，渗透压力达到 1.3MPa 时，背水面涂覆涂料后，水渗透到防水层下的 2～3mm，迎水面涂覆涂料后水渗透高度约为 50mm，试件并未出现渗水。试验结果表明涂料对混凝土试件表现出良好的防水性能。

图 21-17　背水面涂覆抗渗劈开试验

图 21-18　迎水面涂覆抗渗劈开试验

21.5.3　CCCW 性能检测

含水量、碱含量、氯离子含量和细度四项指标是材料的匀质性指标。匀质性能测试结果见表 21-4。

表 21-4　　　　　　　　　　　匀 质 性 测 试 结 果

序号	试验项目	检测结果（%）
1	含水量	0.8
2	总碱量（$Na_2O+0.658K_2O$）	2.65
3	氯离子含量	0.08
4	细度（0.315mm 筛筛余）	0.5

从表 21-4 所示结果可以看出，由于原料选取中严格控制有害成分的带入，材料氯离子含量仅为 0.08%，总碱量仅为 2.65%。

水泥基渗透结晶型防水涂料的物理力学性能检测结果见表 21-5。从表中可以看出，研制的防水涂料湿基面黏结强度达到 1.8MPa，28d 抗渗压力达到 1.3MPa，56d 二次抗渗压力达到 1.4MPa，28d 抗渗压力比达到 325%。

表 21-5　　　　　　　水泥基渗透结晶型防水涂料的性能检测结果

序号	试验项目		性能指标	检测结果
1	安定性		合格	合格
2	凝结时间	初凝时间/min	≥20	≥200
		终凝时间/h	≤24	≤14.7
3	抗折强度	7d/ MPa	≥2.80	≥3.2
		28d/ MPa	≥3.50	≥4.1
4	抗压强度	7d/ MPa	≥12.0	≥15.8
		28d/ MPa	≥18.0	≥23.6
5	湿基面黏结强度/MPa		≥1.0	≥1.8

序号	试验项目	性能指标	检测结果
6	28d 抗渗压力/MPa	≥1.2	≥1.3
7	56d 第二次抗渗压力/MPa	≥0.8	≥1.4
8	28d 渗透压力比（%）	≥300	≥325

21.6　自修复性能试验

21.6.1　裂缝修补性能试验

按水泥:中砂:水为 1:3:0.7 的质量比例，成型 ϕ185mm×ϕ175mm×150mm 的圆台形砂浆抗渗试件。成型时预制由上至下的贯穿裂缝，宽度分别为 80mm×0.3mm 和 80mm×0.5mm。

分别在迎水面和背水面上涂覆 1.2kg/m² 防水涂料。标准养护室中养护 3d 后，涂层朝上放于 3/4 基体高度的水中养护 56d 后，进行抗渗试验。测试结果见表 21-6。从试验结果可以看出，0.3mm 宽度裂缝试件的抗渗压力可以提高到 1.8MPa 以上，0.5mm 宽度裂缝试件的抗渗压力可以提高到 1.0MPa。可见防水涂料对 0.5mm 以下裂缝具有一定的修补能力。

表 21-6　　　　　贯穿裂缝试件涂覆防水涂料后的抗渗压力测试结果

涂料	0.3mm 宽度裂缝的抗渗压力/MPa	0.5mm 宽度裂缝的抗渗压力/MPa
空白基体	0	0
背水面涂覆涂料	1.8	1.0
迎水面涂覆涂料	2.0	1.0

21.6.2　涂层的自我修复能力试验

二次抗渗压力一般用于表征 CCCW 赋予混凝土的自愈合能力。根据络合一沉淀理论，涂料中的活性物质在渗透结晶过程中并无消耗，故对二次抗渗试验全部试件透水后，不再继续涂覆涂料，只继续养护 28d 后进行第三次抗渗试验，以评估 CCCW 的永久防水效果。

基准混凝土试件涂覆涂料后，养护 14d 进行一次抗渗试验；待一次抗渗试验全部试件透水后再养护 28d 进行二次抗渗试验；待二次抗渗试验全部试件透水后，再养护 28d 进行三次抗渗试验。试验结果如图 21-19 所示。

从图 21-19 中看出，混凝土基准试件经过二次和三次抗渗，渗透压力结果变化不大。但涂覆涂料后，其二次和三次抗渗压力均有增加，可见涂料涂覆具有良好的自修复能力。

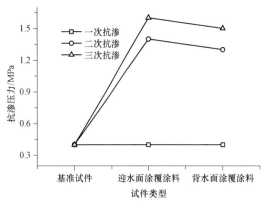

图 21-19　涂层自我修复能力试验结果

第22章

受损钢筋混凝土的
修补及其耐久性

本章采用多种混凝土结构修补材料和方法对受损钢筋混凝土进行修补，再将修补后的构件进行溶液侵蚀，以比较修补材料和方法的适用性。

试验中也采用了牺牲阳极法来提高钢筋混凝土的抗锈蚀能力，牺牲阳极法是一种重要的金属腐蚀防护措施，用更低电位的高活性金属与被保护的金属电性连接在一起，依靠高活性金属不断地腐蚀溶解所产生的电流实现保护效果。它具有不需要外加电源、不会干扰临近金属设施、电流散能力好、易于管理和维护等优点。牺牲阳极法的效果与阳极本身材料的化学成分和组织结构有关。目前常用的保护钢筋的阳极材料有铝材合金、锌材合金和镁材合金三类。其特点和适用范围见表22-1。

表 22-1　　　　　　　　　　牺牲阳极材料的选择

阳极材料	特　点	适用范围
铝材合金	比重小、电流效率高、发生电量大、对钢铁驱动电位适中、材料来源丰富	广泛
锌材合金	比重大、发生电量小、对钢铁驱动电位不高、高温条件下易于极化	电阻率较低的环境
镁材合金	电流效率低、对钢铁驱动电位大（易于过保护）	电阻率较高的土壤环境

22.1　试　验　过　程

22.1.1　预制破损的钢筋混凝土梁

为了研究损伤混凝土经过修补后的抗硫酸侵蚀性能，本试验预制6根混凝土梁，并对其进行抗折试验直至承载力丧失。

制备钢筋混凝土梁的材料如下：胶凝材料采用 P·O 32.5 普通硅酸盐水泥，28d 抗压强度为 36.5MPa，密度 3.1g/cm³；细骨料采用河砂，表观密度 2650kg/m³，细度模数为 2.8；粗骨料采用 5~20mm 连续级配碎石，表观密度 2700kg/m³；减水剂采用萘系固体高效减水剂，减水率为 20%，掺量为水泥质量的 0.6%。

钢筋混凝土梁所用的素混凝土设计强度等级为 C40，配合比及混凝土性能见表 22-2。

表 22-2　　　　　　　　　　　　　　混凝土配合比及性能

序号	水泥 / (kg/m³)	水 / (kg/m³)	砂 / (kg/m³)	石 / (kg/m³)	28d 抗压强度/MPa	水胶比	坍落度/mm
L1~L6	400	160	650	1170	43.3	0.4	120

制作六根钢筋混凝土构件，参数如下：梁长 L=1700mm，b×h=100mm×170mm；配筋采用 HRB335，上部 2Φ8，下部 2Φ12；箍筋采用 HPB235，左右各 Φ8@200，配筋加载图见图 22-1。

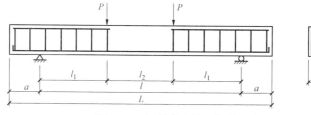

图 22-1　混凝土配筋及加载示意图

22.1.2　钢筋混凝土梁的抗折试验

将六根混凝土梁养护 28d 后进行抗折试验，试验方法参考 GB/T 50152—2012《混凝土结构试验方法标准》，试验采用分级加载。为获得精确数据，在接近开裂荷载、破坏荷载的计算值时，适当加密分级。梁开裂前加载的荷载增量为 5kN，开裂后加载的荷载增量为 10kN。加载设备采用量程 2000kN 的微机控制的液压万能试验机，可以很好地保证加荷速度及荷载的稳定性。加载过程如图 22-2 所示，梁的破损状态如图 22-3 所示。

图 22-2　梁的抗折试验

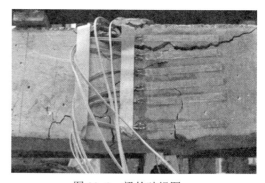

图 22-3　梁的破损图

根据梁的配筋形式及钢筋实测抗拉强度 f_y=398MPa，由 GB 50010—2010《混凝土结构设计规范》正截面受弯承载力［式（22-1）］计算得到弯曲荷载为 42.3kN；由最大挠度计算公式（22-2）得到理论最大挠度见表 22-3，其中式（22-2）的 P 值为实测弯曲荷载。然后对预制钢筋混凝土梁进行正截面受弯承载力试验，直至构件达到承载能力极限状态，失去承压能力。试验结果见表 22-3。

$$M \leqslant \alpha_1 f_c bx(h_0 - x/2) + f_y' A_s'(h_0 - a_s')$$
$$\alpha_1 f_c bx = f_y A_s - f_y' A_s' \tag{22-1}$$

$$Y_{max} = 6.81Pl^3/(384EI) \tag{22-2}$$

表 22-3　　　　　　　　　　　　预制钢筋混凝土梁荷载及挠度

梁编号	L1	L2	L3	L4	L5	L6	平均值
测试弯曲荷载 P_{max}/kN	54.3	52.43	55.2	55.45	53.5	53.47	54.06
测试最大挠度/mm	8.52	8.55	8.85	9.12	8.89	8.24	8.70
计算最大挠度/mm	9.35	9.03	9.51	9.55	9.22	9.21	9.31

由表 22-3 可知，混凝土梁的实际承载力超过计算值，实测挠度小于计算值，均满足规范要求。

22.1.3　破损构件的修补方案

混凝土梁破损试验后采用如下材料进行修补。

（1）P·O 42.5 普通硅酸盐水泥。3d 和 28d 抗压强度分别为 20.3MPa 和 48.4MPa，密度 3.1g/cm³；细骨料采用选用了中国 ISO 标准砂，符合 GB/T 17671—1999 标准，最大粒径为 5mm。

（2）C40 豆石骨料普通混凝土。豆石粒径范围为 5～10mm，新拌混凝土坍落度为 10cm，28d 抗压强度为 45.5MPa。

（3）低黏度型环氧树脂灌浆材料。A、B 双组分商品灌浆材料，A 组分是以环氧树脂为主的体系；B 组分为固化体系，浆体密度 1.0，初始黏度 26mPa·s 可操作时间 35min，抗压强度 55MPa，干黏结强度 3.5MPa。

（4）环氧砂浆，成分为低黏度型环氧树脂灌浆材料与标准砂，3d 抗压强度和抗折强度分别为 36MPa 和 38.5MPa。

（5）聚合物水泥基修补砂浆：初凝和终凝时间分别为 41min 和 52min，7d 抗压和抗折强度分别为 58.9MPa 和 9.9MPa，1d 基面黏结强度 1.99MPa。

（6）界面剂。其主要成分为醋酸乙烯—乙烯，14d 剪切粘贴强度 1.76MPa。

（7）水泥基渗透结晶型防水材料。主要成分为高效减水剂、早强剂、活性阴离子、催化剂、水泥和石英砂等，外观为灰色粉末，密度为 2000～2100kg/m³。

（8）混凝土保护剂选用了有机硅憎水剂。

（9）铝丝选用优质的 0# 纯度 99.995%，直径 1.0mm。

钢筋混凝土经过受弯承载力试验后受压区混凝土出现部分破碎，受拉区混凝土出现大小不一的裂缝。因此首先凿去破损混凝土并露出钢筋。当裂缝宽度大于 0.5mm 时，在裂缝表面开槽，然后用高压水清理混凝土表面，去除混凝土表面的碎片、粉尘（见图 22-4）。六根梁的具体修补方案见表 22-4，修补图如图 22-5 所示。

图 22-4　梁开槽后的形貌

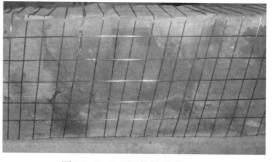

图 22-5　L4 梁的修补图

表 22-4　　　　　　　　　　各钢筋混凝土梁的修补材料及修补工艺

修补梁	修补材料	修补工艺
L1	大破损部位：豆石骨料普通混凝土；梁表面细小裂缝：水胶比为 0.36 的水泥净浆	豆石混凝土修补面积较大的破损部位以恢复构件轮廓；水泥净浆对混凝土表面裂缝进行封闭处理
L2	大破损部位：环氧砂浆；梁表面细小裂缝：水胶比为 0.36 的水泥净浆	环氧砂浆修补面积较大的破损部位以恢复构件轮廓；水泥净浆对混凝土表面裂缝进行封闭处理
L3	大破损部位：界面剂+水泥基修补砂浆；梁表面细小裂缝：水泥基修补砂浆；整体保护层：水泥基修补砂浆	较大破损处及开槽部位涂刷界面剂后用水泥基修补砂浆修复；待修补砂浆初凝后采用水泥基修补砂浆封闭表面小裂缝；最后在构件表面整体施工 2cm 厚的水泥基修补砂浆作为保护层
L4	大破损部位：界面剂+水泥基修补砂浆；梁表面细小裂缝：水泥基修补砂浆；整体保护层：铝丝+水泥基修补砂浆	将混凝土中钢筋一端凿出与铝丝连接；较大破损处及开槽部位涂刷界面剂后用水泥基修补砂浆修复；待修补砂浆初凝后采用水泥基修补砂浆封闭表面小裂缝；修补砂浆硬化后沿着构件四周表面缠绕铝丝形成网格。最后在构件表面整体施工 2cm 厚度的水泥基修补砂浆作为罩面保护层
L5	大破损部位：界面剂+水泥基修补砂浆；梁表面细小裂缝：水泥基修补砂浆；整体保护层：水泥基渗透结晶材料	较大破损处及开槽部位涂刷界面剂后用水泥基修补砂浆修复；待修补砂浆初凝后采用水泥基修补砂浆封闭表面小裂缝；最后在构件表面涂刷水泥基渗透结晶材料
L6	大破损部位：界面剂+水泥基修补砂浆；梁表面细小裂缝：水泥基修补砂浆；整体保护层：有机硅憎水剂	较大破损处及开槽部位涂刷界面剂后用水泥基修补砂浆修复；待修补砂浆初凝后采用水泥基修补砂浆封闭表面小裂缝；最后在构件表面涂刷有机硅憎水剂

22.2　试验结果及分析

将修复好的梁置于室温 20℃±3℃的环境下洒水养护 60d 后，将其浸泡在质量浓度为 5% 硫酸镁溶液中，浸泡 1d 后进行第 1 次线性极化测试试验，测试指标包括极化电阻和电流密度，其结果作为基准点，此后每隔 30d 测定一次。并在梁浸泡后 150d 后，取 L1 表面下层 2cm 左右的混凝土颗粒进行 SEM 观察。

22.2.1　线性极化试验结果分析

（1）在一年的浸泡期内，每个月定期对六根梁进行线性极化测试，极化电阻结果见图 22-6。从图中可得出如下结论。

1）L1～L6 初始钢筋的极化电阻相差不大，且均大于 $5.2×10^5\ \Omega\cdot cm^2$，表明钢筋开始处于钝化状态。浸泡 30d 时，L1 的极化电阻降幅最大，L2 次之。这表明尽管 L1 和 L2 是目前混凝土裂缝修补常用的方法，但其修补材料本身抗侵蚀性或修补材料与基体界面的黏结效果

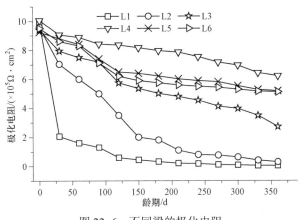

图 22-6　不同梁的极化电阻

差，而且宽度 $d \leqslant 0.15\text{mm}$ 的裂缝仅采用水胶比为 0.36 的水泥浆进行表面封闭，导致整体抗硫酸盐侵蚀性差，腐蚀性溶液迅速进入混凝土内部，造成钢筋快速腐蚀。L4 的极化电阻降低幅度最小，其余梁的极化电阻降幅介于 L2～L4。

2）在浸泡周期 30～360d 时，L1 的极化电阻一直最小，L2 的极化电阻略大于 L1、且降低幅度最大；L4 仍然在各组中保持最大，且随腐蚀时间变化最为平缓。说明 L4 的修复措施对于提高构件的抗钢筋锈蚀效果最为明显。

3）在浸泡 150d 时，L1、L2 的极化电阻仅为 $0.44 \times 10^5 \, \Omega \cdot \text{cm}^2$ 及 $2 \times 10^5 \, \Omega \cdot \text{cm}^2$，远低于 $5.2 \times 10^5 \, \Omega \cdot \text{cm}^2$，说明此时 L1 及 L2 锈蚀严重。L6 和 L3 的极化电阻分别为 $5.2 \times 10^5 \, \Omega \cdot \text{cm}^2$ 及 $5.36 \times 10^5 \, \Omega \cdot \text{cm}^2$，已经接近锈蚀。L4 的极化电阻最大为 $8.16 \times 10^5 \, \Omega \cdot \text{cm}^2$，钢筋仍处于钝化状态。构件表面涂刷水泥基渗透结晶材料的 L5 梁和有机硅憎水剂的 L6 梁在混凝土表面形成了保护层，阻止了硫酸镁溶液渗入混凝土内部造成钢筋锈蚀，然而由于保护层会缓慢受到外界环境的破坏影响，其阻止溶液渗透的效果会慢慢减弱，钢筋仍将发生缓慢锈蚀。

4）在浸泡 150～330d 期间，各梁的极化电阻继续减小，说明梁一直处于腐蚀状态且越来越严重。180d 时，L3 的极化电阻达到 $5.02 \times 10^5 \Omega \cdot \text{cm}^2$，此时 L3 钢筋开始出现锈蚀。这是因为随着浸泡时间的延长，镁离子和硫酸根离子对混凝土产生破坏，出现裂缝，侵蚀性物质到达钢筋表面产生锈蚀。330d 时，L5 及 L6 的极化电阻降至 $5.18 \times 10^5 \, \Omega \cdot \text{cm}^2$ 和 $5.11 \times 10^5 \, \Omega \cdot \text{cm}^2$，说明覆盖在混凝土表面的保护膜出现损坏；由于 L5 及 L6 主要靠保护膜抵抗外界侵蚀性物质，一旦保护膜受到损坏，钢筋很容易就会出现锈蚀。因此工程采用涂刷保护层防护混凝土腐蚀时，应一年涂刷一次。而只有 L4 一直处于钝化状态，修补效果和耐久性最好。

本试验同时检测了各修补混凝土梁在不同浸泡时间下的钢筋锈蚀电流密度的变化，如图 22-7 所示。对各构件的极化电阻和锈蚀电流密度进行了相关性拟合，拟合结果如图 22-8 所示，见式（22-3）。公式相关系数 $R^2=0.925$。

$$R_\text{p} = -1.527\ln(I_\text{corr}) + 1.9587 \tag{22-3}$$

式中　　R_p——极化电阻，$\Omega \cdot \text{cm}^2$；

$\quad\quad I_\text{corr}$——电流密度，$\mu\text{A/cm}^2$。

可以看出，极化电阻和锈蚀电流密度之间存在着明显的对数关系，其函数关系式呈现出 $R_\text{p}=a\ln(I_\text{corr})+b$ 形式，其中 a、b 是与混凝土水胶比、腐蚀介质浓度等有关的参数，随着极化电阻的增加，腐蚀电流会迅速降低。

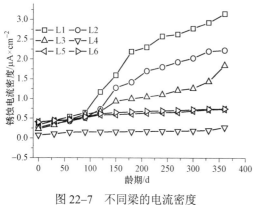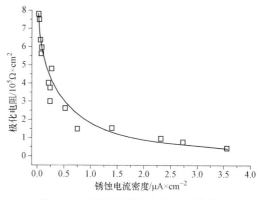

图 22-7 不同梁的电流密度　　　　　图 22-8 极化电阻和电流密度的关系

（2）经过一年的浸泡后，L3 及 L4 在外观形貌方面并未出现明显的破坏现象，而其余梁的外观形貌则发生了一些破坏，导致混凝土更易受到溶液侵蚀。

L1：表面修补水泥浆发生剥落，如图 22-9 中（a）所示；

L2：混凝土表面出现明显裂缝，如图 22-9 中（b）所示；

L5：水泥基渗透结晶材料出现破损，如图 22-9 中（c）所示；

L6：有机硅憎水剂覆盖层出现伤痕，如图 22-9 中（d）所示。

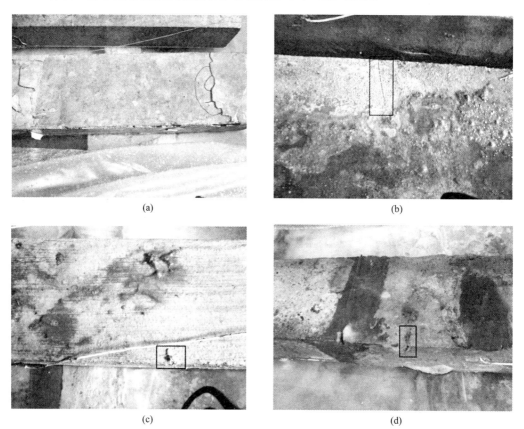

图 22-9 混凝土梁外观破坏形貌

（a）L1 外观破坏；（b）L2 外观破坏；（c）L5 外观破坏；（d）L6 外观破坏

22.2.2　SEM 结果分析

1. 混凝土的硫酸盐侵蚀反应

硫酸盐浸泡 150d 以后，取 L1 表面下层 2cm 左右的混凝土颗粒进行 SEM 观察，如图 22-10 所示。可以看出，混凝土微观结构相对致密的，但存在一些较小孔洞，且可以清晰看出 AFt 晶体。将图 22-10 中的 A 区放大后，可以看出，大部分的 C–S–H 凝胶基本上是致密且连续，但部分 C–S–H 凝胶变得松散，而且可以观察到石膏晶体，如图 22-11 所示。对图 22-11 中 X 点进行 X–射线能谱分析（EDS）得到图 22-12 和表 22-5 所示的能谱试验结果，发现 Mg 和 S 元素的质量分数分别达到了 4.3% 和 3%，说明环境中的 $MgSO_4$ 的已经侵入混凝土基体中。

图 22-10　150d 混凝土 SEM 图（5000 倍）

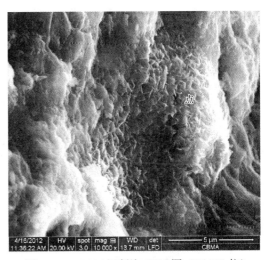

图 22-11　150d 混凝土 SEM 图（10 000 倍）

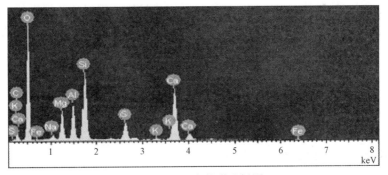

图 22-12　X 点能谱分析图

表 22-5　　　　　　　　　　　　　元 素 含 量 分 析 结 果

元素	C	O	Na	Mg	Al	Si	S	K	Ca	Fe	总量
质量百分比（%）	7.44	59.72	0.77	4.25	4.38	9.05	3.01	0.26	10.72	0.41	100

水泥的水化产物由 C–S–H 凝胶、$Ca(OH)_2$、钙矾石（AFt）和 AFm 等构成。环境中的硫酸根离子侵入到混凝土中会与其水化产物反应生成石膏、$Mg(OH)_2$ 和硅胶等产物。

由于 C–S–H 凝胶会被硫酸镁分解，使得混凝土强度和黏结性降低，进而导致混凝土容易开裂影响了混凝土的耐久性。上述原因造成采用普通混凝土作为修补材料的抗硫酸盐侵蚀效果不良。

2. 环氧砂浆、水泥基渗透结晶材料、有机硅防水涂料及阳极保护的作用机理

L2 采用环氧砂浆修补破损部位，由于环氧砂浆的热膨胀系数一般为 $25×10^{-6}$～$30×10^{-6}$/℃，约为混凝土的 2.5～3 倍。环氧砂浆在凝固阶段会大量放热，冷却后产生温度收缩，同时环氧砂浆固化后自身体积也会产生固化收缩。上述原因的共同作用导致修补部位、特别是环氧砂浆与混凝土的结合界面容易产生收缩裂纹，导致侵蚀介质渗入构件中降低其耐久性。

水泥基渗透结晶材料以水泥、石英粉等为主要基材，并含有多种活性化学物质，与水反应后形成具有防渗透功能的无机防水层。有机硅防水涂料是以硅橡胶乳及其纳米复合乳液为主要基料，掺入无机填料及各种助剂而制成的水性环保型防水涂料。两者都能在混凝土表面形成防水层，具有抗裂、抗渗、防水等功效。但随着侵蚀溶液的持续作用，或受外力磕碰等因素的影响，容易造成防水层脱落及破坏，影响了混凝土的耐久性。

22.3　修补方法的改进建议

综合本试验及相关研究成果，对于如何提高混凝土修补加固效果给出以下建议。

（1）修补加固材料。用于修补加固的材料，应与原有混凝土有良好的黏着力、高度的密实性和较低的收缩率，保证修复的构件获得坚固耐久的效果。试验证明，不加硅质掺合料的混凝土，水的渗透深度为 40mm；而掺 15%硅粉的混凝土，渗透深度可降低至 2mm。硅粉与聚合物改性联合使用增加了与界面黏着力，并能有效阻止侵蚀性物质的侵入和扩散，从而增加了混凝土抵抗腐蚀的能力。

（2）混凝土界面的处理方法。在加固领域，新旧混凝土结合面的处理工艺极其重要，并受到广泛关注。常用的方法有风镐法、喷砂法、射流法等。用射流法清理的界面能提高新旧混凝土的结合强度，作业时没有噪音、振动和粉尘，不会损伤埋在混凝土中的钢筋和其他管件。在条件不允许使用射流法时，也可用喷砂法清除损伤面层，再用高压水冲洗以得到较为合适的界面。

（3）修补裂缝的材料及工艺。因裂缝一般都是由宽到细连续的，所以配制的黏结剂既要对细小裂缝有渗透性，又要对粗大裂缝无下淌现象。因此可以采用胶合板盖住混凝土的四周，用注射器或注浆机向裂缝中注入修补材料。修补浆料建议采用低黏度、高黏结性、强度/弹性模型/热膨胀系数与修补基体相匹配的材料。

第 23 章

抗渗裂高性能混凝土工程实践

23.1 混凝土关键性能对材料组成的要求

根据前面研究结果，可以发现混凝土开裂性、渗透性、增韧降脆性是决定混凝土耐久性的关键三大性能，归纳各种原材料和环境条件等对混凝土的抗裂、抗渗、韧性等三方面的性能影响如下。

23.1.1 混凝土抗裂性（表 23-1）

表 23-1　　　　　　　　　　　影响混凝土抗裂性因素归类表

混凝土材料与配合比	影响因素 1：低水胶比能明显加速水泥基体的限制收缩敏感性	加速开裂的主要因素
	影响因素 2：磨细矿渣和硅灰均增大了裂缝实际开裂面积	
	影响因素 3：在低水胶比、水养护不充分的情况下，普通膨胀剂造成混凝土疏松、内部有较多的裂纹存在	
	影响因素 4：胶凝材料/骨料比的增大提高了收缩率	
	影响因素 5：减水剂、特别是萘系减水剂增大收缩	
	影响因素 6：粉煤灰掺量的增加，实际裂缝开裂面积降低	降低开裂的主要因素
	影响因素 7：新型膨胀剂、高性能减缩剂、改善混凝土自收缩的复合掺合料、内养护剂；纤维对混凝土早期抗裂性能的提高表现为聚丙烯腈纤维>聚丙烯纤维>钢纤维	
养护条件	影响因素 8：外部养护湿度条件和材料自身组成显著影响水泥浆体的内部相对湿度（IRH）变化、进而导致收缩的变化	湿度低增加开裂

从表 23-1 中各结论可以清晰简单看出增加或降低混凝土抗裂性的各项影响因素。

23.1.2 混凝土抗渗性（表 23-2）

表 23-2   影响混凝土抗渗性因素归类表

混凝土材料与组成	影响因素 1：裂纹宽度介于 50~170μm 时，裂纹增大加速氯离子扩散速度；裂纹宽度继续增加，渗透性显著但增加不明显	加速渗透的主要因素
	影响因素 2：胶凝材料用量降低，加速渗透性	
	影响因素 3：掺加引气剂改善混凝土的气泡平均直径来提高抗渗能力	降低渗透的主要因素
	影响因素 4：低水胶比改善界面的扩散性能，降低渗透速率	
	影响因素 5：一定范围内骨料体积分数增大，渗透特性随之降低	
	影响因素 6：矿粉降低渗透性效果好于粉煤灰	
	影响因素 7：粉煤灰掺量增大降低渗透效果好，但低于同掺量矿粉	
	影响因素 8：骨料的分布形式、形状对氯离子在混凝土宏观扩散性能不影响	对渗透不影响
	影响因素 9：当裂纹宽度小于 50μm 时，其几乎不影响氯离子的扩散	
外部条件	影响因素 10：环境盐溶液浓度、应力比、疲劳等因素对渗透性影响显著	

从表 23-2 中各结论可以得到影响混凝土渗透性的各个因素，为后面的综合比较奠定了基础。

23.1.3 增韧措施（表 23-3）

表 23-3   影响混凝土韧性因素归类表

混凝土材料与组成	措施 1：减缩增韧剂（减缩与增韧复合作用）	提高韧性措施
	措施 2：增韧作用的表现为：钢纤维＞聚丙烯腈纤维=聚丙烯	
	措施 3：密实骨架堆积原理设计（低水泥高矿物掺合料）	
	措施 4：掺加合适粒径的橡胶骨料	
	措施 5：掺加重矿渣骨料	
	措施 6：低水胶比、胶凝材料用量增大提高强度，但降低韧性	降低韧性措施
	措施 7：在低水胶比、水养护不充分的情况下，普通膨胀剂造成混凝土疏松内部有较多的裂纹存在	
	措施 8：胶凝材料/骨料比的增大降低韧性	

从表 23-1~表 23-3 可以看出，材料组成、配合比及外界因素对混凝土的开裂性、渗透性及韧性的影响有诸多矛盾之处，简单总结见表 23-4。另外还有其他一些不明确的性能，没有列于表 23-4 中。从表 23-4 可以看出重要一点：三项性能对混凝土材料的组成要求有矛盾。

表 23-4   抗裂、抗渗、增韧性能要求的材料组成

三项性能	组成要求	开裂、渗透性、韧性
抗渗	增加胶凝材料、提高砂率、降低水胶比、加大减水剂掺量	不利抗裂和增韧
抗裂	减少水泥用量、加膨胀剂、加钢纤维	不利抗渗，部分措施不利于增韧

续表

三项性能	组成要求	开裂、渗透性、韧性
韧性	掺加增韧组分会加大收缩，橡胶骨料加大收缩，钢纤维降低流动性影响密实度等	不利抗渗和抗裂

从表 23-4 可以看出如果想综合提高材料的抗渗、抗裂及韧性，必须根据不同工程特性，协调考虑各影响因素，优化匹配各项性能，发挥材料复合优势，实现技术指标的最优化和经济成本的合理化。根据已有研究成果作为技术指导，在试验室及实际工程应用中，主要采取以下技术措施综合提高三项性能，见表 23-5。

表 23-5　　　　　　　　　提升三项性能的主要技术措施

协同提升技术措施	抗渗性	适量水泥、优化减水剂品种掺量、骨料密实堆积、适量掺加粉煤灰
	抗裂性	优化纤维品种掺量、减缩剂、少水泥掺量、掺加粉煤灰、内养护剂、减缩型矿物掺合料
	增韧性	优化纤维品种掺量、增韧剂、骨料品种与级配优化、密实堆积方法

从表 23-5 可以看出，为了提高混凝土的三项综合性能，可以采取多项技术措施加以提升。但是，不同的工程项目要求混凝土的特性不同，如大体积混凝土主要要求抗裂性；而桥梁的薄壁高墩结构则要考虑抗裂和增韧等多项性能。因此应采用材料优化设计方法，诸如层次分析—模糊评判方法、BP 神经网络技术等，对已有技术措施进行优化，使其在性能最优的条件下，实现经济性、施工方便性与材料简单性等多方面综合最优。

23.2　低温升抗裂大体积混凝土

23.2.1　混凝土配合比设计思路

低温升抗裂大体积混凝土配合比设计思路为：① 采用混凝土密实骨架堆积设计原理进行混凝土配合比优化设计，减少水泥的用量，降低混凝土的水化温升；② 对于高强度等级大体积混凝土，通过掺加高活性补偿收缩矿物掺合料的方式进行胶凝体系优化设计，进一步减少水泥用量，降低混凝土的收缩，提高混凝土的抗裂性能；③ 通过复掺缓凝保塑高效减水剂和减缩增韧剂，降低混凝土的收缩，减小水化温峰值，延迟水化温峰值出现的时间，力图在最大幅度减少胶凝材料用量的情况下，兼顾混凝土抗拉抗压强度的增长、体积稳定和耐久性，抑制水化温升，形成针对不同强度等级的低温升抗裂大体积混凝土配合比优化设计方法。具体低温升抗裂大体积混凝土配合比设计思路见图 23-1。

23.2.2　配合比关键参数指标的确定

1. 试验原材料

水泥：P•O42.5R 水泥，比表面积为 377m²/kg；粉煤灰：Ⅰ级灰，需水量比为 92%，细度为 4.8%；矿粉：S95 级，比表面积为 428m²/kg，流动度比为 98%，7d 活性指数为 81%，28d 活性指数为 101%；硅灰：SiO_2 含量 93%，比表面积 18 500m²/kg，需水量比 120%；砂：河砂，细度模数 2.6～3.0；石：5～25mm 连续级配碎石，压碎值≤16%；聚羧酸减水剂和减

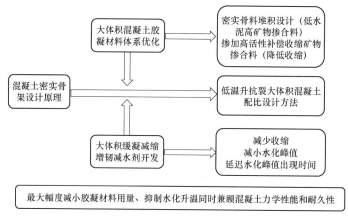

图 23-1   低温升抗裂大体积混凝土配合比设计思路

缩增韧剂；高强有机聚合物纤维：密度 0.91～0.98g/cm³，长度 25～38cm，直径 0.8～1.1mm，抗拉强度≥350MPa，断裂伸长率≤30%的有机聚合物纤维；聚丙烯腈纤维：密度 1.18kg/m³，长度 6mm，抗拉强度≥900MPa，断裂伸长率 20%～26%的聚丙烯腈纤维。

2. 单掺粉煤灰混凝土配合比及性能

各混凝土的配比及性能见表 23-6、表 23-7，各强度等级大体积混凝土的最高温度和水化温升见表 23-8。

表 23-6   单掺粉煤灰密实骨架堆积设计制备的混凝土配合比   kg/m³

强度等级	水泥	粉煤灰	砂	碎石	水	减水剂
C30	226	150	792	1145	140	3.38
C40	242	179	789	1134	139	3.80
C50	350	135	769	1105	144	4.60

表 23-7   单掺粉煤灰混凝土性能

强度等级	坍落度/mm	抗压强度/MPa		劈裂抗拉强度/MPa			28d 碳化深度/mm	抗裂等级
		7d	28d	3d	7d	28d		
C30	200	30.1	41.6	1.3	2.1	3.2	5.8	III
C40	200	39.7	52.5	1.9	2.9	4.1	3.6	III
C50	210	50.2	63.6	2.6	3.8	5.0	2.5	IV

表 23-8   各强度等级大体积混凝土的最高温度和水化温升   ℃

混凝土强度等级	C30	C40	C50
最高温度（取消冷却水管，℃），入模温度 28℃	53～58	60～65	67～72
实际工程水化温升/℃	25～30	32～37	39～44

注：以上数据为实际工程温度监测数据（混凝土最小尺寸超过 4m）。

采用密实骨架堆积方法结合掺加粉煤灰矿物掺合料设计的混凝土，与其他设计方法相比，水泥用量低，水化温升低，耐久性能优良。

3. 复掺粉煤灰、补偿收缩矿物掺合料的混凝土配合比及性能

利用开发的高活性补偿收缩矿物掺合料（RA）替代部分水泥，进行胶凝体系优化设计，得到的混凝土配合比及性能见表 23-9，混凝土的最高温度和水化温升见表 23-10。

表 23-9　　　　　　　　　复掺粉煤灰、RA 的混凝土配合比及性能

强度等级	水泥/ (kg/m³)	粉煤灰/ (kg/m³)	RA/ (kg/m³)	28d 膨胀率 (×10⁻⁴)	84d 氯离子扩散系数/ (m²/s)	28d 碳化深度/mm	抗裂等级	抗压强度/MPa	
								28d	90d
C30	100	150	140	0.5～1.0	2.5×10⁻¹²	6.1	V	42.4	53.4
C40	140	140	140	0.3～0.8	1.8×10⁻¹²	3.8	V	56.5	69.1
C50	230	130	120	−0.3～0.5	1.5×10⁻¹²	2.6	V	64.7	74.8

表 23-10　　　　　　　　混凝土的最高温度和水化温升　　　　　　　　　　　℃

混凝土强度等级	C30	C40	C50
最高温度（取消冷却水管）	50～55	57～63	65～70
水化温升	20～25	27～33	35～40

注：入模温度 30℃；数据为实际工程温度监测数据（混凝土最小尺寸超过 4m）。

采用补偿收缩矿物掺合料替代部分水泥形成密实堆积的混凝土，其耐久性优良，水化温升进一步降低，且具有微膨胀性能，减少混凝土由于收缩产生的拉应力，提高其抗裂性能。

4. 复掺粉煤灰、矿粉制备低温升抗裂大体积混凝土

在密实堆积设计的单掺粉煤灰大体积混凝土的基础上，为了进一步降低混凝土的水化温升，提高混凝土的抗渗透性能，采用复掺 S95 级矿粉和粉煤灰，并掺加减缩增韧剂的措施进行混凝土配合比优化，其配合比及性能见表 23-11、表 23-12 所示，低温升抗裂混凝土与普通混凝土配合比及自收缩值分别见表 23-13、图 23-2。各强度等级大体积混凝土的最高温度和水化温升见表 23-14 所示。

表 23-11　　　　　　　　各强度等级大体积混凝土推荐配合比　　　　　　　　kg/m³

工程部位	标号	水	水泥	粉煤灰	矿粉	砂	石	减水剂	减缩增韧剂
锚锭	C30	142	96	159	163	795	1055	3.8	—
承台	C35	145	120	150	140	790	1060	4.0	4.2
—	C40	145	140	140	140	780	1060	4.1	4.4
索塔	C50	150	230	130	120	770	1050	5.28	4.8

表 23-12　　　　　　　　各强度等级大体积混凝土的性能

强度等级	坍落度/mm		抗压强度/MPa			抗渗等级	抗冻等级	氯离子渗透系数 (×10⁻¹²m²/s)
	0h	1h	3d	7d	28d			
C30	220	200	19.8	32.5	45.8	P18	F300	2.0
C35	230	210	21.5	35.8	50.1	P20	F300	1.8
C40	220	200	23.5	37.9	52.1	P22	F300	1.5
C50	210	195	29.6	47.6	65.3	P25	F300	1.0

表 23-13   低温升抗裂混凝土与普通混凝土配合比   kg/m³

强度等级	水	水泥	粉煤灰	矿粉	砂	石	减水剂	减缩增韧剂
C30（抗裂）	142	96	159	163	795	1055	3.8	4.2
C30（普通）	158	290	100	—	795	1055	3.8	—
C35（抗裂）	145	120	150	140	790	1060	4.0	4.2
C35（普通）	155	330	80	—	780	1070	4.8	—
C40（抗裂）	145	140	140	140	795	1055	4.1	4.4
C40（普通）	155	340	80	—	770	1070	4.8	—
C50（抗裂）	150	230	130	120	770	1050	5.28	4.8
C50（普通）	150	400	80	—	750	1070	5.8	—

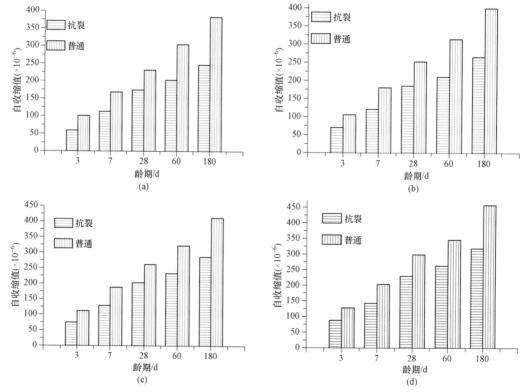

图 23-2   低温升抗裂混凝土与普通混凝土的自收缩值

（a）C30 混凝土；（b）C35 混凝土；（c）C40 混凝土；（d）C50 混凝土

表 23-14   各强度等级大体积混凝土的最高温度和水化温升   ℃

混凝土强度等级	C30	C35	C40	C50
最高温度（取消冷却水管，入模温度 28℃）	50～55	54～60	58～63	62～65
实际工程水化温升	22～27	25～28	30～35	34～37

注：数据为实际工程温度监测数据（混凝土最小尺寸超过 4m）。

采用低温升抗裂大体积混凝土的设计方法制备的混凝土，其水泥用量低，水化温升低，收缩值小，耐久性优良，均能满足各强度等级混凝土的耐久性能要求。

23.2.3　大体积混凝土的耐久性

利用低温升抗裂大体积混凝土配合比设计方法，针对大体积混凝土的不同结构部位进行配合比优化设计，并采用矿物掺合料超量取代部分水泥，配合比见表 23-15。表中：

A0、A1、A2、A3 分别为 C30 普通大体积混凝土、C30 低温高抗裂大体积混凝土、C30 抗冲磨大体积混凝土、C30 高韧性抗裂大体积混凝土；

B0、B1、B2 分别为 C40 普通大体积混凝土、C40 低温高抗裂大体积混凝土、C40 高韧性抗裂大体积混凝土；

C0、C1、C2 分别为 C50 普通大体积混凝土、C50 低温高抗裂大体积混凝土、C50 高韧性抗裂大体积混凝土。

表 23-15　　　　　　　　　　　　　大体积混凝土配合比

编号	材料用量/（kg/m³）									外加剂掺量（%）	
	水泥	粉煤灰	矿粉	硅灰	砂	石	水	PAN 纤维	仿钢纤维	IX 减水剂	JZ 减缩增韧剂
A0	230	160	—		792	1043	142	—	—	0.9	—
A1	100	155	165	—	795	1055	142	—	—	0.9	0.8
A2	240	130	—	35	775	1070	146	4	—	1.1	0.8
A3	260	150	—		795	1055	145	—	4	0.9	0.8
B0	290	140	—		780	1060	148			1.1	—
B1	140	140	150		802	1073	148	—	/	1.1	0.8
B2	305	125	—		802	1073	149		4.5	1.1	0.8
C0	370	110	—		770	1050	153			1.2	—
C1	230	130	120		815	1067	153			1.2	0.8
C2	380	100	—		815	1067	155		5.2	1.2	0.8

利用水压力法和快速 Cl⁻ 渗透试验方法对混凝土抗渗透性进行评价。

1. 水压力试验

水压加载从 0.1MPa 开始，每隔 8h 增加水压 0.1MPa，当 6 个试样中有 3 个试样表面出现渗水时，即终止试验，并记录此时的水压数值。混凝土的抗渗等级由未渗水的 4 个试件的最大水压力表示。按下式计算：

$$P=10H-1 \tag{23-1}$$

式中　P——抗渗等级；

　　　H——6 个试件中 3 个试件表面渗水时的水压力。

不同强度等级混凝土的抗渗压力和抗渗等级试验结果分别如图 23-3、图 23-4 所示。

由图中的结果可知，C30、C40、C50 强度等级的混凝土，当采用低温升抗裂大体积混凝土配合比设计方法进行设计时，其抗渗压力及抗渗等级均高于对应的基准混凝土；低温升抗裂大体积混凝土的抗渗等级均随着强度等级的提高而出现增长。由于在双掺矿物掺合料的

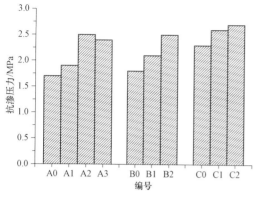

图 23-3　不同强度等级混凝土的抗渗压力试验结果

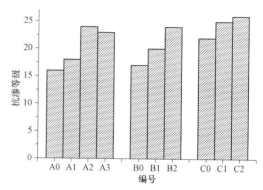

图 23-4　不同强度等级混凝土抗渗等级试验结果

条件下，使水泥石变得更加密实，所以相同强度等级下的低温升抗裂大体积混凝土抗渗等级均高于普通大体积混凝土。采用低温升高抗混凝土配合比设计方法制备的大体积混凝土抗渗等级均大于 P18，整体密实，抗渗性能良好，可以满足桥梁工程等大体积混凝土的性能要求。

2. 快速氯离子渗透试验

利用 RCM 法测定混凝土中 Cl^- 非稳态快速迁移的扩散系数，由此来评价混凝土抗 Cl^- 的扩散能力，试验结果如图 23-5、图 23-6 所示。

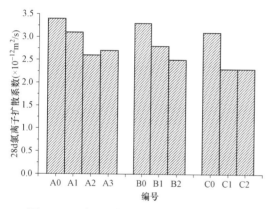

图 23-5　不同强度等级混凝土的 28d 氯离子
扩散系数试验结果

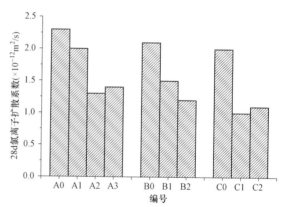

图 23-6　不同强度等级混凝土的 56d 氯离子
扩散系数试验结果

由上述试验结果可知，低温升抗裂大体积混凝土在不同龄期下的 Cl^- 扩散系数均小于普通大体积混凝土，同时其 Cl^- 抗渗性能随着混凝土强度等级的增大而逐渐加强，其中 C30 低温升抗裂大体积混凝土 56d 抗氯离子渗透系数小于 $2.0×10^{-12}m^2/s$，经配合比优化设计后大大提高了大体积混凝土的抗渗能力。

3. 抗硫酸盐侵蚀性能

采用干湿循环法评定低温升抗裂大体积混凝土抗硫酸盐侵蚀性能，以能够经受的最大干湿循环次数来评价混凝土抗硫酸盐侵蚀性能，当混凝土试件的抗压强度耐蚀系数达到 75%，或者混凝土的干湿循环次数达到 90 次时停止试验。

混凝土抗压强度耐蚀系数应按下式进行计算：

$$K_f = \frac{f_{cn}}{f_{c0}} \times 100\% \tag{23-2}$$

式中　K_f——抗压强度耐蚀系数，%；

　　　f_{cn}——N 次干湿循环后受硫酸盐腐蚀的混凝土试件的抗压强度测定值，精确至 0.1MPa；

　　　f_{c0}——与受硫酸盐腐蚀试件同龄期的标准养护的对比混凝土试件的抗压强度测定值，精确至 0.1MPa。

试验结果如图 23-7 所示。

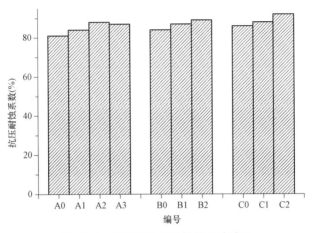

图 23-7　抗硫酸盐侵蚀性能试验结果

试验结果表明，低温升抗裂大体积混凝土的抗硫酸盐侵蚀性能均高于相同强度等级的普通大体积混凝土，这主要是由于低温升抗裂大体积混凝土配合比中矿物掺合料掺量较大，提高了混凝土的整体密实性能，改善了混凝土的抗渗性能；另外粉煤灰中的活性成分与 $Ca(OH)_2$ 发生反应，限制了侵蚀的发生。

随着低温升抗裂大体积混凝土强度等级的提高，水胶比的降低，混凝土内部结构更加密实，孔隙率降低，水泥石中自由水含量减小，抗硫酸盐侵蚀性能进一步提高。

4. 收缩性能

（1）混凝土自收缩。

自收缩是指在恒温绝湿的条件下混凝土初凝后因胶凝材料的继续水化引起自干燥而造成的混凝土宏观体积的减少。不同强度等级的低温升抗裂大体积混凝土与普通大体积混凝土的自收缩率的发展状况如图 23-8 所示。

由图 23-8 可知，低温升抗裂大体积混凝土各龄期的混凝土自收缩率均小于普通大体积混凝土，而混凝土的自收缩率随着混凝土强度等级的增长呈现逐渐增大的趋势。与普通大体积混凝土相比，C30、C40 及 C50 低温升抗裂大体积混凝土的 28d 自收缩率分别降低了

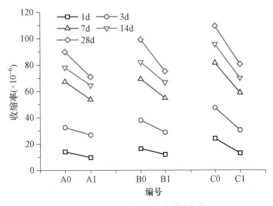

图 23-8　混凝土自由收缩率

20.9%、24.7%和 26.2%。这主要是由于采用高掺量的矿物掺合料延缓了混凝土的水化反应，大幅改善了混凝土的自干燥速率，同时在减缩增韧剂的作用下，混凝土内部毛细孔结构的液相表面张力大大降低，改善了混凝土水化反应内干燥而引起的收缩效应，由此经过配合比优化设计后大体积混凝土的减缩效果大幅提高。

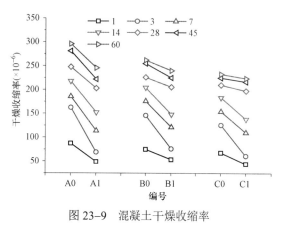

图 23-9　混凝土干燥收缩率

（2）混凝土干燥收缩。

试验结果如图 23-9 所示。

由图 23-9 中的试验结果可知，在混凝土强度等级相同的条件下，低温升抗裂大体积混凝土的干燥收缩率明显要小于普通大体积混凝土，其中相同强度等级 C30、C40、C50 低温升抗裂大体积混凝土较普通大体积混凝土相比，60d 干燥收缩率分别减少了 16.9%、12.1%和 11.2%。与自收缩发展情况不同的是，随着混凝土强度等级的提高，混凝土的干燥收缩率有逐渐降低的趋势，这主要是由于混凝土

的干燥收缩产生的体积变化是由内部水分蒸发引起的，强度等级高的混凝土致密性好，失水程度降低，体积变化减小，混凝土抵抗收缩的能力增大。

23.3　外包钢管的 C30 抗裂混凝土

桥墩设计使用外包混凝土可以对桥墩起到加固作用，提高桥墩的横向刚度、稳定性并减少裂缝的存在，对内部钢管桥墩起到很好的保护作用。外包混凝土要有很好的抗裂性能。四川省雅安市经石棉至泸沽高速公路的腊八斤特大桥、黑石沟特大桥为大跨连续刚构钢管混凝土组合高墩工程，桥墩钢管外面设计应用 C30 高抗裂混凝土进行外包施工，利用施工现场的砂石原材料，以 II 级粉煤灰作为细矿物掺合料，比较纤维的工作性能和抗裂性能效果，以优化施工配合比。

23.3.1　工程概况

四川省雅安市经石棉至泸沽高速公路的腊八斤特大桥、黑石沟特大桥都为大跨连续刚构钢管混凝土组合高墩混凝土工程。其中腊八斤大桥主桥为 105m＋2×200m＋105m 连续刚构桥，引桥为 40m 简支 T 梁桥，主桥桥墩最高墩高为 182.5m，引桥墩高为 40~117m；主墩采用分幅式钢管混凝土叠合柱，9 号、10 号、11 号为主墩，墩柱高：9 号墩为 141.5m、10 号墩为 182.5m、11 号墩为 87.5m。钢管混凝土格构柱 9 号墩和 10 号墩为 4 根 ϕ1320mm 钢管，11号墩为 4 根 ϕ1320mm 钢管，钢管混凝土柱外包层钢筋混凝土厚度为 20cm，腹板钢筋混凝土厚度为 50cm，钢管混凝土柱间用型钢连接。

黑石沟特大桥主桥为 60m＋115m＋200m＋105m 连续刚构桥，引桥为 8×40m 预应力混凝土简支 T 梁，主桥桥墩最高墩高为 157m，引桥墩高为 40~107m.；主墩采用分幅式钢管混凝土叠合柱，墩柱高：2 号墩为 155m、3 号墩为 133m，钢管混凝土格构柱为 4 根 ϕ1320mm 钢管，钢管混凝土柱外包层钢筋混凝土厚度为 20cm，腹板钢筋混凝土厚度为 50cm，钢管混凝土柱间用型钢连接。桥墩钢管外包混凝土采用 C30 高抗裂纤维混凝土进行施工。

23.3.2　钢管外包混凝土技术性能要求

根据设计要求,钢管外包混凝土采用 C30 高抗裂纤维混凝土。据此要求,混凝土的性能要求如下。

(1) 工作性能。钢管外壁包裹 C30 抗裂混凝土的初始坍落度 17cm 以上,扩展度 400mm 以上,3h 坍落度仍达 14cm 以上,不离析、不泌水,和易性良好。

(2) 力学性能:钢管外壁包裹 C30 抗裂混凝土 3d 抗压强度≥23MPa,28d 抗压强度≥40MPa。

(3) 抗裂性能。钢管混凝土高墩柱钢管外壁包裹的 C30 混凝土,还要求混凝土应具有良好的抗裂性能,其抗裂等级达到一级。

23.3.3　原材料

(1) 水泥。四川金顶集团峨眉水泥厂生产的金顶 P·O42.5 水泥,性能指标见表 23-16。

表 23-16　　　　　　　　　　　　　水泥的主要性能指标

水泥品种	细度 (0.08mm 筛余)	凝结时间 (h:min)		抗压强度/MPa		安定性
		初凝	终凝	3d	28d	
P·O42.5 水泥	3.0	2:14	2:47	26.1	45.8	合格

(2) 细骨料。荥经本地砂,含泥量 1.2%,细度模数为 2.78。

(3) 粗骨料:荥经本地采石场玄武岩碎石,粒径分别为 5~10、10~20mm,压碎值 7.4%,针片状含量 4.5%。

(4) 纤维。聚丙烯腈纤维,纤维技术指标见表 23-17。

表 23-17　　　　　　　　　　　　　聚丙烯腈纤维技术指标

纤维形状	纤维长度/mm	纤维密度/(kg/m³)	初始模量/GPa	断裂伸长率(%)	断裂强度/MPa	纤维熔点/℃	吸水性
单丝束状	12	1.18	>17.1	20~26	>900	220	无

(5) 矿物掺合料。Ⅱ级粉煤灰,性能指标见表 23-18。

表 23-18　　　　　　　　　　　　　粉煤灰的主要性能指标

粉煤灰品种	细度 (0.045mm 方孔筛筛余)(%)	需水量比 (%)	烧失量 (%)	含水量 (%)	SO₃ 含量 (%)
Ⅱ级粉煤灰	13.5	100	6.5	0.4	0.93

(6) 外加剂。超减水塑化剂,固含量为 29% 左右、减水率 30%。

23.3.4　C30 钢管外包混凝土施工配合比和主要性能

配合比及性能见表 23-19 和表 23-20。

表 23-19　　　　　　　　　　　C30 钢管外包混凝土的施工配合比

编号	水/(kg/m³)	水泥/(kg/m³)	粉煤灰/(kg/m³)	纤维/(kg/m³)	砂/(kg/m³)	石₁/(kg/m³)	石₂/(kg/m³)	减水剂 W_b/(%)
1	160	310	90	1.0	793	736	316	0.9

注：石₁ 表示粒径为 10~20mm 的玄武岩碎石，石₂ 表示粒径为 5~10mm 的玄武岩碎石。

表 23-20　　　　　　　　　　　C30 钢管外包抗裂混凝土物理力学性能

编号	初始坍落度/扩展度/cm	2h 坍落度/扩展度/cm	抗压强度/MPa			劈裂抗拉强度/MPa		
			3d	7d	28d	3d	7d	28d
1	20.5/55	18.5/49	24.1	34.9	44.6	2.4	3.1	4.5
2	23/62	21.5/55	22.7	33.1	43.9	2.3	2.8	3.6

注：编号 2 是其他配比参数不变，没有掺加纤维的混凝土配合比。

由表 23-20 可得，本施工配合比 1 配制的混凝土拌和物不离析、不泌水，和易性良好，同时，该混凝土还具有早强的特性，其 3d 抗压强度达到设计强度的 80%以上。与空白混凝土对比来看，纤维混凝土的工作性有所降低，但对施工无明显影响。纤维混凝土的抗压强度与空白混凝土的抗压强度相差不大，而纤维混凝土的劈裂抗拉强度要明显高于空白混凝土的劈裂抗裂强度，28d 龄期时可以提高达 25%。

根据我国新《混凝土结构耐久性设计与施工指南》中规定的平板开裂分析评价方法，主要记录试件的开裂时间、裂缝长度和宽度。计算下列四个参数。

（1）平均开裂面积：

$$a = \frac{1}{2N} \sum_{i=1}^{N} L_i B_i \quad (\text{mm}^2/\text{根})$$

（2）单位面积开裂裂缝数目：

$$b = N/A \quad (\text{根}/\text{m}^2)$$

（3）单位面积的总开裂面积：

$$C = ab \quad (\text{mm}^2/\text{m}^2)$$

式中　L_i ——第 i 根裂缝的长度，mm；

　　　B_i ——第 i 根裂缝的最大宽度，mm；

　　　N ——总裂缝数目，根；

　　　A ——试验板面积，0.36m²。

（4）裂缝降低系数 η：

$$\eta = \frac{A_{mcr} - A_{fcr}}{A_{mcr}}$$

式中　A_{mcr} ——对比用基准板的总开裂面积，mm²；

　　　A_{fcr} ——纤维混凝土板的总开裂面积，mm²。

混凝土（砂浆）早龄期防裂效能等级可按照试验 η 的平均值依据表 23-21 评定。

表 23–21 混凝土（砂浆）裂缝降低系数和防裂效能等级对照表

防裂效能等级	评定标准
一级	$\eta \geq 0.85$
二级	$0.70 \leq \eta < 0.85$
三级	$0.50 \leq \eta < 0.70$

试验结果如表 23–22、表 23–23 所示。

表 23–22 混凝土早期平板开裂观测结果 1

编号	初裂时间/h	裂缝最大宽度/mm	裂缝平均开裂面积/mm²	单位面积裂缝数目/（根/m²）	裂缝降低系数	初裂宽度/mm
1	23.1	0.05	0.23	7	0.98	0.05
2	3.8	0.35	2.30	72	0	0.20

表 23–23 混凝土早期平板开裂观测结果 2

编号	单位面积的总开裂面积/mm²	初裂宽度/mm	最大裂缝宽度/mm	裂缝总长度/mm	裂缝数/条
1	1.7	0.05	0.05	25.4	4
2	165.6	0.20	0.35	651.2	26

从表可以得出，从混凝土的开裂长度、裂缝宽度、总开裂条数和总开裂面积这四个指标对比来看，聚丙烯腈纤维混凝土要比空白混凝土有很明显的降低。聚丙烯腈纤维对抑制混凝土早期塑性开裂有明显效果。

以素混凝土为基准，聚丙烯腈纤维混凝土的裂缝降低系数 η 为 0.98，属于防裂效能等级的一级；纤维的主要作用在于延缓水泥基材中裂缝的扩展，即起到阻裂作用[3-130]。聚丙烯腈纤维呈单丝束状，在混凝土中分散均匀，其阻裂机理是：掺入纤维可以提高纤维混凝土的抗拉强度，当水泥基材料出现收缩裂缝时，纤维跨越裂缝，承受拉力。

23.3.5 工程应用

现场施工采用泵送施工，模板为钢制模板，施工时混凝土要振捣到位，振动棒快插慢拔，插点布置均匀排列，逐点移动，顺序进行，不应遗漏，移动间距一般为 30～40mm。每一插点振动时间为 10～20s，每一位置振捣以混凝土不再下沉、表面泛出水泥浆时为准。混凝土浇筑完，拆摸不宜过早，拆摸后应加强养护，以麻布保温，并经常洒水养护。施工浇筑前及施工拆摸后的效果图如图 23–10 所示。

施工混凝土拌和物不离析、不泌水，和易性良好，该混凝土各个龄期的抗压强度均满足设计强度的要求。纤维混凝土的抗压强度与空白混凝土的抗压强度相差不大，但对抑制混凝土早期塑性开裂裂缝的发展有很明显的效果。混凝土表面色泽均一，没有裂缝出现。

图 23-10 施工浇筑前及施工拆摸后的效果图

23.4 C80 高抛自密实微膨胀钢管混凝土

23.4.1 工程概况

四川省雅安市经石棉至泸沽高速公路的腊八斤特大桥、黑石沟特大桥具有墩高、上部结构自重大、地震烈度高、地形复杂的特点，采用分幅式钢管混凝土叠合柱具有显著的技术经济效益。在主桥桥墩钢管混凝土中，核心混凝土采用 C80 高抛自密实微膨胀高强钢管混凝土，采用高位抛落免振捣方法进行施工。

23.4.2 钢管混凝土技术性能要求

根据设计要求，主墩核心混凝土采用 C80 高抛自密实微膨胀高强钢管混凝土。据此要求，混凝土的性能要求如下。

（1）工作性能。核心混凝土的初始坍落度 23cm 以上，扩展度 550mm 以上，3h 坍落度仍达 18cm 以上，含气量小于 2%，不离析、不泌水，黏聚性与和易性良好，自密实，满足高位抛落施工工艺，初凝时间控制在 16～19h。

（2）力学性能。混凝土 3d 抗压强度≥56MPa，28d 抗压强度≥90MPa。

（3）弹性模量。混凝土 28d 弹性模量≥$4.8×10^4$MPa。

23.4.3 原材料

1. 水泥

四川金顶集团峨眉水泥厂生产的金顶 P·O42.5 水泥，性能指标见表 23-24。

表 23-24 水泥的主要性能指标

细度（0.08mm 筛余，%）	凝结时间（h:min）		抗压强度/MPa		安定性
	初凝	终凝	3d	28d	
3.0	2:14	2:47	26.1	45.8	合格

2. 骨料

细骨料：中砂，含泥量 0.3%，细度模数为 2.86。

粗骨料：荥经本地采石场玄武岩碎石，粒径分别为 5～10、10～20mm；压碎值 7.4%，针片状含量 4.5%。

3．矿物掺合料

粉煤灰：I 级粉煤灰，性能指标见表 23-25。

表 23-25　　　　　　　　　　　粉煤灰的主要性能指标　　　　　　　　　　　　%

粉煤灰品种	细度（0.045mm 方孔筛筛余）	需水量比	烧失量	含水量	SO$_3$ 含量
I 级粉煤灰	6.0	89	4.2	0.3	0.87

硅灰：SiO$_2$ 含量 92%，比表面积 20 000m^2/kg。

4．外加剂

膨胀剂；高效减水保塑剂：超塑化减水剂，减水率为 30%。

23.4.4　确定施工配合比

23.4.4.1　配合比设计与优化

依靠经验和反复试配，试验采用 600kg/m^3 的胶凝材料总量，严格控制水胶比，试验配合比及性能见表 23-26 及表 23-27 所示，其中减水剂掺量为胶凝材料用量的 2%。

表 23-26　　　　　　C80 高抛自密实微膨胀钢管混凝土的试验配合比　　　　　　kg/m^3

编号	水	水泥	硅灰	粉煤灰	膨胀剂	砂	石$_1$	石$_2$
S1	146	460	50	50	40	758	734	314
S2	146	450	60	50	40	758	681	367
S3	146	450	60	50	40	777	734	314

注：石$_1$ 表示粒径为 10～20mm 的碎石，石$_2$ 表示粒径为 5～10mm 的碎石。

表 23-27　　　　　C80 高抛自密实微膨胀钢管新拌混凝土的物理性能

编号	Sp/%	新拌混凝土外观	坍落度/扩展度/cm				凝结时间/h	3d 抗压强度/MPa
			0h	1h	2h	3h		
S1	42	工作性良好，黏聚性良，石子包裹性改善	25/60	25.5/59	25.5/53	25/50	22	47.6
S2	42	黏聚性好，工作性良好	24/57	24/55	23.5/52	24.5/50	23	48.3
S3	43	工作性良好，黏聚性好，石子包裹性好	24/55	24/52	24/54	24/52	24	49.1

由表 23-26 可以得出，三组混凝土配合比的工作性能良好，新拌混凝土黏聚性好，不离析、泌水，石子的包裹性良好，但是凝结时间偏长，影响混凝土的早期强度的发展，混凝土 3d 强度小于 50MPa，满足不了 C80 混凝土 3d 强度设计要求。

23.4.4.2　施工配合比

对减水剂缓凝的组分和掺量进行了调整，控制新拌混凝土的凝结时间，C80 高抛自密实微膨胀钢管混凝土的施工配合比见表 23–28，其中减水剂用量为 2.0%。

表 23–28   C80 高抛自密实微膨胀钢管混凝土的施工配合比   kg/m³

编号	水	水泥	硅灰	粉煤灰	膨胀剂	砂	石₁	石₂
S4	140	460	50	50	40	777	734	314

23.4.5 混凝土主要性能分析

23.4.5.1 混凝土工作性能与力学性能

本配合比配制的混凝土拌和物黏聚性好，不离析泌水，同时，该混凝土还具有早强的特性，其 3d 抗压强度达到设计强度的 80%以上，3d 弹性模量为 38GPa；28d 抗压强度达到 96.2MPa，弹性模量为 48.7GPa。试验结果见表 23–29。

表 23–29   C80 高抛自密实微膨胀钢管核心混凝土的性能

坍落度|扩展度|cm				混凝土含气量（%）	凝结时间/h		抗压强度/MPa			弹性模量/GPa		
0h	3h	0h	3h		初凝	终凝	3d	7d	28d	3d	7d	28d
24	24	61	60	1.3	16	26	64.1	75.6	96.2	38	43	48.7

23.4.5.2 混凝土在封闭条件下的自由膨胀率

测试依照 GB/T 50082—2009《普通混凝土长期性能和耐久性能试验方法》相关条文进行测量：测定混凝土体积变形时以 100mm×100mm×515mm 的棱柱体试件为标准试件。试件两端应预埋测头或留有埋设测头的凹槽测头，测头由不锈钢或其他不锈的材料制成。试件脱模后采取石蜡密封或先用塑料薄膜进行包裹，再涂抹凡士林，使试块与周围大气环境相隔绝。试件在温度为 21℃的养护室中进行养护，然后用混凝土收缩仪测量混凝土在各龄期的变形值。试验结果如图 23–11 所示。

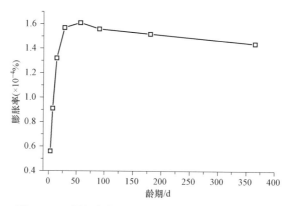

图 23–11 封闭条件下 C80 钢管混凝土自由膨胀率

钢管与核心混凝土间的套箍约束作用使钢管混凝土具有强度高、质量轻、塑性好、耐疲劳冲击等一系列突出优点。由图 23–11 的结果可得，混凝土在 28d 之前的膨胀比较显著，28d

后仍有少量膨胀性能并保持稳定，这样有利于发挥核心混凝土与钢管的套箍作用，提高钢管混凝土的承载力和结构的稳定性。

23.4.5.3　混凝土在钢管密封条件下的膨胀性能

采用国家标准规定的方法测得的混凝土膨胀率，并不能真实反映钢管混凝土中核心混凝土的膨胀情况。为此，设计了能真实反映钢管混凝土体积变形的模具（见图 23-12），用来测试核心混凝土拌和物在钢管密封条件下的膨胀性能。混凝土灌注之前，先在钢管内壁刷油，并铺设一层塑料薄膜。混凝土灌注之后在试件上部混凝土表面上放置一块玻璃片，以利于千分表对混凝土体积变形的准确测量。混凝土硬化后，顶部涂刷一层凡士林，使混凝土顶部与外界隔绝，然后安装磁性表座及千分表，以后按龄期读取千分表数值。C80 高抛自密实微膨胀高强混凝土拌和物在钢管密闭约束条件下的膨胀率如图 23-13 所示。

图 23-12　钢管密封条件下混凝土膨胀率测定　　图 23-13　混凝土在钢管约束条件下的限制膨胀率

由图 23-13 可以看出，钢管核心混凝土在钢管中形成持续微膨胀，这样有利于钢管与核心混凝土的黏结，形成稳定的钢管混凝土结构。

23.4.6　工程应用

高墩施工采用高位抛落免振捣法，施工现场有两个搅拌楼，1h 混凝土拌和量在 30～40m³，运距为 10km，混凝土拌和物出站抽样的坍落度 23～25cm，扩展度 58～61cm。正常情况下新拌混凝土 0.5h 可以到达工地。在工地现场抽样，坍落度 23～25cm，扩展度 55～60cm，坍落度几无损失。混凝土出站和到工地抽样的物理力学性能见表 23-30。

表 23-30　　　　　　　　混凝土出站和到工地现场抽样的物理力学性能

编号	出站抽样		工地抽样		抗压强度/MPa	
	坍落度/cm	扩展度/cm	坍落度/cm	扩展度/cm	3d	28d
1	24	60	23.5	59	63.7	92.6
2	24.5	59	24	56	64.1	93.7
3	24	58	24.5	57	64.80	93.4
4	23.5	58.5	24	58	63.5	93.1
5	24	58	23	59	63.2	94.1

编号	出站抽样		工地抽样		抗压强度/MPa	
	坍落度/cm	扩展度/cm	坍落度/cm	扩展度/cm	3d	28d
6	25	61	24.5	60	64.4	94.6
7	25	59	24	57.5	65.1	94.2
8	24.5	61	24	59.5	65.3	94.8
9	24	58.5	24.5	58	64.5	94.1
10	24.5	59	24	57	65.9	93.6
11	23	60	23.5	58.5	64.2	92.5
12	25	59.5	24	57.5	62.9	92.1
平均值	24.25	59.3	23.96	58.1	64.2	93.6

钢管管径为 1.32m，1m 钢管大致需要灌注 1.36m³ 混凝土，一节 12m 钢管大致需要灌注 16.4m³ 混凝土，四根钢管需要灌注约 66m³ 混凝土，一根钢管 2h 可完成施工。施工混凝土初凝时间为 16h，2h 坍落度无损失。由表 23-30 可以看出，混凝土 3d 强度平均值为 64.2MPa，28d 强度平均值为 93.6MPa，配制的 C80 混凝土满足施工设计要求。

参 考 文 献

[3-1] 杨长辉，王川，吴芳. 混凝土塑性收缩裂缝成因及防裂措施研究综述 [J]. 混凝土，2002（5）：33-36.

[3-2] 富文权，韩素芳. 混凝土工程裂缝分析控制 [M]. 中国铁道出版社，2002：1-2.

[3-3] 蒋元躺，韩素芳. 混凝土工程病害与修补加固 [M]. 海洋出版社，1996：1-2.

[3-4] 王燚，李振国，罗兴国. 混凝土裂缝的修复技术简述 [J]. 混凝土，2006（3）：91-93.

[3-5] 陈辉，杨严克，宋登富. 混凝土裂缝修补技术探讨 [J]. 工程建设，2008，40（2）：37-40.

[3-6] 王立久，姚少臣. 建筑病理学：建筑物常见病害诊断与对策 [M]. 中国电力出版社，2002.

[3-7] 葛家良. 化学灌浆技术的发展与展望 [J]. 岩石力学与工程学报，2006，25（22）：3384-3392.

[3-8] 米乘勇，王道平，何智海. 超细水泥灌浆材料的研究与发展 [J]. 粉煤灰综合应用，2008（6）：51-53.

[3-9] 王林. 孔填充修复材料及其对混凝土性能的影响 [D]. 北京：北京工业大学，2006.

[3-10] Littlejohn G S. Chemical Grouting-1 [J]. Ground Engineering. 1985，18：13-15.

[3-11] 于腾，李悦. 改性环氧灌浆材料的研究进展 [J]. 建材世界，2014（6）：11-14.

[3-12] 黄微波，李晶，伯忠维，等. 混凝土结构裂缝修复技术研究进展 [J]. 新型建筑材料，2014，41（6）：80-83.

[3-13] 孙宝骏，李秉南，李延和. 凝土结构综合加固技术及其应用 [J]. 工业建筑，2003，33（5）：74-77.

[3-14] 姚武，吴科如. 智能混凝土的研究现状及其发展趋势 [J]. 建筑石膏与胶凝材料，2000（10）：22-24.

[3-15] 陈丽金. 我国混凝土及水泥制品的修补材料与应用 [J]. 福建建筑高等专科学校学报，2001（3）：63-64.

[3-16] 蒋硕忠. 绿色化学灌浆技术研究 [C]. 第十一次全国化学灌浆学术交流会，2006：2-8.

[3-17] 马哲，庞浩，杨元龙，等. 化学灌浆材料的研究进展综述 [J]. 广州化学，2014，39（1）：9-13.

[3-18] 姚兴芳，高宇，李健，等. CTON 结合纳米 SiO_2 改性环氧树脂及增韧机理 [J]. 热固性树脂，2011，26（1）：16-20.

[3-19] 石红菊，张亚峰，葛家良. 新型水溶性环氧灌浆材料的制备 [J]. 绿色建筑，2004，20（6）：42-45.

[3-20] 李士强，张亚峰，徐宇高，等. 阳离子型水性环氧树脂灌浆材料的性能研究 [J]. 新型建筑材料，2009，36（1）：4-8.

[3-21] 邵晓妹，魏涛，李珍. 低温下环氧树脂化学灌浆材料的研制与性能研究 [C]//第十六次全国环氧树脂应用技术学术交流会暨学会西北地区分会第五次学术交流会暨西安粘接技术协会学术交流会论文集. 北京：2012.

[3-22] 魏涛，李珍，邵晓妹，等. 新型低黏度无糠醛化学灌浆材料的研制 [C]//第十三次全国化学灌浆学术交流会，2010.

[3-23] 何如，徐方，綦建峰. 不同聚合物乳液对水泥砂浆特性影响及作用机理 [J]. 人民长江，2012，43（15）：54-58.

[3-24] 孔祥明，李启宏. 苯丙乳液改性砂浆的微观结构与性能（英文）[J]. 硅酸盐学报，2009，37（1）：107-114.

[3-25] 黄政宇，田甜. 水性环氧树脂乳液改性水泥砂浆性能的研究 [J]. 建材世界，2007，28（1）：20-23.

[3-26] 赵文杰，张会轩，张宝砚. 水灰比和聚灰比对改性砂浆性能和微观结构的影响 [J]. 东北大学学报

（自然科学版），2010，31（2）：236–240.

［3–27］ 朱明胜. 苯丙乳液改性水泥修补砂浆的制备与性能研究［J］. 水泥技术，2011，（3）：31–33.

［3–28］ 王培铭. 纤维素醚和乳胶粉在商品砂浆中的作用［J］. 硅酸盐通报，2005，24（2）：136–139.

［3–29］ 庄梓豪，韦江雄，赵三银，等. 材料组成对干粉砂浆性能的影响［J］. 化学建材，2006，22（4）：31–33.

［3–30］ 孙振平，叶丹玫，傅乐峰，等. 聚合物改性水泥砂浆含气量对力学性能的影响［J］. 建筑材料学报，2013，16（4）：561–566.

［3–31］ 梁山川. 环氧树脂水泥砂浆拌和物气泡的形成与控制［D］. 重庆：重庆交通大学，2013.

［3–32］ Smith J L，Virmani Y P. Materials and methods for corrosion control of reinforced and prestressed concrete structures in new construction[J]. Corrosion Protection，2000：288–299.

［3–33］ 冯虎，高丹盈，徐洪涛，等. 外加剂对聚合物改性水泥砂浆凝结时间的影响［J］. 施工技术，2015，44（3）：79–84.

［3–34］ Hassan K E，Robery P C，Al-Alawi L. Effect of hot-dry curing environment on the intrinsic properties of repair materials［J］. Cement&ConcreteComposites，2000，22（6）：453–458.

［3–35］ 郑志伟，龚爱民，彭玉林. 丙烯酸酯共聚乳液改性水泥砂浆性能的试验研究［J］. 云南农业大学学报，2007，22（3）：427–430.

［3–36］ Pascal S，Alliche A，Pilvin P. Mechanical behaviour of polymer modified mortars［J］. Materials Science and Engineering A，2004，380（1–2）：1–8.

［3–37］ 梅迎军，李志勇，梁乃兴，等. 纤维和聚合物对水泥砂浆早期开裂的防治及作用研究［J］. 重庆交通大学学报（自然科学版），2008，27（3）：408–412.

［3–38］ 赵帅，田颖，王英姿，等. 聚丙烯纤维聚合物乳液增强水泥砂浆抗干燥收缩及抗裂性能的试验研究［J］. 墙材革新与建筑节能，2008（3）：56–59.

［3–39］ 蹇守卫，孔维，马保国，等. 纤维及砂对聚合物改性砂浆早期失水影响［J］. 武汉理工大学学报，2013，35（6）：13–16.

［3–40］ 钟世云. 纤维对聚合物改性砂浆表面水分蒸发的影响［J］. 建筑材料学报，2010，13（6）：728–732.

［3–41］ Hwang E H，Ko Y S，Jeon J K. Effect of polymer cement modifiers on mechanical and physical properties of polymer-modified mortar using recycled artificial marble waste fine aggregate［J］. Journal of Industrial and Engineering Chemistry，2008，14（2）：265–271.

［3–42］ 刘纪伟，周明凯，陈潇，等. 丁苯乳液改性水泥砂浆性能及机理研究［J］. 武汉理工大学学报，2013，35（1）：40–43.

［3–43］ 钟世云，马英. 聚合物改性自流平水泥砂浆的力学性能［J］. 建筑材料学报，2005，8（1）：77–81.

［3–44］ 李芳，王培铭. 不同水胶比下聚合物改性水泥砂浆的力学性能［J］. 化学建材，2002，18（6）：33–35.

［3–45］ 王茹，王培铭，彭宇. 三种方法表征丁苯乳液水泥砂浆韧性的对比［J］. 建筑材料学报，2010，13（3）：390–394.

［3–46］ Ahmed S F U. Mechanical and durability properties of mortars modified with combined polymer and supplementary cementitious materials［J］. Journal of Materials in Civil Engineering，2011，23（9）：1311–1319.

［3–47］ Cho J S，Park J K，Yu Y H，et al. Hydration and physical properties of polymer modified cement mortar containing superfine blast furnace slag［C］//Shanghai：6th Asian Symposiumon Polymersin Concrete，

2009，319–324.

［3–48］　王茹，张亮. 矿物掺合料对三种聚合物改性砂浆性能的影响［C］//第五届全国商品砂浆学术交流会论文集. 南京：2013.

［3–49］　钟士云，向克勤. 聚合物和粉煤灰掺合料复合改性砂浆的力学性能［J］. 新型建筑材料，2007，34（1）：44–46.

［3–50］　肖力光，李睿博，崔正旭，等. 利用铁尾矿替代细石英砂配制聚合物水泥砂浆的研究［J］. 混凝土，2012，（3）：115–116.

［3–51］　Kwon H M，Nguyen T N，Le T A. Improvement of the strength of acrylic emulsion polymer–modified mortar in high temperature and high humidity by blast furnace slag[J]. Ksce Journal of Civil Engineering，2009，13（1）：23–30.

［3–52］　李庚英，熊光晶，陈晓虎，等. 抗酸腐蚀复合改性水泥砂浆的研制及其性能［J］. 混凝土，2000（6）：39–41.

［3–53］　钟世云，李晋梅，张聪聪. 减水剂及加料顺序对乳液改性砂浆性能的影响［J］. 建筑材料学报，2010，13（5）：568–572.

［3–54］　钟世云，贺鸿珠，颜宜彪. 细骨料对苯丙乳液水泥砂浆力学性能的影响［J］. 建筑材料学报，2005，8（6）：619–624.

［3–55］　兰凤，郄志红，邢志红，等. 砂的颗粒组成对砂浆性能影响的试验研究［J］. 混凝土，2012（12）：87–89.

［3–56］　Ohama Y，Takahashi S，Ota M. Effects of accelerated curing conditions on strength properties of polymer–modified mortars with SBR latex and hardener–free epoxy resin［J］. Journal of the Society of Materials Science，Japan，2005，54（8），804–809.

［3–57］　夏振军，罗立峰. 养护条件对改性水泥砂浆力学性能的影响［J］. 华南理工大学学报（自然科学版），2001，29（6）：83–86.

［3–58］　Lubej S Ivanič A. Influence of cure on the properties of polymer–modified mortars［J］. Građevinar，2007，59（9）：779–788.

［3–59］　丁向群，张冷庆，冀言亮，等. 聚合物改性粘结砂浆的性能研究［J］. 硅酸盐通报，2014，33（5）：1040–1044.

［3–60］　史建军，陈四利，肖发，等. 冻融环境对聚合物水泥砂浆力学特性影响的试验研究［J］. 工业建筑，2015，45（2）：19–22.

［3–61］　易伟建，农金龙，黄政宇，等. 聚合物乳液改性砂浆的长期粘结性能［J］. 硅酸盐通报，2011，30（4）：938–942.

［3–62］　杨正宏，尹义林，曲生华，等. 道路用聚合物改性水泥砂浆修补材料的研制［J］. 新型建筑材料，2006（2）：1–4.

［3–63］　马保国，吴媛媛，张风臣，等. 聚合物改性砂浆界面粘接特性的研究［J］. 材料导报，2009，23（12）：62–64.

［3–64］　农金龙，易伟建，黄政宇，等. 聚合物乳液砂浆的粘结养护特性及其粘结性能［J］. 湖南大学学报（自然科学版），2009，36（7）：6–11.

［3–65］　Wang R，Wang P M，Li X G. Physical and mechanical properties of styrene–butadiene rubber emulsion modified cement mortars［J］. Cement&Concrete Research，2005，35（5）：900–906.

［3-66］ 李启宏，孔祥明. 聚合物改性砂浆的韧性［C］//第三届中国国际建筑干混砂浆生产应用技术研讨会论文集. 北京：2008：302-307.

［3-67］ 钟世云，王峰，贺鸿珠. 聚合物改性抹面砂浆抗开裂性能的研究［J］. 上海建材，2005（5）：19-21.

［3-68］ 梅迎军，李志勇，王培铭，等. SBR乳液对水泥砂浆长期收缩性能影响及机理分析［J］. 土木建筑与环境工程，2009，31（3）：142-146.

［3-69］ 梅迎军. 纤维聚合物水泥基复合材料性能及机理研究［D］. 上海：同济大学，2006.

［3-70］ 赵帅，李国忠，曹杨，等. 聚丙烯纤维和聚合物乳液对水泥砂浆性能的影响［J］. 建筑材料学报，2007，10（6）：648-652.

［3-71］ 唐修生，庄英豪，黄国泓，等. 改性聚丙烯酸酯共聚乳液砂浆防水性能试验研究［J］. 新型建筑材料，2005，（9）：44-46.

［3-72］ Mehta P K，Aï P C. Principles underlying production of high-performance concrete［J］. Cement Concrete and Aggregates，1990，12（2）：70-78.

［3-73］ 李祝龙，吴德平，张亚洲，等. 公路工程聚合物水泥基材料的耐久性能［J］. 交通运输工程学报，2005，5（4）：32-36.

［3-74］ 刘大智，储洪强，蒋林华，等. 聚合物水泥砂浆的耐久性能试验［J］. 水利水电科技进展，2010，30（6）：39-42.

［3-75］ 张水，于洋，宁超，等. 苯丙乳液改性水泥砂浆的性能研究［J］. 混凝土与水泥制品，2010（2）：9-12.

［3-76］ Yang Z，Shi X，Creighton A T，et al. Effect of styrene-butadiene rubber latex on the chloride permeability and microstructure of Portl and cement mortar［J］. Construction and Building Materials，2009，23（6）：2283-2290.

［3-77］ Lohaus L，Weicken H. Polymer-modified mortars for corrosion protection at offshore wind energy converters［J］. Key Engineering Materials，2011，466：151-157.

［3-78］ Kobayashi K，Iizuka T，Kurachi H，et al. Corrosion protection performance of high performance fiber reinforced cement composites as a repair material［J］. Cement and Concrete Composites，2010，32（6）：411-420.

［3-79］ 黄从运，张明飞，蔡肖，等. 聚合物改性硫铝酸盐水泥修补砂浆的耐硫酸盐腐蚀性研究［J］. 化学建材，2007，23（3）：27-29.

［3-80］ 张晏清. 聚合物水泥砂浆的耐酸腐蚀性能［J］. 建筑材料学报，2008，11（5）：505-509.

［3-81］ 黄国兴，纪国晋. 混凝土建筑物修补材料及应用［M］. 北京：中国电力出版社，2009：313-316.

［3-82］ 吴敬龙. 聚合物改性砂浆性能研究［D］. 哈尔滨：哈尔滨工业大学，2006.

［3-83］ Silva D A，Monteiro P J M. Hydration evolution of C3S-EVA composites analyzed by soft X-ray microscopy［J］. Cement and Concrete Research，2005，35（2）：351-357.

［3-84］ Wang R，Li X G，Wang P M. Influence of polymer on cement hydration in SBR-modified cement pastes［J］. Cement and Concrete Research，2006，36（9）：1744-1751.

［3-85］ Shi X X，Wang R，Wang P M. Dispersion and absorption of SBR latex in the system of mono-dispersed cement［J］. Advanced Materials Research，2013，687：347-353.

［3-86］ Plank J，Gretz M. Study on the interaction between anionic and cationic latex particles and Portland cement［J］. Colloids and Surfaces A Physicochemical and Engineering Aspects，2008，330（2）：227-233.

［3-87］ Wu Y，Sun Q Y，Lian K，et al. Properties and microstructure of polymer emulsions modified fibers reinforced cementitious composites ［J］. Journal of Wuhan University of Technology（Materials Science Edition），2014，29（4）：795-802.

［3-88］ Wang Z J，Wang R，Cheng Y B. Mechanical properties and microstructures of cement mortar modified with styrene-butadiene polymer emulsion ［J］. Advanced Materials Research，2011，168-170：190-194.

［3-89］ Issa C A，Debs P. Experimental study of epoxy repairing of cracks in concrete ［J］. Construction and Building Materials，2007，21（1）：157-163.

［3-90］ 段仲沅，陈振富，赵振华，等. 环氧树脂修补混凝土构件裂缝技术与效果检测［J］. 施工技术，2002，31（10）：18-19.

［3-91］ 崔素萍. 硅酸盐-硫铝酸盐复合体系水泥研究［D］. 北京工业大学，2005.

［3-92］ Millard S G，Gowers K R，Gill J S. Reinforcement corrosion assessment using linear polarisation techniques ［J］. American Concrete Institute Special Publication，1991.

［3-93］ Edvardsen C. Water permeability and autogenous healing of cracks in concrete［J］. ACI Materials Journal，1999，96（4）：448-454.

［3-94］ Wang G，Yu J. Self-healing action of permeable crystalline coating on pores and cracks in cement-based materials. Journal of Wuhan University of Technology-Mater. SCI. Ed.，2005，20（1）：89-92.

［3-95］ White S R，Sottos N R，Geubelle P H，et al. Autonomic healing of polymer composites［J］. Nature，2001，409：794-797.

［3-96］ Dry C M. Three designs for the internal release of sealants，adhesives and waterproofing chemicals into concrete to reduce permeability ［J］. Cement and Concrete Research，2000，30（12）：1969-1977.

［3-97］ Mather B. Crystal growth in entrained-air voids ［J］. Concrete International，2001，3：35-36.